普通高等教育精品教材
普通高等教育“十一五”国家级规划教材
国家一流高校立项教材
国家一流学科教材
国家级一流本科专业教材
新工科集成电路专业一流精品教材

SoC设计方法与实现
（第4版）

◎ 魏继增　郭 炜　史再峰　郭 筝　谢 憬　编著

電子工業出版社
Publishing House of Electronics Industry
北京 · BEIJING

内 容 简 介

本书是普通高等教育“十一五”国家级规划教材、普通高等教育精品教材。本书结合 SoC 设计的整体流程，对 SoC 设计方法学及如何实现进行了全面介绍。全书共 15 章，主要内容包括：SoC 设计绪论、SoC 设计流程、SoC 设计与 EDA 工具、SoC 系统架构设计、IP 复用的设计方法、RTL 代码编写指南、同步电路设计及其与异步信号交互的问题、综合策略与静态时序分析方法、SoC 功能验证、可测性设计、低功耗设计、后端设计、SoC 中数模混合信号 IP 的设计与集成、I/O 环的设计和芯片封装、课程设计与实验。书中不仅融入了很多来自工业界的实践经验，还介绍了 SoC 设计领域的最新成果，可以帮助读者掌握工业化的解决方案，使读者能够及时了解 SoC 设计方法的最新进展。本书提供中英文电子课件、微课视频、教学日历、课程大纲、教学设计等资料。

本书可以作为集成电路、微电子、电子、计算机等专业高年级本科生及研究生的教材，也可以作为集成电路设计工程师的技术参考书。

图书在版编目（CIP）数据

SoC 设计方法与实现 / 魏继增等编著. —4 版. —北京：电子工业出版社，2022.8

ISBN 978-7-121-44101-1

Ⅰ. ①S… Ⅱ. ①魏… Ⅲ. ①集成电路—芯片—设计 Ⅳ. ①TN402

中国版本图书馆 CIP 数据核字（2022）第 143406 号

责任编辑：王羽佳
印　　刷：三河市良远印务有限公司
装　　订：三河市良远印务有限公司
出版发行：电子工业出版社
　　　　　北京市海淀区万寿路 173 信箱　邮编：100036
开　　本：787×1 092　1/16　印张：20.5　字数：606 千字
版　　次：2007 年 6 月第 1 版
　　　　　2022 年 8 月第 4 版
印　　次：2023 年 10 月第 4 次印刷
定　　价：79.90 元

凡所购买电子工业出版社图书有缺损问题，请向购买书店调换。若书店售缺，请与本社发行部联系，联系及邮购电话：（010）88254888，88258888。

质量投诉请发邮件至 zlts@phei.com.cn，盗版侵权举报请发邮件至 dbqq@phei.com.cn。

本书咨询联系方式：（010）88254535，wyj@phei.com.cn。

序　一

2007 年是晶体管发明 60 周年，2008 年是集成电路发明 50 周年。也许连晶体管的发明人威廉·肖克利（William Shockley）和集成电路的发明人杰克·基尔比（Jack Kilby）当初也没有意识到，他们的发明能够对后世产生如此重大和深远的影响，以至于今天我们的生活中晶体管和集成电路无处不在。1965 年戈登·摩尔（Gordon Moore）提出了著名的摩尔定律（Moore's Law），准确地预言了其后 40 多年集成电路技术的发展。尽管今天在面临功耗等诸多挑战的时候，人们对摩尔定律还能持续多久产生了一些疑问，但也没有人怀疑它在未来 20 年中还会一直有效。

即使对集成电路技术一无所知的人，也很容易计算出 2^{26} 是一个多么巨大的数字。回顾集成电路在过去的 40 多年中以集成度每 18 个月翻一番的速度成长的过程，我们今天无论如何也不该再简单地使用芯片这个单词了，因为它已经无法准确地描述今天集成电路的复杂度和功能。在绞尽脑汁用小规模、中规模、大规模、甚大规模、超大规模和特大规模等形容词来描述集成电路复杂度的过程中，人们发现已经找不到更合适的形容词了，似乎语言的能力在高速发展的集成电路技术面前也有些黔驴技穷。20 世纪末逐渐被人们所采用的系统级芯片（SoC，System on Chip）预示着这个行业在快速发展 40 年后，正在出现一个量变到质变的突破。

2003 年也许注定就是一个不平凡的年份，在亚洲国家遭受"非典"影响的同时，全球集成电路产业也悄悄地经历了一个痛苦、但是意义深远的变革。这次变革虽然没有惊天动地，但足以让集成电路产业来重新审视我们过去研究和预言过无数次的未来。我们曾经非常熟悉、且深信不疑的集成电路产业发展的动力，如以工艺能力为中心的工艺技术进步驱动产业发展，等比例缩小驱动性能提升和成本下降，提高性能是芯片追求的主要目标和动态功耗主导芯片功耗等，除了等比例缩小仍然是成本下降的主要手段，其他的都发生了深刻的变化。例如，以设计能力为核心的系统设计技术成为驱动产业发展的主要力量，创新驱动性能提升，芯片的功耗不再取决于动态功耗，而取决于静态功耗等。面对这些变化，我们一方面不得不感叹技术进步的迅猛和知识更新换代的频繁，另外一方面也惊讶地发现，我们要面对的不再是传统芯片的设计问题，包括软件、通信、应用等诸多系统层面的问题也成为我们必须面对和克服的挑战。不少有识之士在不断地提醒着我们 SoC 中的 S（System）比 C（Chip）更重要，这是因为了解 S 是设计 C 的先决条件。显然，SoC 的设计者不仅要掌握芯片的设计技术，更要了解和掌握系统的知识。

中国是信息产业大国，也是集成电路产业大国。经过数十年的精心组织和发展，中国已经成为全球集成电路产业的重要基地之一。可以预见的是，在未来若干年中，全球集成电路产业向中国转移的大趋势将不会改变，这不仅仅是因为中国经济的发展造就了庞大的市场需求，更是中国本土集成电路产业的进步营造了一个全球不可多得的、优秀的集成电路产业发展环境。以设计为龙头的产业发展策略在造就了一个生机勃勃的集成电路设计行业的同时，也极大地提升了我国在集成电路领域的创新能力。以移动通信为例，我们在第一代模拟移动通信中只是一个站在圈外的买家，在第二代移动通信的发展中期，我们就参与了关键芯片产品的竞争，而在第三代移动通信发展的初期，我们已经成为一个全球不能忽视的重要伙伴。这些有目共睹的变化，昭示着中国集成电路产业发展的希望和强劲力量。进入新世纪以来，我们见证了集成电路产业在中国的飞速发展，更感受到了产业发展对人才培养的迫切需求。与发达国家相比，我国集成电路设计人才的数量和质量都相差甚远，根本无法满足产业发展的需求。因此，我们完全有理由相信今后 10 年对于集成电路人才的需求，特别是对高层次集成电路人才的需求将持续升温。

人才的培养离不开一流的师资和教材。目前，国内高校在集成电路设计教学方面更多的是采用国外引进的专业基础教材，虽然其中不乏经典之作，但总体来看，这些教材缺乏从系统看芯片的介绍，缺乏对 SoC 概念的讲解，缺乏从工程的角度教会学生做 SoC 设计的内容，学生也很难将底层器件和上层系统联系在一起。这造成了国内培养的工程师往往能够设计一个小的功能模块，却很难胜任一个复杂 SoC 的设计。

本书围绕 SoC 设计，全面深入地介绍了有关 SoC 的知识，着重阐述了 SoC 设计中广受关注的系统架构设计、低功耗设计、可测性设计、先进验证方法和后端设计。内容既包括 SoC 的概念介绍，常用的微处理器、总线和存储器，还包括 SoC 设计的完整流程和工具介绍，以及 RTL 代码编写指南等十分实用的内容，是一本内容全面并具有一定前瞻性的教材及参考书。

本书的主要作者郭炜研究员具有在 Motorola 长期参与芯片设计与项目管理的丰富经历，以及多年从事科研与教学的经验。书中不仅介绍了 SoC 设计领域的最新成果，还融入了很多来自工业界的实践经验和案例，可以帮助读者通过了解工业界实用的解决方案，快速提升对 SoC 设计的理解，掌握 SoC 设计的关键技术。书中不仅涉及芯片的设计，也包含了封装等一般集成电路设计教材中大多忽略的内容，使得实用化成为本书的第二个重要特点。

本书没有遵循一般专著或教材的编写特点，而是以教会学生实用的设计技术为主线，按照 SoC 设计流程来组织和安排各个章节的内容，能够让初次涉足此领域的学生顺着书阅读，自然地学习和掌握 SoC 的设计过程。书中给出的实验大纲和项目进度管理等，不仅进一步充实了本书作为教材的内容，对于学生今后的就业也是不错的基础培训。

过去几年中，我国越来越多的高等院校扩大了集成电路设计专业的人才培养，因此建设更多、更优秀、实践性更强的教材迫在眉睫。希望今后能够看到更多富有工程及教学经验的人士编写出更多、更好的教材，为我国集成电路设计人才的培养做出我们应有的贡献。

（魏少军）

2007 年 4 月于北京清华大学

序　二

2007 年初，我读了郭炜研究员编写的《SoC 设计方法与实现》一书的手稿，并为之写序，我当时主要看到的是一个成功的 SoC 设计者的丰富实践经验。今天，我再次先于读者拜读《SoC 设计方法和实现》，明显看到了作者根据技术的革新与进步，对第 1 版的技术内容做了大幅度增删，也明显看到了沉淀在书稿中的作者在这 4 年多的时间里积累的教学经验。

4 年多来，传统的硅基 CMOS 主流工艺技术仍在不断改进，应用于不同领域的处理器的集成度还在不断增加。在晶体管集成度、单位功率性能和功能集成等关键指标方面，在新的纪录不断产生的同时又不断被打破。高性能数字单元的实现工艺覆盖了不同的工艺技术，包括 65nm、45nm、40nm、32nm 及 SOI CMOS 技术。

4 年多来，SoC 设计中所涉及的新器件、新结构迅速出现，模拟 SoC 的设计需求越来越多。数字技术的迅速发展和壮大，曾使人们一度忘记了真正的世界其实是模拟的世界!今天，为了满足模拟 SoC 信号处理的精度需求，大量使用了将数字信号处理模块嵌入到模拟电路模块的设计方法，利用这类技术研发的电路的性能已经可以与传统方式设计的高性能模拟集成电路相比拟，甚至有的已经超越了后者。

4 年多来，得益于先进的纳米尺度 CMOS 工艺技术及电路结构和实现技术的不断创新，无线通信电路模块的数据传输速率在不断提高。采用 CMOS 工艺的射频单元技术和电路技术发展迅速，利用载波频率为 120GHz 的频带，近距离无线通信的收发器可以实现 10Gb/s 的收发速率，这种无线链接的数据速率已经与传统的有线解决方案的速率十分接近。随着无线多媒体通信对数据通信速率的要求越来越高，SoC 设计越来越多地要包含射频单元。

4 年多来，无论是面向高性能计算的 SoC，还是面向低功耗消费电子产品的 SoC，都发展迅速，系统中越来越多地要嵌入不同类型的存储单元。随着工艺的特征尺寸发展到 32nm 或 28nm 以下，SoC 中包含的存储容量越来越大，性能越来越强，但是工艺尺寸缩小也使得包含嵌入式存储器的 SoC 设计面临越来越多的技术难题和挑战。

4 年多来，随着工艺水平的发展，处理器的系统集成度越来越高，从而在 SoC 设计时对系统级的功耗优化和有效的电源管理提出了更加苛刻的要求。由于低功耗的需要，SoC 设计者有时不得不放弃对高工作频率的追求，转而通过集成多个工作频率较低的处理器核来并行执行任务。利用这种计算模式，在不需要运算时可以关掉某些处理器核或使之进入休眠模式，以降低系统功耗。

经过 4 年多的技术演变，SoC 设计者面临的设计问题、应用对象、可用设计元素及 SoC 设计方法与实现技术本身都已发生了很大变化。我很高兴地看到，郭炜研究员的及时修订体现了这种技术演变。

《SoC 设计方法与实现》第 1 版付梓时，郭炜研究员刚刚离开工业界，到大学执教，甚至可以说，她是 SoC 设计的专家，却是 SoC 设计人才培养（教学工作）的“新手”。我很高兴地看到，本书的修订在实验环节上做了大幅度的补充，充分反映了郭炜研究员的教学经验。

《SoC 设计方法与实现》能更好地适应复杂 SoC 设计工作的需求，能够帮助读者掌握有关集成电路设计 SoC 技术工业化的解决方案，使读者能够及时了解 SoC 设计方法的最新进展，是一本内容全面、将理论与实践有机结合的教材及技术参考书，相信不论是高校的在校学生，还是 SoC 设计的入门者和有经验的工程师都可以从本书中获取有益的知识！

（王志华）

2011 年 5 月于清华大学

第4版前言

近年来，很多大事件暴露出“缺芯少魂”已成为我国信息产业的软肋。系统级芯片（SoC，System-on-Chip）是复杂的高端集成电路芯片，是我国信息产业发展的基石和支柱。SoC设计也是我国被“卡脖子”的、亟待突破的核心技术之一。这个问题的根源在于相关人才储备严重不足，人才培养迫在眉睫。由于国内缺少SoC相关教材及参考书，本教材自2007年第1版面世，迄今已历时十余年，改版4次，累计印刷近8万册，为我国集成电路设计培养了一大批专业人才。自本书第3版出版以来，SoC设计在开源指令集处理器、低功耗设计、功能验证方法、可制造性设计、芯片封装等领域发展迅猛，出现了大量新颖的设计理念、方法、流程和实现技术。

为了使学生能够紧跟产业界发展，本书第4版主要修订内容如下。

1．“第4章 SoC系统架构设计”中，详细讲解了开源指令集处理器RISC-V。RISC-V指令集开源及模块化的特点符合AIoT（AI+IoT）时代碎片化特征，极大地加速了智能计算系统的设计迭代速度，将成为我国未来SoC系统的重要基石之一。此外，本章还添加了复杂片上网络的介绍，并添加了RISC处理器和DSP结合的异构多核架构的内容。

2．“第9章 SoC功能验证”中，更新了通用验证方法学（UVM）的介绍。随着EDA工具对UVM的大力支持，UVM正逐渐被设计工程师所采用，进而缩短验证周期，提高验证覆盖率。

3．“第11章 低功耗设计”中，重写第11.4.3节，将之前的门级优化技术修改为采用低功耗技术的设计流程；将第3版的“11.6.1节 基于UPF的设计流程”，修改为“基于UPF的低功耗电路综合”。目前，典型的低功耗设计技术已经标准化，主流的EDA工具也都具备了在语法上解析并分析整个UPF语言的功能。

4．“第12章 后端设计”中，引入了最新的可制造性设计/面向良率设计（DFM/DFY）技术。随着芯片制造工艺的进步，尤其是进入65nm之后，特征尺寸的减小，以及芯片设计规模和复杂性的增大，芯片生产制造过程所引入导致DFM变差的原因更复杂，严重降低了成品率。面向DFM/DFY的设计方法学从产品开发早期就开始，并贯穿整个设计过程。

5．“第14章 I/O环的设计和芯片封装”中，添加了“3D IC技术”的介绍。3D IC是基于垂直互连技术，实现相同或不同工艺的裸片之间的垂直层间集成。由于3D IC上通信信号仍然是片上信号，可以大大降低芯片互连线上的功耗，以及在系统带宽和时序上的优势，3D IC在高性能计算机、智能手机、IoT等边缘设备等应用的需求将变得更加明显。

6．“第15章 课程设计与实现”中，将之前的第2个课程设计“基于ARM7TDMI处理器的SoC设计”更换为“基于RISC-V的SoC设计与验证”，采用开源CVA6处理器和Ariane SoC设计了3个实验，分别为SoC系统集成、SoC软硬件验证、面向特定应用的SoC设计。

7．提供包括微课视频、中英文电子课件、教学日历、课程大纲、教学设计等在内的教学支持资源。请扫描书中二维码进行同步拓展学习，登录华信教育资源网（http://www.hxedu.com.cn）注册下载相关教学支持资源，登录华信SPOC在线学习平台（https://www.hxspoc.cn）进行在线学习。

8．本书附录包括：Pthread 多线程编程接口、SoCLib 系统支持包、64 位 RISC-V（RV64）指令集体系结构、CVA6 处理器微架构概述、AXI4 总线协议简介等，请扫描以下二维码在线学习。

Pthread 多线程编程接口

SoCLib 系统支持包

64 位 RISC

CVA6 处理器微架构概述

AXI4 总线协议简介

本书第 4 版由天津大学智能与计算学部魏继增、郭炜，天津大学微电子学院史再峰等执笔完成。从本书第 1 版至第 4 版，作者始终得到了很多来自工业界和学术界专家的建议及宝贵资料，正是他们的鼎力支持，保障了本书的与时俱进。在编写过程中，来自清华大学的魏少军教授、王志华教授等各位专家都花费了大量时间和精力对本书进行了审阅，并从章节结构、内容及实践细节等方面提出了许多宝贵的修改意见。在第 4 版的编写过程中，来自高校及工业界的韦素芬、姚永斌、于彩虹、兰光洋、崔鲁平、常轶松、刘强、程明等专家、同事和学生为本书编写提供了最新的技术资料和支持。如果没有这些业界同仁的付出，本书无法达到如今的水平。还要特别感谢电子工业出版社王羽佳编辑，对本书的出版给予的热情帮助。此外，在编写过程中，作者还参阅了很多国内外作者的相关著作，特别是本书参考目录中列出的著作，在此一并表示感谢。

本书是以天津大学“十四五”规划教材、天津市一流本科课程“系统级芯片（SoC）设计”为依托编写完成的，在此感谢天津市教委和天津大学教务处对我们的信任和支持。

本书有不足之处，敬请读者批评指正。

作　者
2022 年 1 月

第 3 版前言

随着对产品快速市场化和多样性需求的增加，半导体产业已经由技术驱动进入应用驱动阶段。创新周期越来越短，技术开发和产业化的边界日趋模糊，技术更新和成果转化更加快捷，产业更新换代不断加快。面向系统应用的新型 SoC，融合计算、通信和多媒体等多种应用，由“CPU+DSP+FPGA+硬件加速器+I/O”等组成的混合架构，在能够满足多种功能的需求的同时，对成本和能效提出了更高的要求。在新的挑战面前，SoC 设计方法也在不断地发展。基于 FPGA 的 SoC 设计，由于它的可重构性和设计周期短，更容易适合系统设计的变化，正在被越来越广泛地应用在汽车电子、网络通信、超级计算及人工智能等领域。SoC 中的 IP 和可复用的设计方案，加快了产品的快速实现，使得 IP（包括验证 IP）、验证环境不断标准化。统一的验证方法学（UVM）的出现，大大缩短研发时间。在对性能要求与日俱增的同时，能耗或者能效已成为与性能同等重要的设计约束。由此而发展的统一功耗格式标准（UPF 标准），使得低功耗 SoC 设计更加高效。

为了跟上工业界发展的步伐，本书第 3 版主要更新如下章节。

1．在第 2 章 SoC 设计流程中，添加了基于 FPGA 的 SoC 设计流程。在 FPGA 上集成 CPU 软核或硬核，或将 FPGA 和 CPU 集成在同一芯片上，极大地扩充了 FPGA 的功能和应用领域，这种 FPGA 称为 SOPC 或“SoC FPGA”。但从功能上看，可以归类为基于 FPGA 的 SoC。

2．在第 4 章 SoC 系统架构设计中，添加了各类存储器在 SoC 中的使用及近年来基于新存储机制新型非易失存储器的介绍。在 SoC 中，存储器是决定性能的另一个重要因素。

3．在第 9 章 SoC 功能验证中，添加了 UVM 验证方法学介绍。UVM 提供了可重用的验证组件，减少验证的费用，目前已被工业界采纳。

4．在第 11 章低功耗设计中，添加了 UPF 标准介绍，并通过具体例子，进一步介绍低功耗设计的实现方法。

5．在第 15 章课程设计中，补充了 ESL 实验环境的搭建，减少读者在软件安装和配置上所花费的时间。

在本书第 3 版的编写过程中，得到了很多来自工业界和学术界专家的修订建议及宝贵资料。这也促成第 3 版的完成。在此表示深深的谢意！

作　者

2017 年 7 月

第 2 版前言

从本书的第 1 版出版（2007 年）至今，SoC 设计方法与实现技术已发生了很大变化。随着摩尔定律的延伸（More than Moore），SoC 及 SiP 在各类消费电子、汽车电子、医疗电子等嵌入式应用中已成为主流，其系统结构也从简单的单核结构发展为复杂得多核甚至众核结构。

本书在第 1 版的基础上，紧跟复杂 SoC 设计的发展潮流，强调和阐述 SoC 设计在系统结构、设计方法学、设计技术、验证方法上的最新进展和发展趋势。此外，本书与第 1 版相比的另一个显著特点是更加注重实验环节。新增加的实验采用了先进的电子系统级（ESL）设计方法，从单核 SoC 系统结构逐步优化到多核 SoC（MPSoC，Multi-processor SoC）系统结构，从串行程序设计到多线程并行程序开发，从嵌入式操作系统的移植到驱动程序的开发，内容覆盖 SoC 软硬件协同设计的完整过程，使读者能够将所学到的 SoC 设计的最新理论与具体设计实现技术相结合，增加感性认识，强化动手能力，从而能够更好地适应复杂 SoC 设计工作的需求。

第 2 版主要做了如下修订：

1. 在第 1 章 SoC 设计绪论中，强调了 SoC 设计理论和实现技术的最新进展。在当前摩尔定律及其延伸（More than Moore）的背景下，阐述 SoC 设计方法与设计技术的发展与挑战。

2. 第 4 章 SoC 系统结构设计是第 2 版的重点内容。针对复杂 SoC 的发展趋势，增加了多核 SoC 的系统结构设计的内容。根据多核 SoC 系统结构设计的考虑，介绍可用的并发性、多核 SoC 设计中的系统结构选择、多核 SoC 的性能评价、典型的多核 SoC 系统结构，如片上网络（NoC）、可重构 SoC 等。此外，第 4 章在第 1 版的电子系统级设计基础之上，增加了对 OSCI TLM 2.0 最新事务级标准协议及建模方法的介绍。

3. 随着可复用技术的发展，一种比 IP 规模更大的可重用、可扩展复用单元应运而生，即平台。基于平台的设计方法可以使 IP 更容易集成到整个系统当中，可以更好地复用平台，进而可以更快地开发产品。在第 5 章 IP 复用的设计方法中，强调了平台的概念和基于平台的 SoC 设计方法。

4. 由于复杂的软硬件结构及众多的模块，验证已经成为复杂 SoC 设计中最关键也是最花时间的环节，它贯穿了整个设计流程。在第 9 章 SoC 功能验证中，增加了功能验证方法与验证规划的介绍，通过多个以 SystemVerilog HDL 语言写的实例，强调验证的自动化。

5. 在第 12 章后端设计中，修改了时钟树综合部分，结合低功耗的应用需求，给出了相应的时钟树设计策略。同时，新加入了时钟网格的概念，并介绍时钟网格和时钟树融合的全局时钟结构。

6. 随着人与环境交互功能需求的增加，集成电路的类型从数字电路到模拟电路、射频电路、无源器件、高压电路、传感器、生物芯片等不断增加，这些电路的制造已超出了单一的 CMOS 工艺（Beyond CMOS）。系统集成和新的混合集成技术成为发展趋势。在第 13 章 SoC 数模混合信号 IP 的设计与集成中，增加了对 SoC 混合集成的新趋势的介绍，重点介绍了 3D 集成电路。与传统的 SiP 封装集成不同，3D 集成电路是在芯片设计阶段依托 EDA 工具和特定的半导体生产工艺，直接在多层晶圆上完成晶体管集成，是一种单片集成技术。

7. 在第 14 章 I/O 环的设计和芯片封装中，增加了近几年更为成熟的倒置（FLIP-CHIP）封装方式对芯片 I/O 设计的影响。主要内容包括：倒置封装的原理、与普通 I/O 的区别和基于倒置封装的芯片后端设计方法。

8．增加了基于 ESL 设计方法的 Motion-JPEG 视频解码器设计实验。通过该实验，可了解并掌握从单核 SoC 到多核 SoC 的系统结构设计及软件开发的全部流程。

本书提供电子课件，请登录华信教育资源网（http://www.hxedu.com.cn）注册下载。本书可作为高等学校电子信息、微电子、计算机等专业的高年级本科生和研究生的“SoC 设计”或“高级 VLSI 设计”课程的教材及教学参考书，也可供 IC 设计工程师、嵌入式系统工程师学习、参考。

第 2 版修订大纲由天津大学郭炜老师制定。第 1、9 章由郭炜老师编写，第 4、5 和 15 章由天津大学魏继增老师编写，第 12、14 章由上海交通大学郭筝老师编写，第 13 章由上海交通大学谢憬老师编写。全书由郭炜老师统稿。

本书自第 1 版出版以来，收到了很多读者反馈。清华大学的魏少军教授、王志华教授等多位专家提出很多建设性的意见。法国国家 TIMA 实验室（TIMA Laboratory）系统级综合研究组的 Frédéric Pétrot 教授及沈浩研究员把他们多年来在 ESL 设计及多核 SoC 方面的研究成果无私分享，使第 2 版的实验得到了进一步充实。来自工业界的 Synopsys、ARM、IBM、苏州国芯等公司也提供了近几年他们关注的实际问题及解决方案，使本书的内容更贴近工业界的发展前沿。电子工业出版社为本书的顺利出版给予了很大帮助。由于篇幅的原因，对于书中提及和引用的参考文献的作者不能一一列出，他们的工作为本书提供了强有力的理论和实践的支持。在此，我们一并表示由衷的感谢！

由于时间仓促，不足或错误之处，希望读者批评指正。

作　者

2011 年 7 月

前　言

本书是普通高等教育“十一五”国家级规划教材，并被评为2008年度普通高等教育精品教材。

由于我国集成电路设计发展迅速，人才的培养迫在眉睫，大部分IC设计工程师缺乏SoC整体设计的概念。2003年秋，上海交通大学为工程硕士开设了SoC设计课程，由于缺少相关的教材及参考书，学生所能阅读的内容非常有限，于是就开始着手编写本书。在近两年的编写过程中，前后修改过多次，其间分别试用于研究生的教学及对业界工程师的培训中。书中不仅融入了编者多年的工程经验，还尽可能地将近几年集成电路设计领域国内外最新的进展收入其中。

本书适用于电子科学与技术和电子信息工程类专业高年级本科生及研究生集成电路领域相关课程的教学，也可以作为IC设计工程师的技术参考书。书中列举了大量工程实例来直接告诉读者“如何做SoC设计”。希望这本书不仅能使刚刚涉足集成电路设计领域的读者建立完整的SoC设计理念，而且能够给IC设计工程师提供一些帮助。

本书结合SoC设计的整体流程，对SoC设计方法学及如何实现进行了全面的介绍。全书共14章。

第1章阐述SoC设计技术发展的趋势及所面临的挑战，这些挑战使读者专注于SoC设计的难点。

第2章阐述软硬件协同设计的流程，以及基于标准单元的设计流程，希望读者对SoC设计的完整过程有一定的了解。本书其余几章是按照SoC设计流程，一步一步深入下去的。

第3章介绍与SoC设计密切相关的EDA工具。SoC设计从系统架构设计开始，到硬件实现的每个步骤都与EDA工具紧密相连。通过这章的介绍，希望读者对SoC的设计流程有更深的认识。

第4章阐述SoC系统架构设计。重点介绍了新兴的、用于复杂SoC架构设计的电子系统级（ESL）设计方法。

第5章介绍IP复用的设计方法及基于平台的SoC设计方法。SoC以IP复用为基础，而基于平台的SoC设计方法是在IP复用的基础上拓展开来的，此类方法更能满足快速的市场变化，目前被工业界广泛使用。

第6章和第7章就RTL代码编写中常犯的错误，如缺少整体规划、同步电路与异步电路的处理等问题给出指导性的建议。

第8章就综合策略、静态时序分析（STA）及基于统计的时序分析（SSTA）方法加以详细介绍。这些方法对于前端和后端IC设计工程师都应该熟练掌握。其中，SSTA方法是在45nm以下工艺进行设计时最受关注的新方法。本章还结合Synopsys的工具给出设计实例。

第9章提出了SoC功能验证所面临的问题和挑战，主要介绍系统级的验证策略和基于断言的验证（Assertion Based Verification）方法。

第10章对SoC的可测性设计（DFT）进行介绍，包括逻辑和存储器的内建自测（BIST）、边界扫描和扫描链插入等。

第11章介绍业界关注的低功耗设计问题和不同层次上的低功耗设计技术。

第12章和第13章主要涵盖了后端设计的关键知识及数模混合电路在SoC设计与集成时的考虑，包括布局布线、时钟分配和时钟树的生成，以及信号完整性问题和可制造性设计（DFM/DFY）等。

第 14 章讨论了 I/O 环的设计和芯片封装问题。包括噪声消除技术、ESD 保护方案及如何选择 SoC 的封装形式等。

此外，为了让读者更好地掌握本书的内容，掌握一定的 SoC 设计实际经验，在本书第 15 章课程设计与实验中，还引入了需要一个团队共同来完成的 SoC 设计实验，并就如何进行项目管理、如何控制进度加以介绍。对于一个完整的集成电路设计项目，团队合作、团队沟通至关重要，这也是本书希望有志于日后投身集成电路设计事业的人员所需要掌握的重要内容之一。

本教材为读者提供免费的多媒体电子课件，请登录华信教育资源网（http://www.hxedu.com.cn）注册下载。

本书由郭炜、郭筝和谢憬执笔完成。在编写期间，受到了来自多方面的支持和帮助。上海交通大学微电子学院的领导和师生一直对本书的编写给予了大力支持。学院付宇卓教授、汪辉副教授等同仁对本书的编写提出了很重要的建议，并花费了大量时间为本书进行审稿。2003 级、2004 级和 2005 级的部分研究生参与了文献整理，修订了本书中的许多纰漏和差错。另外，清华大学的魏少军教授和王志华教授也对本书的撰写做了前瞻性的指导。电子工业出版社对本书的出版给予了热情的帮助。Synopsys 公司为本书提供了许多实例。在此谨向所有在本书的编写和出版工作中曾给予鼓励和帮助的各界人士表示衷心的感谢！此外，在写作过程中，作者参阅了国内外作者的有关论文和著作，特别是本书参考书目中列出的论著，在此一并表示谢意！

鉴于 SoC 技术发展迅速，且涉及众多技术领域，作者虽已尽力，但书中难免存在遗漏和错误之处，敬请读者批评指正。

郭　炜

2007 年 3 月于上海

目　录

第 1 章　SoC 设计绪论

1.1　微电子技术概述

1.1.1　集成电路的发展

当 1947 年 12 月世界上第一个晶体管在贝尔（Bell）实验室诞生的时候，没有人想象得出这样一个不起眼的元件，会怎样令人难以置信地改变这个世界。但很快，人们渐渐地察觉到：在晶体管发明后的不到 5 年的时间里，即在 1952 年 5 月，英国皇家研究所的达默就在美国工程师协会举办的座谈会上第一次提到了集成电路（IC，Integrated Circuit）的设想。他说："可以想象，随着晶体管和半导体工业的发展，电子设备可以在一个固体块上实现，而不需要外部的连接线。这块电路将由绝缘层、导体和具有整流放大作用的半导体等材料组成"，这就是最早的集成电路概念。

通常所说的"芯片"是指集成电路，它是微电子产业的主要产品。微电子技术是现代信息技术的基础，日常所接触的电子产品，包括通信系统、计算机与网络系统、智能化系统、自动控制系统、空间技术、数字家电等，都是在微电子技术的基础上发展起来的。因此可以说，半导体已经成为信息时代的标志和基础。

回顾全球集成电路发展的路程，基本上可以总结出 6 个阶段。

第一阶段：1962 年制造出包含 12 个晶体管的小规模集成电路（SSI，Small-Scale Integration）。

第二阶段：1966 年发展到集成度为 100～1000 个晶体管的中规模集成电路（MSI，Medium-Scale Integration）。

第三阶段：1967～1973 年，研制出 1 千～10 万个晶体管的大规模集成电路（LSI，Large- Scale Integration）。

第四阶段：1977 年研制出在 30 平方毫米的硅晶片上集成 15 万个晶体管的超大规模集成电路（VLSI，Very Large-Scale Integration）。这是电子技术的第 4 次重大突破，从此真正迈入了微电子时代。

第五阶段：1993 年随着集成了 1000 万个晶体管的 16MB FLASH 和 256MB DRAM 的研制成功，进入了特大规模集成电路（ULSI，Ultra Large-Scale Integration）时代。

第六阶段：1994 年由于集成 1 亿个元件的 1GB DRAM 的研制成功，进入巨大规模集成电路（GSI，Giga Scale Integration）时代。

从集成度上看，几十年来集成电路的发展基本遵循着摩尔定律，即集成电路上可容纳的晶体管数目约每隔 18 个月增加 1 倍。从集成电路的类型和制造工艺尺寸两个方面看，已经超越了摩尔定律。图 1-1 所示为 2005 年国际半导体技术蓝图（ITRS，2005 International Technology Roadmap for Semiconductors）中首次提出的摩尔定律及其延伸的概念。可以清楚地看出，一方面，集成电路的类型正在向多样化发展（More than Moore），从单一的数字电路到模拟电路、射频电路、无源器件、高压电路、传感器、生物芯片等，与人和环境的交互功能越来越强；另一方面，在集成电路制造工艺尺寸不断缩小（More Moore）的同时也超出了单一的 CMOS 工艺（Beyond CMOS），使得集成电路的信息处理量不断提高，系统的集成度越来越高，系统级芯片（SoC，System on Chip）、系统级封装（SiP，System-in-Package）也逐步代替了单一功能的集成电路，发展成为功能更强大、具有更高应用价值的系统。

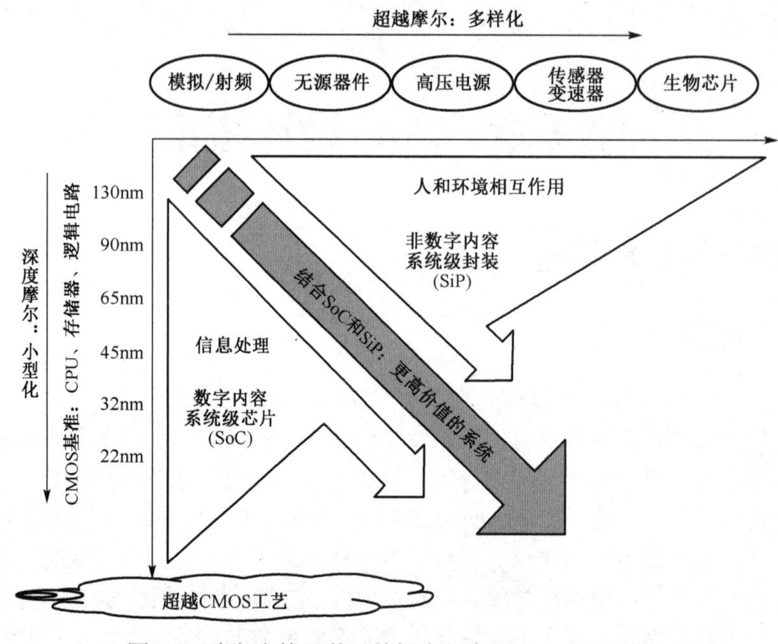

图1-1　摩尔定律及其延伸概念（来源：2005 ITRS）

随着CMOS晶体管越来越接近物理极限，摩尔定律接近瓶颈。但新型器件及3D IC封装的出现，摩尔定律接近瓶颈的僵局将被打破，摩尔定律也将会在更广的层面上得以延伸。与此同时，微电子技术必将通过微型化、自动化、计算机化和机器人化，从根本上改变人类的生活。

1.1.2　集成电路产业分工

微电子技术的迅速发展得益于集成电路产业内部的细致分工。目前，集成电路产业链主要包括设计、制造、封装和测试，如图1-2所示。在这历史过程中，世界IC产业为适应技术的发展和市场的需求，其产业结构经历了3次重大变革。

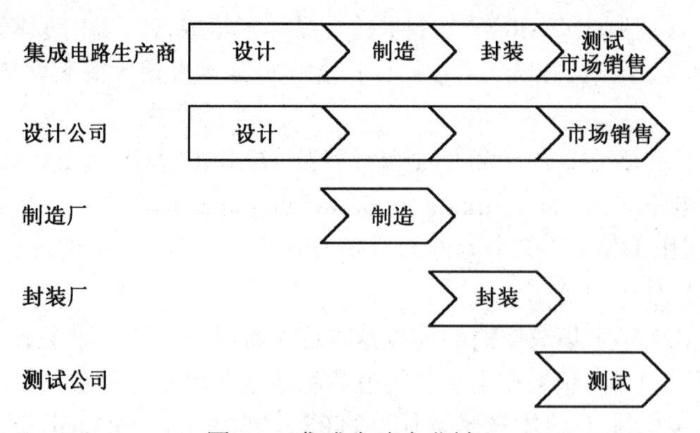

图1-2　集成电路产业链

1. 以生产为导向的初级阶段

确切地说，20世纪60年代的集成电路产业就是半导体产业，这一时期半导体制造在IC产业中充当主要角色，IC设计只作为其附属部门而存在。当时的厂家没有专业分工，所掌握的技术十分全面，最典型的代表就是仙童（Fairchild）公司，它们不但生产晶体管、集成电路，就连生产所需的设备都自己制造。到了20世纪70年代，半导体工艺设备和集成电路辅助设计工具成为相互独立的产业，两者以其精湛的专业技术为IC厂家提供高质量的设备，使得IC厂家可以有更多的精力用于产品的设计与工艺的研究。

2. 代工厂与设计公司的崛起

到了 20 世纪 80 年代，工艺设备生产能力已经相当强大，但是费用十分昂贵，集成电路生产商自己的设计已不足以供其饱和运行，因此开始承接对外加工，继而由部分变为全部对外加工，形成了芯片代工厂（Foundry）加工和仅做芯片设计（Fabless）的公司负责设计的分工。

Fabless 是半导体集成电路行业中无生产线设计公司的简称。Fabless 开拓出市场后（或根据市场未来的需求进行风险投资）进行产品设计，将设计的成果外包给 Foundry 厂家进行芯片生产，生产出来的芯片经过封装测试后由设计公司销售。

Foundry 是芯片代工厂的简称。Foundry 不搞设计，也没有自己的 IC 产品，它为 Fabless 提供完全意义上的代工，这使 Fabless 可以放心地把产品交给 Foundry，而无须担心知识产权外流。

集成电路产业的这一次分工，再加上集成电路辅助设计工具发展为电子设计自动化（EDA，Electronic Design Automation）工具，为大批没有半导体背景的系统设计工程师提供了直接介入 IC 设计的条件。由于工程师们来自国民经济的各行各业，使得集成电路也渗透到各行各业，开拓了集成电路的应用领域。20 世纪 80 年代的这次分工是集成电路发展过程中的一次重要分工，极大地推动了 IC 产业的发展。

3. “四业分离”的 IC 产业

20 世纪 90 年代，随着互联网的兴起，IC 产业跨入以竞争为导向的高级阶段，国际竞争由原来的资源竞争、价格竞争转向人才知识竞争、密集资本竞争，使人们认识到，越来越庞大的 IC 产业体系并不有利于整个 IC 产业的发展，“分”才能精，“整合”才成优势。于是，IC 产业结构开始向高度专业化转变，开始形成设计、制造、封装、测试独立成行的局面，集成电路产业链如图 1-2 所示。

这一次分工的另外一个特征是系统设计和 IP（Intelligent Property，知识产权）设计逐渐开始分工，它对集成电路产业的影响不亚于 20 世纪 80 年代 Fabless 与 Foundry 的分工。从电子工业的发展来看，随着深亚微米集成电路制造工艺的普及，大量逻辑功能可以通过单一芯片实现。同时一些消费类电子行业，如第三代移动通信、高清晰度电视等行业在要求进行百万门级的 IC 设计的同时，还需要考虑特定的应用。这些系统的设计要求设计时间、产品投放市场的时间尽可能短，同时，还要求开发过程有一定的可预测性、产品制造的风险尽量小、产品质量尽可能高。在这种情况下，一种基于系统应用平台的新设计概念——SoC 应运而生了。

1.2 SoC 概述

1.2.1 什么是 SoC

SoC（System on Chip）即系统级芯片，又称片上系统。SoC 将系统的主要功能综合到一块芯片中，本质上是在做一种复杂的 IC 设计。

1995 年美国的调查和咨询公司 Dataquest 对 SoC 的定义是：包括一个或多个计算“引擎”（微处理器/微控制器/数字信号处理器）、至少十万门的逻辑和相当数量的存储器。随着时间的不断推移和相关技术的不断完善，SoC 的定义也在不断发展和完善。图 1-3 所示为 2009 ITRS 给出的一个典型的、面向便携式消费电子应用的 SoC 架构示意图。它主要由多个主处理器、多个处理引擎（PE，Processing Engine）、多个外设及主存储器单元组成，具有高并行性的特点，同时可以完成多个功能。现在的 SoC 芯片上可整体实现 CPU、DSP、数字电路、模拟电路、存储器、片上可编程逻辑等多种电路；综合实现图像处理、语音处理、通信协议、通信机能、数据处理等功能。

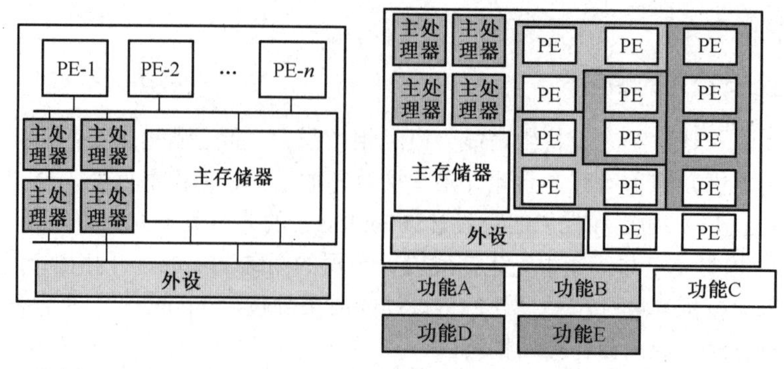

图 1-3 面向便携式消费电子应用的 SoC 架构（来源：2009 ITRS）

SoC 按用途可分为两种类型：一种是专用 SoC 芯片，是专用集成电路（ASIC）向系统级集成的自然发展；另一种是通用 SoC 芯片，将绝大部分部件，如 CPU、DSP、RAM、I/O 等集成在芯片上，同时提供用户设计所需要的逻辑资源和软件编程所需的软件资源。

在目前的集成电路设计理念中，IP 是构成 SoC 的基本单元。所谓 IP 是指由各种超级宏单元模块电路组成并经过验证的芯核，也可以理解为满足特定规范，并能在设计中复用的功能模块。

从 IP 的角度出发，SoC 可以定义为基于 IP 模块的复用技术，以嵌入式系统为核心，把整个系统集成在单个（或少数几个）芯片上完成整个系统功能的复杂的集成电路。目前的 SoC 集成了诸如处理器、存储器、输入/输出端口等多种 IP。

1.2.2 SoC 的优势

与传统设计相比较，由于 SoC 将整个系统集成在一个芯片上，使得产品的性能大为提高，体积显著缩小。此外，SoC 适用于更复杂的系统，具有更低的设计成本和更高的可靠性，因此具有广阔的应用前景。

1. 可以实现更为复杂的系统

随着集成电路制造工艺的发展，SoC 已经把功能逻辑、SRAM、Flash、E-DRAM、CMOS RF、FPGA、FRAM、MEMS 集成到一个芯片上。甚至在近几年，传感器、光电器件也被集成到 SoC 中。可见 SoC 不仅是各种模块的集成，更是各类技术的相互集成，因此它可以完成更为复杂的系统功能。

随着 SoC 设计技术的发展，SoC 上可以集成多个处理器和多个异构加速器，如用于嵌入式网络领域的高速网络驱动 SoC 芯片、高端游戏驱动芯片等。预测显示，一个在 22nm 工艺下生产的 80 个核的 SoC，其性能将大于一个在 45nm 工艺下生产的 8 个核的 SoC 的 20 倍。

2. 具有较低的设计成本

集成电路的成本包括设计的人力成本、软硬件成本、所使用的 IP 成本，以及制造、封装、测试的成本。使用基于 IP 的设计技术，为 SoC 实现提供了多种途径，大大降低了设计成本。另外，随着一些高密度可编程逻辑器件的应用，设计人员能够在不改变硬件结构的前提下修改、完善，甚至重新设计系统的硬件功能，这就使得数字系统具有独特的“柔性”特征，可以适应设计要求的不断变化，从而为 SoC 的实现提供一种简单易行而又成本低廉的手段。

3. 具有更高的可靠性

SoC 技术的应用面向特定用户的需要，芯片能最大限度地满足复杂功能要求，因而它能极大地减少印制电路板上部件数和引脚数，从而降低电路板失效的可能性。

4．缩短产品设计时间

现在电子产品的生命周期正在不断缩短，因而要求完成芯片设计的时间更短。采用基于 IP 复用（Reuse）的 SoC 设计思路，可以将某些功能模块化，在需要时取出原设计重复使用，从而大大缩短设计时间。

5．减少产品设计返工的次数

由于 SoC 设计面向整个系统，不再限于芯片和电路板，而且还有大量与硬件设计相关的软件。在软硬件设计之前，会对整个系统所实现的功能进行全面分析，以便产生一个最佳软硬件分解方案，以满足系统的速度、面积、存储容量、功耗、实时性等一系列指标的要求，从而降低设计的返工次数。

6．可以满足更小尺寸的设计要求

现实生活中，很多电子产品必须具有较小的体积，譬如可穿戴式智能设备。产品的尺寸限制，意味着器件上必须集成越来越多的东西。采用 SoC 设计方法，可以通过优化的设计和合理的布局布线，有效提高晶圆（Wafer）的使用效率，从而减少整个产品的尺寸。

7．可达到低功耗的设计要求

虽然芯片的规模、集成密度和性能要求都达到前所未有的水平，但其功耗问题日益突出。特别是便携式产品的广泛应用。由于这类设备用电池作为电源，所以减少功耗就意味着延长使用时间，以及减少电池的大小和质量。在 SoC 设计方法中，有多种降低芯片功耗的途径，在以后的章节中将会涉及。

1.3　SoC 设计的发展趋势及面临的挑战

1.3.1　SoC 设计技术的发展与挑战

随着集成电路工艺的发展，集成电路设计的新挑战不断出现。从 2004 年至今，设计成本（Design Cost）被认为是集成电路发展道路上的最大障碍。从设计角度考虑，成本的变化主要体现在以下方面：

① 对于 SoC 而言，其包含了软件和硬件两部分，不同的软硬件划分方案和实现方法决定了设计成本；

② 制造的非周期性费用（NRE，Non-Recurring Engineering）越来越高，主要包括掩膜版（Mask）和工程师的设计费用，一旦设计发生错误，将导致这一成本的成倍增长；

③ 摩尔定律加快了设计更新的脚步，也就是缩短了产品的生命周期。相对较长的设计和验证周期增加了成本。

另一方面，设计方法也没有停止前进的脚步，IP 复用和 EDA 工具的发展大大降低了设计成本，从图 1-4 所示的设计方法的改进对高效能 SoC 设计总成本的影响可以看出，这一成本的变化已经不再呈线性发展趋势。例如，在 2005 年，电子系统级（ESL）的设计方法的广泛使用提高了系统架构设计的效率，大大减少了设计成本。加上其他设计方法的应用，使得设计成本比原先估计的降低了近 50 倍。

除了设计成本，集成电路设计还面临着诸如设计复杂度、信号完整性等挑战。随着集成电路制造工艺技术的发展，这些因素对于设计的影响程度也有所不同。图 1-5 所示为 VLSI 设计技术的发展趋势及面临的挑战，可见，从 0.25μm 工艺出现的集成密度的挑战逐渐向时序收敛、信号完整性、低功耗设计和可制造性设计及成品率转变。

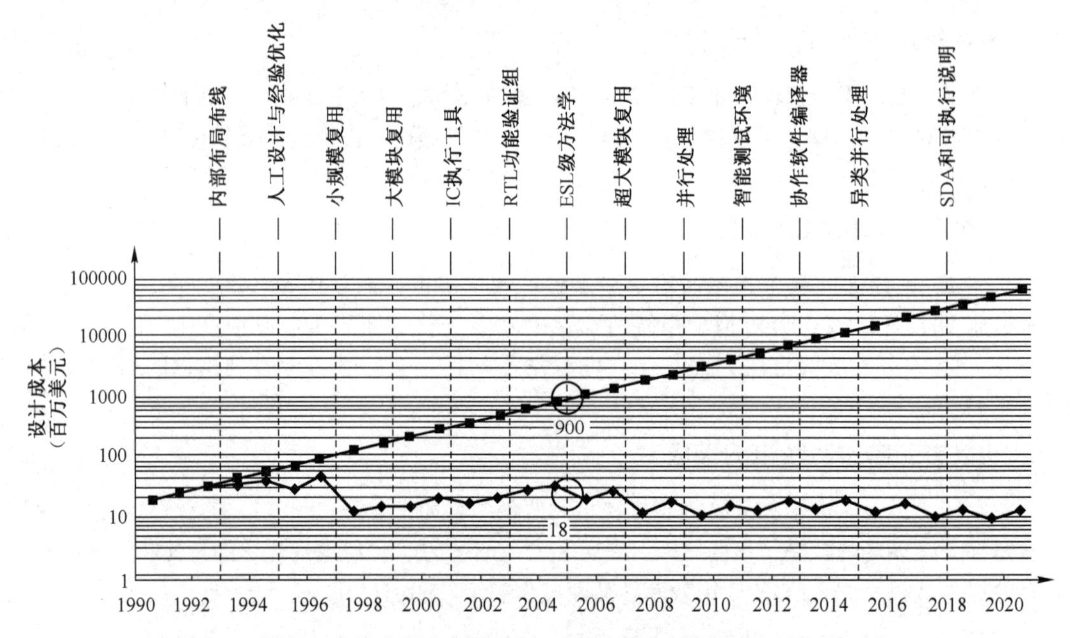

图 1-4 设计方法的改进对高效能 SoC 设计总成本的影响（2005 ITRS）

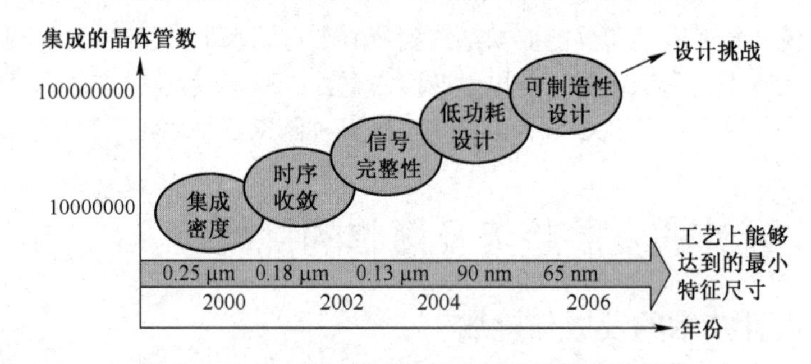

图 1-5 VLSI 设计技术的发展趋势及面临的挑战

1. 集成密度（复杂性）

集成密度是指芯片单位面积上所含的元件数，其朝着密度越来越高的方向发展，这也意味着集成电路的规模越来越大、复杂性越来越高。造成这一发展趋势的原因是整机系统的日新月异。随着科技的进步和人们生活需求的提高，整机系统不断朝着多功能、小体积的方向发展，如手机等消费类通信移动终端。这就要求系统中的芯片在满足功能需求的同时，体积能够尽可能小。如今，设备制造技术的进步使得集成电路的最小特征尺寸（即晶体管的最小沟道长度或芯片上可实现的互连线宽度）逐渐减小。随着 SoC 设计技术的出现，使得设计者可以将整个系统集成在一块芯片上，并且从全局出发，把处理机制、模型算法、芯片架构、各层次电路直至器件的设计紧密结合起来，通过顶层和局部的优化，来提高芯片的集成密度。

不难发现，这一挑战来自两方面，即硅器件的复杂性和设计的复杂性。

（1）硅器件的复杂性

硅器件的复杂性是指工艺尺寸缩小及新器件结构所带来的影响，以前可以忽视的现象现在对于设计的正确性存在着相当大的影响：

① 对于器件而言，无法确定各个参数理想的缩小比例（包括电源电压、阈值电压等）；

② 尺寸缩小使得寄生电容、电感的影响无法忽略，对于制造工艺的可靠性造成一定的影响。

（2）设计的复杂性

设计的复杂性主要体现在芯片验证和测试难度的提高，以及 IP 复用、混合电路设计的困难加大。

① 芯片验证更为复杂

电路规模的增加导致庞大的设计数据和更为复杂的验证过程。集成度越高，实现的功能越丰富，所需要的验证过程就越烦琐，验证向量的需求也就更多。目前，越来越多的设计厂商在设计复杂 SoC 芯片时采用基于 IP 复用的方法。就 IP 功能而言，有处理器核、DSP 核、多媒体核等；就电路类型而言，有数字逻辑核、存储器核、模拟/混合核。IP 的多样性造成了验证的复杂性。

② 芯片测试更为复杂

集成密度的提高同样给芯片测试带来了困难。芯片规模的增大，往往会导致外围引脚的增加，并且内部逻辑越来越复杂，从而产生海量的测试向量。这就对芯片测试设备提出了更高的要求。测试设备所能提供的测试通道深度和测试时间都是"稀缺资源"，随着集成度不断提高，测试日渐成为复杂 SoC 设计流程中的瓶颈。

③ 混合电路设计更为复杂

SoC 集成密度提高的另外一个挑战是数字模拟的混合电路的集成。在目前的技术水平下，典型的 SoC 有数十个系统单元组成，而且数量在未来可能增加到上百个。整个系统包括数字部分和模拟部分，其中，数字部分主要由处理器、存储器、外围接口组成，模拟部分包含了射频电路，以及模数、数模转换电路。近年来，市场对通信产品如手机、蓝牙产品等有着强劲的需求。预测在未来的几年，超过 70%的 SoC 设计包括混合信号的内容。模拟电路不像数字电路，其受外界因素的影响较为明显，集成度也远低于数字电路，要在高密度下实现数字电路和模拟电路的集成和信号交互，就必须重新考虑设计方法、设计工具、制造封装方法等因素。

2. 时序收敛

集成电路设计中的时序收敛一般指前后端设计时序能够达到设计需求。随着工艺的进步，线延迟占主导地位，时序收敛问题越来越严重。当前，基于标准单元的深亚微米集成电路设计正接近复杂度、性能和功耗的极限。设计工具的时序准确性不足及版图后的时序收敛问题已经成为成功实现这类设计项目的两大关键障碍。根据市场调研公司 Collett International 的调查，60%以上的 ASIC 设计都存在时序收敛问题。

从 0.18μm 特征尺寸开始，在逻辑综合期间，用于评估互连负载和时延的基于统计扇出（Fanout）的线负载（Wireload）模型与版图设计完成后实际的互连负载和时延之间存在很大区别，从而导致设计综合后和版图设计后两个版本之间缺乏可预测的时序。在 0.13μm 以下尺寸，估计的和实际的互连线特征之间的差异要比 0.18μm 时大很多。因此，在更小尺寸的情况下，出现时序收敛问题时，设计工程师必须修改 RTL 设计或约束，重新综合并重新设计版图，大大增加了前端/后端的迭代工作，既耗时，也影响了项目的进度。为此，人们必须找到一种方法，能够在设计的早期获得更加精确的时序信息。

3. 信号完整性

信号完整性（Signal Integrity）是指一个信号在电路中产生正确的、相应的能力。信号具有良好的信号完整性是指，在需要的时间段内，该信号具有所必须达到的电压电平数值。

在 SoC 设计中，信号之间的耦合作用会产生信号完整性问题，忽视信号完整性问题可能导致信号之间产生串扰，可靠性、可制造性和系统性能也会降低。随着集成电路工艺制造技术的发展，导致信号串扰的机会在增加。金属布线层数持续增加：从 0.35μm 工艺的 4 层或 5 层增加到 0.13μm 工艺中的超过 7 层的金属布线层。随着布线层数的增加，相邻的沟道电容也会增加。另外，目前复杂设计中的电路门数的剧增使得更多、更长的互连线成为必要。长的互连线不仅使得耦合电容增加，长线上的电阻也会增加，而越来越细的金属线同样也会导致电阻的增加，这是由于互连线的横断面减小的缘故。即使采用现有的铜线互连工艺也并不能够解决这方面的问题，仅仅只是延缓了解决电阻问题的时间。

4．低功耗设计

SoC 的低功耗设计已成为重大挑战之一。在特定领域，功耗指标甚至成为第一大要素。近年来，随着 IC 工作频率、集成度、复杂度的不断提高，IC 的功耗快速增加，以 Intel 处理器为例，处理器的最大功耗每 4 年增加 1 倍。而随着制造工艺尺寸的减小，CMOS 管的静态功耗（漏电）急剧增加，并且呈指数增长趋势。功耗的提高带来了一系列的现实问题及设计挑战：

① 功耗增加引起的 IC 运行温度上升会引起半导体电路的运行参数漂移，影响 IC 的正常工作，即降低电路的可靠性和性能；

② 功耗增加引起的 IC 运行温度上升会缩短芯片寿命，并且对系统冷却的要求也相应提高，不仅增加了系统成本，而且限制了系统性能的进一步提高，尤其对于现在流行的移动计算；

③ 为了进行低功耗设计，需要选择不同性能参数的器件，如多阈值电压的 MOS 管、不同电源电压的器件等，这样一来就大大增加了设计复杂度。

另外，虽然电池技术已经取得了一定的进步，寿命有所延长、体积有所减小，但这些变化都跟不上下一代集成电路设计功耗迅速增加的需求。传统电源管理技术不足以使电池寿命维持到最终用户可接受的水平。图 1-6 所示为电池容量发展与摩尔定律及香农定律的比较，可以看出，电池容量发展跟不上集成电路制造技术发展和无线技术的发展。图中的香农定律是无线应用领域的预测定律，它预测了无线应用中的一系列相关算法的复杂度。蜂窝无线标准的发展就是这种复杂度快速增长例子中的典型代表，在 1G 与 2G 及 2G 与 3G 之间，处理复杂度都是按 3 阶的级数递增的。

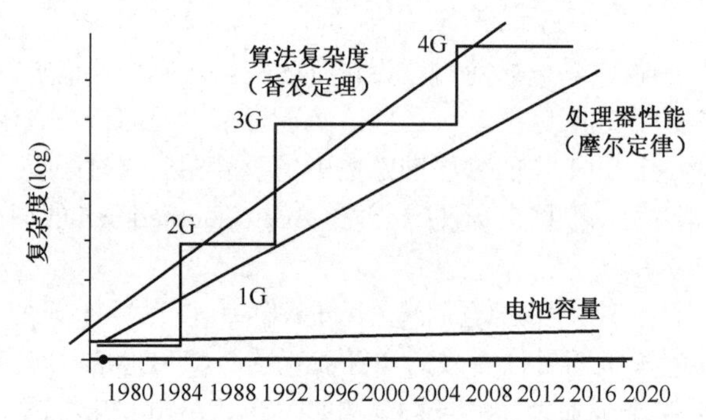

图 1-6 电池容量发展与摩尔定律及香农定律的比较

系统的低功耗设计及其 IC 的低功耗设计至今仍是其生存的关键，需要在保证性能的前提下，尽可能地节省功耗。

从宏观结构上看，IC 功耗来自 IC 内部的各功能模块及功能模块间通信的功耗，而功能模块的划分、功能特性、数量和相互关系及任务的分配是在系统架构设计时确定的。IC 的功耗是各功能模块的功耗的总和。对于性能的不同要求，对模块的功能要求就不同，从而影响 IC 的实现规模。功能越复杂，实现规模越大，IC 的功耗就越高，所以系统架构级的设计从根本上关系到 IC 功耗的大小。随着 ESL 设计方法的出现，使得在设计的早期进行软硬件协同设计成为可能，如图 1-7 所示，系统级设计将在低功耗设计中发挥越来越重要的作用。

从微观电路实现上看，集成电路的功耗主要由动态功耗和静态功耗两部分组成。目前集成电路主要以静态 CMOS 为主，在这类电路中，动态功耗是整个电路功耗的主要组成部分；其次是静态功耗，随着工艺尺寸的不断减小，泄漏电流消耗的功率所占的比重越来越大，成为 IC 功耗的主要来源。在 0.13μm 以下工艺，泄漏电流再也不能被忽略不计。在 90nm 工艺下，泄漏电流所消耗的功率可占总功耗的 50%左右。如何降低泄漏电流功耗又成为一个棘手的问题。因此，对于设计人员来说，需要针对不同的功耗进行设计方法的折中。

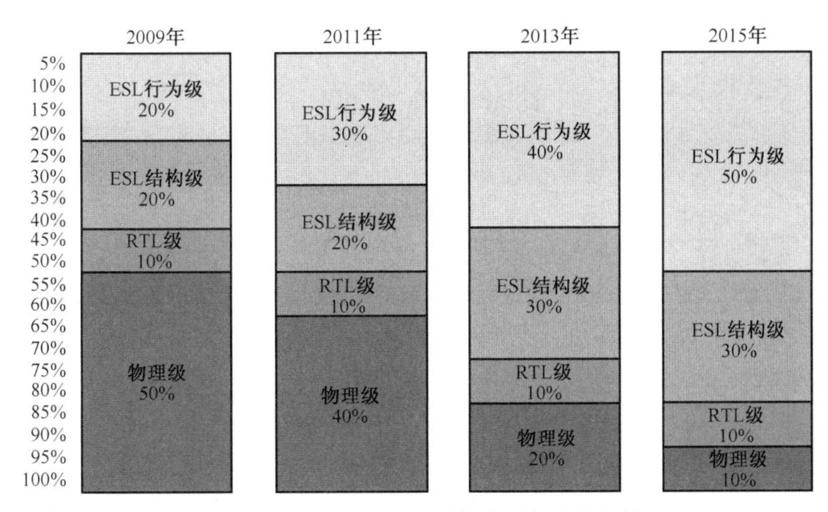

图 1-7 在低功耗设计中各个设计阶段所起作用的变化趋势（2009 ITRS）

5．可制造性设计及成品率

过去，成品率完全取决于代工厂的制造工艺水平，而现在更多的将依赖于设计本身的特征。这是因为，随着电路中门数的继续增长，以及新的制造技术的发展（包括铜制造工艺），出现了许多意想不到的因素，如平整性对时序的影响、过孔空洞效应等，所有这些因素都会引入新的缺陷类型，影响成品率。布线后的工艺应用的复杂性增加了，光学和工艺校正（OPC，Optical and Process Correction）成为 0.13μm 工艺的必需环节，而进行 OPC 可能会大大影响成品率。其他旨在提高成品率的布线后的工艺应用，如金属填充、开孔和冗余孔洞插入等，实际上也可能增加缺陷。

如何在规模不断扩大、器件特征尺寸不断缩小的情况下，保持和改善 IC 的成品率已成为集成电路制造中的关键问题。在一个芯片付诸制造之前，尤其是在芯片批量生产之前，如果能够准确预测出该产品的制造成品率，将对 IC 的制造起到非常重要的作用。在芯片生产之前采取一些修正措施，如改变设计规则、选择先进的工艺线、改变芯片的布局布线和加入容错设计等，可使集成电路的成品率达到最大，大大缩短产品的研制周期。这就是集成电路可制造性设计（DFM）。它将电路性能与生产能力紧密结合，使集成电路的成品率和利润达到最优化。

对于 65nm 及以下的工艺，可制造性设计尤为重要。总体来看，可制造性设计将与功耗、性能和信号完整性一同作为多目标设计优化的首要任务。

1.3.2 SoC 设计方法的发展与挑战

随着集成电路制造工艺的发展，SoC 上将集成更多数量和种类的器件。设计、制造、封装和测试变得越来越密不可分。同时，人们对高效能的 SoC 的需求会更加迫切。未来的 SoC 中将会用到更多处理器或加速器，以便更加灵活地支持不断出现的新应用。设计方法也会改进来应对新的挑战，它会对设计工具提出新的要求，产生新的设计技术。这些趋势主要体现在以下方面：

- IP 复用将不仅仅在硬件领域，在软件设计领域同样需要；
- 今后的设计将在一个应用平台上完成，该平台将包括一个或多个处理器和逻辑单元，即基于平台的设计；
- 可编程、可配置、可扩展的处理器核的使用，会使得原有的设计流程和设计者思维发生变化；
- 系统级验证时，利用高级语言搭建验证平台和编写验证向量，需要相应的工具支持；
- 软硬件协同综合，使得在同样的约束条件下，系统达到最优的设计性能。

这些都要求设计层次向着更高的抽象层次发展，设计工具之间更紧密的结合，更早地实现功能验证和性能验证。图 1-8 表示了设计系统架构的发展（2003 ITRS）。

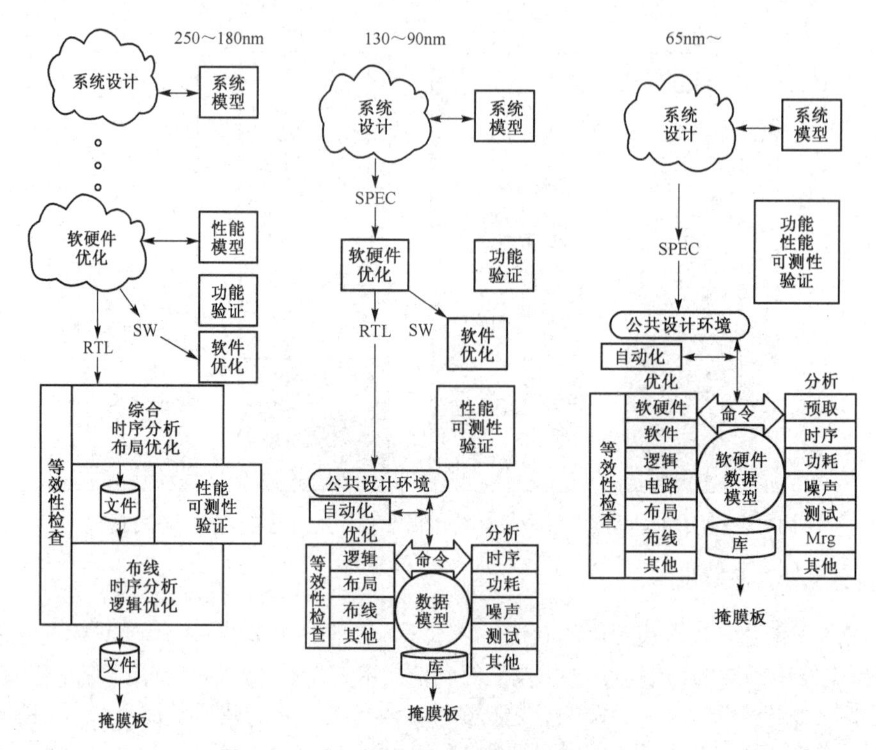

图 1-8 设计系统架构的发展（2003 ITRS）

1.3.3 未来的 SoC

在未来的 SoC 设计中，设计者会努力争取将系统所有的重要数字功能，如网络开关、打印机、电话、数字电视等做在一个芯片上。SoC 设计将所有的重量级功能，如高效通信信号处理、图像和视频信号处理、加密和其他应用加速等功能，集成到一个芯片上。随着互联网新技术的不断涌现，人们对模拟仿真、互动及智能化的要求越来越高，这就催生了众核时代的到来。未来的众核芯片上将集成数百个乃至数千个小核，可更有效地提高 SoC 性能，改善芯片通信方式，并降低能耗。

在未来的 SoC 设计和销售中，软件所占的比重将越来越大。未来的 SoC 设计不仅包含了硬件，还要包含很大规模的软件，传统的软硬件划分准则不再有效。同时，芯片销售将包括驱动程序、监控程序和标准的应用接口，还可能包括嵌入式操作系统。软件的增值会给设计公司带来更多的收入，设计思路会发生很大的变化。

在未来的 SoC 设计中，功耗问题将遇到更大的限制和挑战。高效能（Power Efficient）的新型 SoC 系统架构将成为 SoC 发展的主要驱动力。

以前，绝大多数功能都是靠使用专用硬件加速器来实现的。这使得设计的周期更长、成本更高，并且产品寿命更短。以电子系统级设计为代表的先进的 SoC 设计方法的出现，使得以多个处理器为中心的复杂 SoC 设计变得简单，而灵活的软件方案可以更有效地解决多变、复杂的应用问题。可配置、可重构的复杂 SoC 必将成为未来的主流。

本章参考文献

[1] Frantz G A. System on a chip: a system perspective[C]. International Symposium on Vlsi Technology. IEEE, 2001.

[2] Hodges D A, Jackson H G, Saleh R A. Analysis and Design of Digital Integrated Circuits: In Deep Submicron Technology[M]. USA：McGraw-Hill, 2003.

[3] Chris Rowen. 复杂 SOC 设计[M]. 罗文，吴武臣，等译. 北京：机械工业出版社, 2006.

[4] 魏少军. 未来 SoC 技术发展的几个特点[J]. 电子产品世界, 2008, (10): 140.

第 2 章　SoC 设计流程

SoC 设计与传统的 ASIC 设计最大的不同在于以下两方面。一是 SoC 设计更需要了解整个系统的应用，定义出合理的芯片架构，使得软硬件配合达到系统最佳工作状态，如总线的设计使得总线传输吞吐量满足操作处理的需求，与外部存储器的接口正确等。因而，软硬件协同设计被越来越多地采用。二是 SoC 设计是以 IP 复用为基础的。因而，基于 IP 模块的大规模集成电路设计是硬件实现的关键。

一个完整的 SoC 设计包括系统架构设计、软件结构设计和硬件（芯片）设计。详细的软件结构设计不在本书的讨论范围之内。本章将介绍软硬件协同设计的流程，基于标准单元的设计流程，最后将介绍 FPGA 及基于 FPGA 的 SoC 设计流程。希望学员在学习本章后能够对 SoC 设计的完整过程有一个整体化的了解。

2.1　软硬件协同设计

SoC 通常被称作系统级芯片或者片上系统，作为一个完整的系统，其包含了硬件和软件两部分内容。这里所说的硬件指 SoC 芯片部分，软件是指运行在 SoC 芯片上的系统及应用程序。既然它是由软件和硬件组合而成的，则在进行系统设计时，就必须同时从软件和硬件的角度去考虑。

在传统的设计方法中，设计工程师通常在“纸上”画出系统架构图。这使得设计工程师很难定量地评估特定的架构设计。一旦设计工程师选定了一种特定的架构，他们就试图用硬件描述语言来进行详细设计。这种方法使得设计工程师很快就忙于细节的设计而没有对架构进行系统层次上的详细评估。随着设计的细节化，要改变系统架构就变得更难。另外，由于仿真速度的限制，软件开发没有可能在这种详细的硬件设计平台上进行。所以采用传统的设计流程进行 SoC 设计可能会导致产品设计周期长，芯片设计完成后发现系统架构存在问题等。

软硬件协同设计是指软硬件的设计同步进行，基于软硬件协同设计的 SoC 设计流程如图 2-1 所示，在系统定义的初始阶段两者就紧密相连。近年来，由于电子系统级设计（ESL，Electronic System Level Design）工具的发展，软硬件协同设计已被逐渐采用。这种方法使软件设计者在硬件设计完成之前就可以获得软件开发所需的虚拟硬件平台，在虚拟平台上开发应用软件，评估系统架构设计，从而使硬件设计工程师和软

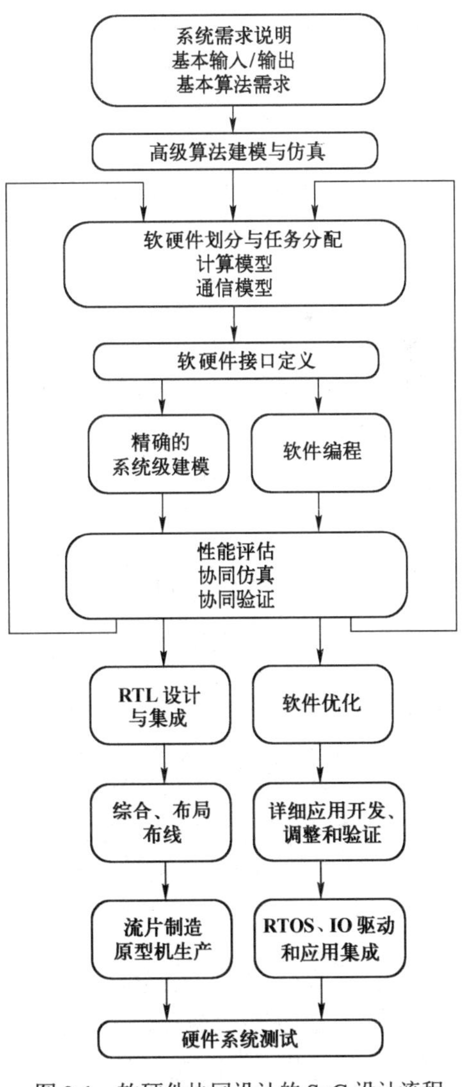

图 2-1　软硬件协同设计的 SoC 设计流程

件设计工程师联合进行SoC芯片的开发及验证。这样并行设计不仅减少了产品开发时间，同时大大提高了芯片一次流片成功的概率。这种设计方法与传统的硬件与软件开发分离的设计方法差别非常大。具体过程如下。

1．系统需求说明

系统设计首先从确定所需的功能开始，包含系统基本输入和输出及基本算法需求，以及系统要求的功能、性能、功耗、成本和开发时间等。在这一阶段，通常会将用户的需求转换为用于设计的技术文档，并初步确定系统的设计流程。

2．高级算法建模与仿真

在确定流程后，设计者将使用如C和C++等高级语言创建整个系统的高级算法模型和仿真模型。目前，一些EDA工具可以帮助我们完成这一步骤。有了高级算法模型，便可以得到软硬件协同仿真所需的可执行的说明文档。此类文档会随着设计进程的深入而不断地完善和细化。

3．软硬件划分过程

这一环节包括软硬件划分和任务分配，是一个需要反复评估和修改直至满足系统需求的过程。对于一个复杂系统或应用，这部分工作通常是借助ESL工具来完成的。设计者通过软硬件划分来决定哪些功能应该由硬件完成，哪些功能应该由软件来实现。软硬件划分的合理性对系统的实现至关重要。通常，在复杂的系统中，软件和硬件都比较复杂。有些功能既可以用软件实现，也可以用硬件实现，这取决于所要达到的性能指标与实现的复杂程度及成本控制等因素。对比而言，两者各有千秋。

采用硬件作为解决方案的好处有：由于增加了特定的硬件实现模块（通常是硬件加速器），因而可使系统的性能提升，仅就速度而言可以提高10倍，甚至100倍；增加的硬件所提供的功能可以分担原先处理器的部分功能，这一点有助于降低处理器的复杂程度，使系统整体显得简单。

硬件解决方案也存在一些不利的地方：添加新的硬件必然会提高成本，主要花费在购买IP和支付版权费等方面；硬件的研发周期通常都比较长，中等规模的开发团队开发一套复杂程度一般的硬件系统至少需要3个月的时间；要改正硬件设计存在的错误，可能需要再次流片；相比于软件设计工具，硬件设计工具要昂贵许多，这也使得设计成本增加。

采用软件实现作为解决方案的好处有：软件产品的开发更灵活，修改软件设计的错误成本低、周期短；受芯片销量的影响很小，即使所开发的软件不用在某一特定芯片上，也可以应用到其他硬件设备上，因而市场的风险比较低。软件解决方案也存在着难以克服的不足之处：软件实现从性能上来说不及硬件实现；采用软件实现对算法的要求更高，这又对处理器的速度、存储器的容量提出了更严格的条件，一般还需要实时操作系统的支持。

表2-1列出了软件和硬件实现的优缺点。

软硬件划分的过程通常是将应用一一在特定的系统架构上映射，建立系统的事务级模型，即搭建系统的虚拟平台，然后在这个虚拟平台上进行性能评估，多次优化系统架构。系统架构的选择需要在成本和性能之间折中。高抽象层次的系统建模技术及电子系统级设计的工具使得性能的评估可视化、具体化。

4．软硬件同步设计

由于软硬件的分工已明确，芯片的架构及同软件的接口也已定义，接下来便可以进行软硬件的同步设计了。其中，硬件设计包括RTL设计、综合、布局布线及最后的流片。软件设计则包括算法优化、应用开发，以及操作系统、接口驱动和应用软件的开发。

表 2-1　软件和硬件实现的优缺点

硬　件	优　点	速度快，可以实现 10 倍、100 倍的提升 对于处理器复杂度的要求比较低、系统整体简单 相应的软件设计时间较少
	缺　点	成本较高，需要额外的硬件资源、新的研发费用、IP 和版权费 研发周期较长，通常需要 3 个月以上 良率较低，通常只有 50%的 ASIC 可以在一次流片后正常工作 辅助设计工具的成本也非常高
软　件	优　点	成本较低，不会随着芯片量产而变化 通常来说，软件设计的相关辅助工具较便宜 容易调试，不需要考虑设计时序、功耗等问题
	缺　点	比起用硬件实现同样的功能，性能较差 算法实现对处理器速度、存储容量提出很高要求，通常需要实时操作系统的支持 开发进度表很难确定，通常在规定时间内无法达到预定性能要求

5. 硬件系统测试

系统测试策略是根据设计的层次结构制定的。首先是测试子模块的正确性，接着验证子模块的接口部分及总线功能，然后在整个搭建好的芯片上运行实际的应用软件。软件将作为硬件设计的验证向量，这样不仅可以找出硬件设计中的问题，同时也验证了软件本身的正确性。

总之，协同设计方法的关键是在抽象级的系统建模。目前，对该领域的研究非常活跃，将来可以预见描述语言、架构定义及算法划分工具会被广泛使用。

2.2　基于标准单元的 SoC 芯片设计流程

SoC 设计是从整个系统的角度出发，把处理机制、模型算法、芯片架构、各层次电路直至器件的设计紧密结合起来。SoC 芯片设计是以 IP 为基础，以分层次的硬件描述语言为系统功能和架构的主要描述手段，并借助于 EDA 工具进行芯片设计的过程。

SoC 芯片设计步骤，主要包括模块定义、代码编写、功能及性能验证、综合优化、物理设计等环节，每个设计环节都是本书需要重点介绍的内容，将在以后各章节详细介绍。

图 2-2 所示为一个较详细的基于标准单元的设计流程。设计者在明确了系统定义和芯片定义后，了解了包括芯片的架构和电气特性的规格说明，以及设计周期、进度、人力资源管理等，就可以进行详细的硬件设计了。架构的规格说明定义了电路要实现的功能及具体实现的芯片上的架构，如核、总线、内存、接口等；电气的规格说明包括环境所能容忍的电压范围、直流特性、交流特性等。设计周期、进度和人力资源安排等则是关系到产品成败与否的关键，这是因为目前电子产品的市场生命周期越来越短，需要迅速地推出自己的产品来抢占市场。人力资源调配不当、进度安排不合理将导致设计周期过长，可能会使设计成功的产品在真正推出的时候已经落后于市场。

从硬件设计的角度来说，在保证功能正确的前提下，芯片面积、速度、功耗，可测性及可靠性是衡量一块芯片成功与否的重要技术指标。在设计的各个步骤都应该考虑到这些，进而减少设计过程中的迭代次数，缩短设计周期。

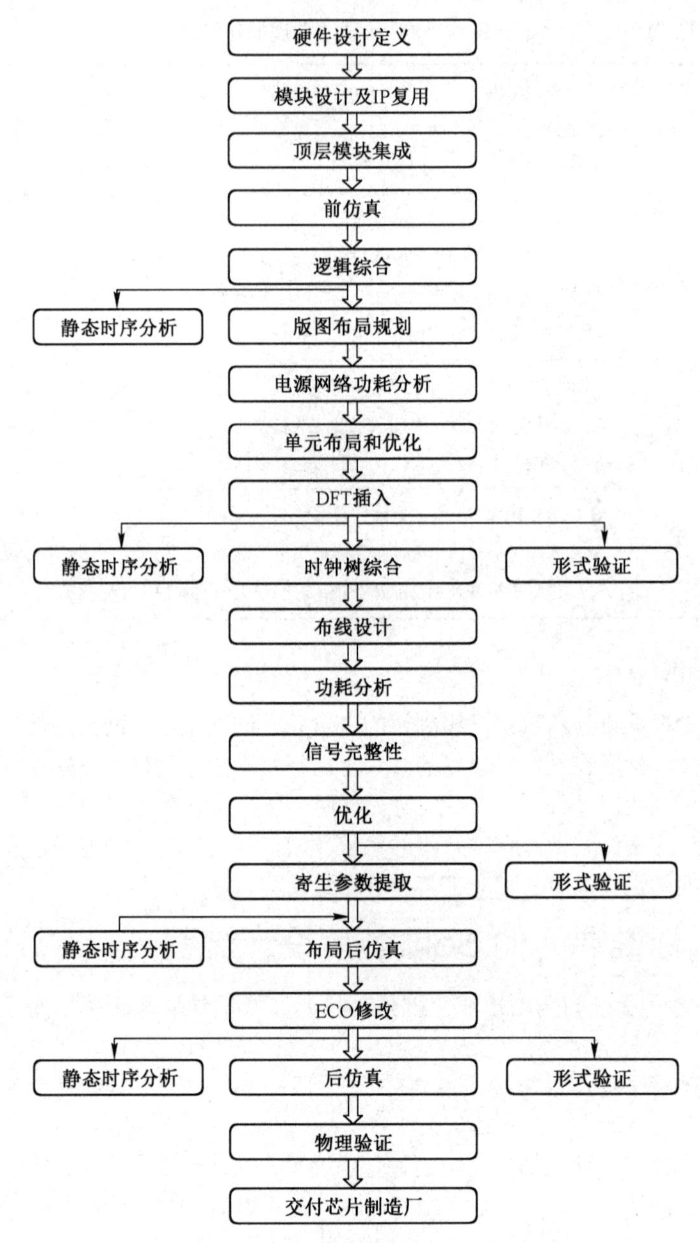

图2-2 基于标准单元的设计流程

1．硬件设计定义说明（Hardware Design Specification）

硬件设计定义说明描述芯片总体架构、规格参数、模块划分、使用的总线，以及各模块的详细定义等。

2．模块设计及IP复用（Module Design & IP Reuse）

模块设计及IP复用是根据硬件设计所划分出的功能模块，确定需要重新设计的部分及可复用的IP。IP可自主研发，或者购买其他公司的IP。目前，设计的输入是采用硬件描述语言（HDL），如Verilog或VHDL，所以，数字模块的设计通常称为RTL代码编写。

3．顶层模块集成（Top Level Integration）

顶层模块集成将各个不同的功能模块，包括新设计的与复用的整合在一起，形成一个完整的设计。通常采用硬件描述语言对电路进行描述，其中需要考虑系统时钟/复位、I/O 等问题。

4. 前仿真（Pre-layout Simulation）

前仿真也叫 RTL 级仿真，功能仿真。通过 HDL 仿真器验证电路逻辑功能是否有效，即 HDL 描述是否符合设计所定义的功能期望。在前仿真时，通常与具体的电路版图实现无关，没有时序信息。

5. 逻辑综合（Logic Synthesis）

逻辑综合是指使用 EDA 工具把由硬件描述语言设计的电路自动转换成特定工艺下的网表（Netlist），即从 RTL 级的 HDL 描述通过编译产生符合约束条件的门级网表。网表是一种描述逻辑单元和它们之间互连的数据文件。约束条件包括时序、面积和功耗的约束。其中，时序是最复杂和最关键的约束，决定了整个芯片的性能。在综合过程中，EDA 工具会根据约束条件对电路进行优化。

6. 版图布局规划（Floorplan）

版图布局规划完成的任务是确定设计中各个模块在版图上的位置，主要包括：

- I/O 规划，确定 I/O 的位置，定义电源和接地口的位置；
- 模块放置，定义各种物理的组、区域或模块，对这些大的宏单元进行放置；
- 供电设计，设计整个版图的供电网络，基于电压降（IR Drop）和电迁移进行拓扑优化。

版图布局规划的挑战是在保证布线能够走通且性能允许的前提下，如何最大限度地减少芯片面积，是物理设计过程中需要设计者付出最大努力的地方之一。

7. 功耗分析（Power Analysis）

在设计中的许多步骤都需要对芯片功耗进行分析，从而决定是否需要对设计进行改进。在版图布局规划后，需要对电源网络进行功耗分析（PNA，Power Network Analysis），确定电源引脚的位置和电源线宽度。在完成布局布线后，需要对整个版图的布局进行动态功耗分析和静态功耗分析。除了对版图进行功耗分析以外，还应通过仿真工具快速计算动态功耗，找出主要的功耗模块或单元。这也是功耗分析的重要一步。

8. 单元布局和优化（Placement & Optimization）

单元布局和优化主要定义每个标准单元（Cell）的摆放位置，并根据摆放的位置进行优化。现在，EDA 工具广泛支持物理综合，即将布局和优化与逻辑综合统一起来，引入真实的连线信息，减少了时序收敛所需要的迭代次数。

9. 静态时序分析（STA，Static Timing Analysis）

静态时序分析是一种穷尽分析方法。它通过对提取的电路中所有路径上的延迟信息的分析，计算出信号在时序路径上的延迟，找出违背时序约束的错误，如建立时间（Setup Time）和保持时间（Hold Time）是否满足要求。静态时序分析的方法不依赖于激励，而且可以穷尽所有路径，运行速度快，占用内存少。它完全克服了动态时序验证的缺陷，是 SoC 设计中重要的一个环节。在后端设计的很多步骤完成后都要进行静态时序分析，如在逻辑综合完成之后、在布局优化之后、在布线完成后等。

10. 形式验证（Formal Verification）

这里所指的形式验证是逻辑功能上的等效性检查。这种方法与动态仿真最大的不同点在于它不需要输入测试向量，而根据电路的结构判断两个设计在逻辑功能上是否相等。在整个设计流程中会多次引入形式验证用于比较 RTL 代码之间、门级网表与 RTL 代码之间，以及门级网表之间在修改之前与修改之后功能的一致性。形式验证与静态时序分析一起，构成设计的静态验证。

11．可测性电路插入（DFT，Design for Test）

可测性设计是SoC设计中的重要一步。通常，对于逻辑电路采用扫描链的可测试结构，对于芯片的输入/输出端口采用边界扫描的可测试结构。基本思想是通过插入扫描链，增加电路内部节点的可控性和可观测性，以达到提高测试效率的目的。一般在逻辑综合或物理综合后进行扫描电路的插入和优化。

12．时钟树综合（Clock Tree Synthesis）

SoC设计方法强调同步电路的设计，即所有的寄存器或一组寄存器是由同一个时钟的同一个边沿驱动的。构造芯片内部全局或局部平衡的时钟链的过程称为时钟树综合。分布在芯片内部寄存器与时钟的驱动电路构成了一种树状结构，这种结构称为时钟树。时钟树综合是在布线设计之前进行的。

13．布线设计（Routing）

这一阶段完成所有节点的连接。布线工具通常将布线分为两个阶段：全局布线与详细布线。在布局之后，电路设计通过全局布线决定布局的质量及提供大致的延时信息。如果单元布局不好，全局布线将会花上远比单元布局多得多的时间。不好的布局同样会影响设计的整体时序。因此，为了减少综合到布局的迭代次数及提高布局的质量，通常在全局布线之后要提取一次时序信息，尽管此时的时序信息没有详细布线之后得到的准确。得到的时序信息将被反标（Back Annotation）到设计网表上，用于静态时序分析，只有当时序得到满足时才进行到下一阶段。详细布线是布局工具做的最后一步，在详细布线完成之后，可以得到精确的时序信息。

14．寄生参数提取（Parasitic Extraction）

寄生参数提取是提取版图上内部互连所产生的寄生电阻和电容值。这些信息通常会转换成标准延迟的格式被反标回设计，用于做静态时序分析和后仿真。

15．后仿真（Post-layout Simulation）

后仿真也叫门级仿真、时序仿真、带反标的仿真，需要利用在布局布线后获得的精确延迟参数和网表进行仿真，验证网表的功能和时序是否正确。后仿真一般使用标准延时（SDF，Standard Delay Format）文件来输入延时信息。

16．ECO修改（ECO，Engineering Change Order）

ECO修改是工程修改命令的意思。这一步实际上是正常设计流程的一个例外。当在设计的最后阶段发现个别路径有时序问题或逻辑错误时，有必要对设计进行小范围的修改和重新布线。ECO修改只对版图的一小部分进行修改而不影响到芯片其余部分的布局布线，这样就保留了其他部分的时序信息没有改变。在大规模的IC设计中，ECO修改是一种有效、省时的方法，通常会被采用。

17．物理验证（Physical Verification）

物理验证是对版图的设计规则检查（DRC，Design Rule Check）及逻辑图网表和版图网表比较（LVS，Layout Vs. Schematic）。DRC用以保证制造良率，LVS用以确认电路版图网表结构是否与其原始电路原理图（网表）一致。LVS可以在器件级及功能块级进行网表比较，也可以对器件参数，如MOS电路沟道宽/长、电容/电阻值等进行比较。

在完成以上步骤之后，设计就可以签收、交付到芯片制造厂（Tape Out）了。

在实际的IC设计中，设计工程师将依赖EDA工具完成上述步骤。不同的EDA厂商通常会结合自己的EDA工具特点提供设计流程，但这些设计流程大体上是一致的。随着工艺尺寸的不断减小，新一代的 EDA 工具将出现，新的设计流程也将出现用于解决新的问题。

2.3　基于 FPGA 的 SoC 设计流程

FPGA（Field Programmable Gate Array），即现场可编程逻辑门阵列，是在 PAL、GAL、CPLD 等可编程器件的基础上进一步发展的产物。它是作为专用集成电路（ASIC）领域中的一种半定制电路而出现的，既解决了定制电路的不足，又克服了原有可编程器件门电路数有限的缺点。FPGA 是当今数字系统设计的主要硬件平台，其主要特点就是完全由用户通过软件进行配置和编程，从而完成某种特定的功能，并且可以反复擦写。在修改和升级时，不需额外地改变 PCB 电路板，只是在计算机上修改和更新程序，使硬件设计工作成为软件开发工作，缩短了系统设计的周期，提高了实现的灵活性，并降低了成本。

FPGA 最初作为专用集成电路领域中的一种半定制电路而出现，主要对专用集成电路进行原型验证。随着集成电路工艺和 EDA 工具的发展，FPGA 作为一种专用芯片除了作为原型验证平台，已被直接应用于很多应用领域，涉及汽车电子、军事（如安全通信、雷达、声呐等）、测试和测量（如仪器仪表等）、消费电子（如显示器、投影仪、数字电视和机顶盒、家庭网络等）、网络通信（如 4G/5G、软件无线电等）等多个领域。伴随着摩尔定律的发展，人们对于计算能效提出了更高的要求，异构计算已成为提升计算能效的主要手段。FPGA 的可编程性使其成为继 GPU 后第二代异构计算平台的主要组成部分，目前被广泛应用于超级计算机、云计算、数据中心等领域。近年来，越来越多的人开始认识到深度学习可能会改变未来的生活，成为未来科技发展的方向，FPGA 设计工具使其对深度学习领域经常使用的上层软件兼容性更强。目前，FPGA 的主要生产厂商包括 Xilinx、Altera、Actel 等。Xilinx 公司提供可编程逻辑完整解决方案，其研发、制造及销售范围包括高级集成电路、软件设计工具及作为预定义系统级功能的 IP。Altera 公司在 1983 年发明了世界上第一款可编程逻辑器件，是“可编程系统级芯片系统”（SOPC）解决方案倡导者。该公司于 2015 年被 Intel 收购，Intel 在 2016 年发布了集成了 FPGA 的 Xeon E5-2600 v4 处理器，主要为高性能机器学习和人工智能提供支持。Actel 公司成立于 1985 年，一直致力于美国军工和航空领域 FPGA 芯片及其他可编程器件的生产，该公司于 2010 年被 Microsemi 公司收购。

各大公司 FPGA 虽然各有特点，但结构大致相同，后续章节将以 Xilinx FPGA 为例进行介绍。

2.3.1　FPGA 的结构

1．典型 FPGA 内部结构

目前，FPGA 主要是基于查找表（LUT，Look-up Table）技术构建的。根据应用场合的不同，每一个系列的 FPGA 内部结构会有局部不同，但大体上由 5 个部分组成：可编程逻辑块（CLB）、可编程输入/输出单元（IOB）、时钟管理模块（DCM）、嵌入式块 RAM（BRAM）和内嵌专用 IP 单元，典型 FPGA 内部结构如图 2-3 所示。

（1）可编程逻辑块（CLB）

CLB 是 FPGA 内部的基本逻辑单元，其数量和特性会依据器件的不同而不同。大体上每个 CLB 由若干查找表及附加逻辑（如多路选择器、触发器、进位逻辑、算术逻辑等）组成，可用于实现组合逻辑和时序逻辑，还可以被配置为分布式 RAM 和分布式 ROM。图 2-4 给出了一个典型 CLB 内部结构，包含一个四输入 LUT、一个多路选择器和一个触发器。其中，触发器可以被配置（编程）为寄存器或锁存器，多路选择器可以被配置为选择一个到逻辑块的输入或 LUT 的输出，LUT 则可以被配置以实现任何的组合逻辑功能。

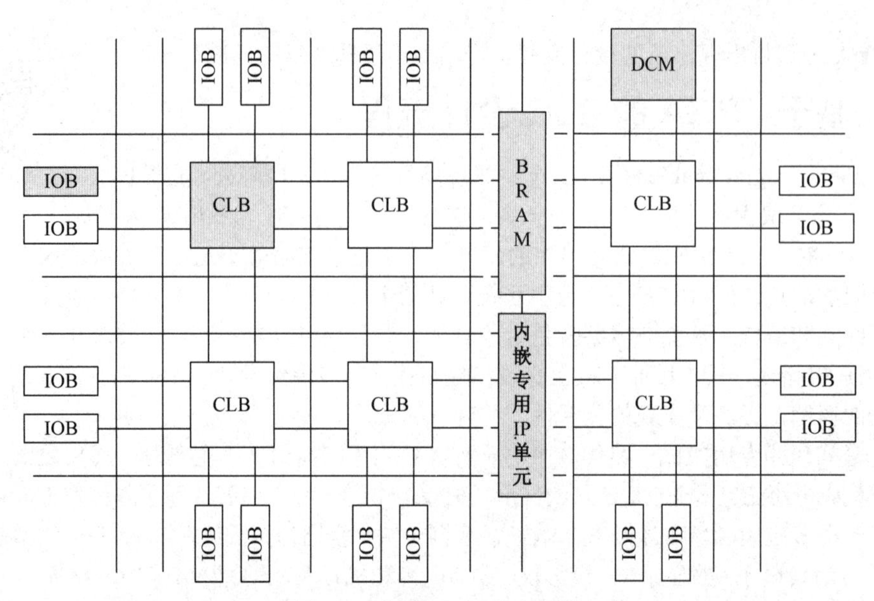

图 2-3　典型 FPGA 内部结构

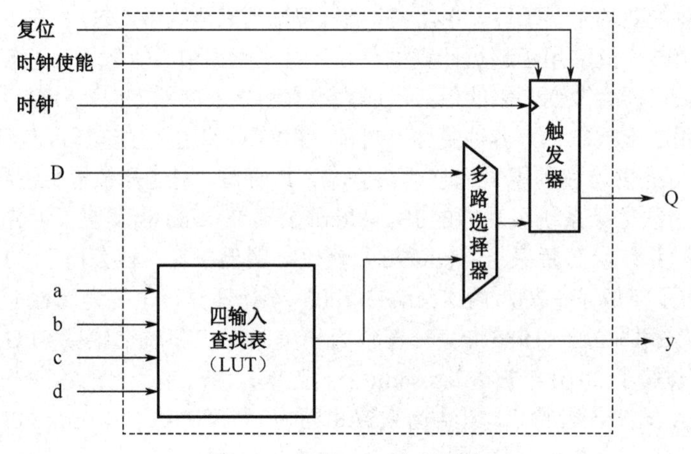

图 2-4　典型 CLB 内部结构

FPGA 采用查找表 LUT 实现基本的电路逻辑功能，目前大部分 FPGA 采用 SRAM 工艺实现查找表，一个四输入查找表结构如图 2-5 所示。A、B、C、D 由 FPGA 芯片的引脚输入或内部信号给出，然后作为地址线连到查找表 LUT。LUT 中已经事先写入了所有可能的逻辑结果，通过地址查找到相应的数据 Zout 输出，这样就实现了组合逻辑的功能。对于时序电路，只需要采用查找表加上触发器的结构就可以实现。FPGA 芯片上电时，基于 SRAM 的 FPGA 会加载配置信息（称为器件的编程）。作为这种配置的一部分，用作 LUT 的 SRAM 单元会被加载进所需实现逻辑功能的 0 或 1 值。对于不同的逻辑功能只需通过器件编程改变查找表中存储的内容即可，从而实现了 FPGA 的可编程设计。

（2）可编程输入/输出单元（IOB）

可编程输入/输出单元，简称 I/O 单元，是 FPGA 芯片与外界电路的接口部分，用于完成不同电气特性下对输入/输出信号的驱动与匹配要求。通常，FPGA 内的 I/O 按组分类，每组都能够独立地支持不同的 I/O 标准。通过软件的灵活配置，可适配不同的电气标准与 I/O 物理特性，可以调整驱动电流的大小，改变上拉或下拉电阻。目前，I/O 数据传输速率越来越高，一些高端的 FPGA 可以支持高达 2Gbit/s 的数据传输率。

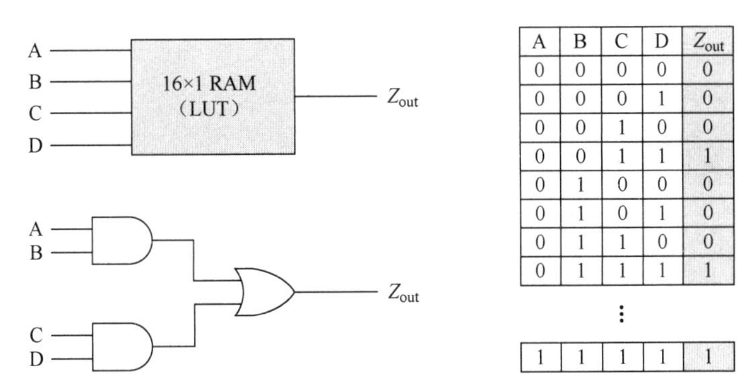

A	B	C	D	Z_{out}
0	0	0	0	0
0	0	0	1	0
0	0	1	0	0
0	0	1	1	1
0	1	0	0	0
0	1	0	1	0
0	1	1	0	0
0	1	1	1	1
⋮				
1	1	1	1	1

图 2-5　四输入查找表结构

为了便于管理和适应多种电气标准，FPGA 的 I/O 被划分为若干组（bank），每组的接口标准由其接口电压 VCCO 决定。一组 I/O 只能有一种 VCCO，但不同组的 VCCO 可以不同。只有相同电气标准的端口才能连接在一起，VCCO 相同是接口标准的基本条件。

（3）数字时钟管理模块（DCM）

目前，大多数 FPGA 均提供数字时钟管理模块。在时钟的管理和控制方面，DCM 相比 DLL 功能更强大，使用更灵活。DCM 的功能包括消除时钟的延迟、频率的综合、时钟相位的调整等，可提供精确的时钟综合，并且能够降低时钟抖动。DCM 的主要优点在于：

① 实现零时钟偏移（Skew），消除时钟分配延迟，并实现时钟闭环控制。

② 时钟可以映射到 PCB 上，用于同步外部时钟，减少对外部芯片的要求，对芯片内、外的时钟进行一体化控制，利于系统设计。

DCM 通常由 4 部分组成。其中，最底层仍采用 DLL 模块，然后分别是数字频率合成器（DFS）、数字移相器（DPS）和数字频谱扩展器（DSS）。

（4）嵌入式块 RAM（BRAM）

嵌入式块 RAM 是 FPGA 内部除逻辑资源外用的最多的功能块，它以硬核的形式集成在 FPGA 内部，成为 FPGA 最主要的存储资源。各种主流的 FPGA 芯片内部都集成了数量不等的 BRAM。BRAM 最大的优势在于，它不会占用任何额外的 CLB 资源。在集成开发环境中，通过 IP 生成工具灵活地将其配置为单口 RAM，简单双端口 RAM，真双口 RAM、ROM、FIFO 等不同的存储器模式。此外，还可以将多个 BRAM 通过同步端口连接起来，构成容量更大的 BRAM。

不同的 FPGA 的单片 BRAM 的大小有不同的限制。以 Xilinx FPGA 为例，单片 BRAM 的容量为 18Kbit，即位宽为 18bit，深度为 1024，可根据需要改变其位宽和深度，但要满足两个原则：首先，修改后的容量不能大于 18Kbit；其次，位宽最大不能超过 36bit。若容量大于 18Kbit，则需要将多片 BRAM 级联起来形成更大的 RAM，此时只受限于 FPGA 芯片内 BRAM 的数量，而不再受上面两条原则的约束。

此外，为了满足设计的需要，BRAM 在 FPGA 内是按照一定规则分布的。对于 Xilinx FPGA，BRAM 是按列排列的，保证每个可编程逻辑块周围都有比较靠近的 BRAM 用于存储和交换数据。靠近 BRAM 的是硬核乘加单元，有利于提高乘法运算的速度，对于构建微处理器原型或加速数字信号处理应用非常有效。

（5）内嵌专用 IP 单元

内嵌专用 IP 单元指由 FPGA 厂商提供的，预先设计好、经过严格测试和优化过的软核 IP 或硬核 IP。如 DLL、PLL、DSP 或 MicroBlaze 处理器、Nios 处理器等软核、专用乘法器、浮点运算单元、串并收发器 SERDES 或 PowerPC、ARM 等硬核。正是由于继承了丰富的内嵌专用 IP 单元，并在相关 EDA 工具的配合下，使单片 FPGA 逐步具备了软硬件协同设计的能力，FPGA 也正在从单纯的

ASIC 原型验证平台逐步向 SoC 平台过渡。

2．SoC FPGA 结构

在单芯片上集成处理器和 FPGA 的可编程能力，一直是 FPGA 技术发展的方向：既有高性能的处理能力，又有灵活的可编程配置能力。为了追求这一目标，之前 FPGA 厂商提供多种软核处理器，如 Xilinx MicroBlaze、PicoBlaze、Altera Nios II 等，用户使用这些软核处理器，采用软硬件协同设计，构建可编程片上系统，即 SOPC，扩充了 FPGA 的功能和应用领域。

随着集成电路的发展，以及用户对于处理性能、功耗要求的提升，FPGA 厂商相继推出了集成了硬核处理器内核的新型 FPGA，最早由 Altara 厂商称为 SoC FPGA。图 2-6 所示为嵌入了 ARM 硬核的 Xilinx Zynq-7000 系列 SoC FPGA 内部架构图。

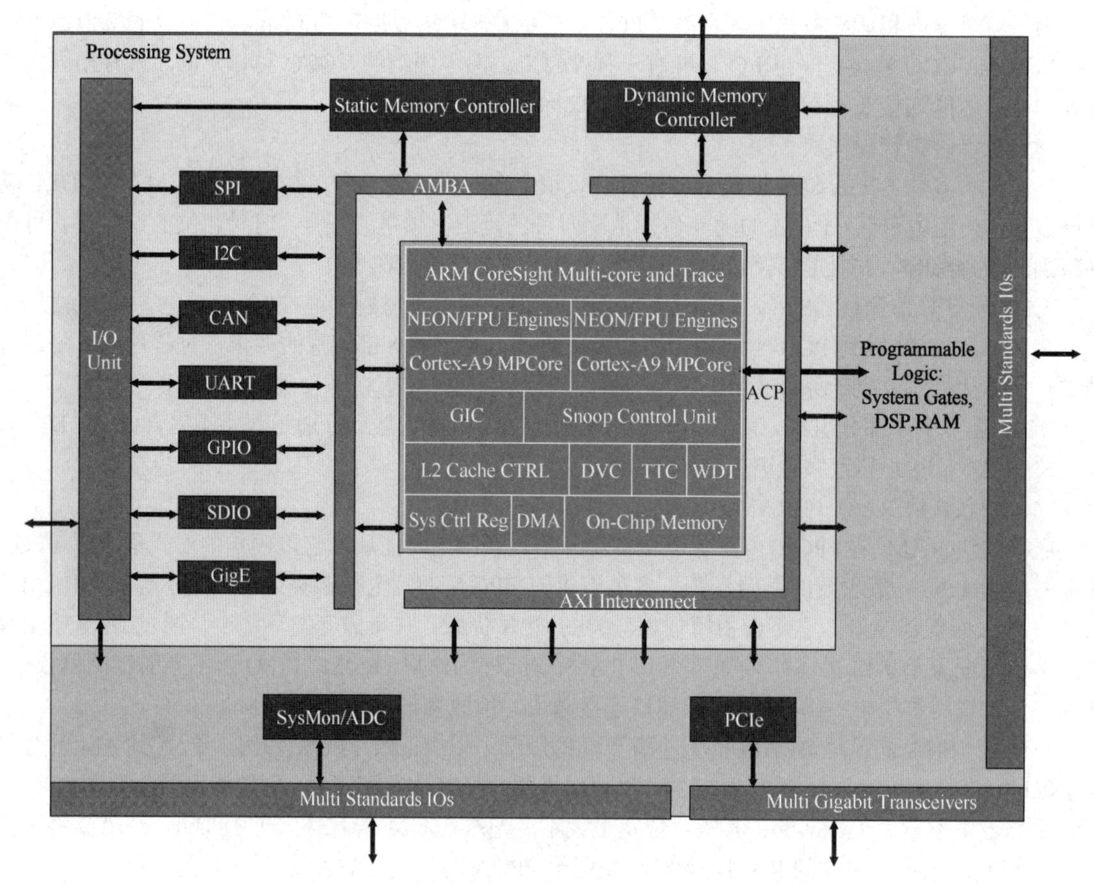

图 2-6 Zynq-7000 系列 SoC FPGA 内部架构图

在 Xilinx Zynq-7000 中，集成了双核 ARM Cortex-A9 MPCore，实现了真正紧密的高度集成。其芯片内部可分为两个部分：PS（Processing System）和 PL（Programmable Logic）。其中，PS 部分和传统的嵌入式处理器内部结构一致，包括 CPU 核、图形加速内核、浮点运算、存储控制器、各种通信接口（如 SPI、I2C、UART 等）和 GPIO 外设等；而 PL 部分就是传统的可编程逻辑和支持多种标准的 I/O，它们之间通过内部高速总线 AXI 进行互连。

Zynq-7000 的 PL 部分就是传统意义上的 FPGA，可以很方便地定制相关外设 IP。如果不是用 PL，Zynq 的 PS 部分和普通的 ARM 一样。基于这种架构，控制部分利用灵活的软件（ARM 处理器），紧密配合擅长实时处理的硬件（FPGA）。开机时启动运行独立于 FPGA 的 ARM 处理器及 OS，根据需要配置可编程逻辑。因此，Zynq-7000 既提高了系统性能（处理器和各种外设控制的“硬核”)，又简化了系统的搭建（可编程的外设配置），同时提供了足够的灵活性（可编程逻辑）。

基于 Zynq-7000 SoC FGPA，软件开发人员首先在 Cortex-A9 处理器上运行软件代码，然后通过分析工具，识别任何可能严重影响性能并成为瓶颈的功能。这些功能随后将转交给硬件设计工程师用可编程 FPGA 来实现，这些通过 FPGA 固化的功能将使用较低的时钟频率提供更高的性能，而且功耗低。

2.3.2　基于 FPGA 的设计流程

1. 典型的 FPGA 设计流程

FPGA 的设计流程就是利用 EDA 开发工具对 FPGA 芯片进行开发配置的过程。FPGA 的经典应用领域就是实现对 ASIC 的原型验证，故典型的 FPGA 设计流程与 ASIC 设计流程类似，如图 2-7 所示。

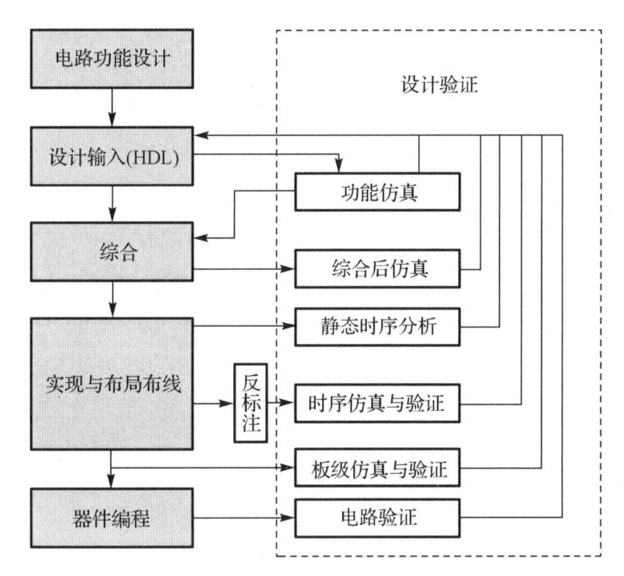

图 2-7　典型 FPGA 开发流程

（1）电路功能设计

在系统设计之前，首先进行的是方案论证、系统设计和 FPGA 芯片选择等准备工作。系统工程师根据任务要求，如系统的指标和复杂度，对工作速度和芯片本身的资源、成本等方面进行权衡，选择合理的设计方案和合适的器件类型。

（2）设计输入

设计输入是将所涉及的系统或电路以 FPGA EDA 工具要求的某种形式表示出来，并输入给 EDA 工具。常用的方法有硬件描述语言和原理图输入方式等。

（3）功能仿真

功能仿真也称为前仿真，在综合前对用户所设计的电路进行逻辑功能验证。此时的仿真没有延迟信息，仅对初步的功能进行检测。

（4）综合

综合将设计编译为由基本逻辑单元构成的逻辑连接网表（并非真实门级电路），然后根据目标与要求优化所生成的逻辑连接，使层次设计平面化，供 FPGA 布局布线软件来实现。

（5）综合后仿真

检查综合结果是否和原设计一致，在仿真时，把综合生成的标准延时文件反标注到综合仿真模型中去，用于评估门延时带来的影响。

（6）实现与布局布线

实现是将逻辑网表配置到具体FPGA上，布局布线是其中重要环节。布局是将逻辑网表中的单元配置到芯片内部的固有硬件结构上，并需要在速度最优和面积最优之间做出选择；布线是根据布局的拓扑，利用芯片内的连线资源，合理、正确地连接各元件。目前FPGA的结构非常复杂，特别是在有时序约束条件时，需要利用时序驱动的引擎进行布局布线。布线结束后，FPGA EDA工具会自动生成报告，提供有关设计中各部分资源的使用情况。由于只有FPGA芯片生产厂商对芯片结构最为了解，所以布局布线必须选择FPGA芯片开发商提供的工具。

（7）时序仿真与验证

时序仿真也称为后仿真，指将布局布线的延时信息反标注到设计网表中，检测有无时序违规，此时延时最精确，能较好地反应FPGA的实际工作情况。

（8）板级仿真与验证

板级仿真与验证主要应用于高速电路设计中，对信号完整性和电子干扰等特性进行分析，使用第三方工具完成。

（9）芯片编程与调试

典型FPGA设计流程的最后一步就是芯片编程与调试。FPGA芯片编程是指产生使用的数据文件（位数据流文件，Bitstream），然后将其下载到FPGA芯片中。FPGA芯片调试使用内嵌的在线逻辑分析仪（如Xilinx公司的ChipScope，Intel FPGA（原Altera）的SignalTap II等），它们只需要占用FPGA芯片少量的逻辑资源，具有较高的实用价值。

2. 面向SoC的FPGA设计流程

面向SoC的FPGA设计既不同于传统的嵌入式系统设计，也不同于传统的ASIC设计。其设计本质上是软硬件的协同设计，同时又是以软件为中心的设计技术。图2-8给出了基于Xilinx EDK（Embedded Design Kit）开发套件进行面向SoC的FPGA设计的流程。Xilinx EDK支持基于硬核PowerPC、ARM和软核Microblaze的SoC设计，其中包括用于SoC硬件系统搭建的工具XPS（Xilinx Platform Studio），目前已被最新的Vivado开发工具所取代，以及用于SoC软件开发的工具SDK（Software Design Kit）。整个EDK支持将设计的导入、创建和IP定制进行流水化处理。由于EDK包含面向SoC的FPGA的属性和选项，因此能自动为其外设生成软件驱动、测试代码和创建外设的板级支持包（BSP，Board Support Package）。这些BSP为常用的操作系统，如VxWorks、Linux、提供设备驱动。

图2-8所示的面向SoC的Xilinx FPGA设计流程是一个软硬件协同处理和设计的过程。软件流程完成C语言程序的编写、编译和链接过程。硬件流程完成HDL设计输入、仿真、综合和实现过程。EDK提供了一个Data2MEM（该工具仅对软核Microblaze有效）工具，将C语言程序生成的ELF文件插入到生成的FPGA比特流文件中，将其生成能够下载到FPGA并能启动的映像文件。最后，通过Xilinx的JTAG技术，完成FPGA下载和调试，C语言程序下载和软件调试。此外，如果最终的设计无法满足设计要求时，需要进行迭代设计，对SoC软件部分及硬件部分进行修改，直到满足设计要求为止。

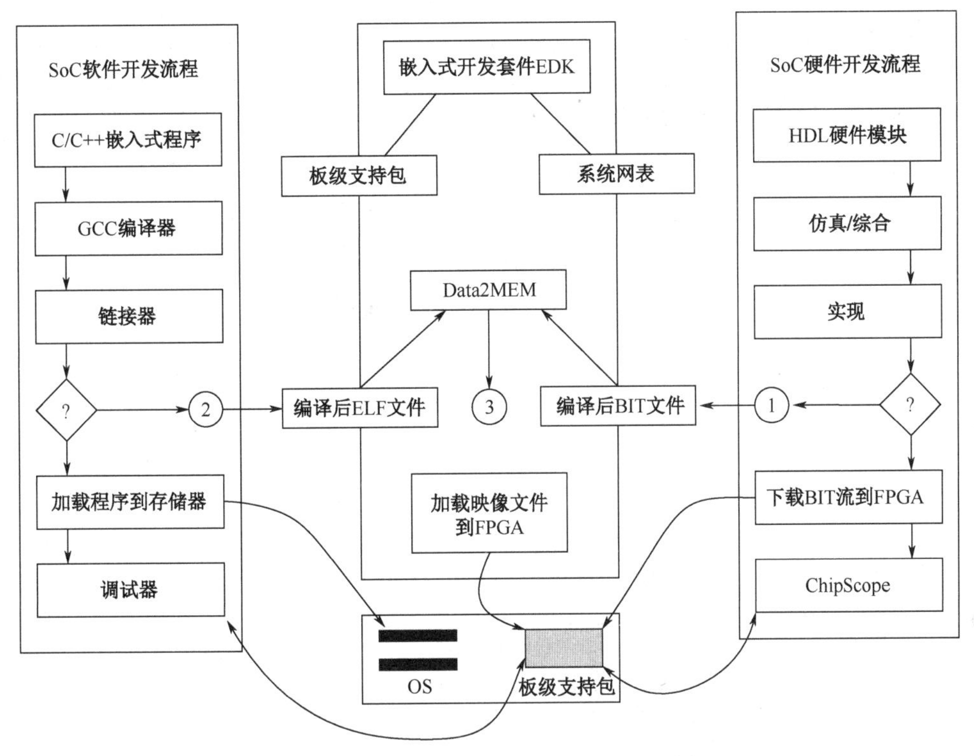

图 2-8　面向 SoC 的 Xilinx FPGA 设计流程

3. 面向高层次综合的 FPGA 设计流程

随着摩尔定律的发展，SoC 系统演化得越来越复杂，这给设计者带了越来越大的设计压力。这个压力主要体现在硬件设计的需求和现有的硬件设计能力之间的鸿沟将会越来越显著。此外，相对于硬件设计和开发，软件，尤其是 C 语言及其衍生语言，如 SystemC 和 MATLAB 有着更广泛的资源，更全面的开源算法库（如 OpenCV 等）以及更加庞大的开发人员团队。所以，如果将手工硬件设计的复杂度大幅降低，将会有更多的资源和人力加入到硬件设计的行列，推动硬件设计的发展。正是基于上述因素，推动了高层次综合的发展。

高层次综合特指将行为级或更高层次的描述转化为 RTL 级别的描述。以 Xilinx 的高层次综合为例，它是将 C 语言及其衍生语言（如 SystemC 等）或更高层次描述语言（如 MATLAB）转换为 RTL 级别的描述。高层次综合有时又被称为行为综合、C 综合等。基于高层次综合技术，SoC 设计不再是从硬件设计上着手，而是从系统层面上开始设计，这也就是电子系统级设计 ESL 的设计思想，它涵盖了软硬件协同设计和仿真的概念，也被称为系统综合。

图 2-9 所示为 Xilinx 公司采用了高层次综合技术后的 SoC FPGA 设计流程。该流程与传统的软硬件协同设计类似，首先需要根据应用设计整个系统功能，通常使用高层次语言来描述，如 C、SystemC、MATLAB 等。然后，需要根据系统和各功能模块的性能和资源需求，进行软硬件的划分，即将描述系统的 C 程序分解为将作为软件运行在处理器上的 C 程序和将要转化为硬件的 C 程序。与传统 SoC FPGA 设计最大的不同在于，传统流程将 C 程序转化为硬件，需要手工编写 RTL 代码完成。但基于高层次综合技术后，将借助高层次综合工具，如 Xilinx Vivado HLS，将 C 程序自动转化为与之对应的 RTL 描述，这将大大降低设计难度，提高设计效率，缩短产品的上市时间。通过高层次综合生成的硬件（通常需要带有特定接口，如在 Zynq 中的 AXI 接口）需要完成单独的验证，并将其集成到整个系统当中去。被划分到软件的部分，需要为硬件部分设计软件接口，如果涉及操作系统，还需要设计相应硬件协处理器的驱动程序，这样软件才可以顺利调度所设计的硬件协处理

器。最后，需要将软硬件联合到一起进行仿真和调试。如果性能及所占FPGA资源等参数满足设计的要求，那么设计完成；如果不能满足设计要求，则还需返回之前的步骤进行重新设计，比如，重新进行软硬件划分、重新设计硬件和优化软件等。

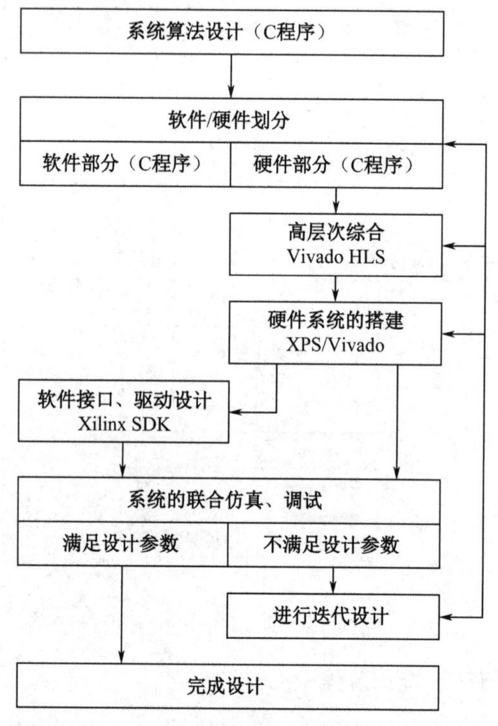

图2-9　基于高层次综合的SoC FPGA设计流程

本章参考文献

[1] Keith Bar. ASIC设计[M]. 孙伟峰，陆生礼，夏晓娟，译. 北京：科学出版社，2009.

[2] 田耘，徐文波. Xilinx FPGA开发实用教程[M]. 北京：清华大学出版社，2008.

[3] 陆佳华，潘祖龙，彭竞宇，等. 嵌入式系统软硬件协同设计实战指南：基于Xilinx ZYNQ[M]. 北京：机械工业出版社，2014.

第 3 章　SoC 设计与 EDA 工具

当前 SoC 的设计正朝着速度快、容量大、体积小、质量轻、功耗低的方向发展。推动该潮流迅猛发展的决定性因素就是使用了现代化的 EDA 设计工具。EDA 是 Electronic Design Automation（电子设计自动化）的缩写，是随着集成电路和计算机技术飞速发展应运而生的一种快速、有效、高级的电子设计自动化工具。

对于一个复杂的 SoC 设计，直接由人工完成从系统应用到电路图或版图实现几乎是不可能的。一般来说，设计者只负责电路的系统级设计和各模块的功能设计与集成，然后由 EDA 工具来实现从功能到电路图，最终到版图的转换。同时，每一步转换都需要用特定的 EDA 工具来进行验证，以保证转换的正确性，从而满足设计要求。本章将围绕第 2 章的 SoC 设计流程，主要介绍各大 EDA 工具公司所推出的针对 SoC 设计过程的工具软件，以及它们所能解决的问题。本章只是一个概述，SoC 设计中遇到的与 EDA 工具相关的设计方法会在以后的章节中详细介绍。

3.1　电子系统级设计与工具

SoC 的架构设计趋势正从板级向电子系统级（ESL，Electronic System Level）转移。ESL 建模与仿真可以帮助设计者从更高层次进行电路设计。此类工具具有很多优势，它能协助工程师进行系统级设计、架构定义、算法开发、软硬件划分和协同设计、建立虚拟原型机，以及验证不同架构方案的可行性等。

ESL 的设计分 3 步。首先是功能设计，在这一步需要建立并且验证所开发产品的功能模型，通常需要定义各个部分的功能、输入/输出端口，各部分之间如何通信，以及数据控制流等。其次是基于应用的架构设计，此时需要描述整个系统平台，将功能模型映射到平台上，并进行验证，找到最理想的情况。这一步的目标是根据产品成本和性能的约束及具体应用，定义正确的系统架构，譬如要用多少处理器，每个处理器的性能是否符合指标，以及软硬件各执行什么功能等。最后是基于平台的架构设计，这一步需要对平台进行低层次的描述，建立合理的硬件结构。此时目标是建立硬件平台的虚拟原型机，包括确定处理器的种类，用多少存储器，总线和缓存如何工作，功耗如何优化等。

目前的 ESL 工具通常采用工业标准语言进行建模，如 C/C++、System C、SystemVerilog 等，Siemens EDA 的 System Architect 工具支持软硬件协同设计验证。该公司的 Catapult 可实现 C++到 RTL 级的综合。

3.2　验证的分类及相关工具

SoC 设计中验证包含以下几方面：

- 验证原始描述的正确性；
- 验证设计的逻辑功能是否符合设计规范的要求；
- 验证设计结果的时序是否符合原始设计规范的性能指标；
- 验证结果是否包含违反物理设计规则的错误。

3.2.1　验证方法的分类

验证方法大体可分为两类：动态验证和静态验证。

1．动态验证

动态验证也叫动态仿真简称仿真（simalation），是指从电路的描述提取模型，然后将外部激励信号或数据施加于此模型，通过观察该模型在外部的激励信号作用下的实时响应来判断该电路系统是否实现了预期的功能。仿真是目前常用事件驱动的方法，也是发展周期驱动的方法。

2．静态验证

静态验证是指采用分析电路的某些特性是否满足设计要求的方法，来验证电路的正确与否。形式验证是近几年来兴起的一种验证方法，它需要有一个正确的模型作为参考，把待验证的电路与正确的模型进行比较，并给出不同版本的电路是否在功能上等效的结论，它利用理论证明的方法来验证设计结果的正确性。

比较动态验证和静态验证，各有优势和不足。动态仿真主要是模拟电路的功能行为，必须给出适当的激励信号，然而很难选择激励来达到覆盖电路所有功能的目的，同时动态仿真很耗费时间。静态验证是针对模拟电路所有的工作环境，检查电路是否满足正常的性能指标，此类验证只限于数字逻辑电路，其准确性低于动态仿真，偶尔还会提供错误信息。

3.2.2 动态验证及相关工具

动态验证仿真流程如图 3-1 所示。仿真环境包括电路描述的输入、仿真控制命令和仿真结果的显示等 3 部分。

仿真工具首先要把用户的描述转换为内部表示，即建立模型。激励波形可以同电路描述一起输入，也可以在仿真开始之后通过控制命令输入，或者单独建立激励波形文件输入。

控制命令包括初始值设置、仿真时间指定、仿真过程控制、仿真中断设置、观察仿真状态、设置某些信号或变量值，以及指定继续仿真等。在交互式仿真方式下，控制命令交互输入；在批处理式仿真方式下，控制命令常由控制命令文件（脚本）一次输入。仿真结果主要为各外部输出端和其他观察点的输出波形，以及其他一些检查结果信息。

做验证工作的人应该根据所验证的电路的应用环境给出足够多的激励信号，以验证该电路是否可以正确工作。当所验证的电路非常复杂时，很难把电路在各种条件下的工作情况都验证到，并且验证的时间将直接影响项目的开发周期。这时，就要求验证人员凭经验给出比较有代表性的激励信号，以尽量少的激励来验证电路的全部功能。

如图 3-2 所示，d=a&b|c 为电路描述，a、b、c 的输入值情况为激励描述，欲验证该设计逻辑的完全正确，只需使激励信号实现 3 个输入信号的 8 种不同组合即可。

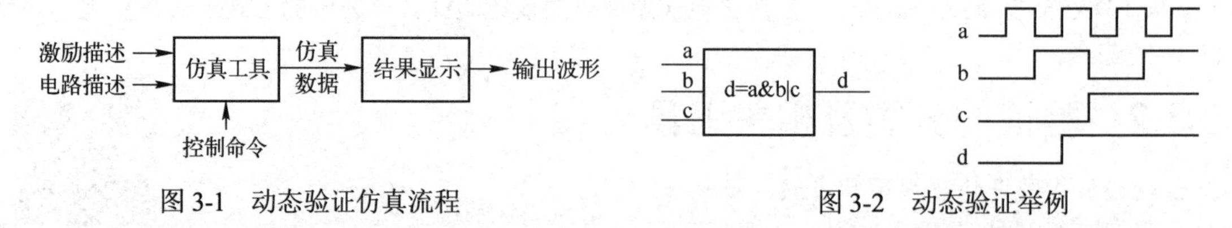

图 3-1 动态验证仿真流程　　图 3-2 动态验证举例

动态验证的工具很多，主要有电路级仿真工具，如 SPICE、TimeMill、NanoSim，以及逻辑仿真工具，如 VCS、Verilog-XL、NC Verilog、Modelsim 等。

1．电路级仿真工具

此类仿真工具模拟晶体管级的电路行为特性，主要用于模拟电路的设计。

（1）SPICE

SPICE 作为一种通用的电路描述与仿真语言，最早由加州大学伯克利分校于 1972 年发明。SPICE

是 20 世纪 80 年代世界上应用最广的电路设计软件，1998 年被确定为美国国家标准。因为它的精确性、多功能性和对用户开放，SPICE 已经成为电子电路模拟的实施标准。SPICE 电路可以模拟电路中实际结构的物理行为，给电路设计者带来了极大的方便。众多的 EDA 公司对其进行了商业化开发，并在伯克利标准版本的基础上进行了扩展和改进，当今流行的各种 EDA 软件，如 HSPICE、PSPICE、Or CAD、Electronics Workbench 等都是基于 SPICE 开发的。

（2）NanoSim

NanoSim 是 Synopsys 公司开发的，一个针对模拟、数字和混合信号设计验证的晶体管级仿真工具。它是一个稳定而简单易用的工具，为几百万门的片上系统设计提供了较高的仿真能力。对于 0.13μm 或更小工艺下的设计，它可以达到类似于 SPICE 的精度。NanoSim 结合了 TimeMill 和 PowerMill 中先进的仿真技术，在单独的一个工具里就可以同时完成时序分析和功耗分析。

2. 逻辑仿真工具

此类仿真工具可以仿真行为级、RTL 级和门级网表的数字电路，此类仿真的特点灵活、快速、易于调试。算法多数采用事件驱动的方式，目前也有周期驱动的方式。

（1）基于事件的仿真器

这些仿真器捕获事件（在时钟内部或在时钟的边界上），并通过设计进行传播，直到实现一个稳定状态为止。

（2）基于周期的仿真器

该仿真器完全不理会时钟内部发生的事件，而是在每个周期中进行一次信号评估。由于执行时间较短，这类仿真器的运行速度往往较快。

① VCS

Synopsys 的 VCS 是编译型 Verilog 模拟器，它完全支持标准的 Verilog HDL 语言和 SDF，其出色的内存管理能力足以支持千万门级的 ASIC 设计，而其模拟精度也完全满足深亚微米 ASIC Sign-Off 的要求。VCS 结合了周期算法和事件驱动算法，具有高性能、大规模和高精度的特点，适用于从行为级、RTL 到带反标的门级电路仿真。

② ModelSim

Siemens EDA 的 ModelSim 仿真器采用直接优化的编译技术、Tcl/Tk 技术和单一内核仿真，支持 VHDL 和 Verilog 混合仿真。

3.2.3 静态验证及相关工具

静态验证流程如图 3-3 所示，静态验证不需要输入激励信息，只需输入电路模型和相关参数及命令，验证工具会自动对该电路模型进行分析，并显示出分析的结果。

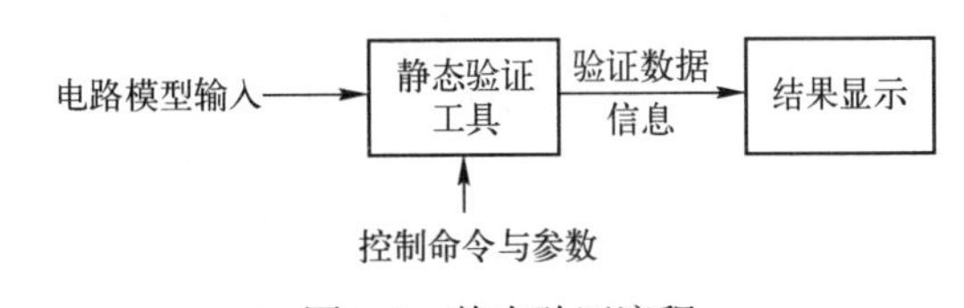

图 3-3　静态验证流程

由于静态验证是由工具自动完成的，不需要人工过多的干预，所以通常对所设计的电路首先进行静态验证，以纠正一些比较明显的错误，然后再动态仿真，确定其具体的行为是否正确。在当前 SoC 的设计中，静态验证是必不可少的设计手段。

1. 形式验证工具

对于某些电路设计的移植，一般不需要对新电路进行仿真，而直接通过 EDA 工具来分析该电路的功能是否与原电路一致，此种验证方法可以大量地减少验证时间，提高电路设计的效率。

等效性检查（Equivalence Check）是目前形式验证的主流，用于比较两个电路逻辑功能的一致性。它是通过采用匹配点并比较这些点之间的逻辑来完成等效性检查的。其生成一种数据结构，并将其与相同输入特性曲线条件下的输出数值特性曲线进行比较。如果它们不同，则表示被比较的两个电路是不等效的。工具使用的具体流程如图 3-4 所示。首先需要给工具提供完整正确的设计、相关的工艺库及准备验证的设计，其次需要对检查过程给定约束条件和设置参数，并确定比较范围和匹配点，如果结果不相等则需要进行诊断。它通常用来比较 RTL 代码与布局布线后提取的网表逻辑功能是否一致，加入扫描链之前与之后的网表在正常工作模式下的功能是否一致，并对 ECO 修正之前的网表与 ECO 修正之后的网表比较。

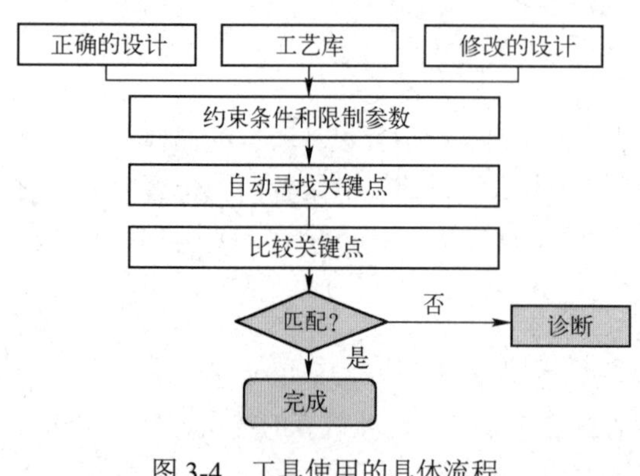

图 3-4　工具使用的具体流程

此类 EDA 工具软件如 Synopsys 公司的 Formality 及 Cadence 公司的 Encounter Conformal Equivalent Checker 等。

2．静态时序分析工具

静态时序分析技术的许多基本概念与动态仿真不同。静态时序分析技术通过输入一定的设计约束来静态地检查设计的时序功能，而不需要加入相应的测试向量进行逻辑功能仿真。它是建立在同步数字电路设计基础上的，是一种穷尽的分析方法。静态时序分析工具通过路径计算延迟的总和，并比较相对于预定义时钟的延迟，它仅关注时序间的相对关系，而不是评估逻辑功能。与动态仿真比，静态时序分析所需的时间很短。

静态时序分析工具首先要接收用户输入，分析网表，并将单元映射进目标库中，根据网表生成具有所有路径的列表，接下来，由延迟引擎计算单元和互连值，然后，时序验证引擎计算相对于预定义时钟域的间隙与约束冲突，输出报表与多种可视工具，并可根据用户要求将结果分类。

静态时序分析工具可识别的时序故障数要比仿真多得多，包括建立/保持时间、最小和最大跳变延时、时钟脉冲宽度和时钟畸变、门级时钟的瞬时脉冲检测、总线竞争与总线悬浮错误、不受约束的逻辑通道。另外，一些静态时序分析工具还能计算经过导通晶体管、传输门和双向锁存的延迟，并能自动对关键路径、约束性冲突、异步时钟域和某些瓶颈逻辑进行识别与分类。时序分析工具种类很多，如 Synopsys 公司的 Primetime 是业界普遍作为 Sign-off 的静态时序分析工具。

3.3　逻辑综合及综合工具

从硬件的行为描述转换到电路结构，这种自动产生电路结构的过程称为逻辑综合，简称综合。它把设计人员从门级电路的设计中解脱出来，让设计人员把更多的精力放在电路的逻辑功能的设计上，只需要用专用的硬件描述语言把电路的功能描述清楚即可，这就大大提高了设计效率。同时，电路的设计者往往希望所设计的电路可以自由地移植到另外的环境和工艺下，所以他们希望这种移植工作不需要设计人员花费过多的精力，而由软件工具自动来完成。所以在当今的 EDA 设计与实现过程中，综合是一个非常重要的环节。

3.3.1　EDA 工具的综合流程

综合流程如图 3-5 所示，就现有的 EDA 工具而言，逻辑综合就是将 RTL 级的描述转换为门级网表的过程，一般分 3 步完成这一过程。

首先将 RTL 描述转换成未优化的门级布尔描述，即布尔逻辑方程的形式，这个过程可以称为翻译，或者展平。

接下来执行优化算法，化简布尔方程，这一步叫作优化。

最后按照半导体工艺要求，采用相应的工艺库，把优化的布尔描述映射为实际的逻辑电路，这一步称作映射，即门级网表的映射。在这一过程中，提取工具会取出经过优化后的布尔描述，并利用从工艺库中得到的逻辑和时序信息去做网表。网表是对用户所提出的面积和速度指标的一种体现方式。工艺库中存有大量的标准单元的元器件信息，它们在功能上相同，但可以在速度和面积等特性上不同。

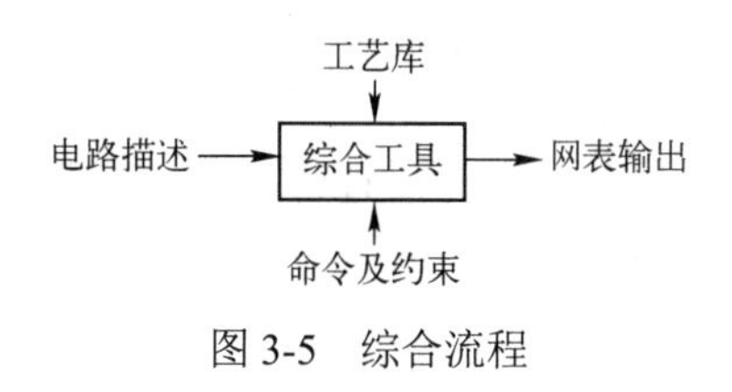

图 3-5　综合流程

3.3.2　EDA 工具的综合策略

不同的电路描述方法将导致生成不同的电路。为了使设计更加有效，设计者应该了解一些 EDA 工具基本的综合和优化策略，这样可以选择和规划不同的综合策略来实现高效的电路。

1. 以速度为目标的综合策略

以速度为目标的综合策略是当速度问题是设计的主要矛盾时，需要采用的综合方案。这一类算法的核心是忽略所有的有关代价的约束，寻找出具有最大速度特性的算子调度方案。只有当速度满足了设计要求时才去考虑其他代价的优化。

2. 成本尽可能低的综合策略

成本尽可能低的综合策略是当成本问题是设计的主要矛盾时，需要采用的综合方案。这一类算法的核心是忽略所有的有关速度的约束，寻找出具有最低成本特性的算子调度方案。只有当成本特性满足设计要求时才去考虑速度的优化。

3. 速度和成本折中的综合策略

速度和成本折中的综合策略是当所寻找的是一个最优的设计时，需要采用的综合策略。这一类算法的核心是将速度尽可能快的调度算法给出的速度和低成本（面积）分别作为系统速度的上界和下界，寻找出具有最低成本和最快速度的调度方案。

3.3.3　优化策略

在综合过程中，综合工具需要调整电路的结构以满足约束的要求。一个好的综合工具，可以在保证电路功能与设计一致的前提下，对电路的结构有比较大的调整，使电路的性能有较大的提高。较典型的策略如下。

1. 器件复用

该策略在不影响功能的前提下，把不同的电路中某些相同的器件进行复用，以减小芯片的面积。但这种优化策略有可能会降低速度，设计者应该统筹考虑。

2. 时序重排

该策略允许把触发器间的延时比较大的组合逻辑的一部分调整到前一级或后一级，以平衡时序关系，降低关键路径，提高系统的性能。

3. 状态机重新编译

状态机的实现是非常复杂的，往往设计者只是保证状态机的正确，而很难根据实际电路的情况设计状态机。该策略允许对电路中的状态机重新编译，以找到使电路性能更高、资源更省的实现方式。

以上所提到的综合及优化策略只允许设计者在宏观上指导综合的进行。事实上，同样的硬件描述语言在不同的综合工具中所得到的结果都是不同的，而综合工具对某一特定电路的综合和优化又与该电路的描述方法息息相关。这就要求设计者能够熟悉综合工具更为具体的综合策略，掌握其中的规律，设计出更有效率的电路。

3.3.4 常用的逻辑综合工具

Synopsys 的 RTL 综合工具 Design Compiler 自从 1987 年以来在全球范围内使用，它也是当前 90%以上 ASIC 设计人员广泛使用的软件。据统计，使用 Design Compiler 系列软件仅有 1%的设计风险，它可以快速生成面积有效的 ASIC 设计。采用用户指定的标准单元或门阵列库可将设计从一种工艺转换成另一种工艺，能使设计人员有效地进行静态时序分析、测试综合和功耗综合集成，形成完整的解决方案。

3.4 可测性设计与工具

3.4.1 测试和验证的区别

虽然测试和验证的过程都是对于电路进行向量输入，并观察输出，但是两者的检测目的和测试向量的生成原理截然不同，验证的目的是用来检查电路的功能是否正确，对设计负责。测试的目的则主要是检查芯片制造过程中的缺陷，对器件的质量负责。就向量生成的原理而言，验证基于事件或时钟驱动，而测试则是基于故障模型的。

可测性设计的目的就是以最少的测试向量来覆盖最多的电路和板级系统的故障。通常用的测试向量集有穷举向量集、功能向量集和基于故障模型的测试向量集。故障模型的概念会在第 10 章详细描述。

3.4.2 常用的可测性设计

电路的可测性涉及两个最基本的概念，即可控制性和可观察性。可控制性表示通过电路初始化输入端控制电路内部节点逻辑状态的难易程度，如果电路内部节点可被驱动为任何值，则称该节点是可控的。可观察性表示通过控制输入变量，将电路内部节点的故障传播到输出端以便对其进行观察的难易程度。如果电路内部节点的取值可以传播到电路的输出端，并且其值是预知的，则称该节点是可观察的。

1. 内部扫描测试设计

内部扫描测试设计的主要任务就是要增加内部状态的可控制性和可观察性。对于集成电路而言，其做法是将内部时序存储逻辑单元连接成移位寄存器形式，从而可将输入信号通过移位输入内部存储逻辑单元以满足可控制性要求。同样，以移位方式将内部状态输出以满足可观察性要求。采用扫描路径设计的芯片在测试方式下工作时，内部构成一个长的移位寄存器。

扫描测试电路如图 3-6 所示。扫描测试工具首先把普通的触发器变成了带扫描使能端和扫描输入的触发器，然后把这些触发器串联在一起。当 scan_enable 无效时，电路可以正常工作。当 scan_enable 有效时，各触发器的值将可以从来自片外的 scan_in 信号串行输入。这样就可以对各片内寄存器赋值，也可以通过 scan_out 得到它们的值。支持扫描测试设计的工具有 Synopsys 公司的 DFT Compiler 及 Siemens EDA 的 DFT Advisor。

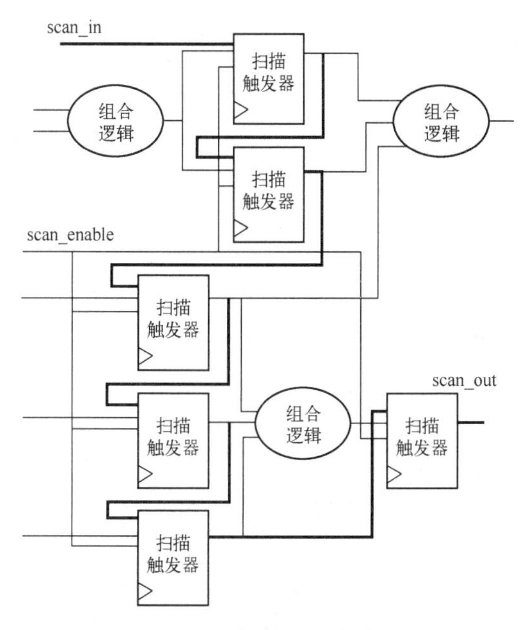

图 3-6　扫描测试电路

2. 自动测试向量生成（ATPG，Automation Test Pattern Generation）

ATPG 采用故障模型，通过分析芯片的结构生成测试向量，进行结构测试，筛选出不合格的芯片。通常 ATPG 工具和扫描测试工具配合使用，可以同时完成测试向量的生成和故障仿真。

首先是故障类型的选择。ATPG 可以处理的故障类型不仅是阻塞型故障，还有延时故障和路径延时故障等，一旦所有需要检测的故障类型被列举，ATPG 将对这些故障进行合理的排序，可能是按字母顺序、按层次结构或者随机排序。

在确定了故障类型后，ATPG 将决定如何对这类故障进行检测，并且需要考虑施加激励向量测试点，需要计算所有会影响目标节点的可控制点。此类算法包括 D 算法等。

最后是寻找传输路径，可以说这是向量生成中最困难的，需要花很多时间去寻找故障的观测点的传播。因为通常一个故障拥有很多的可观测点，一些工具一般会找到最近的那一个。不同目标节点的传输路径可能会造成重叠和冲突，当然这在扫描结构中是不会出现的。

支持产生 ATPG 的工具有 Siemens EDA 的 Fastscan 和 Synopsys 的 TetraMAX。

3. 存储器内建自测试（Memory Built-in-self-test）

内建自测试是当前广泛应用的存储器可测性设计方法，它的基本思想是电路自己生成测试向量，而不是要求外部施加测试向量，它依靠自身来决定所得到的测试结果是否正确。因此，内建自测必须附加额外的电路，包括向量生成器、BIST 控制器和响应分析器，BIST 的基本结构如图 3-7 所示。BIST 的方法可以用于 RAM、ROM 和 Flash 等存储设备，主要用于 RAM 中。大量关于存储器的测试算法都是基于故障模型的。常用的算法有棋盘式图形算法和 March 算法。

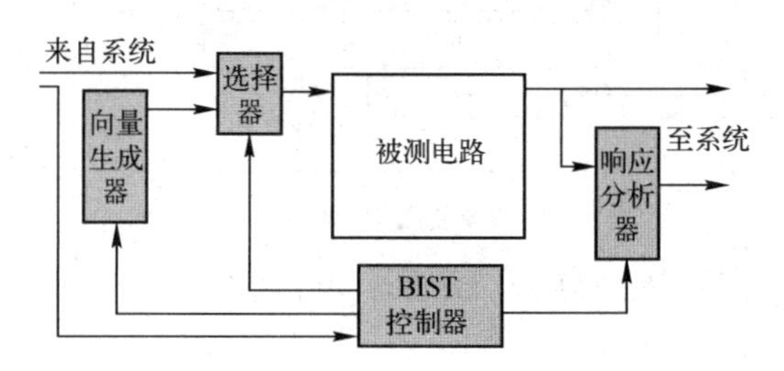

图 3-7　BIST 的基本结构

支持 BIST 的工具有 Siemens EDA 的 mBISTArchitect 和 Synopsys 的 SoCBIST。

4．边界扫描测试（Boundary Scan）

边界扫描的原理是在核心逻辑电路的输入和输出端口都增加一个寄存器，通过将这些 I/O 上的寄存器连接起来，可以将数据串行输入被测单元，并且从相应端口串行读出。在这个过程中，可以实现芯片级、板级和系统级的测试。其中，最主要的功能是进行板级芯片的互连测试，如图 3-8 所示。

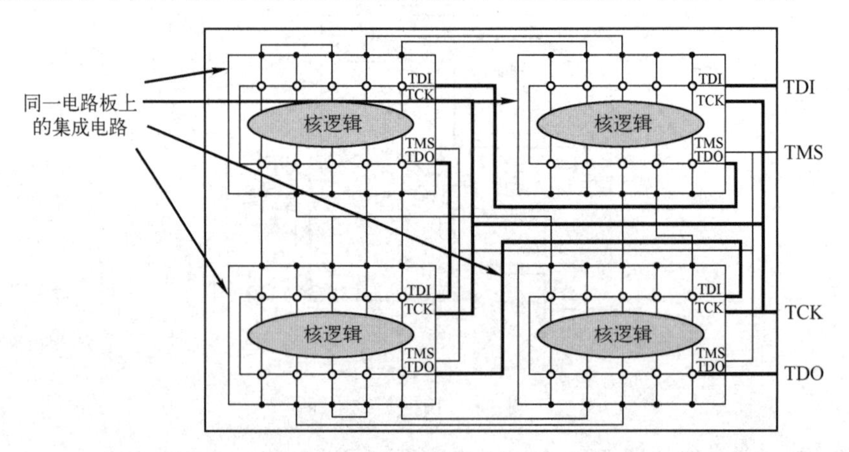

图 3-8 利用边界扫描进行板级芯片互连的测试

边界扫描是欧美一些大公司联合成立的一个组织——联合测试行动小组（JTAG）为了解决印制电路板（PCB）上芯片与芯片之间互连测试而提出的一种解决方案。由于该方案的合理性，它于 1990 年被 IEEE 采纳而成为一个标准，即 IEEE 1149.1。该标准规定了边界扫描的测试端口、测试结构和操作指令，其结构如图 3-9 所示。该结构主要包括 TAP 控制器和寄存器组。其中，寄存器组包括边界扫描寄存器、旁路寄存器、标志寄存器和指令寄存器。主要端口为 TCK、TMS、TDI、TDO，另外还有一个用户可选择的端口 TRST。

支持边界扫描的自动设计工具有 Siemens EDA 的 BSD Boundary Scan 和 Synopsys 的 BSD Compiler。

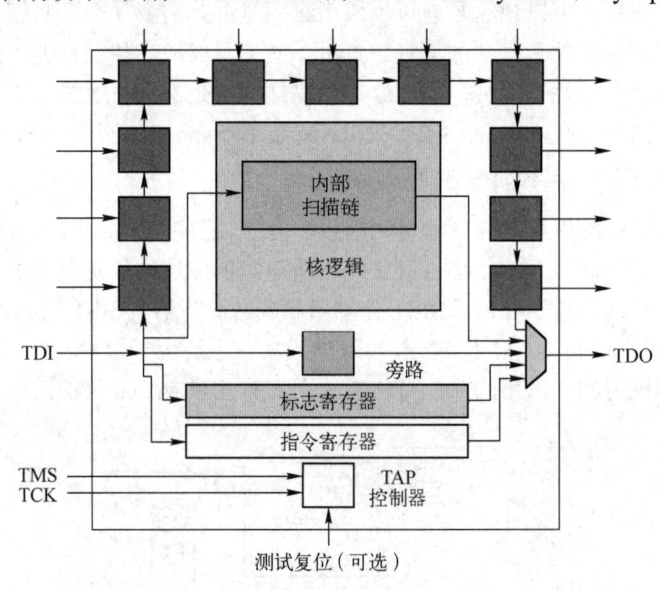

图 3-9 IEEE 1149.1 结构

3.5 布局布线与工具

版图布局布线是指对构成集成电路的基本元器件（标准单元，standard cell）及子模块的位置和相互连接进行合理规划，使最后得到的芯片具有较短的连线长度和较小的布局布线面积。这样，在一个芯片上所能集成的器件个数增加了，并且可以提高成品率。此外，总的连线长度缩小，不仅使连线所引入的电阻和电容减小，也减小了电路的延迟，从而使芯片的性能得以提高。主要的 EDA 公司都有相应的软件来实现自动布局布线。

3.5.1 EDA 工具的布局布线流程

1．布局规划（Floorplan）

布局规划工具帮助设计者从宏观上根据模块的功能将各个模块放置在芯片相应的位置上，其本身具有一定的约束条件。譬如，I/O 模块必须放在芯片四周；时钟管理单元用于输出各个模块的时钟，所以一般放置在中间；片上内存及 Cache 由于会与 Core 频繁地进行数据交换，所以它们的位置也必须放置在 Core（核心处理单元）的附近，并且还要考虑将来的布线空间。

2．布局、器件放置（Placement）

当模块宏观的位置确定后，就在相应的区域内放置标准单元级的电路。一个典型的放置标准单元后的版图，由于标准单元的长宽比都是非常具有规律的（整数倍），因此放置的标准单元区域都排列得非常整齐，并且在块与块之间留出了一些空间用于以后的布线。

3．时钟树综合（Clock Tree Synthesis）

时钟树综合是目前 SoC 设计的主流。为了满足时序收敛的要求（Timing Closure），保证每个模块及每个寄存器的时钟输入的相位误差最小，必须在时钟源到寄存器最短的通路上插放延时单元，使得所有的路径在延时上都与最长路径相同。

4．布线（Routing）

工具最后所要做的就是把所有需要连线的地方用一层或多层金属进行连接，它会自动发现在两个给定点之间的可行的布线路径。

3.5.2 布局布线工具的发展趋势

在早期的芯片设计工具中，布局有专门的布局软件，布线也有专门的布线软件，两者之间没什么联系。随着芯片集成度越来越高，布局和布线已经越来越一体化了，并成为设计过程的重要组成部分，典型的工具如 Synopsys 的 Astro。Astro 采用了特殊的构架，能使它在对最复杂的 IC 设计进行布局布线和优化的同时考虑各种物理效应，其具有快速周转能力和分布式算法。

3.6 物理验证及参数提取与相关的工具

物理验证是 IC 设计的最后一个环节，是电路设计与工艺设计的接口，因此设计人员验证版图中的错误显得尤为重要。

3.6.1 物理验证的分类

1．设计规则检查（DRC，Design Rule Check）

所谓设计规则，就是由芯片代工厂提供的反映工艺水平及版图设计的必须满足的一些几何规则。设计规则检查，就是根据设计规则所规定的版图中各掩膜层图形的最小尺寸、最小间距等几何参数，对版图数据进行检查，找出不满足设计规则的偏差和错误，并提供有关信息，为设计者修改版图提供依据。因为设计规则检查是根据 VLSI 制造过程中必须遵循和满足的各种规定和要求进行的，所以一旦这些规定和要求不能完全满足，电路将无法正常工作，因此设计规则检查是版图验证中重要的一环。在版图设计过程中，设计规则是由电路性能要求和生产工艺水平所决定的，而最终选择取决于工艺水平。版图设计一旦完成，必须进行设计规则检查以确保版图设计的正确性。

2．电气规则检查（ERC，Electronic Rule Check）

电气规则检查（ERC）与设计规则检查不同的是，工具可以在版图设计过程中执行这项任务。它的主要目的不在于检测不能在工艺中实现相应的几何尺寸，而是检查版图中存在的一些违反基本电气规则的点。这里的电气规则主要是指电路开路、短路及浮动点等。这些问题在原理图中不一定能够反映出来，它们是由版图设计中的缺陷造成的。

3．版图电路图同一性比较（LVS，Layout Versus Schematic）

当完成版图设计之后，有必要进行 LVS，用来确认版图和原理图是否一致。此类工具用于比较版图和原理图在晶体管级的连接是否正确，并用报告的形式列出其差异之处。

LVS 工具可以检查的错误类型大体分为两类：不一致的点和失配元器件。不一致的点可分为节点不一致和元器件不一致。节点不一致是指版图与电路中各有一节点，这两个节点所连接元器件的情况很相似，但不完全相同。元器件不一致是指版图与电路中各有一个元器件，这两个元器件相同，所连接的节点情况很相似，但不完全相同。失配元器件是指有的元器件在原理图中有，而在版图中没有，或在版图中有，而在原理图中没有。

3.6.2　参数提取

参数提取是指布局布线，再经过版图设计之后，根据工艺特点与参数，提取出包含描述各种线上电阻、电容及寄生电阻的网表文件。提取出的网表文件既可以作为 LVS 检查中的版图信息文件，也可以用来进行后仿真（Post-layout Simulation）。

特征尺寸随摩尔定律下降，在大规模集成电路设计（如 SoC）中，互连线上的延时/电阻、电容已经越来越成为影响系统性能的重要参数。比如，系统时钟最高频率是根据互连线上电阻、电容造成的延时来决定的，而不是根据晶体管的延时。系统的功耗与延时也主要是根据互连线的线上电阻、电容决定的。此外，两条互连线之间的电容还会造成信号完整性的问题。所以在现在的设计中，根据布局布线之后提取的寄生参数已经成为判断系统最终性能的一个重要因素。

目前参数提取主要分为以下几类。

1．1-D 提取

作为传统的提取方式，一维（1-D）提取在 CMOS 工艺进入深亚微米之前一直是主流的提取方式。如图 3-10 所示，一维（1-D）提取主要提取连线在垂直方向上的寄生 RC 参数，比如连线至衬底电容的面电容、连线边墙（Side）至衬底的边缘电容等。

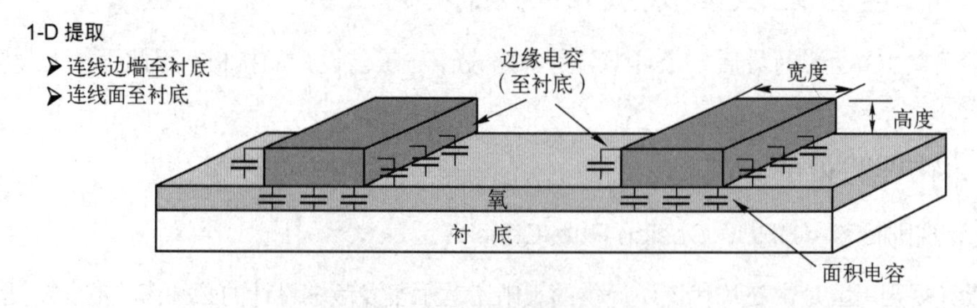

图 3-10　1-D 提取

2. 2-D 提取

当 CMOS 工艺进入深亚微米之后，工艺特征尺寸变得越来越小，在布局布线时，连线与连线之间的距离变得越来越小，只考虑垂直方向上的寄生参数显然不能精确地反映电路的实际性能。

2-D 提取如图 3-11 所示，二维提取不仅提取垂直方向上的面电容，而且会提取水平方向上的连线间的寄生电容。从图 3-11 可以发现，当连线尺寸不断减小时，连线与衬底之间的寄生电容会减小，同时连线间的寄生电容随着间距的减小而呈倒数关系的增加。另外，随着工艺层次复杂度加深，不同层次间的寄生电容占据了越来越重要的部分，2.5-D 提取如图 3-12 所示。

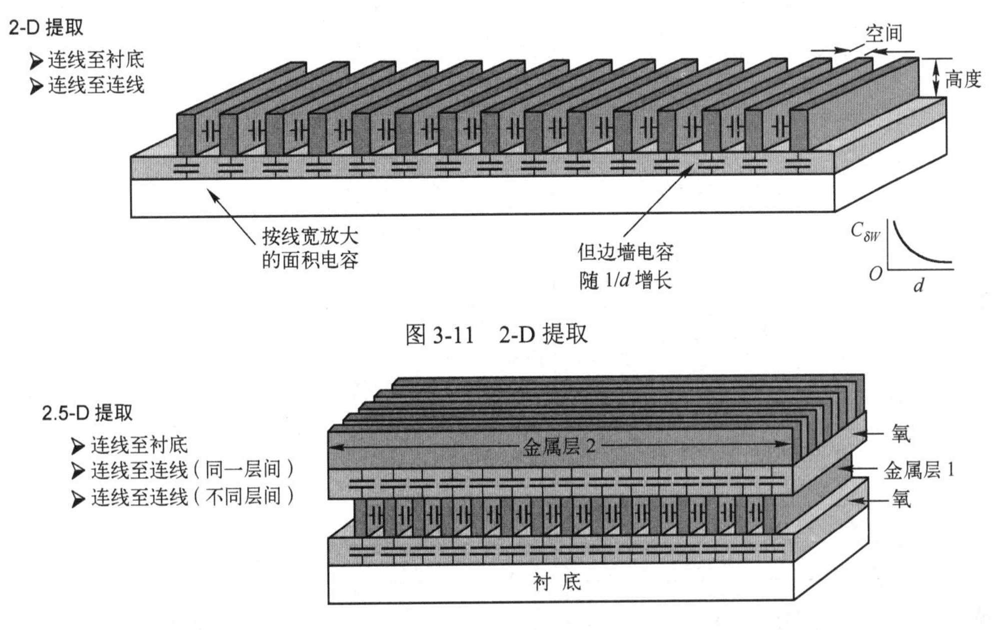

图 3-11　2-D 提取

图 3-12　2.5-D 提取

3. 3-D 提取

目前国外许多 EDA 公司与大学正在研究使用三维提取来提高寄生参数提取的精度。3-D 提取见图 3-13。基本原理是使用泊松方程及拉普拉斯方程等空间基本方程对根据版图建立的三维空间里的版图连线长度、驱动能力和负载进行计算机 CAD 模拟，以得到最为精确的模拟。

这种基于环境仿真进行提取的困难在于，以目前的工作站和服务器的处理能力，要想得到大规模集成电路的精确参数几乎是不可能的，但相信随着程序优化及算法改进，这种方法将来一定会成为趋势。

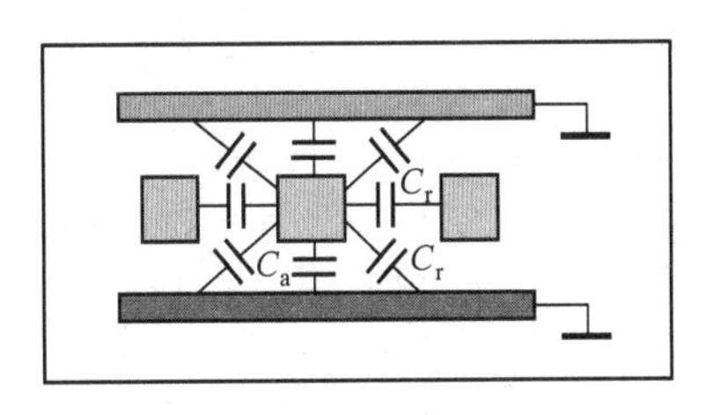

图 3-13　3-D 提取

3.7　著名 EDA 公司与工具介绍

目前，国际主流的 EDA 软件供应商主要有 Synopsys、Cadence、Siemens EDA（原 Mentor Graphics）公司。他们都有各自独立的设计流程与相应的工具，也都提供了独立的 ASIC 设计完整解决方案。近几年，我国 EDA 行业进入迅速增长的关键阶段，以华大九天、概论电子、芯愿景、国微集团等为代表的国产 EDA 厂商，在国内 EDA 市场也具有了一定的影响力。表 3-1 列举了部分公司的 SoC 设计流程，以及各设计周期中的主要 EDA 工具产品。

表 3-1　部分公司的 SoC 设计流程中的主要 EDA 工具

主　流　程	工 具 分 类	工　　具	供 应 商
仿真与验证	Digital Simulator	Incisive Enterprise Simulator	Cadence
		VCS	Synopsys
		Questa/Modelsim	Siemens EDA
		ISE Simulator/Vivado Simulator	Xilinx
	Equivalence Check	Encounter Conforma	Cadence
		Formality	Synopsys
		Questa SLEC	Siemens EDA
	Waveform Viewer	LTspice	Analog Devices
	Analog Simulator	HSPICE, NANOSIM	Synopsys
		Incisive	Cadence
		Empyrean ALPS	华大九天
		Eldo	Siemens EDA
		LTspice	Analog Devices
	RTL Code Coverage	VCS	Synopsys
		VN-Cover	TransEDA
		HDL Score	Innoveda
		Catapult Design Checker	Siemens EDA
	RTL Syntax and SRS Checker	Leda	Synopsys
	C++ Based System Testbench	Nucleus C++	Siemens EDA
综合	Clock Gating	Power Compiler	Synopsys
	RTL Synthesis	Design Compiler	Synopsys
	Physical Synthesis	Encounter	Cadence
		Physical Compiler	Synopsys
物理设计	Floor Plan	Design Compiler Graphical	Synopsys
		IC Compiler II	Synopsys
	Cell Place and Route	Olympus-SoC	Siemens EDA
		IC Compiler II	Synopsys
		Astro	Synopsys
	Clock Tree Synthesis	PowerCentric	Cadence
		Astro	Synopsys
	Scan Chain Reorder	Silicon Ensemble	Cadence
	Signal Integrity	Celtic NDC	Cadence
		PrimeTime	Synopsys
	IR Drop/Electromigration	Astro Rail	Synopsys
	RC Extraction	HyperExtract(2.5-D)	Cadence
		Empyrean RCExplorer	华大九天
		Calibre xRC	Siemens EDA
		Star-RCXT	Synopsys
	LVS & DRC	Calibre nmDRC	Siemens EDA
		Hercules	Synopsys
		Empyrean Argus	华大九天
		Guardian	Silvaco

续表

主　流　程	工 具 分 类	工　　具	供 应 商
时序和功耗检查	Static Timing Analysis	PrimeTime	Synopsys
	Cell Level Power	PrimePower	Synopsys
	Transistor Level Timing	PathMill	Synopsys
	Transistor Level Power	PowerMill	Synopsys
	Timing Check&Analysis	ICExplorer-XTime	华大九天
	Dynamic Timing Analysis	NC-Verilog/Verilog-XL	Cadence
		VCS	Synopsys
全定制设计	Schematic Capture	Composer	Cadence
	Spice Netlister	Cadence/MICA direct	Cadence
	Layout Editor	Enterprise	Synopsys
		Tanner Ledit IC	Siemens EDA
		Empyrean Aether	华大九天
		Virtuoso	Cadence
可测性设计	ATPG	Fastscan	Siemens EDA
		TetraMAX	Synopsys
	Boundary scan	Tessent Boundary Scan	Siemens EDA
		BSD Compiler	Synopsys
	scan Insertion	DFT Advisor	Siemens EDA
		DFT Compiler	Synopsys
	Memory BIST	Tessent MemoryBIST	Siemens EDA
		SoC BIST	Synopsys
RTL-to-GDSII	RTL-to-GDSII	SoC Encounter	Cadence
		Innovus Implementation System	Cadence
		Galaxy /IC Compiler	Synopsys
ESL	System Level Design & Simulation	Helium Virtual and Hybrid Studio	Cadence
		Catapult	Siemens EDA
		System Architect	Siemens EDA
		Vista	Siemens EDA

这些工具都有自己的特点和特长，有一些已经成为工业界的标准。例如，Synopsys 的静态时序分析工具 Prime-time、晶体管级电路模拟仿真软件 HSPICE、逻辑综合工具 Design Compiler、Cadence 的全定制芯片流程软件包 ICFB，以及 Siemens EDA 的 DRC&LVS 工具 Calibre。设计公司应该在设计之前根据自己的需求确定所要使用的工具。

目前，随着 EDA 软件功能越来越强，各大 EDA 公司都已推出了 RTL 到 GDSII 的完整工具包。这样大大减少了使用不同工具所带来的数据格式不同等问题，如 Synopsys 的 Galaxy 平台、Candence 公司的 SoC Encounter、Innovns Implementation System 等。

3.8 EDA 工具的发展趋势

对 65nm、45nm 及以下节点的设计，芯片的功能越来越复杂，工艺尺寸日益减小，设计工程师需要更好的 EDA 工具，来保证芯片设计尽可能一次性成功。因而，EDA 工具的发展趋势是如何解决软件与硬件之间的隔阂，设计与制造之间的隔阂。

1. 支持软硬件协同设计的 ESL 工具

软件挑战是 ESL 工具发展的关键推动力。对多处理器的 SoC 和必须并行编程的多线程结构的要求将促使 ESL 工具进一步发展，来满足单一高级别模型的软硬件协同设计。而用软件来生成芯片的 IP 将更有效地缩短设计的周期。可以预见，支持 ESL 到 RTL 的编译和转化，甚至是直接完成 ESL 综合的 EDA 工具也将成为关注的热点。

2．支持良率设计的 DFM 工具

在 90nm 及以下工艺，光学效应开始引起设计问题和良率问题。因此除了设计规则，还需要光学仿真来分析工艺变化和分辨率增强、光学邻近校正的影响，从而可以发现设计规则检查（DRC）所无法发现的问题。另外，在 45nm 及以下工艺，将引起更多的工艺变异问题，如应力工程的变异，需要将这些工艺变异信息反标回设计阶段，帮助设计人员优化布局，并最大限度地提高成品率。由此可见，必将会有更好的 EDA 工具出现来保证设计可制造和良率。

3．提高 EDA 工具本身的性能

现有的大规模 SoC 中包含了上亿个晶体管，使得工具支持尚有难度。通常来说，进行一次验证可能需要几天的时间，严重影响了产品的设计周期，增大了设计风险。因此，有必要对于软件本身的性能和算法进行优化和改进。

总体来说，EDA 的发展已经成为解决集成电路设计的重要途径。现在集成电路产业发展的主要矛盾是：芯片制造业发达和芯片设计能力的相对不足。而要推动 SoC 设计，就必须在设计方法和 EDA 设计工具上有所突破。

本章参考文献

[1] 李东生. 电子设计自动化与 IC 设计[M]. 北京：高等教育出版社，2004.

[2] 曾繁泰，王强，盛娜. EDA 工程的理论与实践：SoC 系统芯片设计[M]. 北京：电子工业出版社，2004.

[3] 边计年. 数字系统设计自动化. 2 版[M]. 北京：清华大学出版社，2005.

第 4 章　SoC 系统架构设计

一个完整的 SoC 设计应该包括系统架构设计（System Architecture Design）和硬件设计（Hardware Design）。系统架构设计包括处理器的选择、存储器的选择、外设的选择、连接方式的选择和软件架构（Software Structure）的设计等。系统架构设计主要是指将高层次产品需求精化为对硬件和软件的详细技术需求，做一个整体的规划的过程。系统架构设计的一个关键任务是将设计划分为一系列硬件模块和软件任务，以及定义各部分之间的接口规范。例如，是多处理器，还是单处理器？选用什么类型的处理器？选择什么类型的总线标准？总线的架构是什么样子的？系统需要哪些存储器？因此，系统架构设计是 SoC 中至关重要的一步。

嵌入式软件是运行在 SoC 芯片之上的。软件和硬件的有效结合决定了系统的效率和性能。电子系统级（ESL，Electronic System Level）设计是指在高的抽象层次上用足够快的方法来描述 SoC 系统，给软件和硬件工程师提供一个虚拟平台，让他们能够以紧密耦合的方式开发、优化和验证复杂系统的架构和嵌入式软件。

本章将介绍系统架构设计的基础知识及电子系统级设计方法。

4.1　SoC 系统架构设计的总体目标与阶段

当前的 SoC 在单一芯片上集成了越来越多的处理器、存储器及各种外设等功能模块，其设计越来越复杂。SoC 系统架构的设计将是后续一切硬件设计和软件开发的基础，而一个合理并优化的 SoC 系统架构设计方案将大幅提高设计效率，缩短相应产品的上市时间，降低设计风险。由此可见，SoC 系统架构设计至关重要。SoC 系统架构设计的总体目标就是设计者针对应用的特点，选取合适的功能模块及模块之间数据的通信方式，在满足总线吞吐率、芯片面积、功耗等一系列系统约束的条件下，从众多系统架构方案中找到最优的 SoC 系统架构方案。

图 4-1 所示为经典的基于 Y-chart 的 SoC 系统架构设计方法。SoC 系统架构设计者首先根据应用特点提出一个初始化的 SoC 系统架构备选方案（通常初始体系架构方案是具有较高抽象层次的虚拟化模型），然后将该应用映射到初始的系统架构方案上，并根据性能分析得到一系列性能参数指标，最后设计者参照这些性能指标来修改初始的系统架构方案以提升系统性能。由此可见，SoC 的系统架构设计过程是一个复杂的、迭代优化的过程，直到找到满足应用需求的最优 SoC 系统架构。

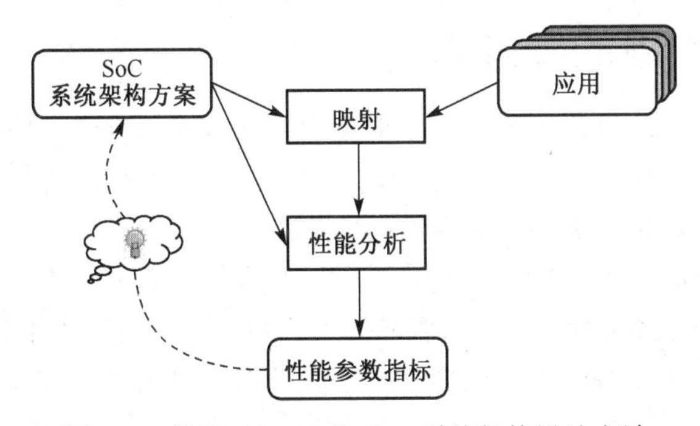

图 4-1　基于 Y-chart 的 SoC 系统架构设计方法

SoC 的系统架构设计的过程还可分为以下 3 个阶段：功能设计阶段、应用驱动的系统架构设计阶段及基于平台的系统架构设计阶段。

4.1.1 功能设计阶段

功能设计阶段也称为行为级设计阶段。这一阶段的主要目标是根据应用的需要，正确地定义系统功能，并以此为基础确定初始的 SoC 的系统架构。因此，在该阶段的设计过程中，往往需要重点考虑以下问题：①正确定义系统的输入/输出；②确定系统中各功能组件的功能行为；③各功能组件之间的互连架构和通信方式；④确定系统的测试环境，以便能正确验证系统功能。

通过 SoC 系统架构的功能设计可以建立一个面向应用需求的系统功能模型。该模型可作为设计中进行功能验证的重要手段之一。

4.1.2 应用驱动的系统架构设计阶段

在确定系统的功能之后，需要进一步对系统的架构细节进行设计。应用驱动的系统架构设计阶段的主要目标是针对特定的应用需求，确定适合的 SoC 系统架构，从而在完成系统功能的同时，满足系统对性能和开销的限制。

在应用驱动的系统架构设计中，一个关键阶段是根据应用需求，将设计划分为一系列硬件模块和软件任务，并确定各软硬件之间的接口规范。系统架构设计的最初阶段需要确定芯片上使用的处理器、总线及存储器类型。例如，是多处理器，还是单处理器？选用什么类型的处理器？选用通用处理器，还是 DSP？选择什么类型的总线标准？总线的架构是什么类型？系统需要哪些存储器？在这一阶段也确定了软硬件的划分，如哪些任务用处理器完成，哪些任务用硬件加速器完成。

通过以上设计步骤，设计者可以得到一个高抽象层次的 SoC 系统架构平台。该平台允许软件设计人员进行软件系统移植，以验证完整的 SoC 系统架构功能。设计人员应根据验证结果对原有系统架构进行调整，从而发掘最优的 SoC 系统架构。这一过程为第三阶段基于平台的系统架构设计提供了重要基础。

4.1.3 基于平台的系统架构设计阶段

基于平台的系统架构设计的主要目标是创建一个较低抽象层次的 SoC 硬件平台。在该阶段需关注更多的设计细节，如处理器的型号、存储器的容量、高速缓存的命中率、总线仲裁等，并对嵌入式微处理器的利用率和 SoC 系统功耗进行优化。本阶段所构建的 SoC 平台将是面向某一应用领域的基础底层平台，针对该领域内不同的应用特点仅需对该平台进行微小的扩展或裁剪即可满足需求，大大增加了设计复用性。基于该阶段构建的 SoC 平台进行设计的方法称为基于平台的设计方法，将在 5.8 节详细介绍。

4.2 SoC 中常用的处理器

复杂系统执行多种多样的复杂任务。任务常因为市场需求而改变。处理器的软件可编程性使得它可以实现更加快速的功能开发和提供更加敏捷的可适性，已成为 SoC 最为重要的组件，其性能直接决定了系统性能的优劣。

目前，在 SoC 中使用的处理器主要分 3 类：通用处理器（CPU）、数字信号处理器（DSP）和可配置处理器。通用处理器主要负责控制、操作系统平台和一般的信号处理等任务。目前，SoC 设计中使用较多的通用处理器有 ARM、MIPS、PowerPC、RISC-V 等。具有我国自主知识产权的处理器，如龙芯 CPU、众志 CPU、国芯 C-CORE 等也正在被越来越多地采用。虽然通用处理器正在得到广泛的应用，但其单一的指令格式及有限的计算能力无法满足计算密集型任务（如视频编解码、信息安全等）对于实时性的需要。DSP 充分挖掘了指令级的并行性，并结合了强大的浮点计算能力，有效地解决了这一问题，已常常被作为 SoC 中的核心处理器，或者在多核 SoC 中被作为对计算密集型任务进行加速的处理器。较多使用的 DSP，往往来自于 TI、Freescale、ADI 等厂家。无论是通用处理器，还是 DSP，往往体系架构固定，对于不同应用势必造成资源的浪费和计算的低效性。虽然 ASIC 可以采用最精简的资源达到最快的处理速度，但其不具备处理器的可编程能力，导致设计效率的下降。可配置处理器（Configurable Processor）结合了二者的双重优势，针对不同应用的需求，允许用户配置具有不同体系架构的处理器。可配置的处理器可以根据需要获得性能和功能的优化，并在开发平台工具的帮助下，自动生成处理器的系统软件和仿真环境，由于以上优点，可配置处理器及基于这种处理器的 SoC 设计将会是以后 SoC 开发的一个重要选择。

4.2.1　通用处理器

1. ARM 系列处理器

ARM（Advanced RISC Machines）系列处理器是一种 RISC 架构处理器。ARM 处理器具有高性能、低功耗等特点。ARM 系列处理器主要有 ARM7、ARM9、ARM10、ARM11 等。

ARM7 系列处理器是低功耗的 32 位 RISC 处理器，支持 16 位的 Thumb 指令集。使用精简的 Thumb 指令集可得到更高密度的代码。其核 ARM7 TDMI，具有 3 级的流水线架构，支持 Window CE、Linux 等嵌入式操作系统。ARM9 处理器包括 ARM920T、ARM922T、ARM926EJ-S、ARM946E-S 等，适用于不同的市场需求。ARM9 处理器实现 5 级流水。其中，E 表示处理器包含一些用于支持 DSP 算法的指令，J 表示处理器使用 ARM 的 Jazelle 技术提供 Java 加速功能。ARM9 中增加了存储器管理单元（MMU，Memory Management Unit），实现数据和指令分离的存储器架构。ARM10、ARM11 等系列处理器增加了流水线的深度，提高了工作时钟频率。ARM11 中还增加了 SIMD 功能扩展，提高了对于多媒体处理的能力。在 ARM11 之后，ARM 推出了新的指令集的处理器 Coretex，并分成 A、R 和 M 三类。A 系列面向尖端的基于虚拟内存的操作系统和用户应用，适用于具有高计算要求、运行丰富操作系统及提供交互媒体和图形体验的应用领域；R 系列针对实时系统，为要求可靠性、高可用性、容错功能、可维护性和实时响应的嵌入式系统提供高性能计算解决方案；M 系列针对成本和功耗敏感的 MCU 和终端应用。

2. MIPS 系列处理器

MIPS（Microprocessor without Interlocked Piped Stages）是一种获得广泛应用的 RISC 处理器。MIPS 的中文意思是无内部互锁流水线的微处理器，其机制是尽量利用软件方法避免流水线中的数据相关问题。

MIPS 技术公司是美国的芯片设计公司，在基于 MIPS 技术的基础上开发了一系列处理器。目前主要有两种架构的处理器：32 位和 64 位的 MIPS 32 架构和 MIPS 64 架构。MIPS 32 的 4K 系列处理器主要面向 SoC 应用。4K 系列采用 5 级流水线、32 位数据和地址宽度。存储器采用数据和指令分开的哈佛架构（Harvard）。MIPS 32 的 24K 系列采用 8 级流水、32 位地址和 64 位数据宽度。通过代码压缩，MIPS16e 可以减少指令的内存需求。MIPS 32 的 24K 系列中实现了快速乘法运算。在 MIPS64 架构的处理器有 MIPS64 5K 系列和 20K 系列分别采用 6 级和 7 级流水线架构。5K 系列的 MIPS64 5kf 和 20K 系列的 MIPS64 20kc 中集成浮点运算单元，面向高性能 SoC 应用。

3. PowerPC 系列处理器

PowerPC 处理器在 20 世纪 90 年代由 IBM、Motorola、Apple 公司共同推出，主要面向不同的市场应用，包括个人计算机和其他嵌入式市场。早期的 PowerPC 主要面向个人计算机和服务器市场。这种 32 位 Harvard 架构的处理器使用 5 级流水线架构，并集成硬件乘法、硬件除法和 MMU 单元。Freescale 公司有众多基于 PowerPC 的 SoC 设计，这些使用单核或双核架构的芯片主要面向通信市场。

在 Xilinx 的 Virtex-4 系列 FPGA 中集成了 PowerPC 的处理器。

4．RISC-V 系列处理器

2010 年加州大学伯克利分校的 David Patterson 教授研究团队分析了 ARM、MIPS、SPARC、X86 等多个指令集，发现它们不仅设计越来越复杂，而且还存在知识产权问题。于是研究团队启动了一个项目，其目标是设计一套新指令集能满足从微控制器到超级计算机等各种尺寸的处理器，能支持从 FPGA、ASIC 到未来器件等各种实现，能高效地实现各种微结构，能支持大量的定制与加速功能，能与现有软件栈和编程语言很好适配。还有最重要的一点就是要稳定——不会改变，不会消失。2011 年 5 月，第 1 版指令集正式发布。该指令集设计非常简单，采用了基础指令集与扩展指令集的方式。这样，这套指令集既保留了“简单”这个大优点，又赋予了用户足够的灵活性。

伯克利的研究团队在发布时还做了两个重大的决定：一是将新的指令集命名为 RISC-V（读作 RISC-Five），表示为第五代 RISC（精简指令集计算机）；二是将 RISC-V 指令集彻底开放，遵循 BSD License 开源协议。也就是说 RISC-V 指令集作为软硬件接口的一种说明和描述规范，不再像 ARM、PowerPC、X86 等指令集那样需要付费授权才能使用，而可以被开放（Open）和免费（Free）使用。这样全世界任何公司、大学、研究机构与个人都可以开发兼容 RISC-V 指令集的处理器，都可以融入基于 RISC-V 构建的软硬件生态系统，而不需要为指令集付一分钱。

RISC-V 开源的特点保证了它的稳定性，因为它只属于一个开放的、非盈利性质的基金会，即 RISC-V 基金会（www.riscv.org）。也就是说，RISC-V 与几乎所有的之前的指令集架构不同，它的未来不会受任何单一公司的浮沉或一时兴起的决定影响。RISC-V 基金会负责 RISC-V 指令集架构及其软硬件生态的标准化、保护和推广。基金会会员可以参与 RISC-V 指令集规范及相关软硬件生态的开发，并决定 RISC-V 未来的推广方向。此外，为了推动 RISC-V 在中国的发展、促进开源开放生态、推动我国信息技术领域协同创新攻关，中国开放指令生态(RISC-V)联盟和 RISC-V 产业联盟也相继成立。

RISC-V 最为重要的另一个特点就是模块化。传统的指令集架构设计基于增量模型，要求保持向后的二进制兼容，因此新处理器必须在实现所有历史设计的基础上实现新的设计，这使得指令集架构的复杂度随时间持续增长。RISC-V 的做法是将指令集划分为几个标准的子集，称为扩展，并保持一些基础的扩展（例如 RV64I）永远不变。这一约定给编译器和操作系统相关的开发人员提供了极大的便利，同时由于这些扩展是可选的，处理器的设计者可以根据需求选择实现不同的扩展，这对于嵌入式应用至关重要。

RISC-V 主要的指令扩展如下（以 RV64 为例）。

- I 扩展：整数扩展（RV64I）为 RISC-V 的基础整数指令集，所有实现都必须支持。RV64 极度精简，仅有 50 余条指令，但是功能齐全，执行通用计算所必需的整数计算、访存、分支及系统调用等指令一应俱全。处理器仅需支持 RV64I，便可以运行完整的 RISC-V 软件栈。
- M 扩展：乘法扩展（RV64M）为 RISC-V 整数乘除法扩展指令集，M 扩展支持整数的有符号及无符号乘除法运算。
- F 扩展/D 扩展：单精度浮点扩展（RV64F）和双精度浮点扩展（RV64D）为 RISC-V 的浮点指令集。共用一组独立于整数寄存器的浮点寄存器，拥有常规的访存和运算指令，也有一些包括乘加指令在内的融合运算指令，使得运算过程更精简而准确。
- A 扩展：原子扩展（RV64A）为 RISC-V 的原子操作指令集，为同步操作提供了必要的支持。
- G 扩展：通用扩展（RV64G）为 RISC-V 基础整数指令集 RV64I 加上标准扩展（M、F、D、A），统称 RV64G。
- C 扩展：压缩扩展（RV64C）为 RISC-V 的压缩指令集，包括了与标准 64 位 RISC-V 一一对应的短指令，它们只对汇编器和链接器可见，因此编译器编写者和汇编语言程序员可以忽略它们。以往的 ISA 设计在重新设计短指令集时，会为处理器和编译器的设计增加负担，而 RISC-V 通过上述设计避免了这一缺陷。

- V 扩展：向量扩展（RV64V）为 RISC-V 向量指令集，与其他指令集中的单指令多数据流（SIMD）指令不同的是，RV64V 将内部向量寄存器的宽度与指令集解耦，解决了 SIMD 指令集每一代升级宽度时，带来的上层软件适配问题。向量指令集支持向量计算、向量 load/store、向量条件运算等操作。

与其他指令集一样，RISC-V 为操作系统和其他场景提供了更高的权限模式。除通常的用户模式（U 模式）以外，RISC-V 架构还包括最底层的机器模式（M 模式）和为操作系统提供的监管者模式（S 模式）。M 模式是所有标准的 RISC-V 处理器必须实现的，拥有对硬件的完全控制权。简单的嵌入式系统只需要支持 M 模式即可，在此模式下可以处理异常和中断。M 模式和 U 模式的组合可以实现简单的基于地址寄存器比较的内存隔离，而更复杂的基于分页的虚拟内存方案需要依靠 S 模式来实现。

4.2.2　处理器的选择

在介绍了 SoC 设计中所使用的主要处理器后，需要解决的是在一个 SoC 中如何在它们之间做出选择。在选择处理器时需要决定的是处理器的类型和数量，它们之间有着非常密切的关系。决定处理器选择的关键因素是要实现的目标应用，包括目标应用的类型和目标应用的运算、控制等需求。

首先对于目标应用的运算能力要有一个量的估计或计算。一般来说运算的任务以 MIPS 为单位描述，即每秒百万指令数。在 SoC 设计的开始，计算所有任务每秒的指令需求总和。如果处理器性能不能满足，可以选择更高性能的处理器或者增加处理器的数量。但在多处理器的设计中，每个处理器的任务分配是一个复杂的工作。

其次是根据应用类型选择合适的处理器类型。通用处理器的运算能力和 DSP 是有较大区别的。需要根据实际目标应用决定处理器的选择。DSP 适合计算密集型的任务，如数字信号处理、音视频编解码等，而且 DSP 存储器架构可以提供较大的存储器访问带宽。此外，一般的 DSP 在零开销循环、特殊的寻址方式等方面都有专门的硬件支持，而通用处理器在处理用户界面和控制事务方面具有一定优势。由于 DSP 和通用处理器有各自的性能优势，因此在一些应用中两种处理器的混合使用也较为常见。

在不考虑应用背景的前提下，通常选用程序的执行时间来衡量 SoC 的性能。也就是说，从执行时间考虑，完成同样工作量所需时间短的那个 SoC 的性能是最好的。

通常情况下，一个程序的执行时间除了程序包含的指令在 CPU 上的执行所用的时间，还包括主存访问时间、外部存储器访问时间、输入输出访问时间及操作系统运行这个程序所用的额外开销时间等。总体上，一个程序的运行时间可以分为两个部分：CPU 时间和其他时间。CPU 时间指 CPU 用于程序执行的时间，其他时间指等待 I/O 操作完成的时间或 CPU 用于执行其他用户程序的时间（多任务系统）。CPU 时间又可以进一步细分为两个部分，即用户 CPU 时间和系统 CPU 时间。前者指真正用于运行用户代码的时间，后者指为了执行用户程序而需要 CPU 运行操作系统程序的时间。虽然 SoC 性能和 CPU 性能并不等价，但 CPU 性能仍然可以作为 SoC 性能评价的主要因素。用户 CPU 执行程序的时间如下

$$T_{\mathrm{CPU}} = \mathrm{IC} \times \mathrm{CPI} \times \mathrm{CT}$$

① IC（Instruction Count）：一个程序所包含的指令数目。它是指一个程序被 CPU 运行的真正指令数目，即动态指令数目，而不是程序编译后的静态指令数目。

② CPI（Cycle per Instruction）：表示执行一条指令所需的时钟周期数目。由于不同指令的功能

不同，所需的时钟周期数也不同，因此，对于一条特定的指令而言，CPI 指执行该条指令所需的时钟周期数，此时 CPI 是一个确定的值；对于一个程序或 CPU 而言，其 CPI 指该程序或该 CPU 指令集中所有指令执行所需的平均时钟周期数，此时，CPI 是一个平均值。当所运行程序相同，且 CPU 主频相同的前提下，也可以直接使用 CPI 来评价 CPU 性能。如果已知程序中共有 n 种不同类型的指令，第 i 种指令的条数和 CPI 分别为 C_i 和 CPI_i，则

$$\text{CPI}=\sum_{i=1}^{n}\left(\text{CPI}_i\times F_i\right)$$

式中，$F_i=\dfrac{\text{CPI}_i}{C_i}$，即第 i 种指令在程序中所占的比例。

③ CT（Cycle Time）：表示 CPU 主频每个周期的时间，即时钟周期。其倒数就是时钟频率。

上述用户 CPU 时间度量公式中的指令条数、CPI 和时钟周期受多个因素影响，如表 4-1 所示，并且各因素之间相互制约。例如，更改指令集可以减少程序中总指令条数，但同时可能引起 CPU 微结构的调整，从而可能会增加时钟周期（即降低时钟频率）。对于解决同一个问题的不同程序，即使在同一个 CPU 上运行，指令条数最少的程序也不一定执行时间最快。

表 4-1 CPU 时间的影响因素

	IC	CPI	CT
程序设计	√	√	
编译器	√	√	
指令集体系结构（ISA）	√	√	
CPU 微结构		√	√
工艺			√

CPU 时间度量公式告诉我们在评价 SoC 性能的时候，仅仅考虑单个因素是不全面的，必须三个因素同时考虑。曾经性能指标 MIPS 被广泛用于评估 CPU 性能，但它没有考虑所有三个因素，因此导致性能评价时会带来不准确的结论。MIPS（Million Instructions per Second）是一种用指令执行速度度量 CPU 性能的方法，其含义是平均每秒执行多少百万条指令，如式（4-1）所示。也就是说，如果 MIPS 提升，就意味着用户 CPU 时间的减少，即 CPU 性能提升。

$$\text{MIPS}=\frac{\text{IC}/10^6}{T_{\text{CPU}}}=\frac{1}{\text{CPI}\times\text{CT}\times10^6}$$

但这个结论是存在致命问题的。考虑如下例子，假设某个 CPU 当不使用浮点硬件时，1 次浮点操作由 50 个单周期指令完成，使用浮点硬件后，1 次浮点操作只需要 1 个 2 周期指令，时钟频率保持不变（50MHz）。不使用浮点硬件和使用浮点硬件相比，CPI 由 1 增加到 2，IC 由 50 减少到 1，因此，CPU 时间由 50 缩短到 2，但 MIPS 也由 50 下降到 25，与之前的结论相违背，即 MIPS 和 CPU 时间并不一定成反比例。造成这个问题的原因从式（4-1）可以看出，MIPS 没有考虑指令数目这一关键因素。也就是说可以通过精心挑选一组指令组合，使得其平均 CPI 最小，从而得到较高的 MIPS 指标，即峰值 MIPS，但并不能用峰值 MIPS 去度量 CPU 性能，因为这样就会造成不正确的结论。如果选用 MIPS 进行 CPU 性能进行度量，必须有一定的限制条件，即使用相同的编译器选项，具有相同的指令集架构，运行同样的程序，因为此时可以忽略指令数目的影响。

CPU 性能与所运行的程序直接相关，因此，选择什么样的程序进行 CPU 性能评价至关重要。最常用的就是基准程序（Benchmark）。基准程序是一个测试程序集，由一组程序组成，是进行各类 CPU 或计算机性能评测的重要工具，能够很好地反映 CPU 在运行实际负载时的性能。其中，SPEC 测试程序集是应用最为广泛的基准程序，也是最全面的性能评测基准测试集。SPEC 由一些实际的

程序组成，包括压缩、编译器、组合优化、搜索等。早期主要分为两类，整数测试程序集（SPECint）和浮点测试程序集（SPECfp），后来又分成了按不同性能测试用的基准测试集，如 CPU 性能测试集（SPEC CPU2006），Web 服务器性能测试集（SPECweb99）等。SPEC CPU2006 主要关注 CPU 性能，忽略 I/O 影响，它使用 Sun UltraSparc II（296MHz）作为参考机，通过归一化和几何平均进行性能评估如下

$$GM = \sqrt[n]{\prod_{i=1}^{n} \mathrm{SPECRatio}_i}$$

式中，$\mathrm{SPECRatio}_i$ 为 SPEC 比值，是执行时间的归一化值，表示测试程序在参考机上的运行时间除以该程序在被测 CPU 上的执行时间得到的比值。比值越大，说明 CPU 在该程序上表现出的性能越好。GM 是指将所有基准测试程序的 SPECRatio 进行几何平均后的平均得分，平均得分越高，说明 CPU 整体性能越好。当然，使用基准程序进行 CPU 性能评测也存在一些缺陷，因为基准程序的性能可能与某一小段代码密切相关，此时，硬件设计人员或编译器开发者可能会针对这些代码片段进行特殊的优化，使得执行这些代码的速度非常快，以至于得到了不具备代表性的性能评测结果。

4.3　SoC 中常用的总线

总线提供了系统中各个设备之间一种互连的访问共享硬件机制。在数字系统中，总线承担数据传输的任务如处理器和存储器之间的数据传输。总线的传输能力由总线的宽度和工作频率决定。总线的设计通常要考虑 4 个因素：总线宽度、时钟频率、仲裁机制和传输类型。

总线的带宽指的是总线在单位时间内可以传输的数据总量：总线带宽 = 总线位宽×工作频率。例如，对于 32 位、400MHz 的 AMBA 总线，它的数据传输率就等于 32bit×400MHz=1.6GB/s；32 位、33MHz PCI 总线的数据传输率就是 32bit×33MHz=132MB/s。当然，这个带宽指的是峰值带宽，实际总线带宽还与进行通信的主、从设备有关。

总线宽度和时钟频率决定了总线的峰值传输速率。这些因素影响成本、功率和工艺要求。

总线连接的设备根据功能不同分为总线主设备和从设备。总线主设备可以发起一个传输任务，而从设备则对主设备发起的事务做出回应。有些设备既可以是总线的主设备，也可以是总线的从设备，如 DMA 控制器等。当总线上存在多个主设备时，这些主设备有可能在一段时间内同时需要竞争使用总线。这时需要一种仲裁机制来决定总线的使用。仲裁机制的差异会影响总线的利用效率和任一总线主设备所见到的迟滞。使用较多的仲裁机制有轮询机制和按照优先级顺序机制。在轮询机制中，仲裁逻辑循环检查各个主设备的使用请求，从而决定哪一个主设备使用总线，每个总线的主设备拥有相同的优先级，但重要的请求可能需要等待较大的延时后才能获得总线的控制权。在按照优先级顺序的仲裁机制中，各个主设备分配不同的优先级。在这种设计中，优先级高的主设备可以在较少延时下获得总线的使用权。在仲裁机制中，有必要启用某些保护机制，确保总线传输的正常进行。例如，在传输数据过程中采用锁定的机制，只有当前传输结束后才能重新启动仲裁机制，确保该次传输的正常结束。这在多个主设备竞争访问同一个资源时可以确保数据传输的正确性。

总线在传输数据时，可以采用不同的传输类型以适应不同的数据传输要求。在大多数总线中可以实现固定大小的数据块传输和可变大小的数据块传输。更加复杂和先进的总线行为还包括分离处理（Split Transactions）、原子处理（Atomic Transactions）等。当从设备需要比较长的时间处理主设备的数据传输时，可以将总线的控制权交给其他主设备。当该从设备完成数据的处理后，从设备通知主设备可以继续上次没有完成的数据传输。

目前，各大 IP 提供商都先后推出了自己的总线标准。较有影响力的片上总线标准有 arm 公司（2016 年被软银集团收购）的 AMBA 总线、IBM 公司的 CoreConnect 总线、Silicore 公司的 Wishbone 总线和 Altera 的 Avalon 总线等。

SoC 设计的一个重要特点是基于 IP 的复用。为解决众多 IP 复用的问题需要一个快速的连接方案，由此产生了开放核协议（OCP）。OCP 是由 OCP-IP 组织定义的一种标准化的 IP 核接口（Interface）或插座（Socket），以便任何带有这一接口的 IP 都可以在 SoC 内直接点对点的连接，或通过带有这一标准接口的总线进行互连。

4.3.1 AMBA 总线

AMBA 总线是 ARM 公司开发的片上总线标准，目前已经到了 3.0 版本。AMBA 总线标准包括 AHB（Advanced High-performance Bus）总线、ASB （Advanced System Bus）总线、APB（Advanced Peripheral Bus）总线和 AXI 总线。AHB 和 ASB 总线连接高性能系统模块，ASB 是旧版本的系统总线，使用三态总线，目前已被新版本的 AHB 总线所代替。AHB 是 AMBA2.0 标准。而 AXI 是最新推出的新一代 AMBA3.0 标准。APB 总线连接低速的外围设备。典型的 AMBA-AHB 系统架构如图 4-2 所示。

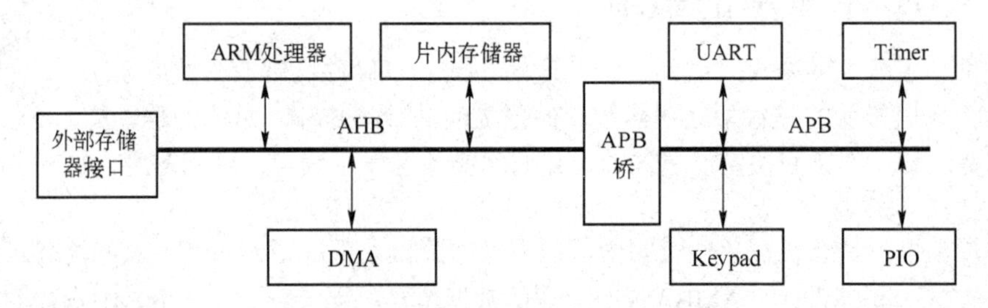

图 4-2 典型的 AMBA-AHB 系统架构

AHB 总线连接的系统模块有处理器、DMA 控制器、片内存储器、外部存储器接口、LCD 控制器等。这些设备往往工作在较高时钟频率下，对系统的性能有较大影响。AHB 总线支持仲裁、突发传输、分离传输、流水操作、多主设备等复杂事务。

APB 总线连接的外围设备有 UART 接口、键盘、USB 接口、键盘接口、时钟模块等。APB 没有复杂事务实现，非流水线操作，可达到减少功耗和易于使用的目的。

虽然 AHB 总线的协议在理论上可以让用户不断地增加总线位宽从而达到更大的带宽，但是在节省功耗的前提下，用户希望通过极小的总线宽度、极低的总线频率来实现很高的数据吞吐量，也就是对协议传输效率的要求达到极致。顺应这种趋势，ARM 在 2004 年推出了 AMBA3.0-AXI 协议。AXI 总线是一种多通道传输总线，将地址、读数据、写数据、握手信号在不同的通道中发送，不同访问之间的顺序可以打乱，用 BUSID 来表示各个访问的归属。Master 在没有得到返回数据的情况下可以发出多个读写操作。读回的数据顺序可以被打乱，同时还支持非对齐数据访问。由于各个传输之间仅依靠传输 ID 来相互识别，没有时序上的依赖关系，所以可以被插入寄存器来打断限制频率的关键路径。AXI 总线还定义了在进出低功耗节电模式前后的握手协议。规定如何通知进入低功耗模式，何时关断时钟，何时开启时钟，如何退出低功耗模式。这使得所有 IP 在进行功耗控制的设计时，有据可依，容易集成在统一的系统中。图 4-3 所示为一种典型的基于 AMBA 3 AXI 总线协议的 SoC 架构实例。AXI 不仅继承了 AHB 便于集成、便于实现和扩展的优点，还在设计上引入了指令乱序发射、结果乱序写回等重大改进，使总线带宽得到最大程度的利用，可进一步满足高性能系统的大量数据存取的需求。

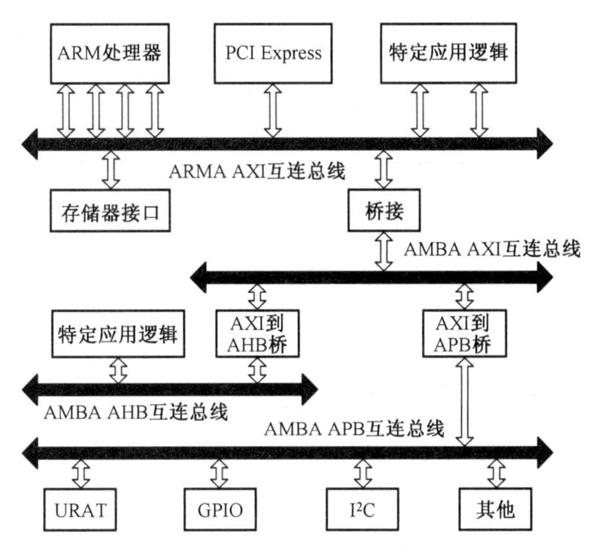

图 4-3　典型的 AMBA 3 AXI 总线协议的 SoC 架构实例

4.3.2　CoreConnect 总线

CoreConnect 是 IBM 开发的一套片上系统总线标准。CoreConnect 总线包括 PLB（Procesor Local Bus）总线、OPB（On-Chip Peripheral Bus）总线、DCR（Device Control Register）总线。图 4-4 所示为 CoreConnect 的总线系统架构图。

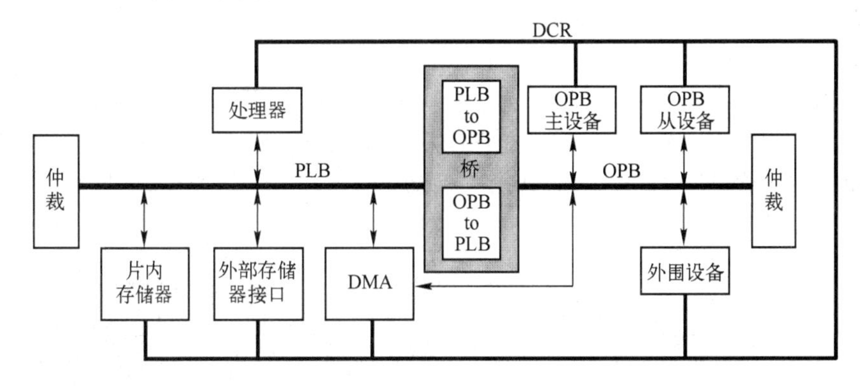

图 4-4　CoreConnect 的总线系统架构

在 CoreConnect 总线中，PLB 总线连接高性能设备如处理器、存储器接口、DMA 等。OPB 总线连接低性能设备，如各种外围接口等。OPB 总线减少了外围设备对于 PLB 性能的影响。在 PLB 和 OPB 之间存在一个转接的总线桥。PLB 到 OPB 总线桥实现了 PLB 总线上主设备到 OPB 总线上从设备的数据传输。它在 PLB 总线上是从设备，但在 OPB 总线上却成为主设备。与之相对应，OPB 到 PLB 的桥在 OPB 上是从设备，但会作为 PLB 总线的主设备，实现 OPB 总线上的主设备到 PLB 总线的从设备的数据传输。DCR 总线主要用来访问和配置 PLB 和 OPB 总线设备的状态和控制寄存器。DCR 总线架构实现了在 PLB 或 OPB 传输之外的数据传输。在 PLB 或 OPB 总线上的主设备都需要经过总线仲裁设备来获取对于总线的控制权。

4.3.3　Wishbone 总线

Wishbone 总线是由 Silicore 公司推出的片上总线标准。这种总线具有简单、灵活和开放的特点，现在已经被 OpenCores 采用并组织维护。在 AMBA 或 CoreConnect 总线中，高速设备和低速设备分别在不同的总线上。而在 Wishbone 中，所有核都连接在同一标准接口上。当需要时，系统设计者可以选择在一个微处理器核上实现两个接口，一个给高速设备，另一个给低速设备。典型的 Wishbone 总线系统架构如图 4-5 所示。

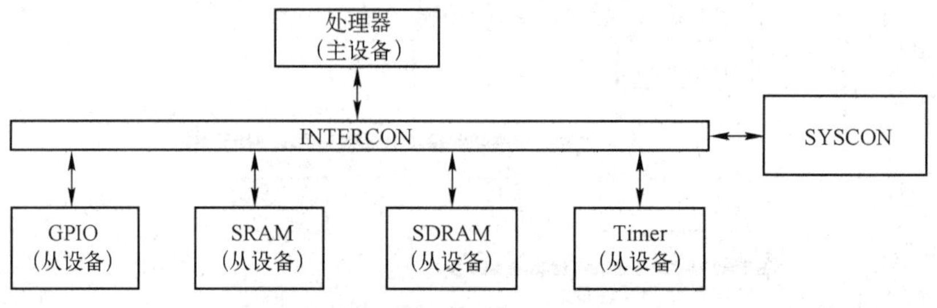

图 4-5 典型的 Wishbone 总线系统架构

一个 Wishbone 系统由主设备、从设备、INTERCON 和 SYSCON 组成。其中 INTERCON 定义了主设备和从设备之间的连接方式，而 SYSCON 用来产生系统时钟和复位信号。在 Wishbone 中有 4 种不同的连接方式可以使用，它们分别是点对点、数据流、共享总线和交叉连接方式。

4.3.4 开放核协议（OCP）

IP 在 SoC 中的互连概括起来可以通过两种方案解决，一种是采用标准的总线架构（如 AMBA），另一种是定义一种通用的总线接口，而不限制总线的采用。开放核协议（OCP，Open Core Protocol）是由 OCP-IP 组织定义的 IP 互联协议。它不是总线定义，而是在 IP 之间的一种独立于总线之外的高性能接口规范，这种方法提高了 IP 的复用率，进而可以减少设计时间、设计风险和制造成本。一个 IP 可以是处理器、外围设备或片上总线。OCP 在两个通信实体之间定义了点到点的接口。这两个通信实体中，一个作为主设备，可以发起命令；另一个作为从设备，对主设备的命令做出回应。典型的 OPC 协议系统架构如图 4-6 所示。OCP 是在国际 IP 标准组织（VISA）的虚拟接口标准 VCI 上的扩展。OCP-IP 组织还相继开发了相应的 IP 接口自动生成工具，并提供一定的技术支持，使得 OCP 接口具有更好的实用价值。

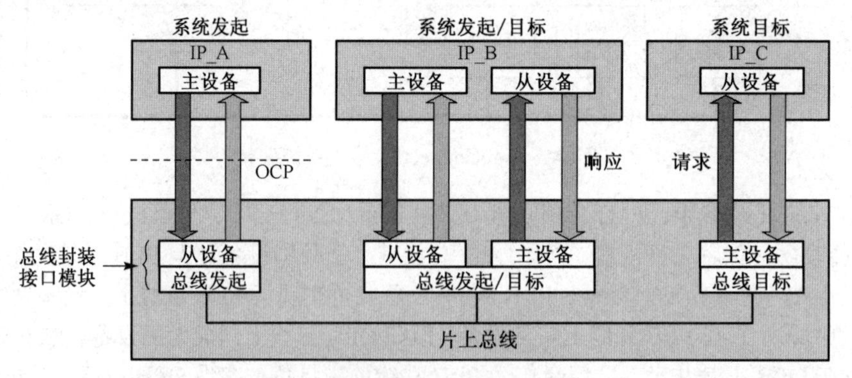

图 4-6 典型的 OPC 协议系统架构

IP 自身的特点决定了其是否作为 OCP 封装接口中的主设备、从设备或两者都是。总线封装接口模块作为 OCP 的补充。在系统的数据传输过程中，系统的发起者（OCP 主设备）输出命令和数据到总线封装接口模块。OCP 并不规定总线的功能。总线封装接口模块设计中，需要将 OCP 请求转换成总线传输。OCP 主设备负责将总线传输转换成合法的 OCP 命令；OCP 从设备接收主设备发出的命令，并做出回应。

4.3.5　复杂的片上总线架构

以上分析了目前使用较为广泛的几种标准总线架构。在实际的使用中，尤其在一些复杂的 SoC 设计中，往往会在这些总线协议的基础上采用更加复杂的总线架构以满足处理器、存储器和其他与之相连的设备之间的相互矛盾。

下面以 AMBA 总线为例，分析两种较为常见的总线架构。

在 AMBA 总线中，高性能设备工作在高速总线 AHB 上，其他慢速设备工作在低速总线 APB 上，高速总线和低速总线之间通过桥连接在一起。当高速总线上的设备比较多时，一条高速总线的设计无法满足系统的要求，这时需要增加总线，多总线架构的一个实例如图 4-7 所示。

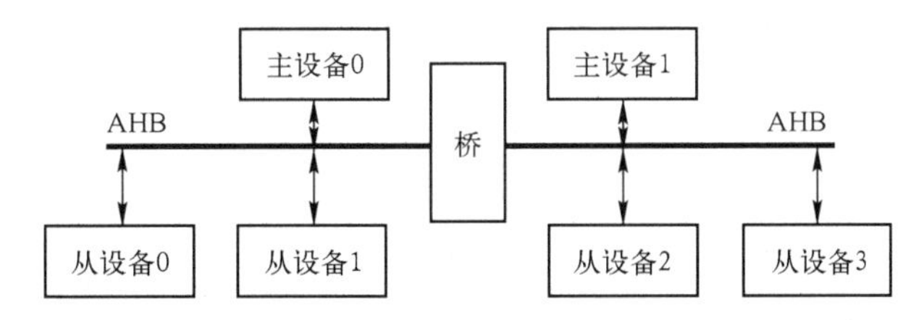

图 4-7　多总线架构实例一

在这种设计中，两种总线主设备分别工作在不同的 AHB 总线上，但它们都可以访问所有从设备。这样两个主设备在分别访问本地总线的从设备时可以减少总线上的等待时间，提高总线的访问效率。当主设备访问相邻总线的从设备时需要通过总线桥进行，在这种设计中一般主设备访问相邻总线从设备的可能性较小。

更加复杂的总线架构如图 4-8 所示，在这种总线架构中，不但有两条高速总线还有一条低速总线。两个片内存储器分别只能由该总线上的主设备访问。两个主设备对于低速总线或片外存储器有共同的访问权限，这时候需要增加总线的仲裁机制来决定在某个时刻由哪个主设备来访问相应的从设备。

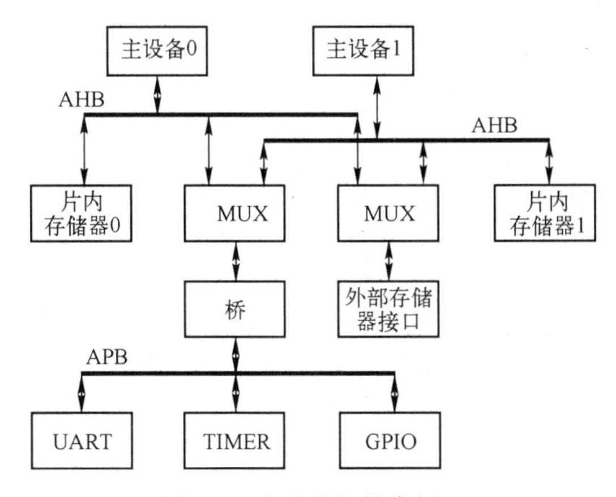

图 4-8　多总线架构实例二

4.4　SoC 中典型的存储器

在 SoC 中，存储器是决定性能的另一个重要因素。不同的 SoC 设计中，根据实际需要采用不同类型和大小的存储器，但其基本存储体系大致相同，如图 4-9 所示。典型的 SoC 存储器体系包括处理器内部的寄存器和高速缓存（Cache）、片内 ROM、片外主存。其中，寄存器通常由十几到几十个构成，用于缓存程序运行时的频繁使用的数据

（如局部变量、函数参数等）。Cache 是提升处理器性能的关键部件，利用程序局部性原理，以块为单位，通过 FIFO 或 LRU 替换算法，对指令或数据进行缓存，降低处理器与片外存储的交换频率，提升处理器性能，一般又可细分为指令 Cache 和数据 Cache。此外，Cache 通常采用分层组织，分为 1 级、2 级、3 级 Cache。对于多核处理器而言，1 级 Cache 为每个核独享，而 2、3 级 Cache 多为多核共享。片内 ROM 作为只读存储器，通常用来存放 SoC 系统的启动程序（如 Bootloader 等），从外存中读取系统程序和应用程序，送到主存。片外主存用于存放当前正在运行的系统程序、应用程序、数据及堆栈等关键信息。通常采用易失存储器，如 SDRAM、DDR2、DDR3 等，系统掉电后，信息丢失。Flash 为 SoC 的主要外存，可分为 Nor Flash 和 Nand Flash。Nor Flash 具有字节寻址能力，支持芯片内执行，通常用来存放系统引导启动程序，可实现 SoC 系统的片外启动。Nand Flash 为块设备，存储容量大，非易失，用来存放系统程序，如操作系统等。

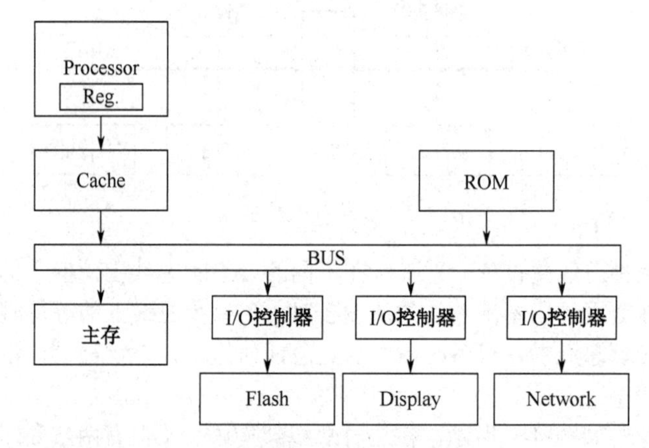

图 4-9　典型的 SoC 基本存储体系

由 SoC 存储体系中的各存储器的特性，构成分层存储结构，如图 4-10 所示。从寄存器到外部存储器，访问速度越来越慢，存储容量越来越大，成本越来越低，且上一层的存储的内容为下一层的子集。采用分层存储结构后，SoC 存储体系可在性能、容量及成本之间获得一个更好的折中设计。

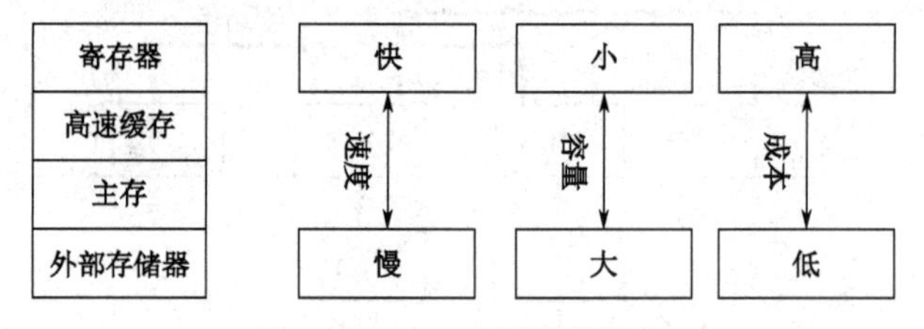

图 4-10　SoC 分层存储结构

4.4.1　存储器分类

根据存储器的特点和使用方法的不同，可以有以下分类方法。

1．按照存储介质分类

目前可利用的存储介质主要有半导体材料、电磁材料和光介质。用半导体材料构成的存储器称为半导体存储器。磁性材料存储器主要是磁表面存储器，比如磁带、磁盘、硬盘。光介质存储器称为光盘存储器。除上述三种存储介质外，当前还出现了很多基于新介质的新型存储器，如铁电存储器 FeRAM 等。

2．按照存储方式分类

随机存取存储器（RAM，Random Access Memory）中每个可寻址的存储位置有唯一的物理寻址机制，存取时间与存储位置无关，比如主存储器、Cache 等。

顺序存取存储器（SAM，Sequential Access Memory）的特点是信息按照顺序存放和读取，其存取时间取决于信息存放的位置。磁带存储器就是一种顺序存取存储器，其容量大，但访问速度慢。

相连存储器的访问不是通过地址进行访问的，而是按内容检索到存储位置进行读/写。

3．按信息是否可更改分类

按信息的可更改性分读/写存储器和只读存储器（ROM，Read Only Memory）。读/写存储器中的信息可以读出和写入，比如 RAM 就是一种读/写存储器。ROM 通过一定方式将信息写入以后，信息就固定在 ROM 中，即使电源切断之后，信息也不会丢失。

4．按照断电后信息的可保存性分类

按断电后信息的可保存性分为非易失性存储器（NVM，Non-volatile Memory）和易失性存储器（Volatile Memory）。NVM 中的信息可以一直保留，不需要电源维持，比如 ROM、闪存 Flash、光盘存储器等；易失性存储器在电源关闭后信息自动丢失，比如主存、Cache 等。

4.4.2　常用的存储器

1．静态随机存储器

静态随机存储器（SRAM，Static Radom Access Memory）是一种具有静止存取功能的存储器，即不需要刷新电路，只要不停止供电，就能保持其内部存储数据的状态。通常，SRAM 中每个存储单元需要由 6 个晶体管构成。

因为 SRAM 不需要刷新电路来保持其存储单元的状态，所以 SRAM 的访问速度非常快，可达到和处理器的时钟同步。但由于 SRAM 存储每一位需要使用 6 个晶体管，因此其集成度不高，面积较大，功耗较高，价格较贵。综合 SRAM 的上述特性，其常常被作为微处理器的高速缓冲存储器 Cache，如 L1、L2、Cache 等。

相比其他类型存储器，SRAM 存储器的外围引脚信号较少，接口协议简单，比较容易设计。

2．动态随机存储器

动态随机存储器（DRAM，Dynamic Radom Access Memory）是 SoC 中采用最为广泛的存储器，每个存储单元由一个电容和一个晶体管（一般是 N 沟道 MOSFET）构成。电容可储存 1 位逻辑值，根据充放电后电荷的多少（电势高低）分别对应逻辑值“0”和“1”，晶体管则是控制电容充放电的开关。相比 SRAM，DRAM 的结构更加简单，因此其具有更高的存储密度、体积小、容量大、价格低，在 SoC 中可用于存储大规模的程序和数据。但由于电容存在漏电现象，每隔一段时间电荷就会丢失，导致两极板间电势不足而丢失数据（即从“1”变为“0”），所以需要定期对电容进行充电以使其保持原值不变，这一过程称为刷新，并且在刷新过程中不能对 DRAM 进行读/写。DRAM 的动态性就表现在存储阵列需要不断地刷新以保证数据不丢失。

由于在刷新过程中，所有工作指令只能等待而无法执行，这是造成 DRAM 的性能低于 SRAM 的根本原因。另外，相比 SRAM，SDRAM 外围引脚信号、控制逻辑及访存协议都更加复杂。

DRAM 存储器的种类很多，如 SDRAM、DDR、DDR2 等，但均以 SDRAM 为基本架构。SDRAM（同步动态随机存储器）需要同步时钟，其内部命令的发送与数据的传输都以该同步时钟为基准。

在 SDRAM 的基础上，又陆续出现了 DDR、DDR2、DDR3、DDR4 和 GDDR 等高速 SDRAM

存储器。DDR SDRAM（Double Data Rate SDRAM），即双倍速率 SDRAM、普通 SDRAM 只在时钟信号的上升沿采样数据，而 DDR SDRAM 在时钟信号的上升沿和下降沿均采样数据，从而增加了数据的吞吐量，其最大带宽可达 SDRAM 的 2 倍。DDR2 和 DDR 一样，也采用了在时钟双沿同时进行数据传输的基本方式。最大的区别在于，DDR2 内存可进行 4bit 预取，2 倍于标准 DDR 内存的 2bit 预取，这就意味着，DDR2 拥有 2 倍于 DDR 的预取数据的能力，因此，DDR2 理论上可获得 2 倍于 DDR 的数据传输能力。DDR3 采用了 8bit 预取，相比 DDR2 可以获得更高的访存带宽。DDR4 采用了 16bit 预取，同样内核频率下理论速度是 DDR3 的 2 倍。GDDR 是用于图形处理器的专用存储器，主要是为了适应 3D 图形应用对于存储带宽具体需求，目前包含 GDDR、GDDR2、GDDR3、GDDR4 和 GDDR5 共 5 种类型。

3．闪存 Flash

闪存 Flash 是一种基于电荷存储、价格性能兼顾的非易失存储器。它能以块为单位进行擦除与编写，是电可擦除只读存储器（EEPROM）的变种，其变成所需要的时间几乎和 EEPROM 相同，但成本要低于 EEPROM。Flash 存储单元为三端器件（源极、漏极和栅极）。采用具有浮栅（FG，Floating Gate）的 MOS 管存储电荷。栅极与硅衬底之间有二氧化硅绝缘层，用来保护浮栅中的电荷不会泄漏。从而使得存储单元具有了电荷保持能力。当硅衬底上形成的浮栅中有电子则表示存储数据“0”，无电子则表示存储数据“1”。任何 Flash 存储器的写入操作只能在空或已擦除的单元内进行，所以大多数情况下，在进行写入操作之前必须先执行擦除。

NOR Flash 和 NAND Flash 是现在市场上两种主要的 Flash 存储器。NOR Flash 最大的特点是芯片内执行，采用了随机访问技术，与常见的 SRAM 相同。这样，应用程序可以直接在 Flash 内运行，不必再把代码读取到系统主存中。多用于存储 Bootlaoder 等系统启动程序。NAND Flash 没有采取内存的随机访问技术，存储单元的访问是以块为单位来进行的，通常是一次读取 512 B。NAND Flash 读和写操作采用 512 B 的块，这一点与硬盘操作类似。因此，用户不能直接运行 NAND Flash 中的代码，更适用于大规模数据存储，如存储卡、U 盘、固态硬盘等。

4.4.3 新型存储器

当前，SoC 中广泛采用基于“SRAM+DRAM+Flash”的混合存储模式。但随着集成电路达到 28nm 及以下工艺后，因电荷存储的物理极限，这三种主流存储器都已经接近各自的物理极限。比如，SRAM 随着工艺提升开始面临信噪比和软故障方面的设计挑战，DRAM 单元电荷量的不断降低使其抵御外界电荷的干扰能力越来越弱，Flash 则面临严重的串扰问题，使用寿命低下。因此，需求存储技术替代现有的存储技术已称为必然趋势。近年来，以 Intel、IBM、三星、意法半导体为代表的国际领先的大型半导体企业把研究重点放在了基于新型介质材料的非易失存储器（NVM，Non-Volatile Memory）上。这些存储器相比传统存储器，具有易扩展、存储密度大、信息非易失、漏电功耗近乎为零、读取速度快/功耗低等优势，为构建高能效、大容量的存储器提供了全新的解决方案。NVM 的非易失性确保了存储状态不易改变，其漏电功耗几乎为零。多位存储性使得每个存储单元可存储多位信息，存储密度极高，易于构建大容量存储器。此外，NVM 的外围电路与 DRAM/SRAM 几乎一致，降低了接口设计难度。目前，具有潜力的 NVM 包括：相变存储器（PCRAM，Phase-Change RAM）、自旋转移矩磁阻存储器（STT-MRAM，Spin Torque Transfer Magnetic RAM）、阻变存储器（RRAM，Resistive RAM）、铁电存储器（FeRAM，Ferroelectric RAM）等。

表 4-2 对各类型存储器进行了比较。

表 4-2　各类型存储器的比较

	SRAM	DRAM	Flash（Nor）	Flash（Nand）	PCRAM	STT-RAM	RRAM	FeRAM
非易失	否	否	是	是	是	是	是	是
单元尺寸（F^2）	50-120	6-10	10	5	6-12	6-20	6-10	15-34
读取时间（ns）	1-100	30	10	50	20-50	2-20	10-50	20-80
写入/擦写时间（ns）	1-100	15	$10^3/10^7$	$10^6/10^5$	50/120	2-20	10-50	50/50
寿命	10^{16}	10^{16}	10^5	10^5	10^8	$>10^{15}$	10^8	10^{12}
写功耗	低	低	非常高	非常高	高	高	低	低
其他功耗	漏电	刷新	无	无	无	无	无	无

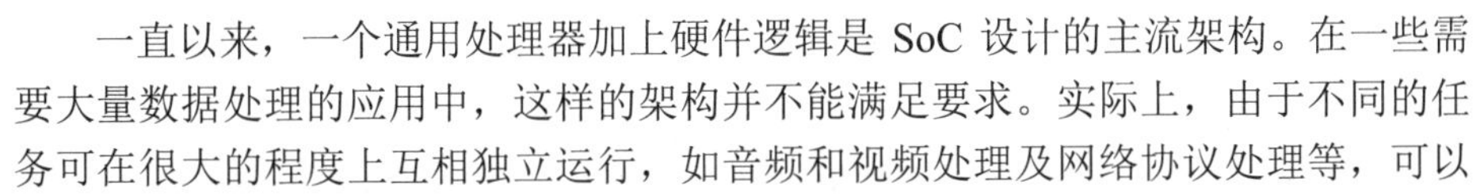

4.5　多核 SoC 的系统架构设计

一直以来，一个通用处理器加上硬件逻辑是 SoC 设计的主流架构。在一些需要大量数据处理的应用中，这样的架构并不能满足要求。实际上，由于不同的任务可在很大的程度上互相独立运行，如音频和视频处理及网络协议处理等，可以将具有内在执行并行性的复杂任务分解为一系列紧密联系的子任务，并行实现。多核 SoC（Multicore SoC）也称为多处理器架构的 SoC（MPSoC，Multiprocessor SoC）可以完成这样一个复杂任务分解到多个内核中去执行的任务。由于不同的内核可以执行不同的子任务，多核架构在一个周期内可以执行多个指令。同样的任务使用这种并行处理与使用单个处理资源串行处理的情况相比，整个系统应用的性能有了很大的改进。另外，多核架构的设计可以复用现有的成熟单核处理器作为处理器核心，从而可缩短设计和验证周期，节省研发成本，符合 SoC 设计的基本思路。多核架构是未来 SoC 发展的一个趋势。

4.5.1　可用的并发性

数字电子产品的进步取决于芯片或系统设计师使用许多并行的晶体管来高效地实现系统功能的能力。设计师可以利用许多不同级别的并发性，通常这些级别的并发性可归纳为 3 种：指令级并行性、数据级并行性和任务级并行性。

指令级并行性（ILP，Instruction Level Parallelism）利用指令之间的无关性，使得多条指令可以同时执行，改变传统串行执行指令造成的较大延时，提高指令和程序的执行效率。最常见的指令并行是利用指令流水线保证多条相互无关的指令重叠执行不同的指令流水阶段，从而提高指令执行的吞吐率。为了进一步发掘指令级并行性，超长指令字（VLIW，Very Long Instruction Word）和超标量（Superscalar）技术应运而生。这两类技术都是在处理器的体系架构中加入冗余的计算部件，从而允许无关指令充分利用这些计算部件，达到多操作并行执行的效果。在工程应用中，VLIW 技术多用于 DSP 领域，例如 TI 的 C6000 系列 DSP 就使用了 VLIW 技术，而超标量技术则更广泛地应用于通用高性能处理器领域，例如 Intel 和 AMD 的全部 x86 系列处理器，ARM 应用于手机领域的 A 系列处理器等。

数据级并行性（DLP，Data Level Parallelism）是指，一组待处理的数据内部存在较为松散的依赖关系，在理论上可以对这些松散数据并行执行。处理器的单指令多数据（SIMD）并行操作架构即利用无关数据的天然并行性，同时完成对多个数据的同一操作，以达到并行处理的目的。现在比较流行的 SIMD 指令集包括 Intel 的 AVX 指令集，ARM 的 NEON 指令集（现已升级为 SVE 指令集）。

由于系统往往需要完成多种功能，而这些功能可以独立于系统中的其他功能，这样就引入了任务级并行（TLP，Task Level Parallelism）的概念。例如，手机系统中的用户界面、视频处理、音频处理、无线信道处理等功能相互独立，可以成为并行处理的任务。任务级并行性可以从原本的一个串行任务中提取出来。通用的提取方法并不存在，但合适的工具和功能块能帮助发现隐藏的任务并行性。与前两类并行性相比，任务级并行性对于架构设计师更为重要。

4.5.2 多核SoC设计中的系统架构选择

对于一个多核SoC的系统架构设计，需要重点考虑对处理器的选型、处理器间的互连架构及存储器的共享方式等方面，而这些选择可以通过对以下几个主要问题的考虑来决定。

1．处理器与存储器架构

多核架构可以根据处理器核的特性分为同构多核架构和异构多核架构。在同构多核架构中，一个芯片上集成了多个相同的处理器，这些处理器执行相同或类似的任务。这样的设计在一些多线程并行度的领域（如服务器市场中）有广泛应用。而对于一些特定的任务（如多媒体应用）中，专用硬件在性能和功耗方面会比通用处理器更有优势。因此，发展出异构多核架构，即处理器中只有一个或数个通用核心承担任务指派功能，而诸如协处理器、加速器和外设等功能都可以由专门的硬件核心如DSP来完成，由此实现处理器执行效率和最终性能的最大化。相对于同构多核架构来说，异构多核处理器架构的设计更加困难，而且这种架构是针对某一领域做出优化，设计另一任务需要重新设计。

多核SoC中的存储层次架构对系统性能影响同样关键，因为大部分嵌入式应用程序是数据密集型的。存储器架构的区别主要在于选择何种存储器组织架构（分布式共享存储器还是集中式共享存储器），存储器和处理器的互连网络类型、存储器参数（缓存大小、存储器类型、存储器块的颗粒数量、存储器颗粒的大小），以及如何提高存储器带宽。

2．核间通信与Cache的架构

多核处理器的各个核心执行的程序之间需要进行数据共享与同步，因此其硬件架构必须支持核间通信。高效的通信机制是保证多核处理器高性能的关键。在多核处理器的设计中，核间的通信可以是基于共享Cache的架构。在这种架构中，每个处理器内核拥有共享的二级或三级Cache。Cache中保存比较常用的数据，并通过连接核心的总线进行通信。这种系统的优点是架构简单，而且通信速度比较高。因此，在Cache的设计中，除了Cache自身的体系架构，多级Cache的一致性问题也是设计中需要解决的问题。

核间通信也可以通过一种基于片上的互连架构。基于片上互连的架构是指每个处理器核具有独立的处理单元和Cache，各个处理器核通过总线连接在一起，利用消息传递机制进行通信。目前主要的总线互连方式按架构分有：双向FIFO总线架构（BFBA，Bi-FIFO Bus Architecture）、全局总线I架构（GBIA，Global Bus I Architecture）、全局总线II架构（GBIIA，Global Bus II Architecture）、交叉开关总线架构（CSBA，Crossbar Switch Bus Architecture）等。核之间遵循一定的协议进行通信。常见的总线协议，如ARM的CHI协议，一些公司还会使用定制的总线协议来满足性能，功耗和面积的要求。这种架构的优点是可扩展性好，数据带宽有保证；缺点是硬件架构复杂。总之，一个有效的互连架构对于多核处理器间的通信、处理器与外设的通信，以及存储器与处理器、存储器与外设的通信是很重要的。在设计核间通信时需要考虑通信速度、可扩展性及设计的复杂度等。

3．操作系统的设计

首先，操作系统的设计需要考虑多核带来的变化。优化操作系统任务调度算法是保证多核SoC效率的关键。任务调度要考虑多个任务如何分配到处理器资源上去，以尽量提高资源的利用率，实现多个处理器之间的动态负载平衡。其次，多核的中断处理和单核有很大不同。当多核的各处理器之间需要通过中断方式进行通信时，除处理器的本地中断控制器外，还需要增加仲裁各处理器核之间中断分配的全局中断控制器。另外，多核处理器是一个多任务系统。由于不同任务会对共享资源产生竞争，因此需要系统提

供同步与互斥机制，而传统的用于单核的解决机制并不能满足多核的要求。

4．提高并行性

多核处理器要发挥多核的性能需要提高程序的并行度，单线程程序无法发挥多核处理器的优势。通过编译优化的方法可以把单线程的代码编译成多线程的形式。编译技术的好坏对一个程序的执行速度影响巨大。总之，提高程序的并行性是发挥多核性能的重要一步，而通过编译技术的支持来发挥单芯片多处理器的高性能是非常重要的途径。

当处理器的内核数量上升时，一方面如果设计不合理，有可能会出现性能反而下降的问题；另一方面功能强大的内核其架构必然复杂，功耗也难以控制。

软件开发环境和集成开发环境也是多核 SoC 设计的挑战之一。通常需要花费大量的时间来开发这些工具。

4.5.3　多核 SoC 的性能评价

在设计多核 SoC 时，开发人员会希望预估他们所使用的核的数量与能够实现的性能提升量有多少，以此作为优化的依据。加速比（Speedup）是衡量多核 SoC 性能和并行化效果的一个重要指标。加速比是指同一计算任务分别在单处理器系统和多核处理器系统中运行消耗的时间的比值。值得注意的是，加速比往往并不与处理器的数目成正比。加速比的提升主要基于计算机体系架构设计中的一个重要原则：加快经常性事件的速度，即经常性事件的处理速度加快能明显提高整个系统的性能。对于多核 SoC 而言，其加速比与可并行任务占总任务的比例有关，基于这一前提，当前主要使用两种多核 SoC 加速比计算模型来对其性能进行评估，即阿姆达定律（Amdahl’s Law）和古斯塔夫森定律（Gustafson’s Law）。阿姆达定律是在任务一定的前提下的加速比计算模型。古斯塔夫森定律是在时间一定的前提下的加速比计算模型。值得指出的是近几年来研究人员针对不同的应用领域，在阿姆达定律和古斯塔夫森定律的计算模型上进行了多方面的拓展，如考虑通信、同步和其他线程管理的开销，以及引入功耗模型等，使其更具有实用意义。

与加速比相关的另一个指标是效率（Efficiency）。正如加速比是衡量并行执行比串行执行快多少的指标，效率表示的是软件对系统计算资源的利用程度。并行执行的效率的计算公式为加速比除以使用的核的数量，用百分数表示。例如，加速比为 53X，使用 64 个核，那么效率就等于 82%（53/64 = 0.828）。这意味着，在应用执行过程中，平均每个核大约有 17%的时间处于闲置状态。

1．阿姆达定律

阿姆达定律是并行计算领域广泛使用的加速比计算模型。它指出并行计算机的加速比受到串行执行部分的限制。假设某计算任务中可并行执行部分的比例为 f；多核 SoC 的处理器数量为 n，即多核 SoC 对并行计算任务性能提升倍数为 n。串行计算任务将由其中一个核完成，运行时间不发生变化，而并行任务将由多核完成，则该计算任务经过并行部件优化后的整体加速比为

$$\text{Speedup}=\frac{\text{time}_{单核}}{\text{time}_{多核}}=\frac{1}{(1-f)+\dfrac{f}{n}}$$

由于假定计算任务的规模在使用多核 SoC 平台后并不会产生变化（Fixed-size），当处理器数量趋于无穷大时，加速比将趋于 $1/(1-f)$，即多核 SoC 平台对计算性能的提升存在理论上界。而多核 SoC 平台往往针对更大的计算问题设计，因此计算规模应该随着计算能力的提高具有较强的可扩展性（Scalarbility）。下面通过一个例子来说明阿姆达定律的应用。

［例 1］　假设在一个单核 SoC 平台之上，某一计算任务中可并行化部分的执行时间占据整个任务执行时间的 40%，若将此单核 SoC 平台扩展为拥有 10 个处理器的多核 SoC，则采用该加速措施

后整个系统的性能提高了多少？

由题意可知：$f=0.4$，$n=10$。根据阿姆达定律，Speedup = 1/(0.6 + 0.4/10) = 1.56

由此可见，多核SoC所带来的性能的提升，往往在很大程度上取决于可并行部分所占的比例。

2．古斯塔夫森定律

对于大量实际应用，尤其是嵌入式实时应用，计算规模的扩展往往会受到计算任务执行时间的严格限制。因此，古斯塔夫森定律讨论一种固定时间（Fixed-time）的加速比计算模型。它考虑了数据大小与核的数量成比例的增加，并假设大数据集能够以并行方式执行。改变前后的系统具有相同的运行时间。这样就可以计算出应用加速比的上限为

$$\text{Speedup} = (1-f) + nf$$

与阿姆达尔定律公式相同，式中，n代表核心数量。为简化表述，对于指定的数据集大小，f代表并行应用中的可并行执行部分的时间百分数。例如，如果在32个核心上99%的执行时间用于可并行部分执行。对于同一数据集，与基于单个核心和单个线程运行环境相比，多核SoC环境下应用运行的加速比为

$$\text{Speedup} = (1-0.99) + 32(0.99) = 31.69$$

古斯塔夫森定律表明固定执行时间的多核SoC性能加速比是处理器数量的线性函数，也就是说随着处理器数量的增加，其所能处理的任务量也随之增加，解决了阿姆达定律中对于假设任务量不变的不合理性。因此，在古斯塔夫森定律中随着处理器数量的增加，其性能也会随之提升，从而具有可扩展的特性。同时古斯塔夫森定律也表明构建大规模的多核并行SoC可以使嵌入式应用得到更大的性能收益。

4.5.4 几种典型的多核SoC系统架构

1．片上网络

随着同一芯片内部集成的处理器数量不断增加，利用传统的基于总线的互连架构已成为多核间通信的主要瓶颈。研究人员普遍认为，片上网络（Noc，Network on Chip）架构会成为多核SoC核间通信问题的最终架构解决方案。特别是随着集成电路工艺水平的不断提高，芯片面积不断减小，NoC架构在未来多核SoC中将显得更为重要。对在基于NoC的SoC中，处理器核之间依靠网络和数据包交换机制，在一条由其他处理器或IP构成的连接或路由上完成数据的交互。NoC大量借鉴了计算机网络中的理论和概念，因此会着重考虑通信延时和吞吐率等问题。但作为多核SoC的互连架构，NoC在设计过程中还需要考虑路由和链路通信对于系统功耗和芯片面积产生的重大影响。由于较好地解决了传统的基于总线的SoC多核系统在总线架构设计上所面临的带宽和复杂逻辑协议的问题，NoC体系架构可以广泛应用于多媒体处理和无线通信等计算密集型应用领域。

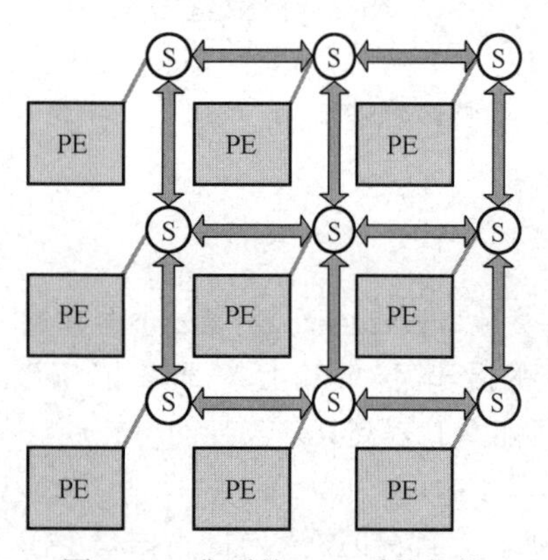

图4-11 典型的NoC系统架构

典型的NoC系统架构的如图4-11所示。NoC包括计算和通信两个子系统，计算子系统（PE，Processing Element）构成的子系统，完成广义的“计算”任务，PE既可以是处理器也可以是各种专用功能的IP或存储器阵列等。通信子系统（S，Switch）组成的子系统，负责连接PE，实现计算资源之间的高速通信。通信节点及其间的互连线所构成的网络被称为片上通信网络（OCN，On-Chip Network），它借鉴了分布式计算系统的通信方式，用路由和分组交换技术替代传统的片上总线来完成通信任务。

图 4-12 给出了高通公司（Qualcomm）发布的一款应用于服务器领域的多核 SoC——Centriq 2400 的架构图，这颗 SoC 芯片使用了 48 个兼容 ARMv8 指令集的 CPU，每个 CPU 都是一个四发射的超标量乱序处理器，采用 10 纳米 FinFET 工艺，可以运行在 2.6GHz 的频率，流水线包括取指令、解码、寄存器重命名、读取寄存器、写保留站、从保留站中选择指令、执行、写回等阶段，使用了带有奇偶校验功能的 64KB L1 I-Cache 和 32KB L1 D-Cache，每两个 CPU 共享带有 ECC 校验功能的 512KB L2 Cache，每两个 CPU 加上它们共享的 L2 称为一个 duplex，它直接和总线通过一个称为 Socket 的部件进行连接，共有 24 个 duplex，通过两个环形总线连接在一起。整个芯片一共有 60MB 的 L3 Cache，被划分为 12 个 5MB 大小的块，分散在整个芯片中。

芯片内的互连总线使用了高通公司自己定义的协议，同时为了减少总线的延迟，采用了两条环形总线相连接的方式，这样可以缩短总线上两个 Socket 之间的传输距离，并且每个环形总线包括两个方向。比如，图 4-12 中的 Socket0 可以直接向右边的 Socket1 传递信息，也可以向左边的 Socket18 直接传递信息，这样当 Socket0 连接的 CPU 要读取 Socket6 连接的 Cache，那么数据需要经过 Socket 6→Socket 21→Socket 28→Socket 27→Socket 26→Socket 18→Socket 0 就可以传递给这个 CPU。每个方向的总线按照地址的第 7 位分为 even 和 odd 两条 256 位的总线，整个总线可以按照不低于 2GHz 的频率来运行，因此可以算出总线可以提供的带宽在每秒不小于 256GB（32B×2 条总线×2 个方向×2GHz）。

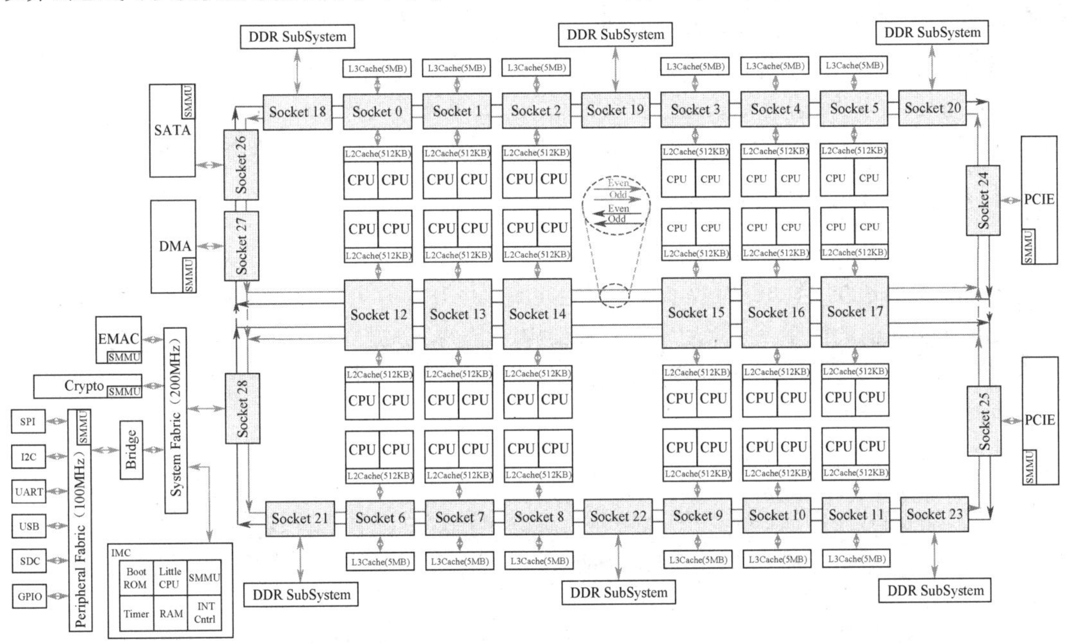

图 4-12　一款应用于服务器领域的多核 SoC（高通 Centriq 2400）的架构图

总线上的 Socket 按照连接部件的不同，可以划分为如下的几大类。

Socket 0～Socket 11：连接了 1 个 duplex 和 1 块 L3 Cache，这 12 个 Socket 一共连接了 24 个 CPU 和 60MB 的 L3 Cache。

Socket 12～Socket 17：连接了 2 个 duplex，这 6 个 socket 一共连接了 24 个 CPU。

Socket 18～Socket 23：连接了 6 个 DDR 控制器，用来访问系统使用的内存，支持 6 个通道的 DDR4。

Socket 24～Socket 25：连接了 2 个 PCIE 控制器，一共包括 32 个 PCIe 3.0 的数据通路（Lane），可以支持 2 个 x16 Lane，或 4 个 x8 Lane，或 6 个 x4 Lane，集成有 SMMU（System MMU），同时支持 IO Coherent。

Socket 26：连接了 SATA 控制器，包括 8 个 SATA 3.0 控制器，支持 6Gbit/s，3Gbit/s 和 1.5Gbit/s，

集成有 SMMU，同时支持 IO Coherent。

Socket 27：连接了 DMA 控制器，包括 4 个高速 DMA，每个 DMA 支持 6 个通道，可以实现多于 10GB/s 的带宽。集成有 SMMU，同时支持 IO Coherent。

Socket 28：连接了系统总线（System Fabric），这是一个相对慢速的总线，运行频率是 200MHz，这个在上面会挂载一些慢速的外设，包括以太网控制器（EMAC）和加解密计算引擎（Crypto），还有一个系统控制单元（IMC），它的里面实际上是一个由更小的 CPU 组成的子系统，包括了一个运行在 500MHz 的 CPU，以及存放程序用的 bootROM、存储数据的 RAM、中断控制器、定时器、GPIO 和 SMMU 等，这个子系统用来对整个芯片的上电和复位等状态进行控制。除此之外，在系统总线上还挂载了一个更加慢速的外设总线（Peripheral Fabric），它运行频率是 100MHz，在上面挂载了一些更加慢速的外设，例如 SPI、I2C、UART、SDC、USB、GPIO 等。

如果 Socket 连接的部件和总线的频率不一致，那么在 Socket 内会负责进行跨时钟域的处理。系统总线和外设总线由于工作频率的不同，也需要一个桥来将二者进行连接。

从图 4-12 可以看到，芯片内的主要外设几乎都配有 SMMU，正如 MMU 对于 CPU 的作用一样，SMMU 可以给非 CPU 的外设提供虚拟地址的管理、翻译和映射的功能，关于 SMMU 更详细的介绍，参见 https://developer.arm.com/documentation/ihi0070/da。

PCIE 控制器、SATA 控制器和 DMA，除了支持 SMMU，也支持 IO Coherent，它表示的含义是：这个 IO 设备不会响应 CPU 通过总线发过来的 Coherent 的读写请求，因为在这个设备内没有 Cache，但是这个设备可以向总线发出 Coherent 的读写请求。如果外设支持 IO Coherent，那么外设在访问内存的时候，不需要软件做任何特殊处理，就可以保证直接拿到 CPU 写过的最新数据。

2. 通用处理器和 DSP 结合的异构多核架构

在异构多核处理器方面，通用处理器和 DSP 的架构受到了业界的广泛关注，如 TI 的 DaVinci 架构。DaVici 架构是 TI 公司针对数字媒体嵌入应用系统开发的多核 SoC（DMSoC）。图 4-13 所示为产品 TIDM6446 的架构图。它采用一种双核架构，把 TI 的高性能 DSP 核与控制性能强的低功耗 ARM 处理器结合起来。此外，芯片中还包括视频处理子系统（VPSS，Video Processing Subsystem）及一些输入输出接口。

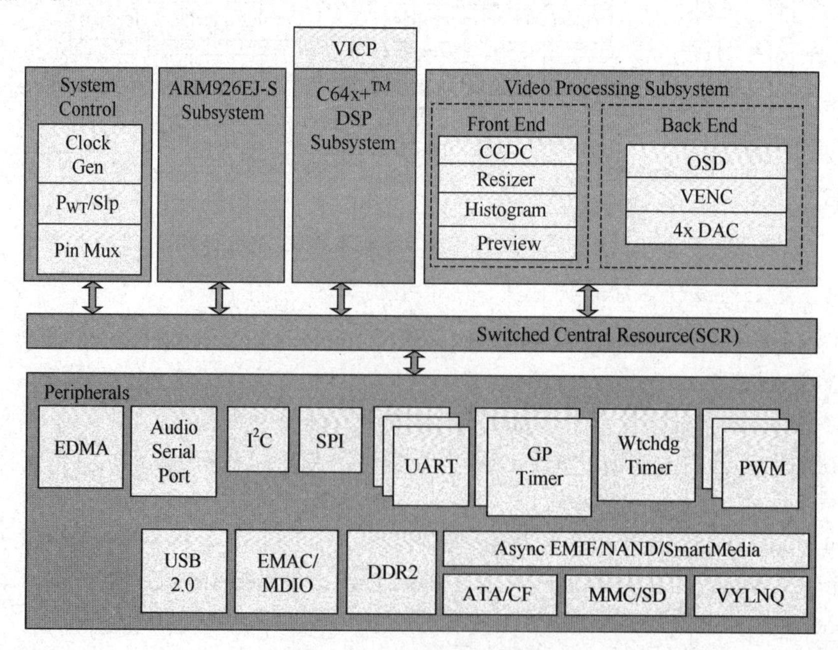

图 4-13　TI DM6446 架构

在芯片中，利用低功耗的 ARM 处理器实现接口和控制方面的需要，而 DSP 用来增加芯片对音视频应用中的信号处理能力。

DMSoC 中的交换中心资源（SCR，Switched Central Resource）用以确保 ARM、DSP 和 VPSS 同时访问外设或存储器资源时不会引起冲突。DMSoC 交换中心资源（SCR）的结构框图如图 4-14 所示，在 SCR 中可以有很多并行的发起数据传输的源（Master）到要访问的目的地（Slave）的数据通路。如果是不同的 Master、相同的 Slave，那么可以通过设置每一个 Master 的优先级来得到特殊应用系统的最佳性能。如果 Master 是 C64x+、VPSS 和 EDMA，可以通过它们自己的相关寄存器控制它们自己的优先级，这样可以更加灵活、快速地实现高视频数据吞吐带宽。

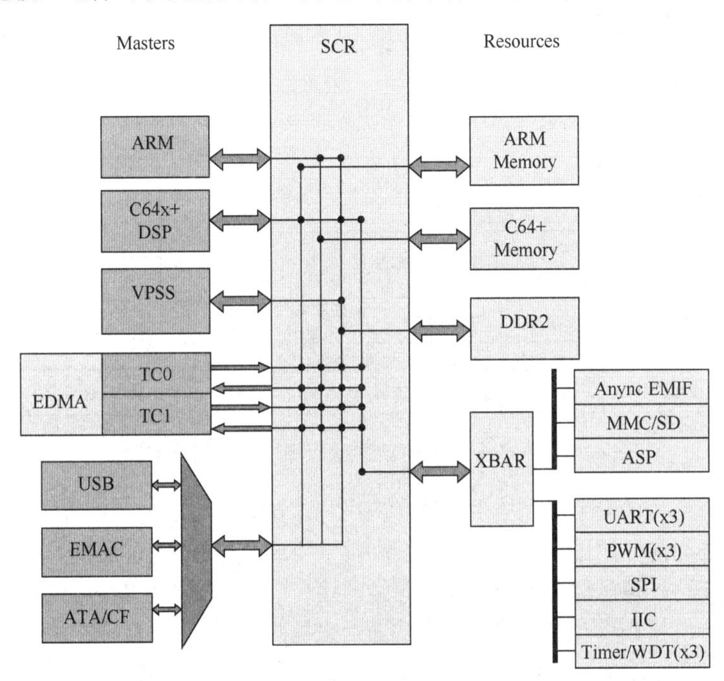

图 4-14　DMSoC 交换中心资源（SCR）的结构框图

由于 DMSoC 独特的架构，其芯片运算处理能力强、功耗低，在多媒体信号处理方面获得了较大的应用。此外，DMSoC 的开放式软件架构可保持双内核硬件对用户的透明度，以便于编程并集成到多功能产品中。

4.6　SoC 中的软件架构

在一个 SoC 的系统架构设计中，除了硬件架构，软件架构的设计对整个 SoC 的性能有很大的影响。尽管硬件的架构设计无论对哪个公司来说都是一种挑战，却不能忽略系统级上的挑战。因为一个 SoC 产品不只包括硬件，而是软件和硬件的结合。在很多的 SoC 中，软件设计的复杂度和开发周期都要超过整个硬件的设计。软件设计在很大程度上决定了 SoC 中硬件电路的性能发挥。

1. 数据流的路径

在很多嵌入式系统中，数据流在硬件和软件中的路径决定了系统的效率和性能。数据流的路径通常是从数据位通过物理接口流入系统开始的，并经硬件设备输入接口流入硬件设备输入控制器。软件驱动程序将数据输入操作系统的数据架构，然后再送入应用存储器空间中。应用程序间的通信直接通过共享的全局存储器交换数据，或者通过操作系统以消息的形式传送数据。在输出端，应用通常通过操作系统向设备驱动程序传送数据，它将数据输入一个硬件输出控制器，然后通过操作系统向设备驱动程序传送数据，经硬件设备输出接口传出。

2．软件环境

SoC芯片中的软件环境包括应用软件的运行环境和应用软件的开发环境。开发环境包括应用软件源代码、编译器、连接器、开发界面和硬件调试接口等。其中，软件源代码位于开发环境的最上层，而调试接口则是环境中的底层。对于一个SoC来说，如果其中的处理器采用ARM或RISC-V的处理器时，SoC上应用的开发者可以从提供商那里获得开发环境，而不用自己去开发。但即使标准的开发环境也从来都不是标准的。为了在新的系统中去实现包括更多新的功能，在每一个开发周期中，需要在开发环境中增加各种开发工具。

SoC中应用软件的运行环境主要由应用程序、操作系统核心、各种驱动、芯片本身构成。图4-15所示为SoC中的应用软件的运行环境及开发工具。另外，对于一些不太需要任务管理、资源管理及进程管理的应用，SoC也往往不会采用操作系统。

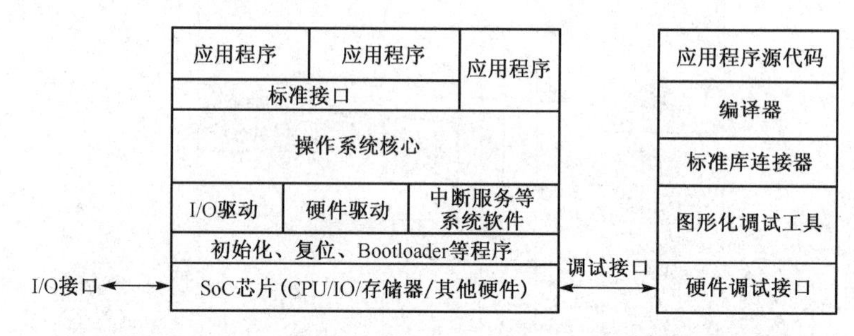

图4-15　SoC中的应用软件运行环境及开发工具架构

在应用软件运行环境的最上层是应用程序。应用程序实现了系统的各种特定应用，如音频或视频解码等。应用程序之间可以通过某种标准接口（如网络协议）进行通信。相同类型的应用可以在这种方式下获得好处。在这种消息传递中能够实现可靠的接口，但会带来性能的问题。应用程序之间的通信也可以通过操作系统核心以存储器共享的方式通信来提高速度。比如，某一应用程序将一块数据放到缓存中，并把指针传递给另一个应用软件，但以这样的方式交换数据往往也会带来某些问题。

在应用程序的下一层是操作系统核心，负责任务的创建、任务的调度和存储器管理等。在操作系统的下一层由各种I/O接口（如UART、USB、IDE、WLAN、LCD等）驱动、硬件加速器驱动和其他实现如异常处理、中断服务程序、初始化、复位及Bootloader等的系统软件构成。

3．软硬件接口

在一个真实的SoC系统架构设计中还必须考虑到软硬件接口（Interface）。主要的软硬件接口有：①存储空间映射（Memory Map），包括所有设备的可配置寄存器的地址映射；②设备驱动；③初始化、复位、Bootloader程序；④中断服务程序及中断向量；⑤I/O引脚的复用等。这些是在系统架构设计时必须定义好的，在硬件设计时必须按照定义做，这样才能保障系统软件正常工作。

4．存储空间映射

通常情况下，SoC中的各个片上模块及与之通信的片外设备，如Flash及Flash控制器的寄存器、RAM及存储器控制模块中的寄存器，以及各种外设等，均采用统一地址空间进行编址访问，为每一个设备分配一定数量的地址空间的过程称为存储空间映射。图4-16所示为一款IBM的PLB和OPB总线协议的SoC的存储空间映射的例子。

5．设备驱动

在SoC设计中，需要大量投资来开发设备驱动（I/O接口驱动、硬件加速器驱动），这是产品成功的关键。设备驱动的作用是在操作系统内核与 I/O 硬件设备之间建立连接。其目的是，对于软件设计者而言，这个接口屏蔽了各类设备的底层硬件细节，使软件设计者可以像处理普通文件一样对硬件设备进行打开、读写、关闭等操作。设备驱动主要完成的工作包括：初始化（如设定传输率，定时器的周期等），中断服务处理（如对硬件中断的处理），输入/输出设备的接口服务（如启动和停止定时器、DMA 传输等）。操作系统提供商通常会提供常见设备的驱动包。这些驱动程序可以作为参考设计，而实际上应用开发者还是需要做出大量修改。参考设计毕竟只是参考，最后的产品中很少完全使用参考设计。与桌面系统不同，嵌入式系统与接口和应用密切相关，一个操作系统获得成功很大程度上取决于各种最新驱动程序的可获程度。

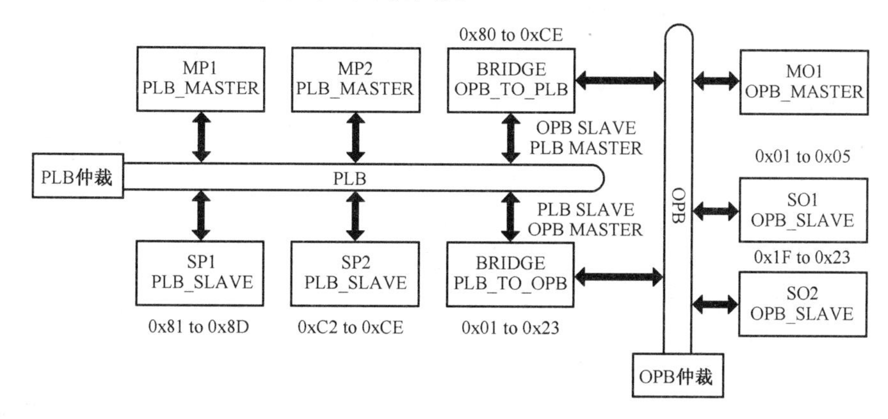

图 4-16　基于 IBM 的 PLB 和 OPB 总线协议的 SoC 的存储空间映射实例

6．初始化、复位、Bootloader 程序

SoC 设计中的初始化程序主要负责整个 SoC 各个关键组件的初始化工作。这些初始化工作主要包括：初始化 CPU 内部的一些特殊寄存器、初始化 Cache 参数、初始化存储器管理单元 MMU（Memory Management Unit）、初始化其他 SoC 组件（如 URAT、Timer 等）、初始化设置中断向量表等，并开始执行应用程序或操作系统。

复位主要是在上电时完成处理器、SoC 芯片及整个系统的复位工作。它使得 CPU 的指令指针指到某一个特定的存储器地址，然后从这个地址取指并执行一系列的复位中断服务程序。例如，一款 IBM 公司的 PowerPC 405GP 处理器在上电复位时，将从地址 0XFFFFFFFC 开始执行相关的程序，而这段程序可能是在通过 PCI 连接的存储器上。

Bootloader 是在操作系统运行之前执行的一小段程序。通过这部分程序，设计者可以初始化硬件设备、建立内存空间的映射表，从而建立适当的系统软硬件环境，为最终调用操作系统内核做好准备。Bootloader 的主要运行任务就是将内核映象加载到 RAM 中，然后跳转到内核的入口点去运行，即开始启动操作系统。Bootloader 是基于特定硬件平台来实现的，因此，几乎不可能为所有的 SoC 建立一个通用的 Bootloader。Bootloader 不但依赖于处理器的体系架构，还依赖于 SoC 中各设备模块的配置。

7．中断服务程序及中断向量

当处理器正在处理内部数据时，外界发生了紧急情况，要求处理器暂停当前的工作转去处理这个紧急事件。处理完毕后，再回到原来被中断的地址，继续原来的工作，这样的过程称为中断，而对于紧急事件的处理程序称为中断服务程序。各类中断服务程序的入口地址均存放在中断向量表中。

8．I/O 引脚的复用

I/O 引脚的数量将影响到芯片乃至系统板的面积。通常为了减小面积会将两个或两个以上不在同一个时间使用的不同功能的 I/O 引脚进行复用。例如，用在测试时的扫描链信号引脚与正常使用时的 UART 模块的引脚复用。

9．模型

为了能及时开发出目标系统所需要的软件，在 SoC 芯片能够获得之前，需要有一种 SoC 模型来开发和运行软件。以前，SoC 模型通常是基于 FPGA 的。随着电子系统级设计的发展，一种虚拟的仿真模型出现了。仿真模型的速度虽然相对实际芯片要慢一些，但可以更早地展开软件的开发，而且随着服务器等处理速度的提高，相对来说提高了仿真模型的速度。

随着 SoC 设计中越来越多地使用多核，软件开发环境需要为应用开发者提供新的编程模型。比如，在每一个独立的处理器上运行标准的操作系统，这样可以为应用开发者提供相当的灵活性。但应用开发者要面临着协同这些处理器中的所有任务的问题。而更加普遍的做法或许是，为开发者提供一个多处理器多线程的开发模型，每一个线程映射到不同的独立处理器上。这种模型限制了对每个处理器的访问，却降低了在应用层可能发生的同步问题。这些编程模型只是为处理器提供通用的开发环境，而实际的芯片是一个更大并包括复杂通信的系统，这样的系统需要在开发环境中被建模。

软件的复杂性正在不断地增长，并且软件通常能够更好地处理复杂性的问题。软件系统的功能和复杂性的进一步发展也使得 SoC 设计方法学的极限得以扩展。

4.7 电子系统级（ESL）设计

4.7.1 ESL 发展的背景

电子系统级（ESL，Electronic System Level）设计方法和 ESL 工具相对来说是一种较新的方法学和工具。虽然这种方法学的提出和工具的开发在 20 世纪 90 年代已经开始，由于相关工具无法配合及市场需求较少，过去几年在 EDA 产业一直居于不太起眼的位置。随着 90nm 技术的出现，上亿门规模电路的开发及系统的复杂度的剧增，ESL 设计逐渐受到重视。但真正能够执行设计流程所需的 ESL 工具，直到最近几年才开始陆续上市。

在传统的设计过程中，SoC 设计侧重于硬件，嵌入式系统设计侧重软件，而板上系统则需要更多地要兼顾软件和硬件。随着 SoC 设计发展，硬件设计规模越来越复杂。与此同时，软件复杂度的增长却大大超过了硬件复杂度的增加。图 4-17 总结了市场调研公司国际商业策略（International Business Strategies）对 SoC 设计工程师所做的调查数据，可见设计嵌入式软件和硬件架构的相关工作量随工艺的缩小而急剧增加。

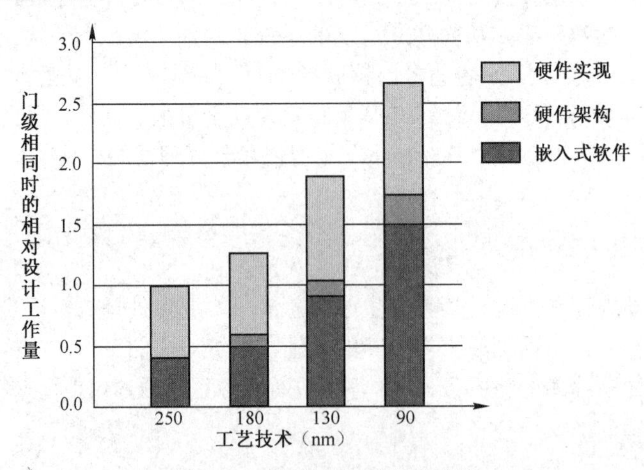

图 4-17 设计工作量发展趋势

嵌入式软件开发工作量的增加，主要是由于能够实现消费产品之间兼容性和互操作性的无线及多媒体标准（或其中之一）越来越多。JPEG、MPEG、3G、GSM/EDGE、IEEE 802.11/a/b/g WLAN、Bluetooth 和 UWB 等标准，都是现代电子产业获得商业成功所必需的。而硬件实现（RTL 设计、综合、物理设计等）工作量的增加则要少得多。

系统架构开发工作量的增加主要是由于 SoC 需要集成和优化越来越复杂的处理、存储资源及通信协议。因而，在功能和系统架构级进行的系统架构探索来帮助设计师找到设计的平衡点就变得更加重要。

这些工作量的增加必然导致产品开发周期的增长，包括软件开发、硬件设计和验证时间的增加。要满足复杂度增加带来的改变，需要设计方法和 EDA 工具能够在设计的早期提供软硬件协同的设计环境。这就是 ESL 设计方法和 ESL 工具重新受到重视和开始成为主流的原因。目前，在全球顶级的 SoC 设计公司中，ESL 设计已经被越来越多地采用。

4.7.2 ESL 设计基本概念

ESL 设计指系统级的设计方法，是从算法建模演变而来。ESL 设计已经演变为嵌入式系统软硬件设计、验证、调试的一种补充方法学。这些嵌入式系统包括 SoC、FPGA 系统、板上系统、多板级系统。

ESL 设计以抽象方式来描述 SoC 系统，给软硬件工程师提供一个虚拟的硬件原型平台，用以进行硬件系统架构的探索和软件程序的开发。在 ESL 设计中，系统的描述和仿真速度较高，让设计工程师有充裕的时间分析设计内容。ESL 设计不仅能应用在设计初期与系统架构规划阶段，亦能支持整个硬件与软件协同设计的流程。

目前大多数的 ESL 工具包含以下功能：系统级设计、软硬件协同设计、体系架构定义、功能建模、协同验证。

4.7.3 ESL 协同设计的流程

图 4-18 所示为 ESL 协同设计流程的示意图。

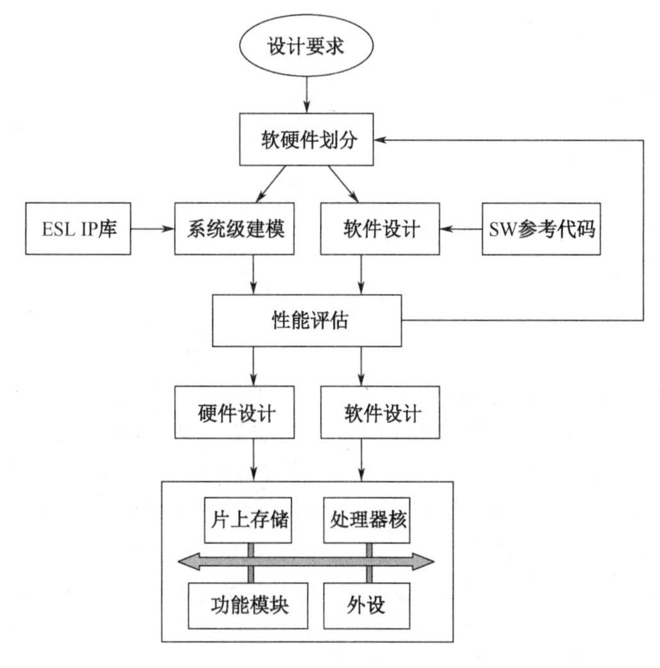

图 4-18 ESL 协同设计流程

首先，设计工程师接收一个设计定义的输入，这个定义可以是文本、图表、算法或某种描述语言（如UML、SLD、MATLAB等的描述）。设计工程师根据这个输入的定义，完成算法的开发，提出一种系统的架构，用ESL语言来描述这种系统架构，即系统级建模，同时将相应的软件程序移植到系统平台。并在此基础上完成性能的初步评估。

根据性能评估结果，再次修改软硬件划分、修改系统级模型及相应的软件程序。系统级建模是在高抽象层次上进行的，如用SystemC进行事务级的建模。并且根据系统架构中指定的处理器和软件任务的定义，用C/C++或汇编语言完成应用软件的设计。

在这个阶段，开始软硬件的协同验证，即软件运行在系统的虚拟平台上。根据协同验证的结果反馈给系统架构和软硬件划分。后者根据性能、成本等因素重新做出调整。这是一个迭代的过程。在整个设计过程中都要根据评估、验证的结果对系统架构做出调整。

完成验证的硬件和软件设计方案就可以组成一个完整的系统级设计，并传递给下一级的设计作为输入。例如，ESL设计为软件应用提供C或C++语言描述的程序；为定制电路提供Verilog或VHDL语言描述的硬件设计；为硬件平台提供PCB板的功能部件或抽象层IP，如基于SystemC的IP。

4.7.4 ESL设计的特点

ESL设计之所以会受欢迎，主要源于以下3方面的特性：功能正确和时钟精确型的执行环境使提前开发软件成为可能，缩短了软硬件集成的时间；系统设计更早地与验证流程相结合，能确定工程开发产品的正确性；在抽象层设置的约束和参数可以被传递到各种用于设计实现的工具中。

1. 更早地进行软件开发

有了虚拟的原型平台意味着可以更早地开始软件开发。对于目前基于SystemC语言的ESL设计方法学来说，ESL设计工程师可用SystemC生成一个用来仿真SoC行为的事务级模型。由于事务级模型比RTL模型的开发速度要快得多。在RTL实现以前，完成TLM建模后的系统就可以开始软件的开发。那么，软件的开发可以与RTL实现同时展开，而不是传统的在RTL实现完成以后才开始软件开发。虽然部分与硬件实现细节有关的软件要在RTL完成以后才能开始，但还是可以节省大量开发时间。对于一个大型软件开发任务，尽可能早地开始软件开发很有必要。这样不但节省了大量软件开发的时间，还使软硬件的集成和验证变得更加容易。如此独一无二的特性吸引了很多公司将其作为设计流程中特定的一环。

2. 更高层次上的硬件设计

为了适应不断变化的市场要求，需要不断推出新产品或经过改进的产品。在SoC设计中可以通过改进一些模块的性能、增加功能模块或存储器、甚至在系统架构上做出重大的调整。因此，设计工程师必须拥有可实现的快速硬件设计方法。

为了实现快速的硬件设计，ESL设计须建立在较高的抽象层次之上，如事务级建模（TLM）。事务级建模可实现较早开始软件开发、ESL设计及验证任务的虚拟集成平台。

以前，RTL平台曾被用来减少设计修改的问题，它通过为未来设计提供一个经过预验证的系统架构来实现这一点。然而，为满足新的市场需求而优化RTL系统架构和集成RTL级的IP所带来的困难越来越大，这会显著减缓设计过程。而一个未经优化的系统架构可能对性能和功耗产生负面影响。最终，设计团队可能会因为性能目标和成本目标的冲突而被迫放弃。

事务级模型被应用于函数调用和数据包传输层。这是一个抽象层，设计意图在该层被捕获，而且该层给设计工程师提供了一个直接而清晰的系统行为视图。而在ESL设计中的事务模型更容易集成到SoC架构的事务模型中，使SoC架构设计师能快速研究并分析多个备选硬件架构和软硬件分割方案以确定最佳架构。这种方法明显加快了初始设计，但它的最大好处是在快速转变的设计中采用最初的 SoC TLM 作为易于更改的平台。

传输级模型可以分为事件触发型和时钟精确型。事件触发机制在硬件设计仿真中经常使用，它能维持大量并发性事件的顺序。然而，面对如此众多的执行事件，如果想要在更高的抽象层执行得更快，就必须将它们归结到相应的时钟周期或指令周期，这就是时钟精确型模型的原理。所以，将大量有严格顺序的事件抽象到每个时钟节拍内建模，进而搭建出的虚拟原型平台可以达到比事件触发型的仿真快 10 倍以上的仿真速度，而并不影响功能和性能的评估结果。

这些模型能够提供比 RTL 级模型快好几个数量级的仿真速度。在保证功能正确的前提下，只损失一些时序精度，所以对 ESL 工具的挑战就是既要保持足够精度的时序信息来帮助设计决策，又要提供足够的仿真速度以满足大型的系统软件（如 OS 启动）在可接受的时间内完整运行。只要掌握了这种平衡，就可以在高级设计中验证时序和设置约束条件，再将这些优化的设计分割、分配到各个不同的软硬件设计工作组去加以实现。RTL 或带有时序信息的 RTL 仿真通常只能提供 10 MIPS 到数百 MIPS 左右的系统仿真性能，然而，时钟精确型的 ESL 仿真却能达到 100 kMIPS 到 1 MMIPS 的仿真速度。一般来说，ESL 上的仿真只会同 RTL 仿真的时序有些细微差别，这足以满足在时钟级别上验证系统行为的目的。

3. 设计的可配置性和自动生成

越来越多的系统强调自己的可配置性，如不同的处理器、不同的总线带宽、不同的存储器容量、无数的外设，所以在仿真中模拟各种不同的配置对设计者来说非常有价值。设计的风险在于需要综合验证环境，配置和生成出来的设计必须与验证环境得到的结果完全一致，并延续到整个设计流程中。而且系统互连已不再是固定不变的 IP 总线和桥，通常系统互连是由可配置的架构生成器产生的。配置这些部件的本质就是要在存储器和处理器间提供足够优化和高性能的带宽。通过 ESL 模型，架构设计师能够找到最好的配置方案，但是，这样产生出来的结果需要与一套骨架的验证环境同步到设计实现中去。

4. 方便的架构设计

ESL 架构设计能完成功能到运算引擎的映射，这里的引擎指的是那些可编程的目标，如处理器、可配置的 DSP 协处理器，或者特殊的硬件模块，如 UART 外设、互连系统和存储器架构。这是系统设计的开始环节，从行为上划分系统，验证各种配置选择的可行性及优化程度。在这个领域中的工具很多，如 Synopsys 的 Platform Architect、Carbon 的 SoC Designer，这些工具都可用于开始时的架构设计。

ESL 工具对于开发可配置架构体系是非常关键的，它使系统架构从抽象的行为级很容易地映射到具体的硬件设计，从而方便决定哪些模块可以被复用，哪些新模块需要设计。它还能提供必要信息指导最优化的通信、调度和仲裁机制。

为了在架构设计中方便复用、模拟 IP 模块，就必须对它们进行建模，比如用 SystemC 语言对处理器和总线这样主要的 IP 进行事务级建模。在事务级模型完成后，在 RTL 建模和软件开发的同时可以对体系架构进行验证和评估。系统体系架构的开发需要使用带有时间信息的事务级模型。周期精确的 RTL 模型对系统体系架构的分析能够提供精确的分析。但 RTL 模型的开发远比事务级模型的开发需要更多的时间，而且当模型需要做出改变以适应软硬件划分调整的时候，事务级模型更加灵活。虽然事务级模型的精确性比 RTL 模型要低，但实验表明包含时间信息的事务级模型能够提供足够的精确度。

5. 快速测试和验证

由于 ESL 设计中的抽象级别明显高于 RTL 设计抽象级别，ESL 设计中可以做到描述模块内的电路状态、精确到纳秒的转换及精确到位的总线行为。相比使用 RTL，使用周期精确的事务级模型将使硬件验证和硬件/软件协同验证速度快 1000 倍或者更多。这种方法不仅可以产生用于验证系统的行为，还支持与较低抽象级别的 RTL 模型的协同仿真。

系统级的验证可以较早的展开，而不必等到底层的实现完成后才开始，在底层实现没有开始前的协同验证可以及时修改体系架构或软硬件划分中的不合理因素。越高层次上的验证，可以在越大程度上减少修改设计带来的损失。

ESL 工具提供商现在已经能够提供完善的方法，将过去需要数周或数月才能完成的设计和验证工作，在几分钟之内就完成，ESL 提供可以信赖的方法学，快速地完成数百万门电路和数千行嵌入式软件代码的设计和验证。

4.7.5 ESL 设计的核心——事务级建模

1. 事务级建模介绍

以上关于 ESL 的描述更多侧重于它在方法学上的抽象描述，实现 ESL 设计的核心是事务级建模（TLM，Transaction Level Modeling）。要实现 ESL 的设计流程，包括系统级描述、体系架构设计、软硬件划分、软硬件协同设计和验证，都离不开事务级建模。

在系统级的设计中，首先要解决的问题是如何描述系统也就是所谓系统建模。在当前的集成电路设计中，算法层次上建立的功能模型（ALF，Algorithm Function）没有时序的概念，而且它与体系架构及具体实现关系并不大，没有办法进行进一步的性能分析。而 RTL 层次上的模型则关注电路在寄存器、连线层次上的细节，所以模型的建立和仿真都需要很长的时间。如何在这两个抽象层次之间再引入一个抽象层次一直是众多设计师努力解决的问题，而这个引入的抽象层次就是事务级模型。

通过在算法抽象层和 RTL 抽象层之间增加一个 TLM 事务层（如图 4-19 所示），设计师可以更加有效地开展功能仿真。事务级建模可以为算法选择，软硬件划分，协同仿真的接口建模提供折中的评价方法。同时可以实现较早地开始软件开发，验证体系架构，减小产品的开发周期，提高设计成功率。可以说事务级建模是 ESL 设计方法学的核心。

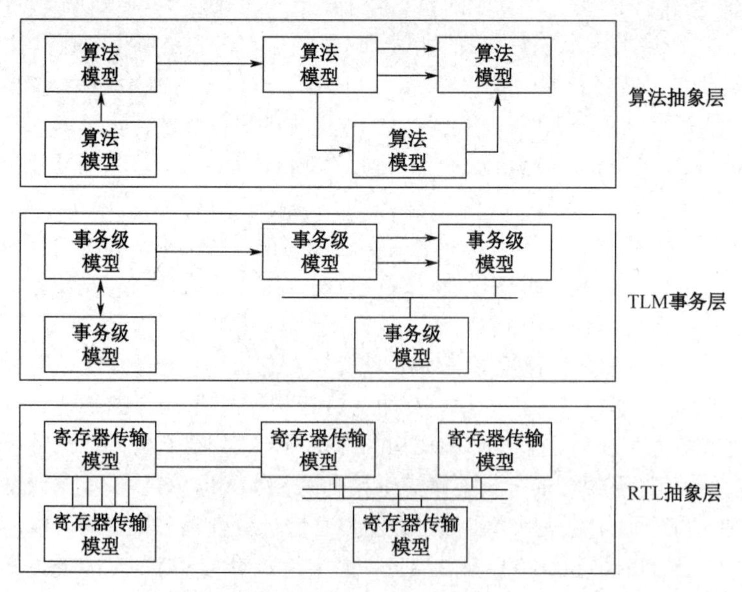

图 4-19 设计抽象层次

这里讲的事务是指模块之间的数据和事件的交互。数据交换可以是一个或多个字，或者是一种数据架构，而同步或者中断等则属于事件的交互。事务级建模的核心概念是在一个系统建模的过程中将运算功能和通信功能分开，模块之间的通信通过函数调用来实现。与寄存器传输级模型相比较，事务级建模可以减少事件和信息的处理，而且事务级模型所需的程序代码更少，执行速度更快，并且能够根据实际需要提供足够的设计精度。根据描述系统精度的不同，事务级模型可以分为 3 种，即没有时序信息的模型、周期近似的模型和精确到每个周期的模型。没有时序信息的事务级模型的建模和仿真速度最快，而精确到周期的事务级模型最慢。根据一些公司的经验，没有时序信息的事务级模型的仿真速度要比 RTL 模型快 1000～10000 倍，带有时序信息的模型比 RTL 快 100～1000 倍，而精确到周期的模型比 RTL 快 10～100 倍。

2. 事务级建模的一般理论

“事务”表示数据和事件的交换过程。各个连续的事务可以是不同大小的数据传输，也可以是在系统同步时用来调整或管理模块之间行为的事件。这种事件对保证模块间的行为传递是至关重要的。例如，DMA 传输结束后的中断信息就是一个系统同步行为。在电子系统中，每个元件由一组状态和并发的行为组成。在事务级建模中，电子系统中的元件可以建模为一个功能模块。一个电子系统可以由若干个事务级模块组成。元件的状态在事务级模型中用变量表示，而不同的行为在模型中用一组可以并发进行的进程表示。模块之间通过一种特殊的事务级通信架构实现相互通信，这种架构称为通道。根据仿真精度的不同，通道可以是简单的路由器、抽象总线模型或者是片上网络，也可以是其他架构。通道是事务级模型中将通信从运算单元独立出来所必需的一种抽象。模块和通道通过端口连接在一起。事务级模型中的接口包含通信协议，而这种通信协议的具体实现则在通道中完成。在系统中，主设备是系统中发起事务的模块，而从设备是接收或响应事务请求的模块。在建立通信过程中，主设备的进程通过模块的端口访问接口，接口区分事务级模型系统中的通信。

如图 4-20 所示，事务级模型（模块 M、模块 S 和通道）构成一个简单的系统。模块 M 是系统中发起事务的主设备，而模块 S 是系统的从设备。模块 M 和模块 S 分别有两个独立的进程，描述不同的行为。模块 M 和模块 S 之间通过各自的端口绑定到通道提供的接口实现通信。可以看出事务级模型实现了运算功能和通信功能的分开，它们在不同的事务级模型中完成。接口 A 和接口 B 分别是通信协议 A 和通信协议 B 的接口，它们是一组函数的集合，通过端口提供给进程调用，而接口函数集合中的函数体即通信协议的具体实现在通道模型中完成。在图 4-20 中通道实现了两种通信协议，通信协议 A 和通信协议 B。而模块 M 和模块 S 通过模块的端口绑定到通道后，以通信协议 A 规定的方式进行通信。

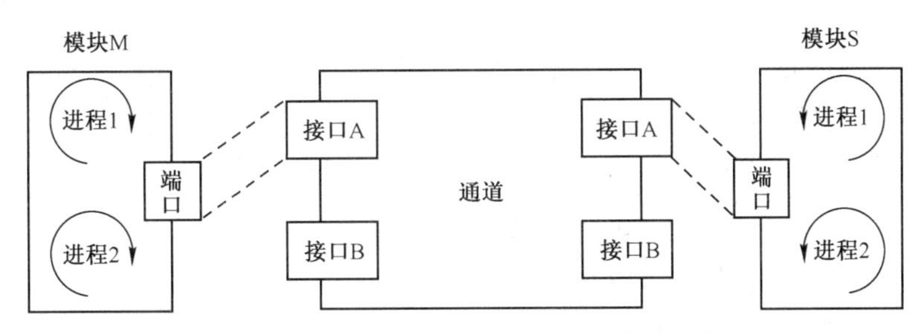

图 4-20　事务级模型构成的一个简单的系统

具体而言，在基于 SystemC 或 C++的事务级模型中，接口通常被表示为 C++抽象类。该抽象类定义了一组抽象的方法，但不定义这些方法的具体实现，即纯虚函数。通道则继承一个或多个接口，实现在接口中定义的所有虚函数。模块中的进程可以通过端口使用通道提供的方法。端口总是与一定的接口类型相关联，端口只能连接到实现了该类接口的通道上。关于在 SystemC 中接口、通道、端口的具体语法请参照 4.7.6 节所述。

前面提到事务级模型可以分为 3 种，即没有时序信息的模型、周期近似的模型和精确到每个周期的模型。没有时间信息的计算或通信模型表示系统设计的功能描述，这些模型没有具体的实现细节。周期近似的计算或通信模型则包含系统级的实现细节如系统体系架构的选择、系统定义的功能和体系架构中模块的映射关系等。周期近似的运算或通信模型中的执行时间通常在系统级通过估计得到，因为在这时还没有周期精确的RTL级或者指令级的仿真平台。而周期精确的运算和通信模型包含了系统级的实现细节如RTL级或指令级描述，因此，可以得到周期精确的仿真结果。

系统建模图如图4-21所示。在图4-21中，横坐标表示运算目标，纵坐标表示通信目标。横坐标和纵坐标都有3个时间精度，它们分别是无时序信息、周期近似和周期精确。在图4-21中，定义了6种抽象模型，A称为算法模型，B称为周期近似的元件组装模型，C称为周期近似的总线仲裁模型，D称为总线功能模型，E称为周期精确的运算模型，F称为硬件实现模型。其中，元件组装模型、总线仲裁模型、总线功能模型、运算模型这4个模型属于事务级模型。从A到F可以有不同的路径，也就是说，对一个设计不是上述所有6种抽象模型都需要建立，设计者应根据具体情况建立所需要的抽象模型。

算法模型描述系统的功能与具体的实现无关。算法模型不用通道的概念而是通过变量访问的形式建模数据在进程间的传输。算法模型是没有时间信息的模型。

由元件组装模型构成的系统如图4-22所示，在元件组装模型中，并发进行的进程单元通过通道进行通信。所谓进程单元是指剥离了通信机制的定制硬件、通用处理器、DSP或其他IP的事务级模型的模块。通道是消息的输出通路，表示进程单元之间的数据传输和进程同步。在元件组装模型中，通道没有时间信息，也没有总线或协议的具体实现。进程单元的运算部分是周期近似的，通过估计特定的进程单元的执行时间得到。与算法模型相比较，元件组装模型明确定义了进程在系统架构中的位置，并规定了进程到进程单元的映射。

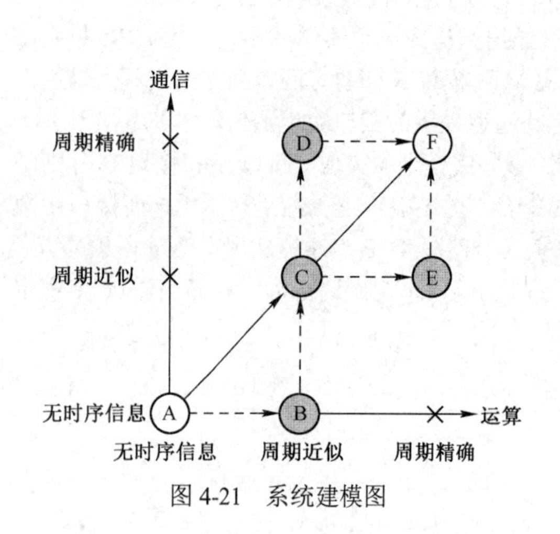

图4-21 系统建模图

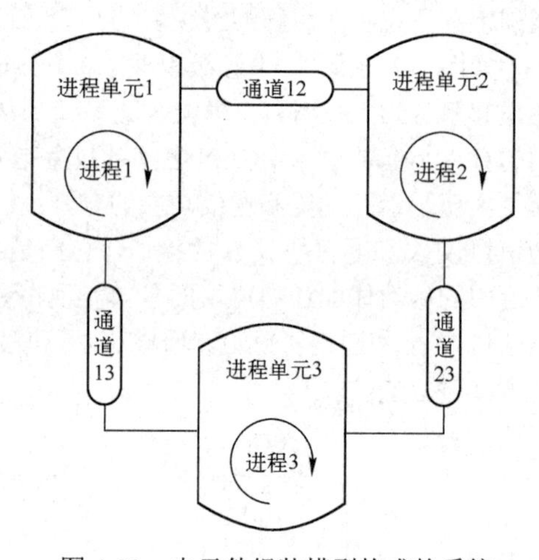

图4-22 由元件组装模型构成的系统

由总线仲裁模型构成的系统如图4-23所示，在总线仲裁模型中，进程单元间的通道表示总线，包含了总线或者协议的实现，称为抽象的总线通道。通道同样通过消息的传送实现数据传输。在总线仲裁模型中，总线协议没有实现周期精确或者引脚精确，抽象的总线通道只是包含近似的时间信息，这个时间信息通常在每个事务中的等待声明中给出。在一些情况下，几个总线通道抽象成一个总线通道，需要在总线通道的接口函数中增加逻辑地址和总线优先级参数，其中，逻辑地址区分不同的进程单元或进程调用接口函数，而总线优先级规定了总线冲突发生时总线的访问顺序，而且总线仲裁器作为一个新的进程单元增加到系统的体系架构中去，由它来处理总线冲突。主进程单元、从进程单元和总线仲裁器调用同一抽象总线通道中不同接口的函数。

如图4-24所示，总线功能模型包括时间精确或周期精确的通信及周期近似的运算。有两种总线功能模型，一种是时间精确，另一种是周期精确。时间精确的总线功能模型规定通信的时间约束，这种约束由模块之间通信协议的时序图决定，而周期精确模型以主进程单元时钟周期的方式给出时间约束。在总线功能模型中，消息传送通道被协议通道取代。在一个协议通道中，总线的互连被例化成相应的变量和信号，实现周期精确的通信。

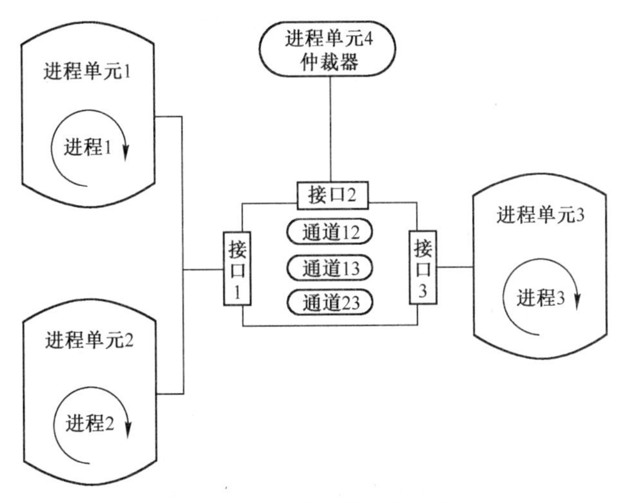

图 4-23　由总线仲裁模型构成的系统

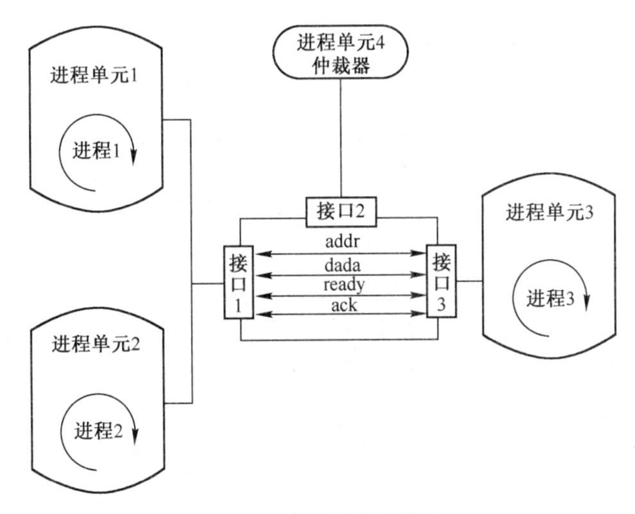

图 4-24　总线功能模型

周期精确的运算模型包括周期精确的运算模型和周期近期的通信，这个模型可以从总线仲裁模型得到。在这个模型中，运算单元是引脚精确和周期精确的。定制硬件电路可以在 RTL 级上建模周期精确的运算模型，而通用处理器或者 DSP 则一般在周期精确的指令集架构上建模周期精确的运算模型。为了使周期精确的进程单元和抽象总线通道的抽象接口进行通信，需要包裹一个转换层，实现高层抽象到低层抽象的数据传输，即实现进程单元和总线接口的通信。在周期精确的运算模型中没有必要使所有的运算都做到周期精确。

实现模型既是周期精确的运算，也是周期精确的通行，就是通常所指的 RTL 模型或者指令集模型。这个模型可以从总线功能模型或者周期精确的运算模型得到。

3. 事务级建模标准

需要特别指出的是，在系统级设计中事务级建模过程可能存在差异，这是设计中对于建模的效率和建模的准确性折中的结果。从算法模型到 RTL 模型的实现过程中有不同的实现路径，也就是说并不是每种 TLM 模型都必须包括在设计过程

中。系统设计师可以根据实际情况构建合适的抽象模型。因此，一个标准的建模方案可能更加有利于事务级建模方法学在 SoC 设计中的应用。

OSCI（the Open SystemC Initiative）是由集成电路行业的公司和一些大学组成的非营利组织，致力于推动 SystemC 成为系统级设计的开源标准。OSCI 提出的抽象层次如图 4-25 所示。

层次	特征
算法层（AL） 基于无实现细节	实现功能
程序员观点层（PV） 基于存储器映射	总线的一般属性 主设备/从设备
程序员观点层+时序（PVT） 基于时序协议	总线架构 周期近似
周期精确层（CA） 基于时钟沿	字传输 周期精确
寄存器传输层（RTL） 基于寄存器和逻辑	信号/引脚/比特 周期精确

图 4-25 OSCI 提出的抽象层次

图 4-25 中，在算法模型和 RTL 模型之间的三层抽象属于事务级抽象。下面分别介绍这三层抽象。

① 程序员观点层（Programmer's View）：该层模型包含的接口只有函数调用而没有通信事件。这一层只带有很少的时序信息，通常与没有时间信息的功能行为描述相关。

② 带有时间信息的程序员观点层（PVT，Programmer's View plus Timing）：这是一个周期近似的事务级模型，用于建模功能行为和模块之间的通信协议。可以分析通信的时延和吞吐量，并可在软件开发和体系架构的验证中提供足够的仿真精度。

③ 周期精确层：这是一个周期精确的模型，模块的内部行为以及模块和外部的通信可以是周期总数精确或者周期完全精确的。模块内部的行为建模可以不对寄存器建模以提高仿真速度。这是一个事务级模型，在 RTL 抽象层之上。在通信建模中同一时钟边沿触发的多个信号可以包装在一起作为一个传输，因此仿真性能要比 RTL 抽象好。

2005 年 6 月，OSCI 公布了基于 SystemC 的事务级建模标准 TLM 1.0，把芯片设计带到比 RTL 更高的抽象水准。TLM 1.0 定义了应用编程接口（API）和一个用于建置基础层的库，设计师可以在该基础层上制作具有互操作性的事务级模型。OSCI 于 2008 年 6 月和 2009 年 7 月分别推出了 TLM 2.0 和 TLM 2.0.1 事务级模型标准。其目标是规范化 TLM 事务级模型建模标准，提出统一的 API 及数据架构，提高不同用户编写的 TLM 模型之间的互操作性。TLM 2.0 标准的体系架构如图 4-26 所示。

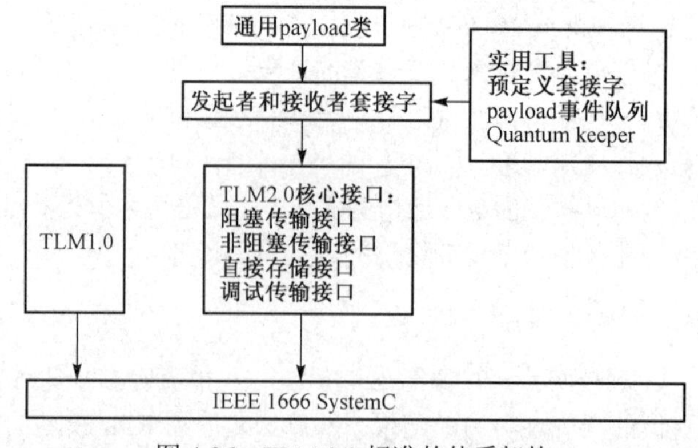

图 4-26 TLM 2.0 标准的体系架构

为了进一步增强不同事务级模型之间的互操作性，TLM 2.0 标准对采用 SystemC/C++进行高抽象层次建模的编码风格进行了规范，提出了松散时序（Loosely-timed）和近似时序（Approximately-timed）的编码风格（注意：编码风格只是规定了编程语言的规范形式，并不是指某一抽象层次或 API）。松散时序的编码风格主要使用阻塞传送接口，使用此种编码风格的模型对应了两个时间点，即事务处理的开始点和结束点。松散时序的编码风格支持如上提到的“时间解耦”，即模型的某部分功能可以在当前仿真时间之前运行，直到一个需要与其他部分进行同步的同步点。时间解耦能够有效地提高仿真速度，但降低了仿真精度。松散时序编码风格非常适用于构建对硬件细节要求不多的嵌入式软件验证虚拟平台，如嵌入式操作系统等。近似时序编码风格主要通过非阻塞传送接口进行支持，主要用于体系架构的设计空间探测和性能分析。在非阻塞传输接口中，一个事务往往被精确地划分为多个执行阶段，由不同的定时点进行分割，这些定时点包括请求的开始与结束、应答的开始与结束。为了提高仿真的精度，近似时序编码风格一般不使用时间解耦。在实际应用中，松散时序编码风格和近似时序编码风格可以根据需要同时使用。此外，TLM 2.0 标准不提供对于无时序（Untimed）编码风格的支持，但无时序模型可以由 TLM 1.0 标准提供支持（注意：无时序模型并不是指没有任何时序信息，而是仅包含有限时序信息的模型，在 TLM 2.0 标准中通常被归为松散时序的编码风格）。同样，TLM 2.0 也不提供对于周期精确（Cycle-accurate）编码风格的支持，设计者可借助 SystemC 和 TLM 1.0 完成周期精确模型的建模。但 OSCI 将在未来的工作中对近似时序编码风格进行扩展提出规范化的周期精确的编码风格。各种编码风格的应用场合如表 4-3 所示。

表 4-3　OSCI TLM 标准不同编码风格的应用

用　例	编码风格
软件开发	松散时序
软件性能分析	松散时序
硬件体系架构分析	松散时序或近似时序
硬件性能分析	近似时序或周期精确
硬件功能验证	无时序、松散时序或近似时序

4.7.6　事务级建模语言简介及设计实例

任何系统级建模语言，都需要具备在较高层次的抽象能力和对不同来源的 IP 的集成能力。建模方法的选择通常基于语言熟悉程度、建模支持、模型可用性和简单性。

在各种软硬件描述语言中，Verilog 和 VHDL 是 RTL 级建模的最佳语言，有足够的精度如比特精确和周期精确，但缺乏高层次抽象的能力，而且对软件部分的描述无能为力。而 C/C++、Java 等都是软件的优秀描述语言，也具有高层次的抽象能力，一些设计师就是用它们来进行系统建模的。但他们没有精确到比特的能力，也没有并发描述能力和时钟的概念。

通过对上述语言进行扩展可以提高描述系统的能力。在这些语言中，有些是在 C 语言基础上进行扩展的 HardwareC 和 SpecC，它们分别由斯坦福大学和加州大学研究小组开发。还有在 Java 上扩展的语言如 JHDL，在 Verilog 上扩展的 SystemVerilog，以及在 C++上扩展的 SystemC。这些语言通过增加系统描述的关键词，可以实现硬件和软件的描述，具有描述系统的能力。业界获得较多支持和应用较为广泛的语言是 SystemVerilog 和 SystemC。

SystemVerilog 是在 Verilog 上的扩展，吸收了 C/C++语言中的一些变量，可以实现和 C 语言一起仿真。由于是在 Verilog 上的扩展，SystemVerilog 的优势在于基于时钟的建模能力和验证能力，但在 TLM 的抽象上还存在一些不足，如缺少抽象的数据类型等。

更为成功的系统建模语言无疑是 SystemC。SystemC 是 OSCI 推出的基于 C++语言扩展的描述语言，是一种可以完成电子系统从软件到硬件的全部建模过程的语言。在目前的设计中，软件开发占到设计任务的60%～90%，基于C++语言扩展的语言SystemC比从HDL扩展的语言有更加有利的发展趋势，而且OSCI已经提出了基于SystemC的TLM 2.0建模的标准。我们将通过一个简易的DMA模块的事务级建模的例子来进一步介绍TLM。

一个SoC芯片一般由处理器、DMA控制器、中断控制器、存储器、各种接口（如UART、USB等）组成。DMA往往是总线的主设备，它可以发起存储器之间的数据传输。同时DMA也是总线的从设备，DMA中有若干个控制寄存器，当配置这些寄存器时，DMA作为总线的从设备。因此，DMA与总线之间有两种接口，一种是主设备接口master_if，另一种则是从设备接口slave_if。作为TLM设计实例的简易DMA（以下简称DMA）中有5个寄存器——DMA使能寄存器用来使能DMA模块，突发传输（burst）的传输长度控制器控制每个突发传输的长度，传输控制器控制总的传输长度，源地址寄存器和目的地址寄存器分别设置数据传输的源地址和目的地址。在DMA中，以突发传输的方式先从源地址读取数据并存储到DMA内部的缓存中，然后将数据写到目的地址中去。

下面将给出两种DMA事务级建模的方法。在第1种模型中没有时钟，而在第2种模型是周期精确的。在这两种事务级模型中，都有3种端口分别是初始化端口、总线主设备接口和总线从设备接口。

1．实例一：没有时钟的DMA模型

在没有时钟的事务级模型中有3个进程分别是main_action进程、dma_fsm进程和dma_rst进程。其中，main_action进程和dma_fsm进程定义为SC_THREAD类型，在SC_THREAD进程中没有时钟。在进程之间选择信号通道进行通信，因此定义了两个信号用于进程间的通信。信号是通道的一种。

DMA.h文件如下：

```
#ifndef _dma_h
#define _dma_h
#include <systemc.h>
#include "slave_if.h"
#include "master_if.h"
enum state_type{idle, read_state, write_state};
SC_MODULE(dma)
{
    //端口
    public:
    sc_in<bool>                 rst;                //初始化信号
    sc_port<master_if>          master_port;        //总线主设备接口
    sc_port<slave_if>           slave_port;         //总线从设备接口
    //signal
    sc_signal<unsigned int>     my_state;           //用来做进程间通信
    sc_signal<unsigned int>     dma_enable;         //用来做进程间通信

    SC_HAS_PROCESS(dma);  //macro definition

    //DMA构造函数，指定模块名称和模块所属的地址空间
    dma(sc_module_name name_, unsigned int start_address, unsigned int end_address)
        : sc_module(name_)
        ,reg_start_address(start_address)
        ,reg_end_address(end_address)
{
    // process declaration
    SC_THREAD(main_action);
    sensitive << my_state;
    SC_THREAD(dma_fsm);
```

```
sensitive << my_state << dma_enable;
SC_METHOD(dma_rst);
sensitive_neg << rst;
   }
// process
void main_action();
void dma_fsm();
void dma_rst();

//从设备接口函数
bool slave_read(int *data, unsigned int address);
bool slave_write(int *data, unsigned int address);
bool slave_select(unsigned address);

private:
unsigned int    dma_en;                    //dma_en 寄存器
unsigned int    transfer_size;             //transfer size 寄存器
unsigned int    burst_length;              //burst length 寄存器
unsigned int    source_address;            //source address 寄存器
unsigned int    destin_address;            //destination address 寄存器

state_type state;                          //DMA 状态：初始化状态、读状态、写状态
int dma_buffer［16］;                      //DMA 缓存
int * buffer;                              //DMA 缓存指针
unsigned int reg_start_address;            //DMA 寄存器地址空间首地址
unsigned int reg_end_address;              //DMA 寄存器地址空间末地址
};
#endif
```

在 SystemC 中，接口是一种抽象的类。接口类中只定义一些纯虚函数，这些函数在不同的模块或通道中重载实现。DMA 总线主设备接口中定义了两个读/写函数 master_read 和 master_write。master_if.h 文件如下：

```
ifndef __master_if_h
#define __master_if_h
#include <systemc.h>
class master_if : public virtual sc_interface
{
public:
    //master interface
    virtual bool master_read(int *data,    unsigned int address ) = 0;
    virtual bool master_write(int *data,    unsigned int address) = 0;
}; // end class master_if
#endif
```

DMA 总线从设备接口除定义读/写函数外，还定义了一个 slave_select 函数。该函数用来作为当从设备被选中时对总线的一个回应。slave_if.h 文件如下：

```
#ifndef _slave_if_h
#define _slave_if_h
#include <systemc.h>
class slave_if : public virtual sc_interface
{
public:
    // Slave interface
```

```
    virtual bool slave_read(int *data, unsigned int address) = 0;
    virtual bool slave_write(int *data, unsigned int address) = 0;
    virtual bool slave_select(unsigned int address)=0;
}; // end class slave_if
#endif
```

在 dma.cpp 文件中实现了从设备接口中定义的方法和 dma 模块中的进程方法。

```
#include "dma.h"
void dma::main_action()            //dma 数据读/写函数
{
    unsigned int read_cnt=burst_length;
    unsigned int write_cnt=burst_length;
    while(dma_en && (~rst))
    {
        wait();
        if(state= =idle)
        {
            buffer=dma_buffer;
        }
    if (state= =read_state)
        {
            //以突发传输的形式从数据源读取数据
            while(read_cnt)
            {
                master_port->master_read(buffer, source_address);
                read_cnt- -;
                source_address++;
                buffer++;
            }
            read_cnt=burst_length;
        }
        if (state= =write_state)
        {
            //以突发传输的形式向目的地址写数据
            while(write_cnt)
            {
                master_port->master_write(buffer, destin_address);
                write_cnt- -;
                destin_address++;
                buffer++;
            }
            write_cnt=burst_length;
        }
    }
}
void dma::dma_fsm()                //dma 状态机
{
    dma_enable=dma_en;
    while(dma_en && (~rst) && (transfer_size>0))
    {
        wait( );
        if(state= =idle)
            {
```

```
                wait(10,SC_NS);
                state=read_state;
                my_state=state;
                buffer=dma_buffer;
            }
        if(state= =read_state)
            {
                wait(80,SC_NS);
                state=write_state;
                my_state=state;
                buffer=dma_buffer;
            }
        if (state= =write_state)
            {
                wait(80,SC_NS);
                transfer_size=transfer_size-burst_length;
                state=idle;
                my_state=state;
            }
        }//end_while
}//end_dma_fsm
void dma::dma_rst()                    //初始化函数
{
    state=idle;                        //状态初始化
    dma_en=0;                          //寄存器清零操作
    transfer_size=0;
    burst_length=0;
    source_address=0;
    destin_address=0;
}
bool dma::slave_read(int *data, unsigned int address)       //从设备接口的读方法
{
    switch(address)
    {
        case 4: *data=source_address;                   //source address 寄存器地址为 4
            break;
        case 8: *data=destin_address;
            break;
        case 12: *data=burst_length;
            break;
        case 16: *data=transfer_size;
            break
        case 20: *data=dma_en;
            break;
    }
    return 1;
}
bool dma::slave_write(int *data, unsigned int address)          //从设备接口的写方法
{
    switch(address)
    {
        case 4:source_address=*data;                        //写寄存器
            break;
```

```
                case 8: destin_address=*data;
                    break;
                case 12: burst_length=*data;
                    break;
                case 16: transfer_size=*data;
                    break;
                case 20: dma_en=*data;
                    break;
                }
            return 1;
        }

        bool dma::slave_select(unsigned address)                    //判断 DMA 是否被选中
        {
            if((address>=reg_start_address)&&(address<=reg_end_address))
                return 1;
            else
                return 0;
            }
```

2．实例二：周期精确的 DMA 模型

在周期精确的 DMA 模型中定义了时钟，所有的进程都是 SC_METHOD 进程。在 SC_METHOD 进程之间没有通信机制，都通过时钟作为敏感变量触发并发的进程行为。

dma.h 文件如下：

```
#ifndef _dma_h
#define _dma_h
#include <systemc.h>
#include "slave_if.h"
#include "master_if.h"
enum state_type{idle, read_state, write_state};
SC_MODULE(dma)
{
    public:
    //ports
    sc_in_clock             clk;            //输入时钟
    sc_in<bool>         rst;                //初始化信号
    sc_port<master_if>  master_port;        //总线主设备接口
    sc_port<slave_if>   slave_port;         //总线从设备接口
    SC_HAS_PROCESS(dma);                    //macro definition

    //DMA 构造函数
    dma(sc_module_name name_, unsigned int start_address, unsigned int end_address)
    : sc_module(name_)
    ,reg_start_address(start_address)
    ,reg_end_address(end_address)
{
    // process declaration
    SC_METHOD(main_action);
    sensitive_pos << clk;
    SC_METHOD(dma_fsm);
    sensitive_pos << clk;
    SC_METHOD(dma_rst);
```

```
        sensitive_neg << rst;
          }
        private:
        int counter;
        ……                                              //以下与无时钟的事务级模型相同
    };
#endif
```

在周期精确的事务级模型中，dma.cpp 文件如下：

```
#include "dma.h"
void dma::main_action()
{
        if (dma_en && (~rst) && (state= =idle) )
            {
                buffer=dma_buffer;
            }
        if (dma_en && (~rst) && (state= =read_state))
            {
                master_port->master_read(buffer, source_address);
                source_address++;
                buffer++;
            }
        if (dma_en && (~rst) && (state= =write_state))
            {
                master_port-> master _write(buffer, destin_address);
                destin_address++;
                buffer++;
            }
        }

void dma::dma_fsm()
{
        if(dma_en && (~rst) && (transfer_size>0))
        {
            switch(state){
            case idle:
                state=read_state;
                counter=burst_length;
                buffer=dma_buffer;
                break;
          case read_state:
            if(counter>1)
            {
                state=read_state;
                counter=counter-1;
            }
            else if(counter= =1)
            {
                state=write_state;
                counter=burst_length;
                buffer=dma_buffer;
            }
            break;
```

```
            case write_state:
                if(counter>1)
                {
                    state=write_state;
                    counter=counter-1;
                }
                else if(counter=1)
                {
                    state=idle;
                    counter=burst_length;
                    transfer_size=transfer_size-burst_length;
                }
                break;
        }
    }
}
void dma::dma_rst()
{……}                                                    //与无时钟的事务级模型相同
bool dma::slave_read(int *data, unsigned int address)       //从设备接口的读方法
{……}
bool dma::slave_write(int *data, unsigned int address)      //从设备接口的写方法
{……}
bool dma::slave_select(unsigned address)                    //判断DMA是否被选中
{……}
```

4.7.7　ESL设计的挑战

虽然计算机强大的计算功能使得EDA成为可能，极大地提高了人类对集成电路的设计能力，但这种设计能力提升的速度却远远赶不上集成电路制造工艺的增长，这就使得制造水平和设计能力之间的差距变得越来越大。提高抽象层次使之更接近于设计者思维进行设计，已经成为业界公认的设计技术革新之路。以TLM技术为基础的ESL设计方法依靠抽象层次提高与事务封装的手段，降低了对复杂系统建模与分析的复杂度，提高了模拟与验证的效率。电子系统级设计解决手段TLM与IEEE标准系统级设计语言SystemC之间有着紧密的联系，使得ESL能够更好地应用于实际设计与验证中。

然而，任何技术的革新都会面临一系列挑战，对ESL来说也不例外，当前的ESL设计领域还有如下问题亟待解决。

① 如何设计电子系统级IP。在ESL设计中，IP无疑起到很重要的作用。虽然在ESL设计中，功能模块的设计在较高的抽象层次上完成，这相对于RTL模块的设计速度要快得多。但要完成设计和验证众多的功能模块，没有专业的IP提供商也是难以想象的。而处理器等重要的虚拟模型则需要由ESL工具或专业的IP提供商来提供。而IP的可配置性决定了它们能否工作在不同平台上。

② 如何定义ESL的抽象层次。目前，虽然有一些官方和非官方的声音提出了ESL抽象层次的定义方案，但还不能达成共识，这必然会引起不同标准之间的竞争与分歧。

③ 如何提出相应的设计方法学。电子系统级设计毕竟是一个新的设计方法，需要在设计流程和设计方法学上有进一步的探索。

④ 如何转变设计人员的观念。传统的软件工程师、硬件工程师及体系架构工程师是各自分立。而ESL设计需要他们结合到一起而不是相互分离。这种传统的设计观念束缚着ESL在实际应用中的发展。

但是随着IC设计向90nm、65nm、45nm工艺上的不断发展，相信会有越来越多的人认识到ESL

设计的重要性。IP 供应商、EDA 工具提供商及芯片设计厂商也都会致力于这一领域的扩展，使 ESL 设计早日得到更加广泛的应用。

本章参考文献

[1] Opencores. Wishbone[EB/OL]. [2002-07-03]. https://opencores.org/.

[2] ARM. AMBA Specification Rev2[EB/OL]. [1999-5-13]. www.arm.com.

[3] Chris Rowen. 复杂 SOC 设计[M]. 罗文，吴武臣，等译. 北京：机械工业出版社，2006.

[4] 何立民. 嵌入式系统的定义与发展历史[J]. 单片机与嵌入式系统应用，2004, (01): 6-8.

[5] 国际工业自动化网. 在 SoC 设计中采用 ESL 设计和验证方法[EB/OL]. [2005-07-23]. http://www.iianews.com/.

[6] Lukai Cai, Daniel Gajski. Transaction Level Modeling: An Overview[C]. Proc.2nd IEEE/ACM/IFIP Int. Conference on Hardware/software Codesign and System Synthesis, 2003, 19-24.

[7] Mark Creamer. Nine reasons to adopt SystemC ESL Design[J]. EE Times, 2004(09): 16.

第5章　IP复用的设计方法

SoC设计是在单个芯片上集成处理器、存储器、I/O端口及模拟电路等，实现一个完整系统的功能。这样虽然能够实现一个高层次的系统集成，但同时也对芯片设计提出了巨大挑战。一方面，随着芯片性能越来越强，规模越来越大，设计复杂度迅速增加；另一方面，市场对产品设计周期减短的要求越来越高，因此造成了设计复杂度和设计产能之间的巨大鸿沟，如果每一次新的SoC产品都要实现每个模块的从头设计进而进行系统整合与验证的话，必定会导致开发周期越来越长，设计质量越来越难于控制，芯片设计成本越来越趋于高昂。

重复使用预先设计并验证过的集成电路模块，被认为是最有效的方案，用以解决当今芯片设计工业界所面临的难题。这些可重复使用的集成电路模块称为集成电路IP（Intellectual Property），本书中简称为IP或IP核。2005年基于IP的集成电路设计已达到近80%。另据市场分析公司IPnest公布的2020年IP市场报告，2020年全球IP销售额达46亿美元。2020年IP供应商排名如表5-1所示，而全球排名第七的这家IP巨头就是中国的芯原微电子股份有限公司（Verisilicon）。随着我国集成电路设计行业的蓬勃发展，相应而来的是对IP的大量需求，尤其是自主可控、自主知识产权的优质国产IP。

表5-1　2020年IP供应商排名（来源：IPnest）

排名	公司名	2020年销售额/百万美元	市场份额
1	ARM（Softbank）	1887.1	41.1%
2	Synopsys	884.3	19.2%
3	Cadence	277,3	6.0%
4	Imagination Technology	125.0	2.7%
5	Ceva	100,3	2.2%
6	SST	96.9	2.1%
7	Verisilicon	91.5	2.0%
8	Alphawave	75.1	1.6%
9	eMemory Technology	63.7	1.4%
10	Rambus	48.8	1.1%
11	其他	953.8	20.7%
	总计	4603.8	100.0%

随着SoC的集成度和设计复杂度的进一步提升，如果仅把IP模块提供给设计者，而不告知如何把其整合到SoC设计当中，那么设计者为了有效利用IP而做出的努力，将大于购买IP带来的好处。因此，在IP技术基础之上，一种比IP规模更大的可复用、可扩展复用单元应运而生，称为平台。而基于平台的设计方法可以解决IP复用存在的问题，使IP更易于集成到整个系统当中，进一步加强了复用性为SoC设计带来的优势。

本章将围绕IP复用技术及平台复用做相关的介绍，包括IP的基本概念与分类、IP的设计与验证、SoC设计中IP的选择、IP市场状况与未来发展趋势及基于平台的SoC设计方法等。

5.1 IP 的基本概念和 IP 分类

1. IP 的定义

IP 是知识产权的意思，已被业界广泛接受的说法是，IP 指一种事先定义，经验证可以重复使用的，能完成某些功能的组块。

2. IP 的分类

IP 的分类方式有很多种，最常见的分类方式有两种：一种是从设计流程上来区分其类型，另一种是从差异化的程度来区分其类型。除可集成到芯片上的 IP 外，还有大量专门用于验证电路的 IP。这些 IP 称为验证 IP（Verification IP），如用于验证 USB2.0 的 IP，用于验证 AHB 的总线功能模型的 IP 等，这些 IP 是不需要可综合的。

1. 依设计流程区分

从设计流程区分 IP，可将其分为软核 IP、固核 IP 和硬核 IP 三种类型。在工业界中，软核 IP、固核 IP 和硬核 IP 可以简称为软核、固核和硬核，因此本书中在不同语境和场景下将使用不同的说法。

（1）软核 IP（Soft IP）

在逻辑 IC 设计的过程中，IC 设计者会在系统规格制定完成后，利用 Verilog HDL 或 VHDL 等硬件描述语言，依照所制定的规格，将系统所需的功能写成寄存器传输级（RTL）的程序。这个 RTL 文件就被称为软核 IP。

由于软核 IP 是以源代码的形式提供的，因此具有较高的灵活性，并与具体的实现工艺无关，其主要缺点是缺乏对时序、面积和功耗的预见性，而且自主知识产权不容易得到保护。软核 IP 可经用户修改，以实现所需要的电路系统设计，它主要用于接口、编码、译码、算法和信道加密等对速度要求范围较宽的复杂系统。

（2）固核 IP（Firm IP）

RTL 程序经过仿真验证后，如果没有问题则可以进入下一个流程——综合，设计者可以借助电子设计自动化工具（EDA），从单元库（Cell Library）中选取相对应的逻辑门，将 RTL 文件转换成以逻辑门单元形式呈现的网表（Netlist）文件，这个网表文件即所谓的固核 IP。

固核 IP 是软核和硬核的折中，它比软核 IP 的可靠性高，比硬核的灵活性强，它允许用户重新定义关键的性能参数，内部连线有的也可以重新优化。

（3）硬核 IP（Hard IP）

网表文件经过验证后，则可以进入实体设计的步骤，先进行功能模块的位置配置设计，再进行布局与布线设计，做完实体的布局与布线后所产生的 GDSII 文件，即称为硬核 IP。

硬核 IP 的设计与集成电路制造工艺已经完成绑定，无法修改，因此硬核 IP 的设计与制造厂商对它实行全权控制。相对于软核 IP 和固核 IP，硬核 IP 的知识产权的保护也较简单。

软核 IP、固核 IP 及硬核 IP 间的权衡要依据可复用性、可移植性、灵活性、性能、成本及面市时间等进行考虑。图 5-1 所示为这种权衡的量化表示。

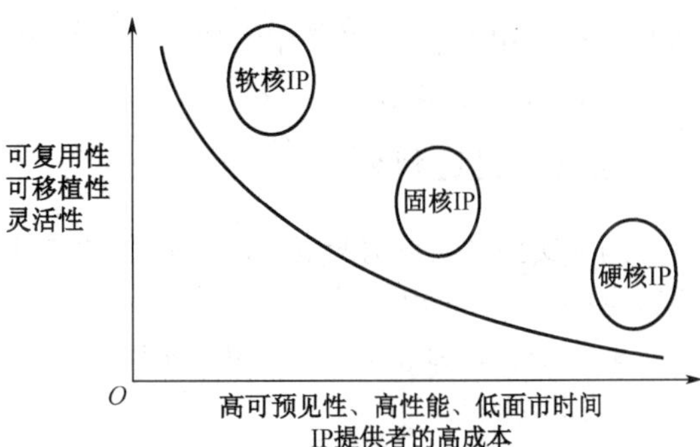

图 5-1　软核、固核和硬核的权衡量化表示

2. 依差异化程度来区分

从差异化的程度来区分 IP，可将其分为基础 IP（Foundation IP）、标准 IP（Standard IP）和明星 IP（Star IP 或 Unique IP）3 种类型。

（1）基础IP（Foundation IP）

基础IP的主要特点是其与具体工艺相关性高，且买价低廉。例如，IP单元库（Cell Library）、门阵列（Gate Array）等产品。

（2）标准IP（Standard IP）

标准IP指符合产业组织制定标准的IP产品，如IEEE–1394、USB等。由于是工业标准，其架构应该是公开的，进入门槛较低，因此，这类IP厂商间竞争激烈，通常只有技术领先者可以获得较大的利润。Standard IP虽然应用范围相对较广泛，但产品价格随着下一代产品的出现而迅速滑落。

（3）明星IP（Star IP或Unique IP）

明星IP一般复杂性高，通常必须要具备相应的工具软件与系统软件相互配合才能开发，因此不易于模仿，进入门槛较高，竞争者少，产品有较高的附加价值，所需的研究、开发时间也较长。另外，明星IP通常需要长时间的市场验证才能确保产品的可靠性及稳定性。持续的投资与高开发成本，是此类型产品的特点。产品类型包括MPU、CPU、DSP等。

以上3种类型中以明星IP的附加价值最高，标准IP次之，基础IP则因其价格低廉，常被芯片代工厂（Foundry）用来免费提供给客户使用，如图5-2所示。

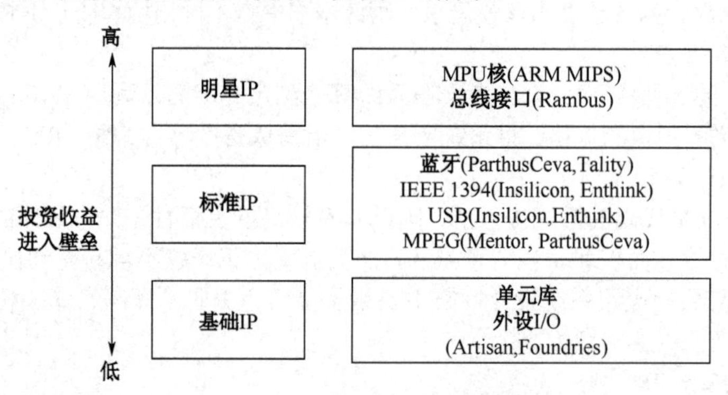

图5-2 按照差异化程度的IP划分

5.2 IP设计流程

从某种观点来看，IP的区分不过是一种观念上的区别。每一种IP都可以从IP规范书开始前端电路设计，然后进行仿真、后端设计，最后得到GDSII网表，并流片验证。真正的区别在于IP的设计者是在哪个阶段将IP交付给IP使用者的。图5-3所示为数字电路IP设计基本流程。

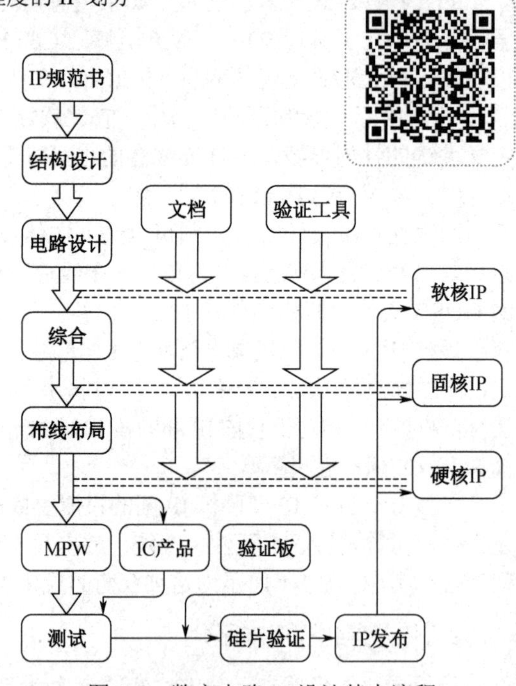

图5-3 数字电路IP设计基本流程

5.2.1 设计目标

为了支持最大范围的应用，可复用IP应具有以下特点：

- 可配置，参数化，提供最大程度的灵活性；
- 标准接口；
- 多种工艺下的可用性，提供各种库的综合脚本，可以移植到新的技术；
- 完全、充分的验证，保证设计的健壮性；
- 完整的文档资料。

5.2.2 设计流程

图 5-4 总结了 IP 设计的主要流程，包括 IP 关键特性的定义、设计规范制定、模块设计和集成，以及最后的产品化打包过程。

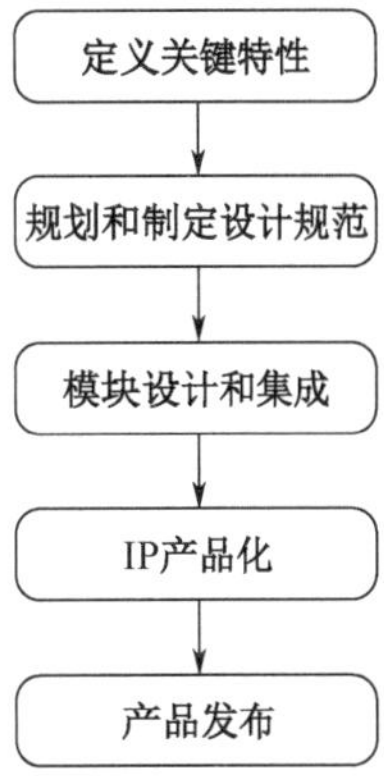

定义关键特性 → 规划和制定设计规范 → 模块设计和集成 → IP产品化 → 产品发布

图 5-4 IP 设计的主要流程

1. 定义关键特性

IP 的关键特性是对 IP 的需求定义，包括概述、功能需求、性能需求、物理需求、对外系统接口的详细定义、可配置功能详细描述、需要支持的制造测试方法、需要支持的验证策略等，以便 IP 可被用于不同的应用系统中。

2. 规划和制定设计规范

在项目规划和制定设计规范阶段，将编写整个项目周期中需要的关键文档。通常，这些文档包括以下 4 部分。

（1）功能设计规范

功能设计规范提供全面的对 IP 设计功能的描述，它的内容来自应用需求，也来自需要使用该 IP 进行芯片集成的设计人员。功能设计规范由引脚定义、参数定义、寄存器定义、性能和物理实现需求等组成。

对于许多基于国际标准的 IP，开发功能设计规范比较容易，因为这些国际标准本身已经详细定义了功能和接口，但对于其他设计，开发出模型，用于探索不同算法和架构的性能是非常必要的。这种高级模型可以作为设计的可执行功能规范。

高级模型可在算法和事务级构建。算法级模型是纯行为级的，不包含时序信息。这种模型特别适合于多媒体和无线领域，可用于考察算法的带宽需求、信噪比性能和压缩率等。事务级模型通常是一种周期精确模型，它把接口上的传输看作是原子事件，而不是作为引脚上的一连串事件进行模拟。事务级模型可以相当精确地体现模型的行为，同时又比 RTL 模型执行速度快，使得事务级模型在用于评价一个设计的多种架构时特别有用。

（2）验证规范

验证规范定义了用于 IP 验证的测试环境，同时描述了 IP 验证的方法。测试环境包括总线功能模型和其他必须开发或购买的相关环境。验证方法有直接测试、随机测试和全面测试等，应根据具体情况选择使用。

（3）封装规范

封装规范定义了一些要作为最终可交付 IP 的一部分的特别脚本，通常它们包括安装脚本、配置脚本和综合脚本。对于硬核 IP，这一部分规范也要在附加信息中列出。

（4）开发计划

开发计划描述了如何实现项目的技术内容，它包括交付信息、进度安排、资源规划、文档计划、交付计划等。

3. 模块设计和集成

（1）设计流程

对于软核 IP 和固核 IP，通常采用基于 RTL 综合的设计流程，如图 5-5 所示。

硬核 IP 中可能包括一些全定制电路和一些经综合生成的模块。对于综合生成的模块，应遵循图 5-5 所示的设计流程，而全定制电路可以在晶体管级进行仿真，设计数据中应该有全部的原理图。使用全定制电路的 RTL 模型和综合模块的 RTL 模型来开发整个 IP 的 RTL 模型，并通过这个模型的综合流程反复迭代，使面积、功耗及时序在认可的范围之内。硬核 IP 的设计流程如图 5-6 所示。

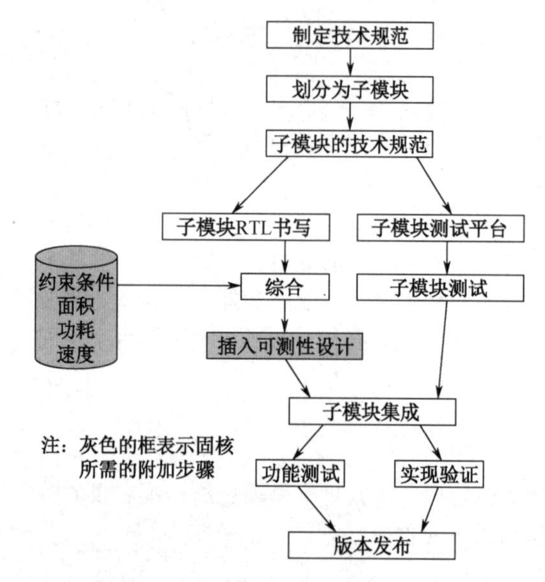

图 5-5 用于软核 IP 和固核 IP 的基于 RTL 综合的设计流程

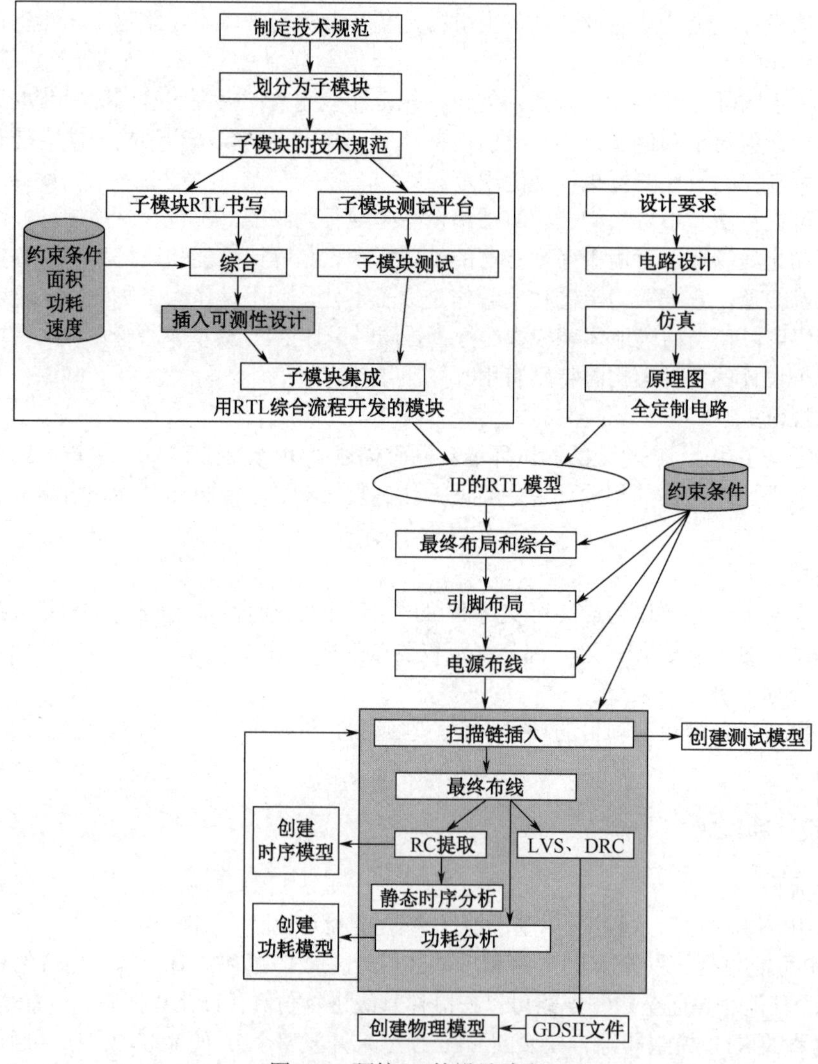

图 5-6 硬核 IP 的设计流程

（2）硬核的模型建立

与软核和固核不同，硬核在物理设计完成后必须用特定的工具对其进行建模。一个完整的硬核通常包含以下模型。

① 功能模型（Functional Model）：描述 IP 模块功能的行为级模型，通常为 Verilog HDL、VHDL 或 C 语言代码文件，用以实现系统整合后的功能仿真，其形式可以是完整描述 IP 功能的 RTL 代码或网表文件，或为了实现 IP 保护而仅完成标准端口功能信息，内部逻辑以不可综合的代码描述的行为模型。

② 时序模型（Timing Model）：以时序信息文件出现（如.lib 和.clf 文件等），描述 IP 的端口时序信息及时序约束条件，用以满足 IP 整合后端口信号对外部信号的时序要求，通常用于实现整合后的静态时序分析。

③ 功耗模型（Power Model）：用于实现整个芯片功耗分析和电压降分析的 IP 功耗信息参考文件，该信息往往会出现在时序信息文件中，如.lib 和.sdf 文件等。

④ 测试模型（Test Model）：用于芯片完成生产后，根据特定的测试模式，实现对 IP 的单独测试。

⑤ 物理模型（Physical Model）：用于完成芯片整合后物理设计的物理信息文件，如提供 IP 的物理面积、所占层次、端口的相对物理位置、端口的物理约束信息等，较常见的物理模型包括了 Synopsys 公司的 Milkyway 库、Cadence 公司的 LEF（Library Exchange File）和 DEF（Design Exchange File）、标准的版图文件 GDSII 等，利用这些文件，配以相应的时序信息文件，往往能帮助设计者快速地完成整体芯片的后端设计。

图5-7 列举了 Synopsys 的硬核 IP 建模所用的 EDA 工具。其中，VMC 主要用于产生加密或对设计源进行仅针对仿真加速而优化代码的功能模型；Prime Time 提供的 extract_model 可对简单的 IP 设计抽取其端口的时序模型；Astro 可以完成 IP 后端设计，从而提供物理信息文件；SoC Test 与 TetraMAX 可以方便地生成如扫描链测试方案等自动测试脚本；Astro-Rail 可生成用于功耗分析的 Milkyway 库。

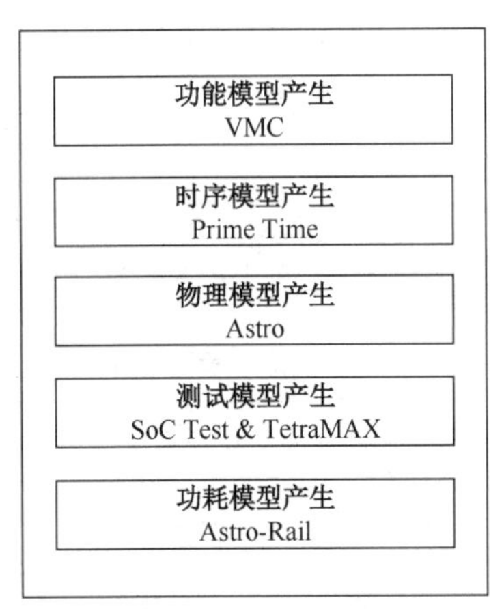

图 5-7　Synopsys 的硬核 IP 建模 EDA 工具

4．IP 产品化

IP 产品化意味着需要提交系统集成者在使用 IP 时所要的所有资料。软核 IP、固核 IP 的产品化过程如图 5-8 所示。硬核 IP 以 GDSII 格式的版图数据作为其表现形式，在时序、功耗、面积等特性方面比软核 IP 更具有可预见性，但是没有软核的灵活性。它既不会是参数化的设计，也不会存在可配置的选项。然而，硬核 IP 由软核 IP 发展而来，所以硬核 IP 的开发与软核 IP 的开发相比，只需要增加两个设计流程：产生 IP 的版图设计，以及建立硬核 IP 的仿真模型、时序模型、功耗模型和版图模型。硬核 IP 的产品化过程与软核 IP 的产品化过程相比，前端的处理基本上是一致的，只是需要在一个目标库上综合即可。硬核 IP 的功能仿真过程也比较简单，只需要在一个目标库上仿真通过即可。硬核 IP 的后端处理包括的内容有 DFT 处理，物理设计与验证，建立功能仿真模型、时序模型和综合布局模型。

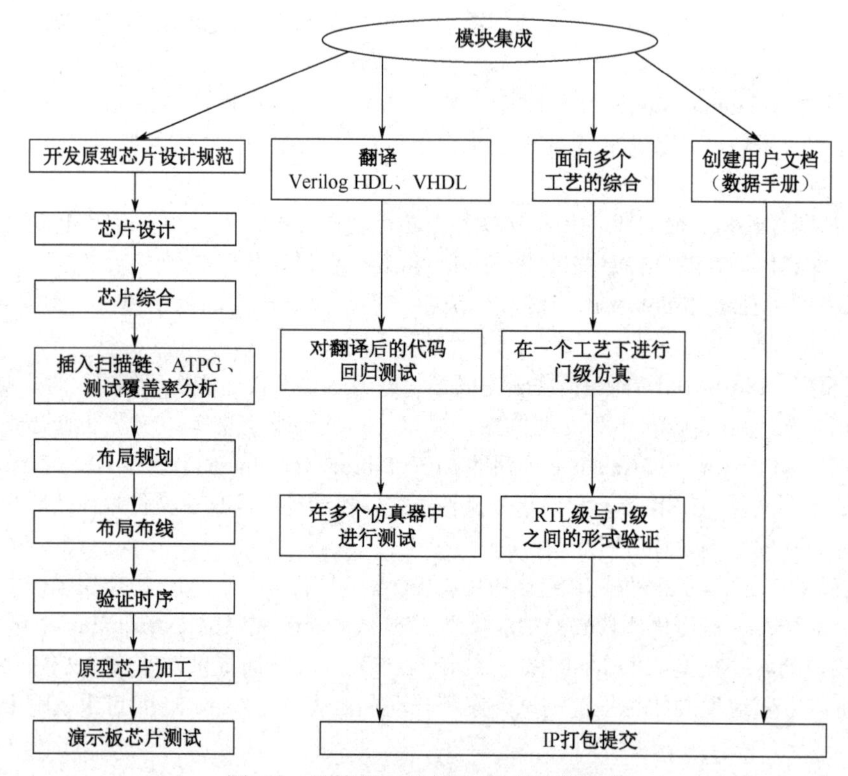

图 5-8　软核 IP、固核 IP 的产品化过程

IP 打包提交过程是指通过对模块设计信息的进一步整理，使得提交给用户的信息清晰、完整。通常，软核 IP 需要提交的内容有产品文件、验证文件、用户文档、系统集成文件；硬核 IP 需要提交的文件有产品文件、系统集成文件和用户文档，如表 5-2 所示。此外，能够提供原型芯片给用户是非常受欢迎的，一方面可以用来展示 IP 的功能特性，另一方面可以用来帮助用户评估和选择 IP。

表 5-2　IP 产品需要提交的文件

<table>
<tr><td>软核 IP</td><td>产品文件</td><td>● 可综合的 Verilog HDL/VHDL 语言实现的 RTL 代码
● 综合脚本和时序约束
● 扫描链插入和 ATPG 的脚本
● 参考工艺库
● 应用说明，包含一些集成了该 IP 的设计实例
● 安装脚本</td></tr>
<tr><td rowspan="3">固核 IP</td><td>验证文件</td><td>● 测试平台所用的总线功能模型/总线监视器
● 测试平台文件，包括典型的验证测试文档</td></tr>
<tr><td>用户文档</td><td>● 用户指南/功能规范说明
● 产品手册</td></tr>
<tr><td>系统集成文件</td><td>● SoC 中其他组件的总线功能模型
● 对于需要软件支持的 IP，推荐或提供编译器、调试器及实时操作系统来进行软硬件协同仿真或调试</td></tr>
</table>

续表

硬核IP	产品文件	● 安装脚本
	用户文档	● 用户指南或功能说明 ● 产品手册 ● 所交付的模型的说明
	系统集成文件	● 指令级模型或行为级模型 ● 模块的总线功能模型 ● 针对特定模块的周期精确模型 ● 针对特定模块的仿真加速模型 ● 模块的时序模型和综合模型 ● 预布局模型 ● 对于特定模型，有关软硬件协同仿真的商业软件推荐 ● 生产测试激励

以ARM为例，其提供的硬核IP包含完整的设计包，主要包含了功能模型、时序模型、测试模型和物理模型。其中，功能仿真模型可以满足RTL和网表的创建和功能验证，时序模型用于设计过程中的静态时序分析，测试模型用于生成测试向量，物理模型则用于芯片其他部分的物理设计和布局布线后的仿真。

5.3 IP的验证

1. IP验证计划

验证IP的目的在于保证IP功能和时序的正确性。由于设计复杂度和功能验证所需要覆盖的范围不断加大，设计团队有必要在项目规划和制定设计规范阶段制定全面高效的功能验证计划，对其进行评估，形成验证规范。验证规范的制定有助于确定验证的重点，同时有助于确定IP通过测试的标准。功能验证计划或者按照模块功能规范的形式描述，或者以单独的验证文档的形式描述，这份文档可以根据需求的变化和功能的重新定义随时进行变动。验证计划包括：

- 验证策略的描述；
- 仿真环境的详细描述，包括模块连接关系图；
- 验证平台部件清单，例如总线功能模型和总线监控器，对于每一个模块，都应该有对应的关键功能说明，还必须说明对应的模块是公司已经拥有，还是可以通过第三方购买，或者需要自行设计；
- 验证工具的清单还包括仿真器和验证平台自动产生工具；
- 特定验证向量清单，包括每一个特定测试的测试目的和规模大小，规模大小将有助于估计生成对应验证向量所需要的代价；
- IP关键特性的分析报告，并且说明对应这些关键特性可以用哪些测试向量进行测试验证；
- IP中哪些功能可以在子模块级进行测试验证，哪些必须在IP级进行测试验证的说明；
- 每一个子模块核和顶层IP测试覆盖率的说明；
- 用来说明验证要达到的标准的规范。

2. IP验证策略

IP的验证必须是完备的，具有可复用性的。通常需要覆盖以下测试类型，都属于功能验证的范畴。

（1）兼容性验证

这种测试主要用来验证设计是否符合设计规范的要求，对于符合工业标准的设计，比如PCI接口或者IEEE 1394接口，兼容性测试要验证是否与工业界标准相兼容。在任何情况下，都要对设计进行全面完整的兼容性测试。

（2）边界验证

这种验证主要是找到一些复杂的状态或者边界情况进行验证。所谓边界情况，就是指一些最有可能使设计运行崩溃的情况，比如子模块间进行交互复杂的部分，以及在设计规范中没有明确定义的部分。

（3）随机验证

对于大多数设计来说，随机验证是兼容性验证和边界验证必不可少的组成部分。只不过兼容性验证和边界验证主要是针对设计人员期望出现的情况而进行的验证，而随机验证可以展现一些设计人员没有预计到的情况，同时会暴露出设计中一些很难发现的错误。

（4）应用程序验证

设计验证中一个最重要的部分就是用真正的应用程序进行验证，即应用程序验证。对于设计人员来说，很有可能错误地理解了设计规范，并且导致设计上的错误，或者使用了错误的验证环境，应用程序验证可以有效地发现这些错误。

（5）回归验证

所有的验证程序都应该添加到回归验证程序中，在项目的验证阶段就可以执行回归验证程序集。在验证过程中，典型的问题是，当修复一个错误的时候，很有可能引入另一个新的错误。回归验证可以帮助验证当新的功能引入到设计中时或者旧的错误被修复时，不会有新错误被引入。最重要的是，无论错误是何时被发现的，对应的验证程序一定要添加到回归验证程序集中。

3. 验证平台的设计

在对IP进行验证的过程中，会搭建可复用的验证平台，它可以被抽象成如图5-9所示的功能结构。

验证平台的设计随着被测模块功能的不同而不同。一般的验证平台具有以下特征：

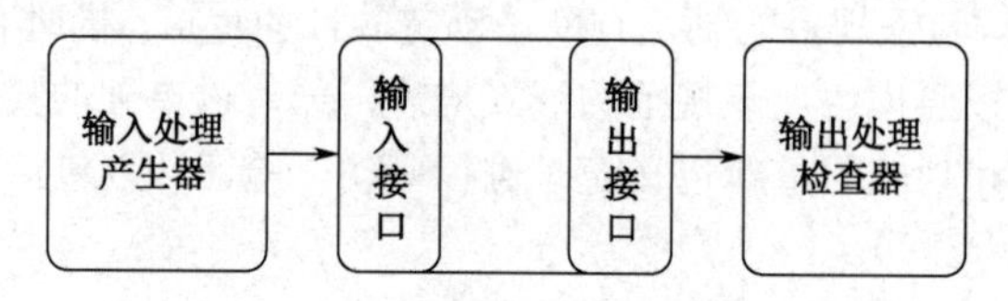

图5-9 抽象的验证平台功能结构

- 以事务处理的方式产生测试激励，检查测试响应；
- 验证平台应该尽可能地使用可复用仿真模块，而不是从头开始编写；
- 所有的响应检查应该是自动的，而不是设计人员通过观看仿真波形的方式来判断结果是否正确。

验证平台的重要性根据被测 IP 的类型不同而不同。例如，处理器的验证平台无疑将包含基于其指令集的测试程序；总线控制器；USB 和 PCI 的验证平台将很大程度地依赖于总线功能模型、总线监控器和事务处理协议，以便施加激励并检查仿真结果。图5-10所示为一个基于 AHB 总线功能模型的验证平台。

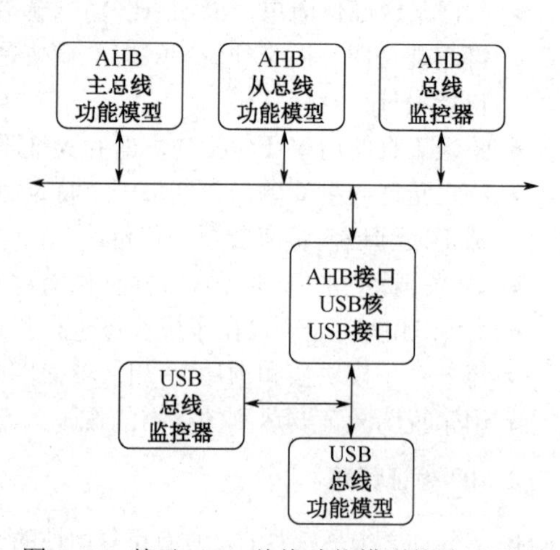

图5-10 基于AHB总线功能模型的验证平台

5.4　IP 的选择

面对种类繁多的 IP，在进行 SoC 设计时应该怎样去选择，是一个很困难的问题。比如说，一个 SoC 芯片中需要 ARM 处理器的 IP 和异步收发器（UART）的 IP，能够找到什么样的 IP？什么样的 IP 又是最好的选择呢？那么如果是一个模数转换器（ADC），又该怎样去选择呢？

1. IP 种类的选择

首先要确定 IP 的种类。一个基于 IP 的 SoC 设计能够顺利完成取决于以下几个重要因素：性能（Performance）、面市时间（Time-to-market）、成本（Cost）等。从硬核 IP 的特点来看，在工艺受到限制的情况下，要得到一个高性能的 IP，只有通过 IP 设计者自己对 IP 进行后端物理设计，因为只有 IP 设计者才最清楚如何能够根据 IP 的功能和结构优化出最好的结果。在市场激烈竞争的今天，时间就是生命，错过了市场的进入期，过小的市场份额不足以支撑前期的巨额投入，而事实证明，芯片开发的绝大多数时间用在了功能验证、时序验证和物理设计上。如果要抓住市场机会，硬核 IP 是最好的选择。对于一个 IP 而言，其价格昂贵，因此 IP 设计者不愿意 IP 使用者得到可以修改和再次开发的 RTL 代码，硬核 IP 就成了保护 IP 的最有效手段。由此完全可以理解软核 IP 比硬核 IP 昂贵很多的原因。

所以，事实上多数的 CPU 核是以硬核 IP 的形式交付的，而一些简单的外设却可以有更多形式的交付。

需要特别指出的是，混合信号模块和模拟模块的 IP 都是以硬核 IP 的方式交付的。因为针对不同的工艺，每一个混合信号模块或模拟模块都需要重新进行参数的建模和提取，布局布线也需要重新安排，不是给出一段代码就可以解决的，况且混合信号模块或模拟模块的 HDL 代码是不可综合的。

2. 产品完整性

在确定要选择一个硬核 IP 后，要在能够满足需求的不同设计者提供的 IP 中继续进行选择。设计者应该着手比较不同 IP 提供商除了 IP 本身的文档的质量。硬核 IP 的交付，除了硬核本身的 GDSII 网表，还应该有如下的一系列文档和模型：安装脚本、用户文档、系统集成文件。

对于处理器而言，指令级模型提供了一个处理器执行指令的行为级模型，但是没有对任何具体实现细节进行建模。这种模型用于高速系统仿真或软硬件协同仿真。对于非处理器模块，行为级模型提供了一个高速系统级仿真模型。行为级模型只是基于事件处理对模块的功能进行模拟，并没有具体的实现细节。对于大的模块，由于总线模型只是对模块总线事件进行模拟，因此总线功能模型可以提供最快的仿真速度。当要对芯片进行综合时就需要用到硬核的时序模型。生产测试激励如果不提供给最终用户，也应该提供给生产制造商。对于基于扫描的设计，ATPG 测试激励及其控制信息是必须提供的。

需要注意，功能模型、时序模型、综合模型和预布局模型必须提供。如果是 CPU，那么 IP 提供者还必须提供编译器和调试器。如果这些所有的信息都是完整的，并且是在芯片上或产品中验证过的，那么这就是设计者所需要的 IP 了。软核 IP 和固核 IP 的选择与此类似。当然，由于软核 IP 和固核 IP 没有经过流片或产品的验证，其可靠性就很难保证了，要特别小心。

5.5　IP 交易模式

1. IP 收费结构

全球 IP 的收费结构包括授权费、权利金和其他收入（相关支援、设计服务、教育训练与顾问服务等）3 个主要的部分，其中授权费又可分为单次使用授权、多次使用授权及无限次数使用授权 3 种形式。

（1）授权费（License）

单次使用授权是指被授权的使用者，仅能在某一特定的设计专案中使用所购入的IP；多次使用授权是指可以同时在一个以上的设计专案使用所购入的IP；无限次数使用授权是指可以不受到使用次数的限制，无限次数使用购入的IP。

（2）权利金（Royalty）

权利金是指根据客户的生产数量来收取的费用，分为两种类型，第1种是固定金额，第2种是平均销售金额。固定金额是指IP供应商依照客户的出货量，在每个采用该公司的IP晶片上收取固定金额的费用。平均销售金额是指IP供应商可以依照客户的晶片的出货量，按采用该IP之晶片的平均销售价格的百分数抽取费用。

（3）其他收入

其他收入是指客户购买IP后所衍生出来的相关费用，包括相关支援设计服务、教育训练与顾问服务等。

2. 授权模式的演变

传统的IP授权模式，属于无限使用次数的授权模式，IP的供应商可以直接授权给IP的使用者（客户），或者通过代理商将IP授权给客户，且这种授权模式倾向于收取高额的授权费用。

伴随着整个IC产业价值链的变化，整个IP的授权模式也产生了变化。

因此单次使用授权、多次使用授权的商业模式也应运而生了。客户若取得IP的单次使用授权，则只能将该IP使用于某一个产品中，而若客户取得的是二次的使用授权，则只能将该IP使用于二个产品中，依次类推。

5.6 IP复用技术面临的挑战

1. 可复用性和多IP集成

随着SoC系统复杂性的增加和对上市时间的要求越来越短，SoC设计者将会更多地把不同的IP集成到同一个芯片中。然而将不同提供商的不同IP集成到一个芯片上将会带来很多问题，通常会出现如下问题：

- IP的文档不完整，导致对IP难以理解；
- IP验证模型的代码质量很低，难以集成到系统验证环境中；
- 不同的IP提供商采用不同的EDA工具和流程，导致不同IP的文件不匹配；
- IP的接口与系统的总线接口不匹配；
- 使用不同层次的IP导致逻辑和时序的不可预知性（集成过程中既有硬核，又有软核）。

这里主要关注IP集成中最重要的IP接口与系统总线接口不匹配的问题。在IP集成中，如果接口不匹配，往往会发生SoC设计者需要设计一个与选用的IP规模一样的接口IP使之能够匹配到系统中去。这就大大降低了该IP的可复用程度，并大大增加了研发时间，是极不合理的事情。大多数数字IP的接口设计主要是针对数据的传输，也就是针对其他IP的读/写。对于不同设计、不同层次来说，数据的读/写处理是不一样的。

在数据传输过程中，握手信号种类繁多，IP在向目标写数据前需要从目标那里得到“已准备好”的信号，而目标在报告自己状态前也需得到一个“写请求”信号。在更高层次上，存在更多的数据处理方式——突发写、突发读、乱序读/写及中断和中断取消等。如果在这一层次上不兼容，问题就很难解决。大多数IP接口问题都是关于异常处理（中断、取消等）的。如果要解决这一层次的问题，可以在更高抽象层次上解决，不过这就得对IP本身或整个系统的体系结构进行修改了。

想要彻底解决IP的接口问题，除非采用统一的接口标准。一些组织或大公司在内部建立了自己的接口标准，获得了一定的成功，但是整个工业界还没有一个统一的标准。这主要因为在不同的设计中，接口的性能、功耗和协议都存在巨大的不同。

2．复杂冗长的验证和仿真时间

功能验证和时序验证也许是 SoC 设计中最困难和最重要的阶段。在将设计交付制造商之前，只有通过验证找出体系结构、功能或物理实现上的错误。一般情况下，验证要占到整个设计流程的 50%～80%。成功和快速的验证依赖于以下几个因素：验证方案、模型和验证平台、验证工具和 IP 的成熟度。

自顶向下的验证方案和自底向上的验证方案对应于不同级别和规模的系统。对于一些较小的全定制系统，自顶向下的验证方案更为有效，而基于 IP 的 SoC 系统则更适合自底向上的验证方案。对于大型 SoC 设计，有必要在 IP 集成之前对每个 IP 进行全面的验证。因为单个 IP 的错误比起芯片层的错误更容易被发现。唯一例外的是，设计者必须做出决定在集成之前是否对不可复用的 IP 进行芯片验证（silicon verification）。这是一个风险和收益的权衡，因为任何一个没有经过芯片验证的 IP 只是一个部分验证过的 IP，包含这样的 IP 的芯片就只是一个原型芯片，在成为一个产品之前，任何错误都可能发生。所以，通常更倾向于使用硬核 IP，即通过了芯片验证甚至是产品验证的 IP。

为了得到一个高质量的设计，必须进行基于应用程序的验证，但是这种验证即使是在 RTL 级的仿真其运行速度也是很慢的，难以运行上百万行的验证向量。而对于实际程序而言，上百万行的程序不过是很小的一部分，如果是验证操作系统或者测试通信系统，这个量就更微不足道了。目前有两种解决办法：

① 提高模型的抽象层次，这样可以大大提高软件仿真的运行速度；

② 使用特殊硬件来仿真，比如仿真加速器或快速建模系统。

3．来自商务模式的挑战

由于 IP 是一个对知识产权及其敏感而单位价格十分高昂的商品，所以在商务谈判和交易中比其他商品更难成交。在 IP 交易中，提供者和购买者面临的难题是：出于对知识产权的保护，提供者不可能公开所有的细节，而购买者由于无法在使用之前全面评估一个 IP 的性能是否适合自己的系统需求，面对价格非常高的 IP，无法决定风险和收益的平衡点。失去了谈判的基础，对于一些实力较弱、规模较小，但占据市场大部分的中小 IC 设计公司来讲，就更不具备讨价还价的实力和能力了，类似于上市公司和中小股东的关系。因此，IP 交易急需一个类似于股票交易中心的第三方。近年来，国内外的 IP 交易中心和信息中心初见规模，国外的如 VCX、Design & Reuse 一类的信息平台，国内的如国家软件与集成电路公共服务平台（CSIP）、上海硅知识产权交易中心（SSIPEX）等，均属于这样的第三方平台。

5.7　IP 标准组织

为开发不同来源 IP 的兼容和集成标准，以建立 SoC 行业通用的 IP 重用规范，降低 IP 交易的技术和商业壁垒，国际上出现了一些标准化组织。最典型的是 VSIA 和 OCP-IP。

VSIA 由世界领先的半导体公司和 EDA 公司共同建立，成立于 1996 年 9 月，于 2008 年宣布解散。VSIA 解散后将其后续工作移交给开放式内核协议国际同盟（OCP-IP）继续跟进。在 12 年间，VSIA 陆续成立了 11 个开发工作组，开发不同方向的标准和规范。这些标准和规范可应用于片上总线、IP 的接口，以及 IP 的使用、交换、交易、测试、质量和保护等环节，并已被工业界广泛采用。它们也是进行 IP 电子商务的基础。VSIA 的工作组及其发布的标准/规范/文件如表 5-3 所示。

表5-3 VSIA工作组及其发布的标准/规范/文件

序号	工作组名称	内容（发布的标准/规范/文件）
1	模拟/模数混合信号	扩展及其完整性扩展规范
2	功能验证	虚拟元件开发和功能验证分类文件
3	依靠硬件的软件开发	依赖于硬件的软件分类法
4	实现/验证	软/硬件虚拟架构、性能和物理建模规范
5	IP保护	虚拟识别物理标识标准，IP保护白皮书
6	与制造相关的测试	测试访问结构标准，针对虚拟提供者的数据相互交换格式和指导路线规范
7	片上总线	虚拟接口标准
8	系统级设计	系统级接口行为文档标准，系统级设计模型分类文件
9	虚拟元件质量	定义虚拟元件质量属性； 建立可执行的IP质量评估系统
10	虚拟元件转让	虚拟元件转让规范，虚拟属性描述、选择和转让格式标准
11	基于平台的设计	基于平台设计的定义和分类法

按照协议，VSIA的相关标准文档继续由OCP-IP标准化组织提供统一管理及下载服务。OCP-IP是一个独立、非营利的半导体工业联盟，致力于扶持、促进和提高开放式内核协议的管理。OCP是第一套为半导体知识产权内核提供的全面支持、公开授权、广泛的接口插件。OCP-IP的使命是为SoC产品设计"即插即用"中常见的IP复用问题提供设计、验证和测试。OCP-IP通过在系统级集成上倡导IP复用，为SoC设计减少设计时间、风险和制造成本。从OCP-IP提供的解决方案中，设计团队在设计消费类电子、数据处理、电信（有线或无线）、数据通信和大容量存储应用时可以获得的巨大收益。目前，OCP-IP在IP接口规范、片上网络、事务级建模等方面做了大量卓有成效工作。

5.8 基于平台的SoC设计方法

如本章之前所述，基于IP的设计方法在一定程度上弥补了SoC设计复杂度、集成度与上市时间之间的巨大鸿沟。但随着市场全球化步伐的飞跃式进展，人们往往要求SoC设计与生产厂商在很短时间内推出满足不同人群需求的、集成了更多个性化功能的、价格更便宜且更耐用的产品，这一特点无疑加重了设计厂商的巨大压力。如何在较短时间内推出满足不同需求的产品系列，同时降低设计风险与设计成本，无疑是各SoC设计厂商寻求在激烈的市场竞争中立于不败之地的关键所在。然而，对于当前规模较大、功能较为个性化的SoC系统设计与系统集成，由于需要集成的IP种类繁多、各方提供的IP接口不一致及系统软件的差异等问题，使得利用基于IP的设计方法进行SoC设计仍然无法满足设计厂商与用户的双重需求。出于降低系统硬件IP的集成难度、加快软件的开发与移植、缩短产品的上市时间等多方面的考虑，学术界和工业界做出了巨大努力，提出了比基于IP的设计方法复用性更高、产出率更大的新型SoC设计方法学——基于平台的设计（Platform-Based Design）方法。

5.8.1 平台的组成与分类

基于平台的设计方法是一种SoC软硬件协同设计的新方法，它扩展和延伸了基于IP的设计方法的设计复用性理念。但目前为止，"平台"并没有统一的定义，不同机构都给出了不同的规定。其中，VSIA联盟定义的平台就是一个虚拟组件库和一个体系结构框架，包括一系列集成的和预先验证的软件和硬件IP模块、模型、EDA工具、软件工具、库和方法学，通过集成和验证来支持产品的快速开发。Cadence公司提供的平台是一个可复用的集成设计环境，通过该开发环境可以设计由市场目标决定的、在一定时期内有很大复用性的、面向一个特定的应用领域的SoC设计模板。

由此可见，"平台"是一种比IP规模更大的可复用、可扩展单元，它可以是一种硬件、一种软件或一个系统。一个平台面向一个特定的应用领域，有相对稳定的体系结构，有固定的核心 IP 模块，有一整套成熟的设计工具和设计方法，有利于设计面向特定领域的系列产品。通常，一个平台包含针对特定类型应用已预先定义好的部分，如处理器、实时操作系统（RTOS）、外围 IP 模块、存储模块及总线互连结构。根据不同的平台类型，设计者可以通过增减 IP、可编程 FPGA 逻辑或编写嵌入式软件来定制 SoC 芯片设计。这种概念的优点是可复用平台、可限制各种选择，因此可通过广泛的设计复用提供更快的上市时间。但缺点体现在，平台限制了选择，与传统的 ASIC 或全定制设计方法相比，其灵活性和性能会有所降低。一般来说，一个完整的开发平台由以下几部分组成。

① 硬件：主要包括处理器、存储器、通信总线及 I/O 单元等。

② 软件：主要包括操作系统、功能驱动和应用程序等。

③ 体系结构的详细规范：主要包括总线结构、时钟及各个 IP 的约束条件。

④ 验证过的逻辑和物理综合脚本。

⑤ 软硬件系统验证环境和基本验证模型。

⑥ 各模块的设计说明。

目前，常用的可复用设计平台有以下 4 种类型：

① 全应用平台：此类开发平台针对应用定制，包括一系列软硬件单元和基于处理器开发的应用实例，如 TI 的面向多媒体领域的 OMAP、Philips 的 nExperia 和 Nexperia、Infineon 的 MGlod 等。

② 以处理器为中心的平台：此类平台侧重于访问可配置的处理器而不是完整应用，如 ARM 的 Micropack 平台、苏州国芯 C*SoC 等。

③ 以通信为中心的平台：此类平台定义了互连架构，但通常不提供处理器或全部应用，如 Sonics 公司的 Silicon Backplane 和 PalmChip 公司的 CoreFrame 平台。

④ 完全可编程平台：此类平台通常包括 FPGA 逻辑和一个处理器内核，如 Altera 公司的 Excalibur、Xilinx 公司的 Virtex 5 和 Quicklogic 公司的 QuickMIPS 等。

5.8.2　基于平台的 SoC 设计流程与特点

与传统的基于 IP 复用的设计方法不同，基于平台的设计方法强调系统级复用。其优点是能够显著地减少衍生产品的开发时间，降低成本，且由于体系结构相对稳定，在一定程度上减轻了系统级验证的压力。从设计者和用户需求角度出发，可以得到如图 5-11 所示的简化的基于平台的设计流程。该流程中，生产设计厂商首先根据所要设计的面向某类应用的系列产品的速度、成本、功耗需求，结合以往设计经验，选择合适的 IP、通信机制、系统软件及开发验证工具，来设计面向该类应用特点的平台（即平台设计阶段），然后生产设计厂商根据用户的具体需求，在该平台上进行二次开发，通过裁剪或扩充必要模块，设计出满足不同用户需求的个性化产品（即具体产品设计阶段）。

平台的设计是选择合适的 IP 与相应的系统软件、工具，并将它们集成在一起的过程，主要的步骤如下：

① 基于市场目标，决定该平台主要的应用领域；

② 选择主要的软硬件 IP 模块、总线架构；

③ 确定系统的架构和模块间的通信方式；

④ 选择或开发必要的软硬件设计工具；

⑤ 选择或开发所需的验证组件，进行平台体系的验证；

⑥ 模块的集成方法及系统级验证环境的设计。

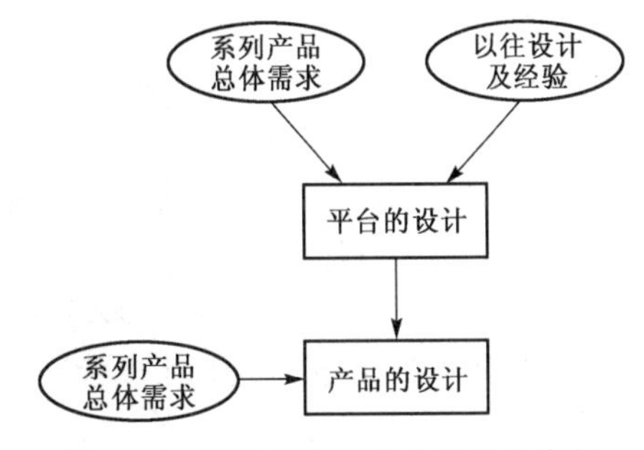

图 5-11　简化的基于平台的设计流程

设计的平台通常具有如下特点：

① 平台设计有很强的可配置性，但却不能改变，如果设计中包含一个不用的模块，可以通过设置使这个模块不工作，而不是将它从设计中拿走；

② 平台设计使用的是标准的接口，这样就使得采用相同标准接口的辅助 IP 模块的集成变得很简单；

③ 能够支持应用软件的开发；

④ 架构相对稳定，易于进行系统级的验证；

⑤ 能够对速度、成本、功耗等性能指标进行验证与评估。

5.8.3 基于平台的设计实例

下面通过一个实例来说明基于平台的设计。

假设要开发基于 ARM 核的嵌入式实时系统，主要应用在如汽车控制、工业控制等领域。根据应用的需求，首先从众多 ARM 核中选择某一适合于控制类应用的型号，如 ARM7 TDMI。然后进行总线结构的选择。针对 ARM 核，ARM 公司提供了多种总线结构，如 APB、AHB、AXI 等。这时要进行评估多大的总线带宽才能满足设计要求，而同时又不会消耗过多的功耗和片上面积。假设通过评估最后选择的系统总线是 AHB，外设总线是 APB。对于这个 SoC，硬件模块除处理器核与总线架构外，还需要其他常用的模块，如存储模块、时钟产生模块、复位控制模块、定时器模块及 UART 等。模块间通过总线进行通信。在初步的系统架构确定后，各个模块的接口与之对应的总线接口的标准来决定。在这个例子中，设计的平台的基本架构如图 5-12 所示。该架构采用两层片上总线作为其基本框架，系统总线上连接高速、高带宽的设备，如处理器核、片上存储器等；外设总线上一般连接低速、低带宽的设备，如时钟、复位模块和其他外设。这种方式可以减少系统总线的负荷，提供系统的性能，这种架构也是目前 SoC 的典型架构。

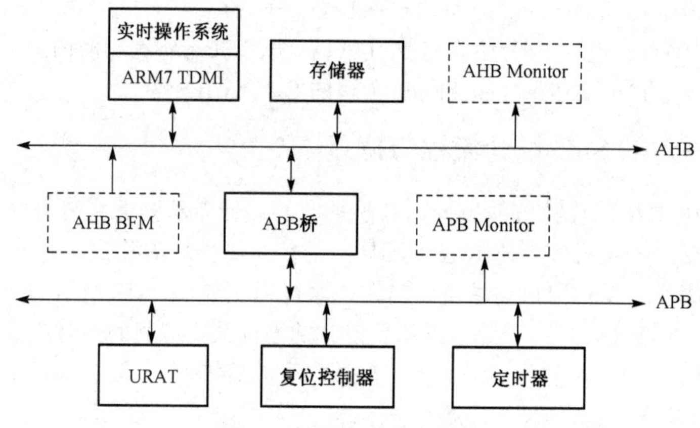

图 5-12 平台的基本架构

由于采用的是基于 ARM 核和 AHB 总线通信的平台，设计者可以从 ARM 或有关 ARM IP 供应商那里得到关键 IP 模块的行为级描述模型、验证模型、软硬件 IP 及系统集成环境，进而可减少设计时间。图 5-13 所示的 ARM 核模块和存储器模块在前端设计中通常采用行为级描述，这样可以大大提高仿真速度。虚线框模块是验证 IP 模块，总线功能模型（BFM，Bus Functional Model）是激励产生模块，而监视器（Monitor）是响应检查模块，它们不是系统芯片的基本组成部分，没有可综合的限制，一般在仿真时加入。加入这些验证 IP 组件后，实际上形成了一个系统级的验证环境，它不但可以对新加入的模块进行集成验证，同时也可以对整个 SoC 进行验证。在基本的平台形成后，要进行基于平台的 SoC 系统架构的验证，保证平台的功能正确。

对于软硬件开发工具，如硬件仿真器、软件的编译器等，一般是从相应公司的产品中选取。在这个基于 ARM 核的平台设计实例中，同样可以方便地从 ARM 及其合作伙伴那里得到相应的软硬件开发工具。

软件模块主要是实时操作系统、功能驱动等。ARM 提供了相关的一系列操作系移植包，如针对 Linux OS、针对 Palm OS 的移植等，进而加快了软件的开发与移植。

从这个例子可以看出，平台所涉及的内容相当多，基于平台的设计的基本思想是通过平台这种比 IP 规模更大的可复用、可扩展的软硬件及开发环境的使用，避免使派生而来的 SoC 设计及系统集成一切都从头开始做起。

本章参考文献

[1] Michael Keating, Pierre Bricaud. 片上系统—可重用设计方法学[M]. 沈戈，等译. 北京：电子工业出版社，2004.

[2] Rochit Rajsuman. SoC 设计与测试[M]. 于敦山，等译. 北京：北京航空航天大学出版社，2003.

[3] Gartner. Gartner Dataquest[EB/OL]. [2005-06-01]. http://www.gartner.com/.

[4] Prakash Rashinkar, Peter Paterson, Leena Singh. System-on-a-Chip Verification - Methodology and Techniques[M]. German: Springer-Verlag, 2000.

[5] A. Ferrari, A. Sangiovanni. System Design: Traditional Concepts and New Paradigms[C]. International Conference on Computer Design, 1999, 2-12.

[6] W. Simpson, T. Marion, O. D. Weck. Platform-based Design and Development: Current Trends and Needs in Industry[C]. International Design Engineering Technical Conferences&Computers and Information in Engineering Conference, 2006, 1-10.

[7] Jiang Xu, W. Wolf. Platform-Based Design and the First Generation Dilemma[C]. The 9th IEEE/DATC Electronic Design Processes Workshop, 2002, 21-23.

[8] 何伟. 基于平台的 SoC 设计技术研究[J]. 合肥工业大学学报，2007，30(6): 727-731.

[9] John Wilson. Platform-based design: Higher productivity for IP reuse[J]. Electronics products, 2005, (1): 29-30.

第6章 RTL代码编写指南

硬件描述语言（HDL）已成功地应用于数字电路设计的各个阶段，如建模、仿真、验证和综合等。VHDL和Verilog HDL作为IEEE的工业标准硬件描述语言，得到众多EDA公司的支持。本章将以Verilog HDL语言为例介绍RTL代码设计中应该注意的问题。这些问题将影响到电路的综合、静态时序分析、可测性设计及布线等。

6.1 编写RTL代码之前的准备

在开始编写RTL代码前有很多的设计问题必须先解决，它们能够显著地影响设计的进度及质量。这些问题包括编码风格、可测性设计、设计复用等。同时，RTL阶段的优化还能直接影响后续设计的时序收敛，而且不需要依靠复杂的EDA工具。下面列出了部分在代码编写前需要讨论并确定的问题：

- 是否与设计团队共同讨论过设计中将会发生的关键问题；
- 是否已准备好设计文档；
- 设计文档中总线是如何定义的；
- 设计文档中是否定义了设计的划分方法；
- 设计中的时钟是怎样考虑的；
- 对I/O是否有特殊需求；
- 是否需要其他IP，这些IP的封装（Package）是否完整地包括了每一步设计所需的文件；
- 是否考虑了IP复用设计；
- 是否考虑了可测性设计；
- 整个设计的面积是引脚限制（Pin-limited）还是门数限制（Gate-limited）；
- 设计的运行速度是否能超过工艺速度极限；
- 时序和后端设计是否有特殊的需求。

6.1.1 与团队共同讨论设计中的问题

首先从交流开始。通过讨论，团队的每个成员必须清楚设计规则，例如，结构模块的命名规则和信号命名规则（如block_function或者function_block的命名形式）、信号的有效状态（高电平有效或者低电平有效）及时钟及复位的控制方式等。版本控制、目录结构和其他设计组织的问题也必须在团队内广泛讨论，达成共识。这些问题都属于顶层问题或项目管理问题，大家必须遵守同一个设计规则。团队成员间的充分交流是一个设计能够成功的关键因素。

6.1.2 根据芯片架构准备设计说明书

设计说明书对于任何设计都是必不可少的，它描述了如I/O引脚数量及定义、封装形式、时序要求、模块接口信号定义和许多其他的重要细节。整个芯片及每个模块在开始RTL代码编写前都必须准备设计说明书，这是所有设计的依据。每个人在开始他所负责部分的代码编写前必须准备一份该部分的设计文档。详细的设计文档不仅客观地描述了模块的功能，而且反映了设计者的设计思想，更重要的是必须具有较强的可读性，便于设计的维护和移交。一般来说，设计说明书主要描述以下内容：

- 模块功能的简要介绍；
- 顶层模块的接口信号；
- 所有控制寄存器地址及功能描述；
- 顶层模块的主要结构图；
- 子模块功能；
- 子模块的接口信号；
- 子模块的主要结构图；
- 子模块的实现原理；
- 时钟信号的连接（如 Multicycle Path、False Path、Negedge Clock、Generated Clock）；
- 复位信号的连接（如 Gated Reset、Soft Reset）。

6.1.3　总线设计的考虑

目前，片上总线尚处于发展阶段，还没有统一的标准，许多厂商和组织纷纷推出了自己的标准。国际上比较成熟的总线结构有 PCI 总线、AMBA 和 AXI 总线、Processor Local Bus、On-Chip Peripheral Bus、Device Control Register Bus 等。

如果不是特别要求的话，尽量使用单向总线，这是“综合友好”“DFT 友好”设计的一部分。但是如果在以前，出于布线和其他以前版本兼容性的考虑，一直采用的是双向总线，现在如果没有很好的处理而使用单向总线也可能会产生问题。单向总线有以下几个优点：

- 使设计可视性更强；
- 没有无效的时序路径；
- 简化的综合约束；
- 简化可测性设计的实现；
- 简化总线控制逻辑设计。

单向总线的缺点在于占用布线资源，然而当可用的布线资源数量随着现今工艺库的发展而增加时，它不再是一个问题。所以在 SoC 设计中，应该避免使用双向总线。

在开始编码前获得每一条总线和接口的设计文档，确保对其功能和时序都很清楚，这样的话可以帮助在编写代码前创建高层次的模型。高层次的模型（就像“黑盒子”）可以用来做一个初步的布局规划，同时可以用来发现顶层互连的问题，以及定义顶层第一路径约束和时序约束。

6.1.4　模块的划分

模块划分是将复杂的设计分成许多小模块，它的好处是区分不同的功能模块，使得每个模块的尺寸和功能不至于太复杂，便于数据文件的管理和模块的重复使用，同时也有利于一个团队共同完成设计，可以把不同的模块分配给团队中不同的人来完成，每个人再按照设计文档的建议来进行细化。模块的划分如图 6-1 所示。

总体设计和模块划分的好坏对于采用分块式综合及布局布线也是很有影响的。良好的模块划分可以减少综合工具的运行时间，采用比较简单的综合约束就可以得到时序和面积都能够满足需求的结果。

模块划分的技巧如下。

1．关于芯片级的模块划分

在进行芯片级的模块划分时，建立明确的层次结构仍然是经典的设计形式。这种方式不仅有助于基于 IP 复用设计的进行，而且对于团队形式的设计管理、分模块的验证、分阶段设计、档案标准化，提供了清晰的界面和实施基础。

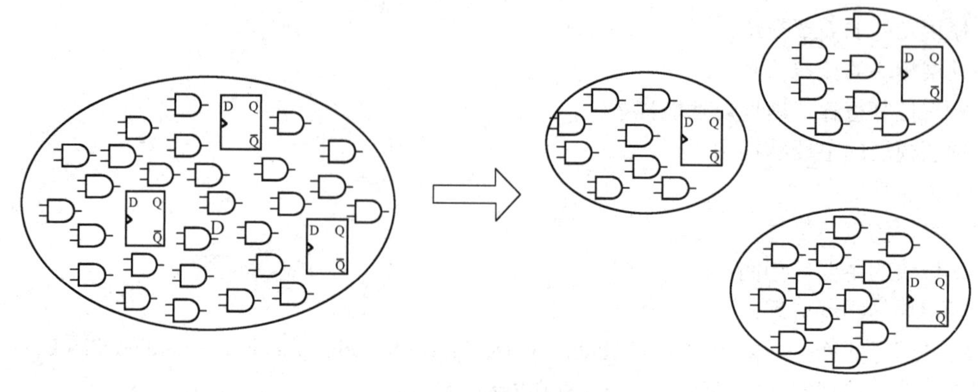

图 6-1　模块的划分

顶层模块组织结构要简单，这样可以使顶层连接更加简单、直观，同时也有利于分块式的布局布线。一般采用的顶层模块组织结构如图 6-2 所示。图 6-2（a）中首先要确保只有在顶层模块中才包含 I/O 引脚。其次，在顶层模块中除了核心逻辑还包含了边界扫描单元等测试逻辑，这样划分主要是为了便于边界扫描的实现。时钟模块作为比较特殊的核心逻辑单独列出的目的在于，时钟电路在设计的过程中往往是需要特别处理和仔细仿真的。图 6-2（b）将 I/O 作为一个大模块，这样使顶层连接更加简单、直观。

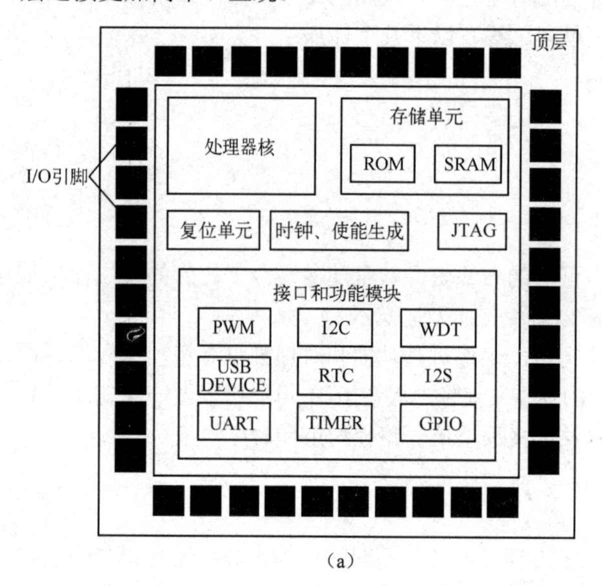

（a）

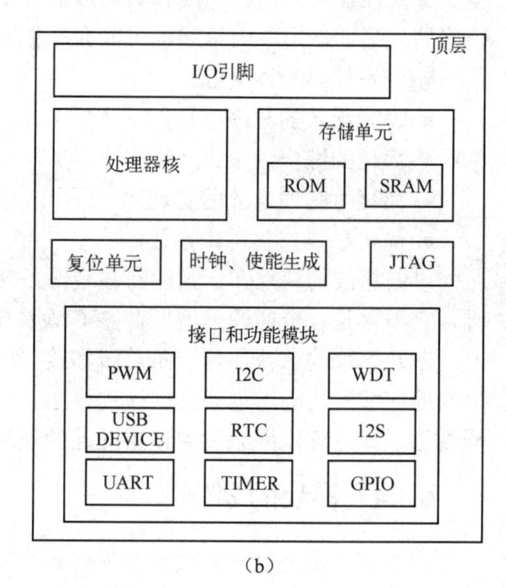

（b）

图 6-2　顶层模块组织结构图

2．关于核心逻辑的模块划分

在对核心逻辑进行模块划分时，要避免子模块间出现连接用的粘附逻辑。粘附逻辑如图 6-3 所示，一个与非门用来连接模块 A 和模块 C。在用 Synopsys 的 Design Compiler 进行综合优化时，综合器并不能把这个与非门和模块 C 内部的组合逻辑归并到一起（除非要求打乱边界式优化）。图 6-4 所示为逻辑更改后消除粘附逻辑的示意图，它一方面可以减少顶层模块综合时的 CPU 运行时间，另一方面可使优化的结果更好。

应尽可能地把相关的组合逻辑集中到一个模块中处理，这是因为综合器（如 Synopsys 的 Design Compiler）在默认的工作模式下进行综合优化时，不能跨越模块边界对相关的组合逻辑做归并优化处理。如图6-5 所示，相关的组合逻辑被分散在模块 A、模块 B 和模块 C 等不同模块中处理，综合在必须保留设计层次的条件下无法对这两部分组合逻辑进行最优化的处理。图 6-6 所示为调整模块划分后的结果，组合逻辑被归并到了输出目的寄存器的模块。这一方面有利于综合器完成时序优化，满足时间约束，另一方面使得时序约束变得更加容易并大大缩短门级仿真时间。

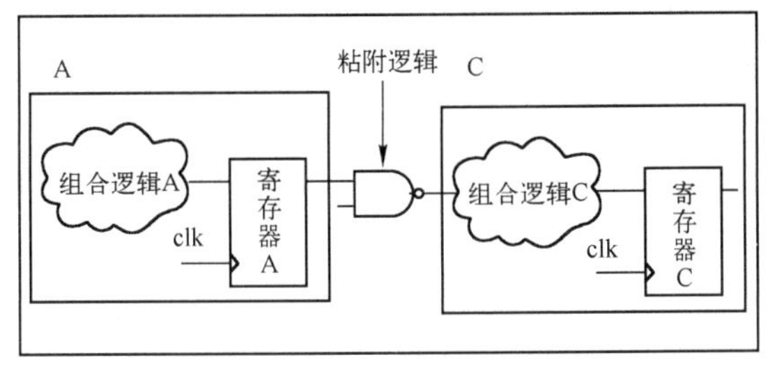

图 6-3　粘附逻辑

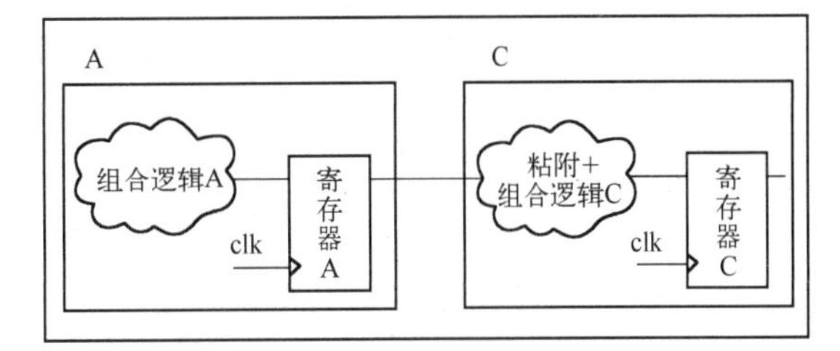

图 6-4　消除粘附逻辑

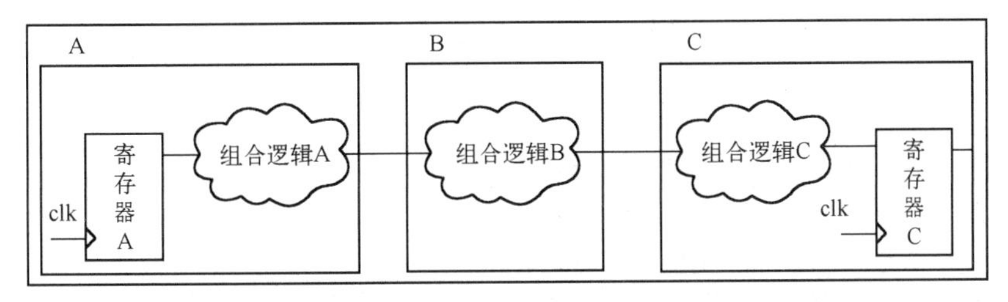

图 6-5　组合逻辑被分散在多个模块

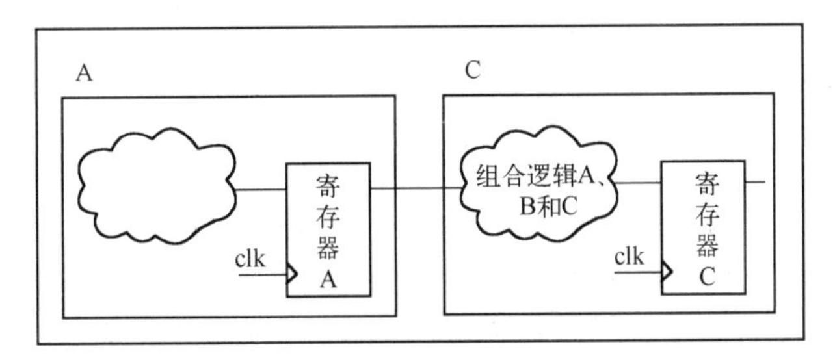

图 6-6　组合逻辑归并

3. 把多周期路径或伪路径限制到一个模块中

如果在设计中包含了多周期路径或伪路径，应尽可能地把这些逻辑限制到一个模块中，并在代码编写时用注释行明确指出。如图 6-7 所示，多周期路径是指从一个寄存器的输出到另一个寄存器的输入路径延迟超过了一个时钟周期的路径。在一些特定情况下，特别是不同时钟域时，多周期路径的时序是设计所允许的。但多周期路径的时序问题难于分析，而且在进行静态时序分析时必须告诉相应的 EDA 工具这条路径是一个例外，而事实上这种人为的介入非常容易出错，没有被执行静态时序分析的路径很容易出问题，尤其是在设计者错误认定一个正常的路径为多周期路径时，其后果非常严重。

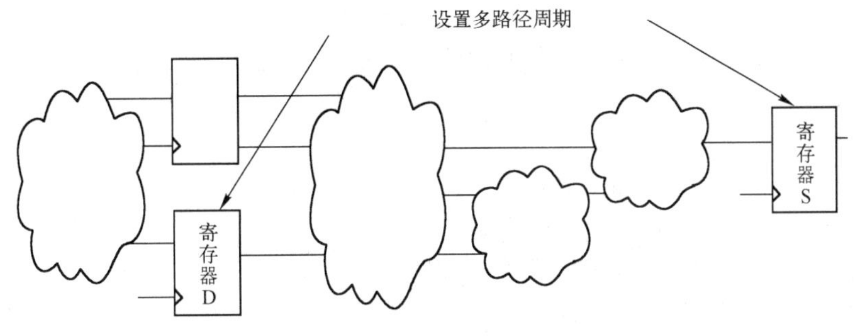

图 6-7　多周期路径

把多周期路径限制到一个模块中处理可以减少综合时间和优化非多周期路径的综合结果。例如，Synopsys 的 Design Compiler 的综合命令 characterize 不能正常处理跨越模块边界的多周期路径。

伪路径是设计者告诉静态时序分析工具已经认定的时序不满足的路径。静态时序分析工具会对所有时序不满足的路径给出警告。伪路径的存在往往会掩盖真正不能够满足时序要求的路径警告，使之得不到设计者应有的注意。此外，伪路径和多周期路径一样，在设计者错误认定一个正常的路径为伪路径时，其后果非常严重。

把多周期路径或伪路径限制到一个模块中，可以方便设计者给出相关的综合及静态时序分析的约束，同时也便于设计者在后端设计实现后进行检查。

4. 根据时钟的相关性划分模块

应当尽量根据时钟的相关性来划分模块。简单地说，就是将时钟分频、门控单元和复位产生等电路尽量放在同一模块中。这么做使得在综合的时候便于设置时钟约束。

同时，每个模块尽量只用一个时钟域的信号。这样可以帮助避免在约束多时钟域信号传递时可能碰到的许多困难，如 DFT、时钟树综合，也可以帮助设计者便于管理时钟偏斜（Clock Skew）。如果实在不能避免，应该设计一个单独模块负责时钟同步，如图 6-8 所示。

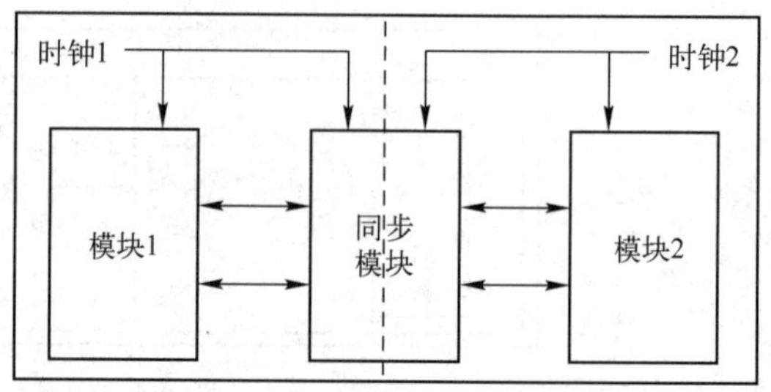

图 6-8 时钟同步模块

6.1.5 对时钟的处理

设计中需要多少个时钟？芯片中的时钟是从哪里来的呢？是内部产生的吗？是由锁相环（PLL）产生的吗？还是由电路分频器、异步计数器、串行计数器或者同步计数器提供的时钟？为了方便后续设计，最好将时钟产生电路与芯片设计的其余部分分开。为了达到这一目的，可以使用层次化的结构进行设计。如果设计中有多个时钟，必将使后端设计变得非常复杂，如时钟树生成及扫描链连接等。此外，应尽量避免异步时钟设计。

6.1.6 IP 的选择及设计复用的考虑

在设计过程中有时候会使用第三方的 IP，对于 IP 的选择和使用应注意以下 4 个方面。

第一，在系统架构设计做好模块划分时，必须确定哪些模块基于标准单元库进行设计，哪些模块需要购买 IP，IP 模块的对接需要增加哪些连接性设计。

第二，模块间的接口协议要尽可能的简单，模块间的接口定义要尽可能与国际上通用的接口协议完全一致。一个常用的设计技巧就是在数据传送的接口建立申请和应答机制。这虽然会造成芯片在时序、面积、功耗等方面的损耗，但对于加快系统芯片的上市速度大大有利。

第三，要注意积累 IP 和 IP 集成的经验。一旦成功地集成了一个 IP 到一个系统芯片设计上后，设计组会对该 IP 的接口特性非常熟悉。这时候就应该进一步完善该 IP，使它的设计复用性更好，并逐步建立一系列的衍生 IP 模块。同时，把集成该 IP 的经验教训及时记录下来形成技术文档，将有利于下一个 IP 集成者。

第四，如果是对硬核 IP 的集成，还必须在时钟分布、关键路径的布线、电源和地线的布线、IP 模块支持的测试结构等方面进行考虑，与系统芯片保持一致。

另外，考虑有些 IP 模块将会复用，因此在模块的划分过程中应该考虑以下几点：

- 时钟生成应该被划分为单独的模块，如分频电路、计数器、多路时钟信号选择器等，以便于其他设计人员设置约束；

- 总线接口逻辑应被划分为单独的模块，如总线接口、地址译码器，当该模块被用于不同设计中时，总线及寄存器的地址很可能会改变；
- 提供特殊测试功能的逻辑应该被划分为单独的模块，这些功能逻辑可能会根据以后的测试策略而改变；
- 对于功能模块的设计采用必要的层次化描述，便于该模块的设计者了解该设计。

6.1.7　对可测性的考虑

芯片的可测性是指在芯片的生产测试中发现生产缺陷的能力。对于数字电路，通常用扫描链的方法来提高可测试性。本书第 10 章将会进行详细的讨论，这里主要介绍 RTL 编码中应注意的问题。

通常在 RTL 级设计中并没有加扫描链，扫描链一般是在综合过程中插入的。那么在 RTL 级如何考虑可测性呢？答案是注意观察所有可能对寄存器的控制和寄存器输出数据产生影响的地方。一般来说，综合工具中会有对 RTL 可测性的检查工具，但设计员还是应当尽量避免在 RTL 编写中引入影响可测性的问题。下面是几个常见的问题：

- 复位信号在测试过程中应该被设置为无效，否则测试过程可能被复位信号打乱。因此，应该对设计中的复位信号进行检查，特别应该注意那些内部产生的复位。如果复位信号是芯片内部产生的，那么在扫描测试模式下，必须有一个外部直接输入的信号用以控制复位信号的值，通常会加一个多路选择器来控制。
- 门控时钟在测试中应当有效。只有时钟有效，才可以进行扫描链的操作。因此，所有的时钟在测试中都应该可以工作。如果芯片中有门控时钟或其他内部产生的时钟，则必须有外部的控制机制保证在测试中可以使这些时钟有效。常用的方法也是增加一个多路选择器，使在扫描测试模式下的每个寄存器的时钟都连接到测试时钟上。
- 三态的驱动在测试中必须有可知的输出。如果要使用扫描的方式，对于总线上的多个三态驱动，必须保证它们不会同时有效。最好的办法是确保对所有的三态驱动统一控制。
- 边界扫描（Boundary Scan）问题。边界扫描的逻辑应当放在一个单独的设计模块中，边界扫描的生成主要在综合中进行。
- RAM 的测试考虑。如果设计中包括 RAM，那必须考虑其测试问题。目前常用的方法是 BIST（Built-In-Self-Test）。在 RTL 级设计中，必须考虑集成 RAM 和 BIST 的问题。
- 测试控制考虑。建议将测试控制逻辑（如测试模式选择）、测试时钟及复位信号的控制信号等放在单独的模块中。

6.1.8　对芯片速度的考虑

设计者计划在设计中实现多少功能，运行在什么速度下，采用什么工艺实现，对设计做什么改动来实现速度要求，选择流水线结构还是寄存器重新排序，预先知道任何时序问题都会给编码工作带来帮助。同时需要注意，组合逻辑不能太多地集中在两个寄存器之间。有时候为了改进速度，会选择特殊的结构单元，如单周期乘法器、串行加法器链、复杂控制逻辑等。这些可以在 RTL 中直接调用 Synopsys 的 DesignWare 库。总之，RTL 设计者应该对时序的瓶颈有精确的把握，要在代码的编写时注意改善。

6.1.9　对布线的考虑

在芯片设计流程中，布线（Routing）是最后的阶段，其功能是根据门级网表的描述实现各个单元的连接。布线是否成功，最关键的因素是布局（Placement），但即使使用最好的布局工具，还是可能出现无法布通的情况。当出现这种问题时，往往需要通过修改 RTL 级设计来解决。因此，如果可以在

RTL 编码阶段考虑代码可能对布线产生的影响，就可能避免最后出现无法布通的情况。

有时 RTL 级设计者为了方便把大量信号组合起来形成一个大的逻辑，不仅会造成由于这一级组合电路太多而难以满足时序要求，而且会形成一个很大的多路选择器，造成连线过于集中，从而在一小块面积内占用大量的布线资源。其实，如果多路选择器的输出是供给设计中的不同部分使用的，就应该将一个大的多路选择器分解为多级的较小的多路选择器，使原来非常集中的连线变得分散，从而解决布线的困难。

另一个常见的布线拥挤的例子是多个片上 RAM/ROM 公用一个 BIST 模块。由于 BIST 信号将连到每一块 RAM/ROM 上，在这个 BIST 模块附近常会出现布线阻塞。

总的来说，这些情况解决起来并不困难，关键是要求 RTL 设计者能够在代码中发现问题，而不是到了最后无法布线时再修改代码。如果 RTL 设计者很好地完成了前面的准备，布线会得到理想的结果。

6.2　可综合 RTL 代码编写指南

综合就是从采用 HDL 语言描述的 RTL 电路模型构造出门级网表的过程。设计综合的效果主要取决于设计者的代码编写风格和综合工具的能力。一段规范的代码可读性强，易于理解，并可重复使用，同时便于维护。另外，代码规范也确保了它的可综合性，使其兼容各类的综合工具。

6.2.1　可综合 RTL 代码的编写准则

前面概述了可综合 RTL 代码编写的指南，以下给出关于可综合 RTL 代码编写的一些具体建议。

1．命名

（1）模块的命名

模块的命名规则如下。

① 在系统设计阶段应该为每个模块进行命名，最终的顶层模块应该以芯片的名称来命名。

② 在顶层模块中，除 I/O 引脚和不需要综合的模块外，其余作为次级顶层模块，建议以 xx_core.v 命名。

③ 对于多处理器的设计，共享模块以（模块名_处理器名）命名。

④ 如果例化一个模块，则例化名最好与模块名相同；如果需要例化很多模块，则用下标来区分。

⑤ 模块的命名和该模块的功能相结合，如 Arithmetic Logical Unit 模块，可以命名为 ALU。

（2）信号的命名

信号的命名规则如下。

① 所有信号的命名由小写字母、下画线符号和数字组成，并且以小写字母开头，因为以下画线符号开头的名字可能与某些工具相冲突。

② 低电平有效的信号后一律加下画线和字母 n 或 b，如 sysrst_n、fifofull_b。

③ 总线由高位到低位命名，如 bus [31:0]。

④ 不需要在信号名字中表明信号的方向，如用 my_signal 比 my_signal_in 更简明。

⑤ 命名应当尽量保持一致性，一些全局的信号（clock，reset）在每个子模块中都有相同的名字，两个子模块的接口信号也应当一致。在信号列表中，以注释形式指明信号的方向，例如：

```
my_module (
        my_signal,                    // input from other_module
    );
```

⑥ 在模块的例化过程中采用信号名称连形式（connection by name），避免使用指明位置的形式，并且每行例化一个信号，例如：

```
my_module my_module_inst(
    .signal (signal),              //input signal from other_module
    .a_bus (a_bus),                //address bus from core_module
                              );
```

⑦ 在信号列表中，将 clk、reset 等扇出较大的信号列在最后，统一规范，便于阅读，例如：

```
my_module (
    signals_to_from_block_A,    // description
    signals_to_from_block_B,    // description
    reset,
    clk
        );
```

⑧ 命名要尽量显得有意义，说明它的用途、目的、功能等。例如，“count8<=count8+8′h01”就显得含糊不清，而“addr_count<=addr_count+8′h01”，就表明了意义。

（3）同步触发器的命名

如果有异步信号需要同步，那么该同步触发器的命名建议加上“synch”，如 synch_stage_1。

（4）时钟信号的命名

时钟信号的命名规则如下。

① 全局时钟以 clk 命名。

② 其他时钟信号的命名需要包含相关的频率信息，如 clk_32k。

（5）文件的命名

一个文件只能包含一个模块，而文件名应该与模块名相同，这样做可以方便修改设计。一般，Verilog 文件都以.v 结尾。

2. 编码风格

RTL 编码风格如下。

① 利用缩进来显示代码的逻辑结构，缩进一致，并以 Tab 为单位。代码应该显得整齐，像列表一样，相同地位的代码段处于同一列上。语句块之间由 begin 和 end 划分清楚。首行缩进使得代码结构清晰，可读性增强。同一个层次的所有语句左对齐。initial、always 等语句块的 begin 关键词跟在本行的末尾，相应的 end 关键词与 initial、always 对齐，这样做的好处是避免因 begin 独占一行而行数太多。不同层次之间的语句使用 Tab 键进行缩进，每加深一层按一次 Tab 键缩进。

② 对于时序单元必须采用非阻塞赋值。

③ 组合逻辑采用阻塞赋值。

④ 不要将阻塞赋值和非阻塞赋值混合在一个程序块中，以下为非阻塞赋值和阻塞赋值的区别。

先看一个阻塞赋值的例子，其中，Data_Out 所赋的值将是信号 Intermediate_Variable 的新值，即 In_A & In_B。

```
reg Data_Out;
reg Intermediate_Variable;
always @(In_A, In_B) begin
    Intermediate_Variable = In_A & In_B;
    Data_Out = Intermediate_Variable; // New, updated value is used
end
```

相应地，在非阻塞赋值的例子中，Data_Out 所赋的值将是 Intermediate Variable 原来的值，所以在进行代码编写时必须根据功能需求来决定采用何种赋值形式。

```
reg Data_Out;
reg Intermediate_Variable;
always @(In_A, In_B, Intermediate_Variable) begin
    Intermediate_Variable <= In_A & In_B;
    Data_Out = Intermediate_Variable; // Previous, old value is used
end
```

可以看出，赋值语句的阻塞和非阻塞性质不会造成从赋值语句本身生成的组合逻辑电路有任何不同，但是会影响以后对赋值结果的使用。

⑤ 保证敏感列表的完整，避免仿真和综合过程中出现功能错误。

⑥ 尽量不使用循环结构。

⑦ 对代码加上适当的注释。作为一个好的代码，注释是相当重要的。注释可以用来说明代码的功能和流程，应该尽量详细，使其他设计者便于理解并可以维护。

⑧ 对于多行的注释，使用/* */进行注释。

3. 综合考虑

- 每个模块尽可能只使用一个主时钟。
- 复位信号以“reset”命名，表示高电平有效，如果低电平有效则命名为“reset_b”。通常复位信号为异步信号。
- 模块的分割最好能够使得在模块内部的输入和输出端直接和触发器相连接，这样在综合的过程中，时序约束的设置将非常方便。
- 不在数据通路上的触发器都需要有复位信号。
- 数据通路上触发器的复位信号根据流水线的划分来设置。
- 如果电路中同时存在具备复位信号的触发器和不具备复位信号的触发器，不要将它们放在一个程序块中。
- 在 case 语句中，指明所有可能出现的情况，如果不需要所有情况，加上 default 语句。将默认赋值语句放在 case 程序块的开头，这样可以缩短代码长度，并且可以保证信号在程序块中至少被赋值一次。不要使用 casex 和 casez。
- 代码的描述应该尽量简单，如果在编码过程无法预计其最终的综合结果，那综合工具可能会花很长的时间去综合。
- 尽量保证每个模块的简练和易读性，如果模块太大时可以考虑将其划分为几个子模块。一些常用的功能应考虑独立成为一个模块，如时钟产生、分频、同步、寄存器控制等模块，这样将有助于综合及后端设计时正确地施加约束条件。
- 在内部逻辑中避免使用三态逻辑。
- 不要在代码描述中加入 specify 语句去规定多周期路径，这样会使综合变得很慢，并且增加静态时序分析的难度。
- 避免触发器在综合过程中生成锁存器，在 if else 语句中，如果设计没有很好地覆盖到各种情况，就很有可能综合产生一些锁存器的结构。
- 尽量避免异步逻辑、带有反馈环的组合电路及自同步逻辑。
- 尽量把需要综合的代码置于节点模块，层次化模块仅起到连接节点模块的作用。
- 输入和输出信号在声明的时候默认为 wire 类型，因此不必要在代码中重复申明。
- 避免不必要的函数调用，重复的函数调用会增加综合次数，不仅造成电路面积的浪费，还会使综合时间变长。

- 通常在 Verilog 语言中，有 always 和 initial 两个程序块，synopsys 的综合工具忽略 initial 程序块，并将产生警告。
- 在综合过程中，工具将忽略电路中的延时语句，例如"assign #10C=A&B"在综合的时候就相当于"assign C=A&B"，因为综合的时候相关的时序在选用的标准单元库中都有描述，这样一来，必然会造成前仿真和后仿真的结果不一致。

以上列出的代码编写指南无法覆盖代码编写的方方面面，还有很多细节问题，需要在实际编写过程中加以考虑，并且有些规定也不是绝对的，需要灵活处理，并不是律条，但是在一个项目组内部、一个项目的进程中，应该有一套类似的代码编写规范来作为约束。总的方向是，写整洁、可读性好的代码，这也是出于代码复用的考虑。

6.2.2 利用综合进行代码质量检查

作为一个前端设计工程师，在 RTL 代码编写好后，无论是否负责代码的综合，在提交 RTL 代码之前，都应该检查 RTL 代码的可综合性。设计者可以通过做一次简单的综合来检查 RTL 代码的可综合性，同时也检查了相应的约束条件是否存在问题。前端设计工程师通常也要负责提供该模块综合的约束条件，特别是一些特殊的约束条件。下面列出一些典型的需要查看的内容。

① 在综合的 log file 中，可能有出错的警告吗？是否逐条检查了这些警告？它们很可能是真正的错误或不理想的结果。如果是的话，应该修改 RTL。

② 在综合的 log file 中，除了会报出 RTL 的问题，还会报出约束条件是否存在的问题，如忘记定义分频器输出的时钟等。如果必要的话，应该修改综合用的约束条件。

③ 在时序分析报告中，哪里是设计的关键路径？它们是设计者所想得到的吗？不满足时序要求的原因明显吗？能通过简单修改代码就解决吗？能隔离这条路径或者它是一大堆逻辑中的一部分吗？负裕量（Negative Slack）有多大？如果大于时钟周期的 50%将是大问题，小于时钟周期的 25%可能在后端设计时可以修复。

④ 在设计中有多少路径违反了时序约束，违反了多少，这是对结果质量的度量，也是对"还有多少工作要做"的度量。如果有很多路径违反时序约束（大于 50%），而且有很大的负裕量，那么设计一定存在基本的架构问题。这些关键的时序路径是否都存在一定的关系（如存在公用的路径）？

⑤ 这些违反时序的路径是否是公用起始点或终止点。如果所有违反时序的路径公用相同的起始点或终止点，那么能很容易地将问题隔离分析。如果没有一条路径公用起始点和终止点，那么可能是约束条件太严格了。

⑥ 查看关键路径里包含多少级逻辑单元。例如，如果设计者试图将 100 级逻辑单元都放在 2ns 的路径里，无论是用什么工艺，都不可能实现，只能重写 RTL 代码来改善时序。关键路径的密度是多少，这决定了有多少剩下的工作可以做，也决定了这些工作对于当前的 RTL 能否完成。

6.3 调用 Synopsys DesignWare 来优化设计

RTL 编码方式与综合工具的优化策略相关。对于一些特定的功能单元，如加法器、乘法器、存储器，其性能与实现的架构有着紧密的关系。DesignWare 是由 Synopsys 公司提供的 IP 库，其中的 Foundation IP 中包含很多设计中经常会用到的功能单元，这些功能单元是用特定的架构实现的。使用 Synopsys 的综合工具时调用 DesignWare 中的 IP 进行综合，能获得更优的结果，如速度更快或面积更小等。

DesignWare 在综合时的调用可以是自动的，也可以是手工的。所谓自动的就是在写 RTL 代码时完全不考虑架构，由综合工具根据约束条件自动选择。这种情况通常对于电路规模小、综合时加一些特殊约束是有效的。手工的方法是指在RTL代码编写时将选用的DesignWare单元“隐含”进去，这样在综合时就能够选用指定的DesignWare了。具体编码方式有Operator Inference和Component Instantiation两种方法。以超前进位加法器（carry-lock-ahead adder，cla）为例，举例如下。

1．用Operator Inference方法

```
module my_adder (a,b,sum);
    input a, b, c;
    output sum;
    // synopsys resource r0
    // map_to_module = "DW01_add"
    // implementation = "cla"
    // ops = "al"
    assign sum= a+b;
endmodule
```

2．用Component Instantiation方法

```
module my_adder(a,b,ci,co,sum);
    input a,b,ci;
    output co,sum;
    // synopsys dc_script_begin
    // set_implementation cla adder
    // synopsys dc_script_end
    DW01_add #(1) adder( .A(a), .B(b), .CI(ci), .SUM(sum), .CO(co));
endmodule
```

DesignWare的使用是需要Synopsys公司许可的。如果有了许可，以Foundation IP为例，首先需要在综合库（synthetic_library）变量中添加DesignWare库“synthetic_library = dw_foudation.sldb”，并且在启动Synopsys的综合工具DC后执行“set synthetic_library dw_foundation.sldb”。这样，在综合上述RTL代码后的网表中，module my_adde将是用超前进位加法器这种架构实现的。

本章参考文献

[1] Jack Marshall. RTL Implementation Guide[M]. Tera Systems Inc, 2003.
[2] 牛风举，刘元成等．基于IP复用的数字IC设计技术[M]．北京：电子工业出版社，2003.
[3] 唐杉，徐强，王莉薇．数字IC设计[M]．北京：机械工业出版社，2006.

第 7 章　同步电路设计及其与异步信号交互的问题

大部分数字电路设计都基于全局的时钟信号，即同步电路设计，以全局时钟信号去控制系统中所有模块的操作。它的优点是显而易见的，在一个理想的全局时钟的控制下，只要电路的各个功能环节都实现了时序收敛，整个电路就可以可靠工作了。由于 EDA 工具的广泛支持，采用同步电路设计方法是目前 SoC 设计的基本要求，但在一个功能复杂的 SoC 系统中，难免会有异步信号与同步电路交互的问题。特别是在由许多核及多个外设组成的 SoC 中，通常采用全局异步局部同步（GALS）的设计。在以往的设计中，由于这方面的设计问题造成的芯片必须重新流片的情况也不罕见。

本章将介绍同步电路与异步电路的特点及设计方法，并就如何在 RTL 级解决异步信号与同步电路交互的问题展开深入的讨论。最后阐述 SoC 设计中时钟规划策略。在完成本章学习后，希望学员能够掌握同步电路设计的优缺点，初步了解几种异步时钟域数据同步的方法。

7.1　同步电路设计

同步电路设计是目前 SoC 设计所采用的主流方法，而由于异步电路低功耗的特点，对异步电路的研究也在与日俱增。本节除介绍同步电路设计外，也将对异步电路设计做简单的介绍。

7.1.1　同步电路的定义

所谓同步电路就是电路中的所有受时钟控制的单元，如触发器（Flip Flop）或寄存器（Register），全部由一个统一的全局时钟控制。最简单的同步电路如图7-1 所示，触发器 R_1 和 R_2 都由一个统一的时钟 clk 来控制时序，在 R_1 和 R_2 之间有组合逻辑，这就是一个最简单的同步电路。

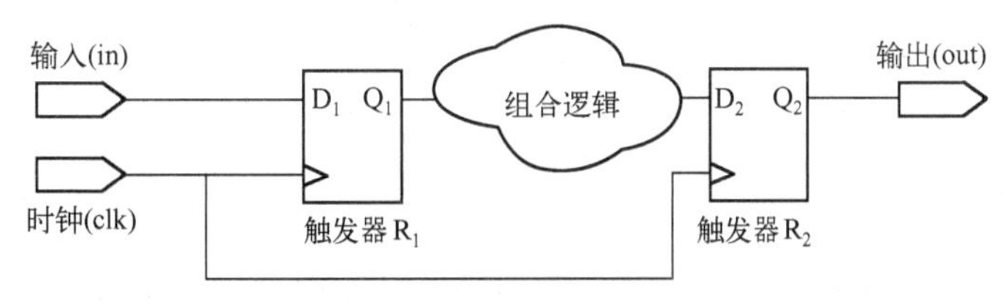

图 7-1　最简单的同步电路

在实际电路设计中，根据不同的需求，既可以用时钟上升沿触发的时序电路，也可以用时钟下降沿触发的时序电路，甚至两者兼用。不过为了使后端设计容易实现，在同步电路设计中，建议使用统一的触发方式。

7.1.2　同步电路的时序收敛问题

时序电路的一个首要问题就是触发器的时序收敛问题。触发器的时序收敛保证了触发器输入端的数据在时钟信号有效沿来临之前就达到稳定状态，即满足了触发器的建立时间（Setup Time），如图 7-2（a）所示，同样也保证了触发器输入端数据在时钟有效沿过后的一段时间内保持稳定，即满足触发器的保持时间（Hold Time），如图7-2（b）所示。

以图7-1 为例，第一级触发器 R_1 的输出 Q_1 在时钟上升沿后得到新值，Q_1 值经过传播延迟为 T_{delay} 的组合逻辑后输出连接到下一级触发器 R_2 的输入端 D_2。假设触发器 R_2 的建立时间为 T_{setup2}，所谓满足时序收敛首先要满足时钟周期 $T \geqslant T_{setup2} + T_{delay}$，可以看出同步电路的最大工作速度主要是由最长的组合逻辑路径延时决定的。同样为了保证 D_2 的值能够被无误地锁存，其值必须在保持时间 T_{hold} 内保持稳定。这样整个同步电路就可以可靠无误地运行下去了。

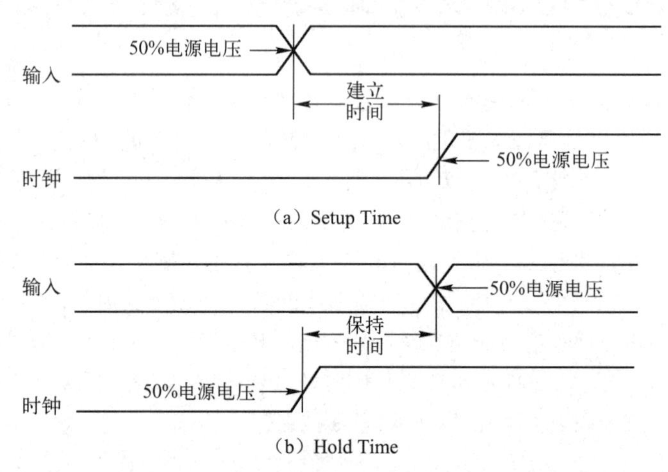

（a）Setup Time

（b）Hold Time

图 7-2 触发器的建立时间和保持时间

要保证整个电路时序收敛的确是件复杂而庞大的任务，幸运的是，在如今的数字电路设计中，可以采用寄存器传输级（RTL）来描述电路，在完成了同步电路系统的 RTL 代码编码后，只要设定一些合理的约束（如时钟周期值），综合及布局布线工具就可以实现时钟的平衡了。此外，时序分析工具可以检查同步电路是否满足时序收敛。

7.1.3 同步电路设计的优点与缺陷

1. 同步电路设计的优点

在工程上，同步电路之所以如此受欢迎，与它得到 EDA 工具的广泛支持不无关系。正如前面提到的综合、布局布线和静态时序分析工具，正是有了它们，同步设计才能在今天的数字电路设计中大行其道。从功能上看，同步设计具备以下优点：

- 在同步设计中，EDA 工具可以保证电路系统的时序收敛，有效避免了电路设计中出现竞争冒险现象；
- 由于触发器只有在时钟边沿才改变取值，很大限度地减小了整个电路受毛刺和噪声影响的可能。

2. 同步电路设计的缺陷

同步电路设计并不完美，有一些问题一直困扰着设计者，其中最主要的问题是时钟偏斜（Clock Skew）及功耗的问题。

由于版图上时钟信号到达每个触发器时钟端口的连线长度不同，驱动单元的负载不同等原因，如果没有经过处理，全局时钟信号到达各个时序逻辑单元的时钟端口的时间就不可能相同，如图 7-3 所示。从时钟源 clk 到达触发器 R_1 的时钟端（clk_1）的时间小于或大于到达触发器 R_2 的时钟端（clk_2）的时间，这样就得到图7-3 所示的时钟波形，这种时钟到达时间在空间上的差别称为时钟偏斜（Clock Skew）。

时钟偏斜造成的后果是非常严重的，试想如果 clk_2 早于 clk_1 到达，会造成数据到达 R_2 的建立时间不够，如果要保证电路正常工作，就只能降低电路的工作频率。反之，clk_2 晚于 clk_1 到达，会不满足保持时间的时序要求，从而产生竞争冒险现象。

目前，解决上述问题的办法是采用 EDA 工具进行时钟树综合。它的原理是根据最长时钟路径来平衡其他时钟路径，这就需要加入大量的延迟单元，使得电路的面积和功耗大大增加。电路越大，时钟路径的平衡就越难，而需要加入的延迟单元就越多。

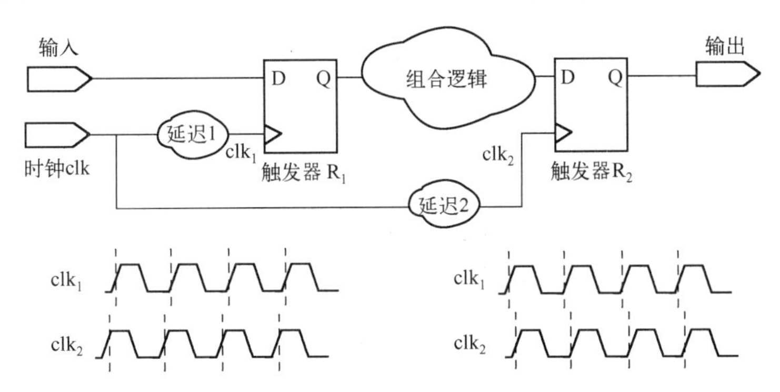

图 7-3　时钟偏斜问题示意图

除了时钟偏斜，同步电路还受到时钟抖动（Clock Jitter）的影响。所谓时钟抖动是指，芯片某一给定点上时钟信号的间歇性变化，即时钟周期在不同的时间段长短不一。

7.2　全异步电路设计

全异步设计跟同步设计最大的不同就是它的电路中的数据传输可以在任何时候发生，电路中没有一个全局或局部的控制时钟。

全异步电路示意图如图 7-4 所示，触发器 R_1 由时钟 clk_1 控制，触发器 R_2 由时钟 clk_2 控制，R_1 的输出端 Q_1 通过组合逻辑连接到 R_2 的输入端 D_2。D_2 输入端数据值的改变并不在 clk_2 的控制之下，它可能在时钟 clk_2 的任意时间点发生改变。

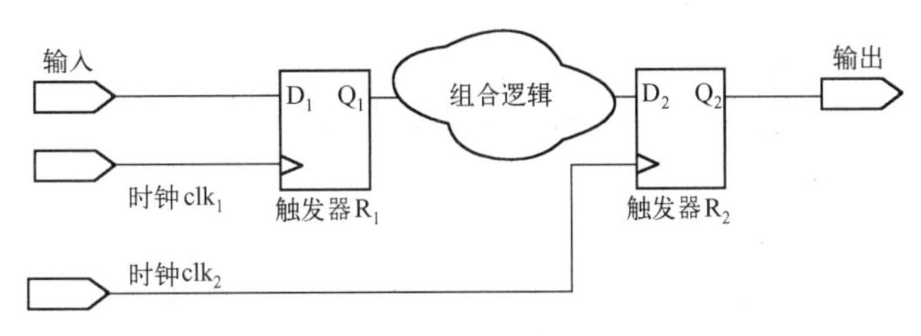

图 7-4　全异步电路示意图

由此可见，在全异步设计中，原来同步设计中可避免竞争冒险现象、减少噪声影响的优点就都没有了。目前，所有的 EDA 工具都是基于同步设计思想的，在如今数百万门的设计规模下，很难想象缺少了 EDA 工具的支持，设计工作将如何进行。

7.2.1　异步电路设计的基本原理

1. 自定时方法

没有了全局时钟控制下的定时关系，设计一个纯异步的电路并不容易，它会遇到一系列问题，如毛刺、竞争冒险等，因此为了保证电路在任何操作条件和输入序列下都能正确工作，需要一套可靠的技术解决异步电路中可能碰到的时序问题，这就是自定时方法。区别于同步设计的全局时钟，它是一种局部解决时序问题的方法。

自定时的流水线数据通路如图 7-5 所示，自定时方法要求每个逻辑单元，如 F_1，都能通过一个开始（Start）信号来启动，从而开始对输入的数据进行计算，一旦计算完毕，它又会产生一个完成（Done）信号。此外，为了实现逻辑单元彼此通信，还需要一些额外的信号，如用 Ack 来表明它们是否做好接收下一个输入字的准备或用Req来表明它们的输出端是否已有一个准备好的可供使用的合法数据。接收Req、Done信号，产生Ack、Start的单元称作握手单元（Hand Shaking），简记为HS。

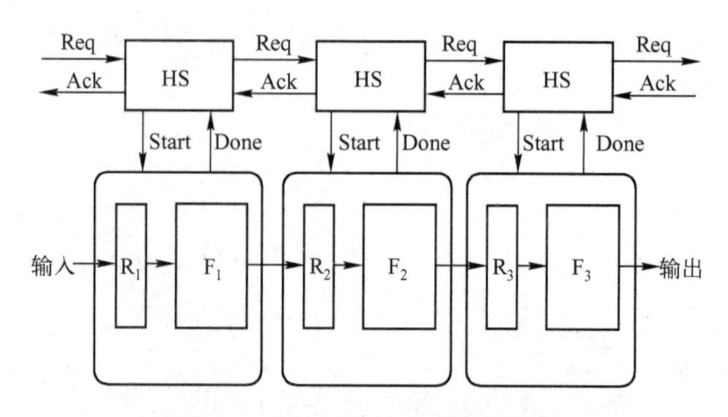

图7-5　自定时的流水线数据通路

在图7-5所示的流水线数据通路中，自定时方法是这样起作用的，首先，一个输入字到达，F_1的Req信号上升，如果F_1此时没有运行，输入缓冲器R_1接收数据，HS发出Ack，激活发出输入字的前级模块，然后，Start信号上升，F_1开始运行。一段延迟后，Done信号升高，表明运算完成，接着，F_1的HS模块向F_2发出Req信号，由此，将数据一步一步向下传播，实现了流水功能。

2．握手协议

自同步方法的实现离不开握手协议的支持，否则会出现竞争现象。常用的握手协议有两种：两相位握手协议和四相位握手协议。

握手协议原理如图7-6所示，两相位握手协议在Req和Ack的任何一对跳变沿组合处均可实现一次数据通信，相应地，四相位握手协议却只能实现一次数据传输，它只有在Req和Ack固定的电平组合下（图中为Req和Ack均为高时）才能实现数据传输，且在开始新的一组数据传输前Req和Ack必须恢复到无效电平。

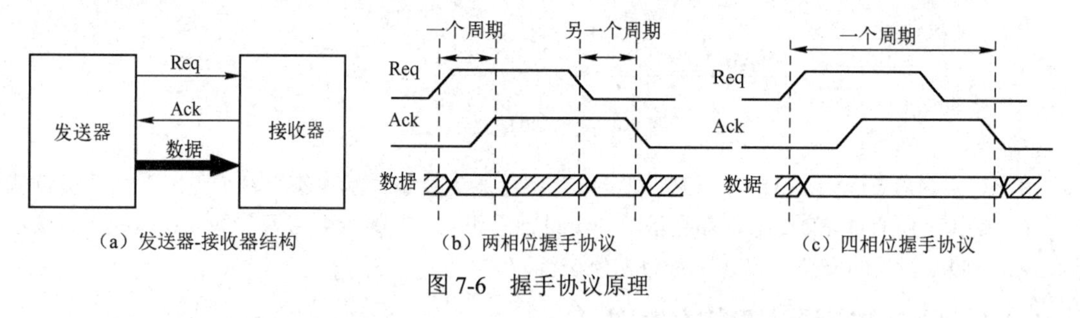

（a）发送器-接收器结构　（b）两相位握手协议　（c）四相位握手协议

图7-6　握手协议原理

显然，两相位握手协议比四相位握手协议效率要高，但会造成电路死锁，其稳定性要远远低于四相位握手协议，所以四相位握手协议是大多数自定时电路的首选方法。

7.2.2　异步电路设计的优点与缺点

跟同步电路设计相比，异步电路设计具有以下优点。

（1）模块化特性突出

采用同步设计的电路在互连组成更大的电路系统时，因为时序受整体时钟的控制，往往需要在模块内部通过修改RTL来进行时序调整。而异步电路因为使用握手信号进行模块间的通信，模块互连后的功能不会受各个模块内部延时的影响，更不需要重新修改模块设计，从而模块化特性突出。

（2）对信号的延迟不敏感

如今，ASIC 设计的线宽已经达到超深亚微米，由引线电容负载与引线延迟造成的信号延迟往往会超过由电路基本单元造成的延迟，而占据主要地位。在这种情况下，因为在完成电路的物理设计之前无法得到准确的电路延迟信息，所以可能需要通过修改 RTL 甚至是系统定义来解决后端遇到的时序收敛问题。而异步电路使用握手信号进行通信，电路的延迟只会影响工作速度，不会影响电路行为，电路的物理设计比较简单，并且对工艺偏差不敏感。

（3）没有时钟偏斜问题

随着单芯片系统的增大和互连线延迟在整个电路延迟中所占比例的增大，同步电路的时钟偏斜（Skew）越来越难控制，设计难度越来越大。异步电路用大量本地时序控制信号取代整体时钟，避免了时钟设计问题。

（4）有潜在的高性能特性

同步电路工作时需要考虑电路的最大延迟，而异步电路的性能则由电路的平均延迟决定，理论上比同步电路可获得更高性能。

（5）好的电磁兼容性

异步电路中没有类似同步电路在特定时刻上的瞬时大电流，仅仅产生一些在时间上分布的小电流峰值，辐射功率也小。而且，电路的工作没有锁定在一个固有的频率上，使辐射功率不会集中在特定的窄带频谱中，而是大范围均匀分布。

（6）具有低功耗的特性

同步电路在同一全局时钟控制下工作，时钟工作频率必须满足最大负荷的要求，造成功耗浪费。同步的门控时钟技术只能进行大范围粗略控制，降低功耗的效果有限。异步电路则由数据驱动，仅在需要处理数据时才消耗能量，具有低功耗的潜力，而且异步电路可以在零功耗无数据状态与最大吞吐状态之间迅速切换，不需要任何辅助。

在同步设计中必须维持一个全局的时钟到整个电路的时序逻辑单元的时钟端口。随着如今电路规模的指数级增长，维持这个全局时钟高速翻转的功耗实际上已占芯片系统功耗的很大一部分。如今，低功耗设计越来越得到重视，因此无需全局时钟的异步设计再一次得到了人们的关注。

异步电路设计的主要缺点是设计复杂，目前缺少相应 EDA 工具的支持。静态时序分析、DFT、布局布线等工具都只适应于同步电路设计。所以，目前异步电路设计还只限于手工布局布线的小规模设计。在大规模集成电路设计中应避免采用异步电路。

7.3　异步信号与同步电路交互的问题及其解决方法

如前所述，在数字集成电路设计中，通常采用的是同步时钟的设计方法。在一个理想的全局时钟控制下，只要电路的各个环节都实现了时序收敛，整个电路就可以可靠地实现预定的功能。这看起来很理想，但是，从实际应用的角度来看，一块复杂的 SoC 芯片上只用一个全局同步的时钟来设计是不经济的。另外，一块芯片的输入信号可能是来自另一块时钟完全不同步的芯片的输出。

以 PC 的北桥芯片为例，它需要负责 CPU 和内存、显卡及南桥芯片的数据交换，CPU 一般工作在几 GHz 的频率下，它与北桥芯片通信是基于频率远远高于 PCI 总线的前端总线。内存、显卡和南桥芯片则工作在数百兆的频率上，因此北桥芯片一个重要功能就是处理好不同时钟源信号的同步问题。同样，在 SoC 中，让一些低速设备如 UART、SSI 等工作在系统总线的高速时钟频率下，既不实际，也会造成不必要的功耗浪费。

如果强行让所有的设备或模块都工作在同一时钟频率下，为了满足最慢设备或模块的速度，而使系统不得不工作在相对较低的频率下，显然降低了系统性能。

由此可见，完全采用同步的设计方法，既不现实也不经济。在 SoC 设计中，必然会面临处理来自不同时钟域的数据的问题，这里称为异步信号与同步电路的交互问题。本章将介绍几种常见的解决方法。

7.3.1 亚稳态

在同步设计中，只要所有的触发器都满足数据的建立和保持时间，整个同步电路就可以可靠无误地运行下去，这些都可以通过 EDA 工具去实现。但是在包含了多个时钟的电路设计中，却不能保证这一点。

1. 亚稳态现象

通常，把两个彼此不同频率的时钟或两个彼此上升沿不对齐的时钟称作异步时钟，将处于某个时钟控制下的信号或模块称作工作在某个时钟域下，将处在异步时钟控制下的模块称为工作在异步时钟域的模块。

异步时钟域的信号之间不可避免地会发生信号间的交互。一般，把需要传输到一个不同于它所在时钟域（目标时钟域）的信号称作异步输入信号（或异步信号）。亚稳态示意图如图7-7所示，信号 adat 在 aclk 时钟域下，相对于 bclk 是异步输入信号，aclk 和 bclk 称为异步时钟，两个触发器工作在不同时钟域下。

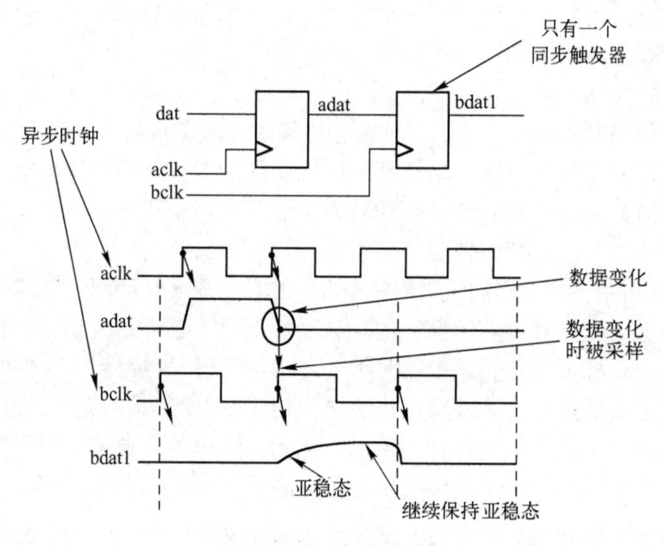

图 7-7　亚稳态示意图

由图 7-7 可见，异步信号 adat 的下降沿正好发生在 bclk 时钟的上升沿附近，这样就违反了触发器的建立时间或保持时间，从而第 2 个触发器锁定了一个不确定的值，这个值可以是 1，也可以是 0，更有可能是一个物理上的不定态 x。这种违反了触发器保持或建立时间且使触发器锁存到一个不定态的状态称作亚稳态现象。

这个不定态 x 和逻辑上的 x 并不是同一个概念。逻辑上的 x 是指当前寄存器的值未知，不确定它是 1 还是 0，但能肯定它在物理上是个有效的电平。而亚稳态中出现的不定态 x 却不一样，它实质上是因为触发器输入端的电平没有达到触发器内物理器件的有效电平的噪声容限内，导致由接成反馈回路的两个反向器构成的触发器稳定在非有效电平处的第三稳定点。这就可能使后续的电路对此信号产生不同的解释，后续电路可能会把这个信号解释为正确的电平，也有可能解释错误。

在数字集成电路中，如果采用 CMOS 工艺，由 PMOS 管和 NMOS 管处在不同的导通关断产生的高低电平来区别 0 和 1 的状态。在稳定状态下，PMOS 管和 NMOS 管不可能同时处于导通状态，见图7-8 CMOS 工艺反相器。亚稳态现象却打破了这个原则。最简单的情况是，以后续电路为反向器为例，正常的时候 D 端为 1，NMOS 管导通，PMOS 管关闭，Q 端输出为 0，而当 D 端为 0 时，

PMOS 管导通，NMOS 管关闭，Q 端为 1。当 D 端的输入信号没有达到有效电平的噪声容限时，可能会出现 PMOS 管和 NMOS 管同时导通的现象，这是一个没有定义的状态，既不对应于逻辑 0，也不对应于逻辑 1，而且这个状态可能会继续往下传播，造成后面的电路的功能完全失效。

由此可见，异步信号直接接入触发器输入端的时候不但可能传输一个错误的逻辑信号（信号实际值是 1，但是触发器采到的是 0，或反之），更有可能使触发器进入亚稳态并将其传播下去，造成严重的系统错误，同时还会造成非常大的系统功耗损失（双管同时导通产生极大的泄漏电流），见图 7-9 亚稳态信号的传播。

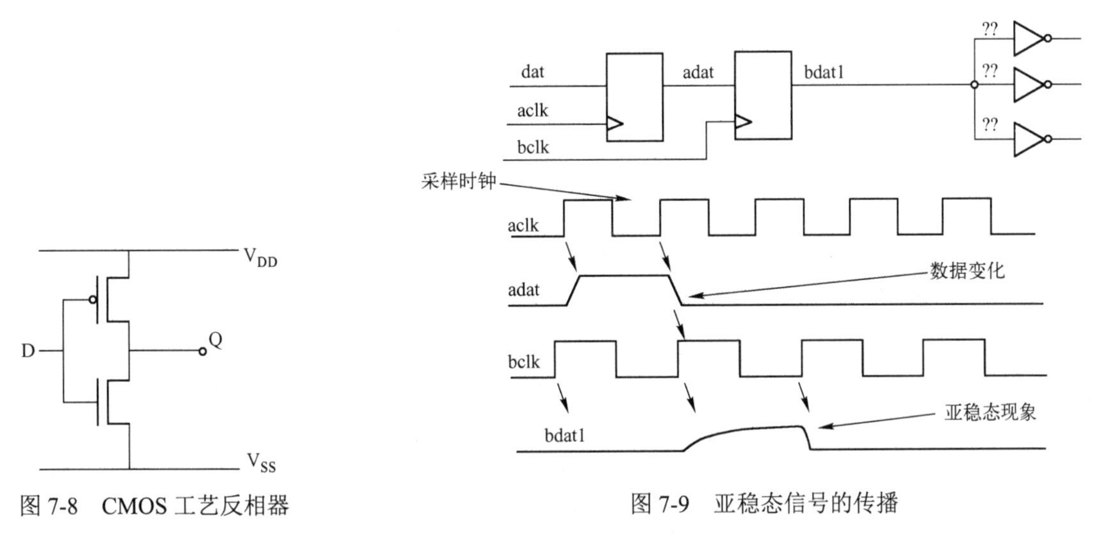

图 7-8　CMOS 工艺反相器

图 7-9　亚稳态信号的传播

2. 亚稳态问题的解决及其 RTL 实现

不难发现，只要在采到不定态后等待足够长的时间，处在亚稳态的触发器就会恢复到一个有效的电平状态。而这个延时通常通过在采样异步信号的触发器后再加入一级触发器来实现，也就是说，异步信号只有在经过目的时钟域的两级触发器采样后，才会对目的时钟域的后续电路起作用。这种由双触发器构成的异步信号采样逻辑被称作同步器（Synchronizer）。亚稳态现象的解决方法如图7-10所示，虽然第一级触发器（bdat1）在采样异步信号的时候可能进入亚稳态，但是经过一个时钟周期的延时，当第二级触发器（bdat2）采样时，它已经恢复到一个有效电平，使第二级触发器不会再出现亚稳态，从而防止了亚稳态在整个电路中传播。

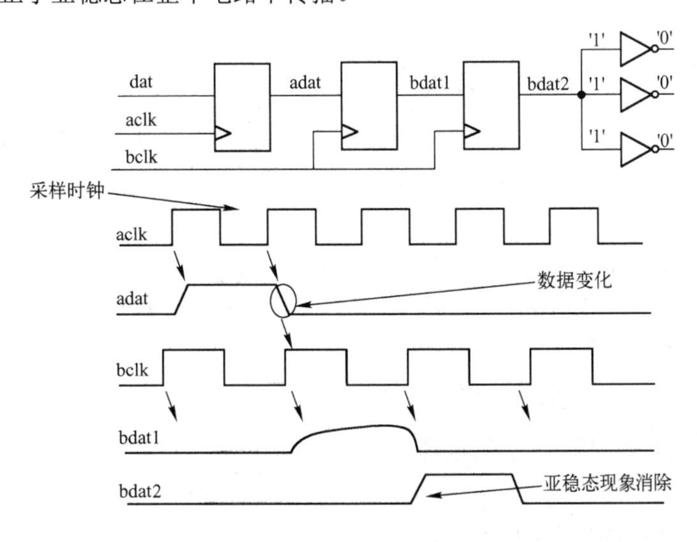

图 7-10　亚稳态现象的解决方法

用 Verilog HDL 语言实现的 RTL 代码如下：

```
module    synchronizer (
                    bclk,                    //目的时钟，与 aclk 异步的时钟
                    reset_b,            //全局异步复位信号
                    adat,                //异步输入信号，工作在 aclk
                    bdat,                //同步器输出
            );
input       bclk;
input       reset_b;
input       adapt;
output      bdat;

wire        bdat;
reg         bdat1;
reg         bdat2;

always @ (posedge bclk or negedge reset_b)
if (reset_b)
     {bdat2,bdat1} <= 2 ' b0;
else
     {bdat2,bdat1} <= {bdat1,adat};

assign bdat = bdat2;

endmodule
```

需要指出的是，完全解决亚稳态现象的方法是不存在的。触发器可能正好采到输入信号的变化中点，从此点恢复到稳定电平的状态所需要等待的时间理论上为无穷大。这样，第二级触发器同样将采样到第一级触发器输出的亚稳态电平，而处于亚稳态。

然而，实际电路中极小的噪声或环境的变化都会使触发器脱离亚稳态，所以只要满足足够大小的等待时间，亚稳态出现的可能性就会减小到在工程中可以忽略或接受的程度。

如果系统的工作频率过高，系统中发生亚稳态的可能性就会增大，此时两级触发器构成的同步器不足以解决亚稳态问题，必须通过增加同步器触发器的级数进而延长等待时间的方法来解决，带来的代价是异步信号的交互会更慢。

7.3.2 异步控制信号的同步及其 RTL 实现

亚稳态问题是异步信号输入到目的时钟域存在的固有问题，它是由同步电路设计的内在机理造成的，正是因为其不可避免性，可以称它为异步时钟信号交互的物理（或固有的）问题。现在撇开亚稳态现象，从逻辑上考虑一下异步时钟域信号交互所带来的问题。

在这里，把异步信号采样到目的时钟域的动作简称为同步。异步时钟域之间的信号交互可以归纳为两种类型——控制信号和数据信号。通常，对这两种类型的信号的同步采用不同的方法。另外，两个频域的相对快慢也使得设计工程师必须用不同的方法来同步。

1. 快时钟同步慢时钟域下的异步控制信号

在这种情况下，异步控制信号虽然在自己的慢时钟域内只维持了一个时钟的有效时间，而在快时钟域中，可能已经被采样了几次。假设这是一个异步读操作请求信号，那么在目的时钟域内，就有可能把这一次读请求误以为是多次读请求。

快时钟同步慢时钟信号示意图如图 7-11 所示。以图7-11（a）所示情况为例，clk_slow 是慢时钟域的时钟，rd_en 是这个时钟域下的控制信号，clk_fst 是快时钟域的采样时钟。如果用 clk_fst 作为时钟的两级触发器 rd_en_s2f1 和 rd_en_s2f 构成的同步器来同步慢时钟域的控制信号 rd_en，在快时钟域 clk_fst 中，rd_en_s2f 一共维持了 3 个时钟的有效时间，如果不加处理的话，可能 clk_fst 端的电路会误以为这是 3 次读操作。

在设计上，为了避免这种错误的发生，通常可以在设计中加一些简单的逻辑使同步后的控制信号有效时间为一个周期。如图7-11（b）所示，rd_en_s2f 为处理后的波形。

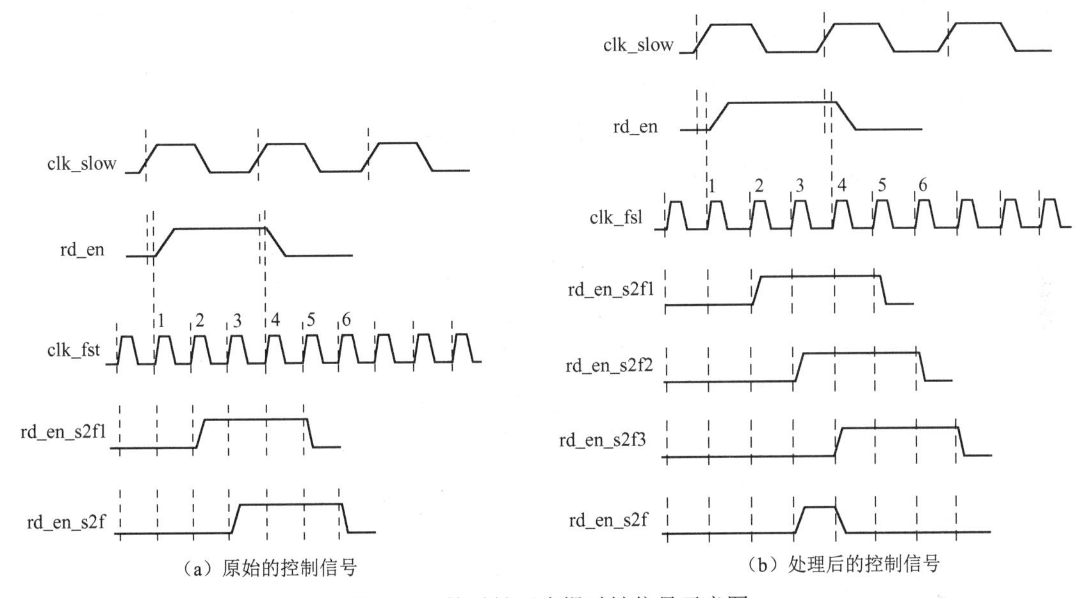

图 7-11　快时钟同步慢时钟信号示意图

对于图 7-11（b）所示波形，用 Verilog HDL 语言实现的 RTL 代码如下：

```
module   synchronizer (
                              clk_fst,
                              reset_b,
                              rd_en,
                              rd_en_s2f
                          );
    input       clk_fst;
    input       reset_b;
    input       rd_en;
    output      rd_en_s2f;

    wire        rd_en_s2f;

    reg         rd_en_s2f1;
    reg         rd_en_s2f2;
    reg         rd_en_s2f3;
always @ (posedge clk_fst or negedge reset_b)
    if (!reset_b)
          {rd_en_s2f3,rd_en_s2f2,rd_en_s2f1} <= 3'b111;
    else
          {rd_en_s2f3,rd_en_s2f2,rd_en_s2f1}<={rd_en_s2f2,rd_en_s2f1,rd_en};
always @ (rd_en_s2f3   or   rd_en_s2f2)
```

```
case ({rd_en_s2f3,rd_en_s2f2})
        2'b01:
            rd_en_s2f <= 1'b1;
        default:
            rd_en_s2f <= 1'b0;
endcase
```

2．慢时钟同步快时钟域下的异步控制信号

用慢时钟同步快时钟域下的控制信号带来的问题是可能在慢时钟到来之前，控制信号已经无效，这样就丢失了控制信号，显然造成了功能错误，示意波形见图7-12。图中所示的 adat 信号为来自快时钟域（aclk）的控制信号，bclk 为慢时钟域的时钟。

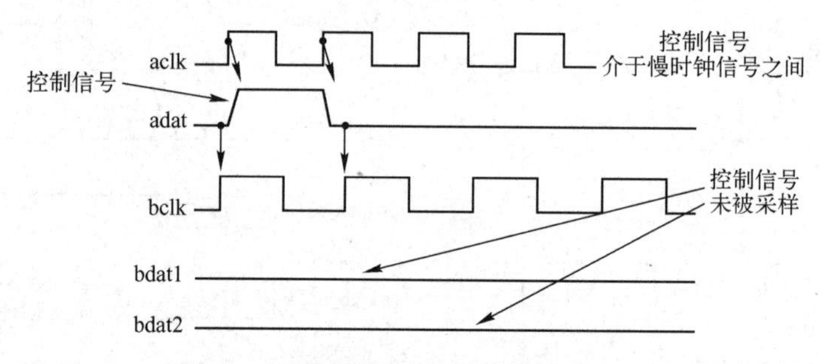

图 7-12 慢时钟同步快时钟信号示意图

对于这个问题，常见的解决方法是用握手机制的方式来完成。

（1）握手机制实现方法一

这种同步机制在前面已经提到过。在快速时钟域里对此控制信号加入反馈保持逻辑，直到异步时钟接收方确认已经收到此有效控制信号后，才使控制信号失效。

其实，异步信号经过反馈保持逻辑之后，就可以按照快时钟同步慢时钟的控制信号的方式来同步此异步信号了。反馈到快时钟的信号因为已经同步到慢时钟的时钟域，所以它也需要通过同步器才能在快时钟域里起作用。一种握手机制解决慢时钟同步快时钟域控制信号原理图如图 7-13 所示，其中 abdat2 是从慢时钟域反馈回来的控制信号，即握手信号。

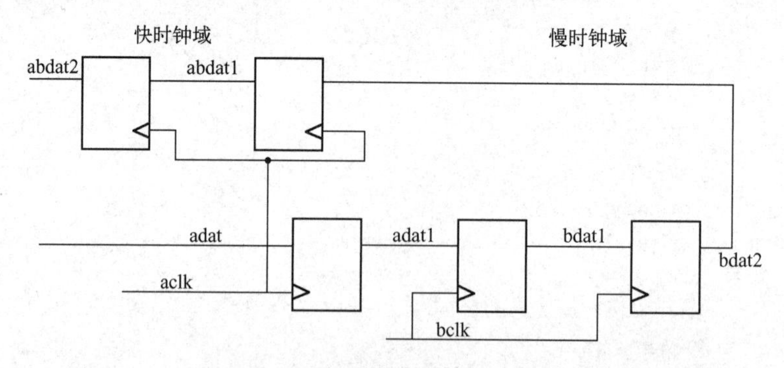

图 7-13 一种握手机制解决慢时钟同步快时钟域控制信号原理图

用反馈回来的控制信号 abdat2 再去控制原始控制信号 adat，这样输出的控制信号 adat1 就是经过保持后的控制信号了。相应的用 Verilog HDL 语言实现的 RTL 代码如下：

```
module adapt_gen (
                    aclk,           //快时钟
                    reset_b,        //系统复位信号
                    adat,           //原始控制信号
```

```
                        abdat2,        //从慢时钟域反馈回来的同步控制信号
                        adat1          //经过保持后的信号输出
        );
    input aclk;
    input reset_b;
    input adat;
    input abdat2;
    output adat1;

    reg adat1;

    always @ (posedge aclk or negedge reset_b)
    if (!reset_b)
            adat1 <= 1'b0;
              else
                    if (abdat2)
                        adat1 <= 1'b0;
                    else
                        if (adat)
                            adat1 <= 1'b1;
endmoudule
```

细心的读者可能已经发现了，这种方法其实并不能解决上面提到的控制信号在两个连续的慢时钟上升沿之间多次翻转的问题。握手机制默认了这种情况在逻辑上并不存在，也就是说，在设计时，必须在逻辑上保证控制信号 adat 的两次有效时间有个最小值的限制。这个最小值必须大于控制信号整个反馈回路中的时间和异步时钟同步器中第一级触发器恢复到无效值的时间之和。下面所要介绍的方法可以突破这个限制。

（2）握手机制实现方法二

该方法的思想是，当发现控制信号有效之后，由组合逻辑发出停时钟信号 stall_b（低电平有效），如图7-14（a）所示，该信号将使快速时钟停止，由此来使快时钟域下的触发器输出的控制信号保持不变，这样就可以保证慢速时钟能够采样到有效的控制信号了。在收到从目的时钟返回的反馈信号之后，得知异步时钟已经采样到此控制信号，stall_b 信号再次拉高以恢复快速时钟。这种方法的本质也是一种握手机制，具体波形见图7-14（b）。

以下为用 Verilog HDL 实现停时钟的 stall_b 信号的 RTL 代码：

```
module stall_logic (
                    rd_en,
                    rd_en_ack_s2f2,
                    stall_b
        );
input rd_en;
input rd_en_ack_s2f2;
output stall_b;

wire    stall_b;

always @ (rd_en or rd_en_ack_s2f2)
if (rd_en_ack_s2f2)
    stall_b <= 1'b1;
```

```
else
    if (rd_en)
        stall_b <= 1'b0;
    else
        stall_b <= 1'b1;
endmodule
```

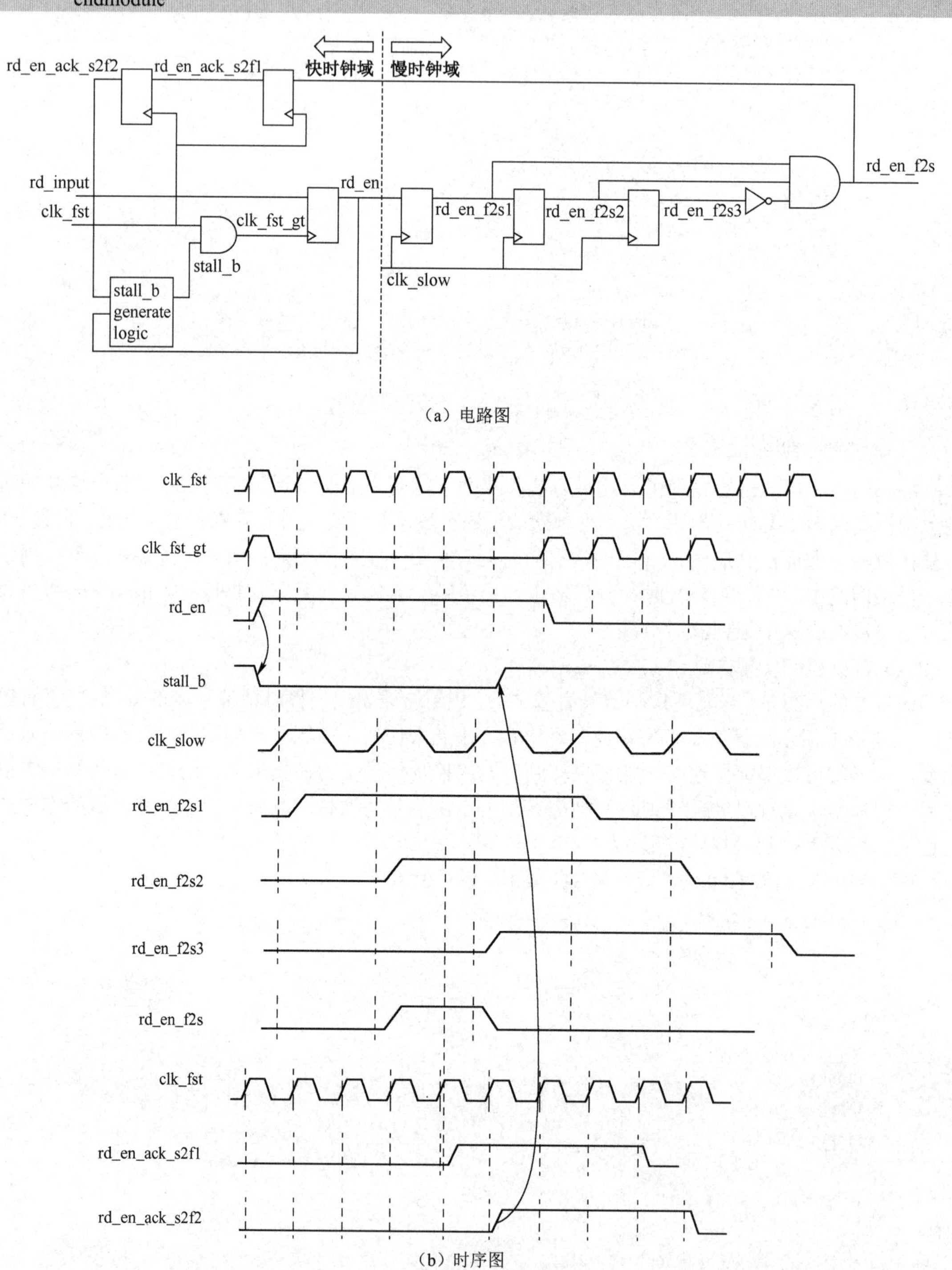

（a）电路图

（b）时序图

图 7-14　停时钟解决同步的方法

同样，暂停时钟的方法也要求在 rd_en 信号有效后恢复到无效状态的规定。因为暂停了时钟，所以显然在慢时钟相邻的两个上升沿间不可能存在多个 rd_en 有效信号。方法一不能解决的问题可以这样解决。

理论上，rd_en 信号的两次有效之间还是有个最小时间的限制。这个限制要满足 rd_en 第 2 次有效之前异步时钟同步器的第 1 级触发器已经恢复到无效状态，只有满足这一点，在异步时钟域端才能把两次不同的异步请求区分开。

在实际应用中，快时钟被暂停的时间会远远大于图中所示的时钟数。rd_en 信号虽然只有在时钟恢复后才能复位，但是可以用发出一个 rd_en1 的信号给异步时钟域，接收到对方的反馈之后就立刻复位 rd_en1，紧接着异步时钟端的同步器的第一级触发器就被复位了。而此时，可能被暂停的快时钟还没有被回复，这样在快时钟域内 rd_en 就不存在两次有效间的最短时间的限制，而且异步时钟端也可以区分两次不同的有效信号 rd_en 了。除此之外，控制信号同步后伴随的一些操作的信号必然会具有一些耦合关系，巧妙地利用这些耦合关系可以在没有异步控制信号反馈的情况下达到与异步控制信号反馈一样的效果。

对于未知速度关系时钟域间控制信号的同步，暂停时钟的方法是最稳妥的。

综上所述，暂停时钟加反馈是处理不同速时钟间控制信号的一种有效的方法。

7.3.3　异步时钟域的数据同步及其 RTL 实现

有了控制信号同步的知识作基础，就可以讨论异步时钟域的数据同步问题了。

1. 握手机制

这种方法通常用在快时钟采样比它慢很多时钟域下的数据，它的基本思想是只对一位控制信号进行同步。图 7-15 所示为一个“写”数据操作实现示例的波形图。图中，wr_en_s 是来自慢时钟域的“写”控制信号。该信号进入快时钟域后，经过三级延迟及逻辑组合后，得到快时钟域“写”控制信号 wr_en_s2f，用该信号去控制写数据就得到唯一的一次“写”操作数据 data_s2f。

2. 先入先出队列（FIFO）

基于握手机制的数据同步方法是最简单的，但是其限制也很大，就是要求被采样数据的时钟相对于采样时钟必须足够慢，从而确保数据被采样，但这并不能完全满足高速异步时钟数据交互的应用需求，因此会采用 FIFO 来解决问题。

（1）FIFO 的结构与原理

这里的 FIFO 是由一个双端口的存储器和一组控制逻辑构成的。双端口存储器的一个端口用来写存储器，而另一个端口用来读存储器，读和写可以同时进行，而且读写的时钟可以是完全不相同的时钟（这就符合了异步时钟交互的要求）。通常，把需要同步的数据端所在时钟域电路的对 FIFO 的动作称作 FIFO 写，把目的时钟域电路对 FIFO 的动作称作 FIFO 读。存储器的读/写地址是由控制逻辑产生的。控制逻辑由读/写地址控制指针和 FIFO 空、满标志位组成。

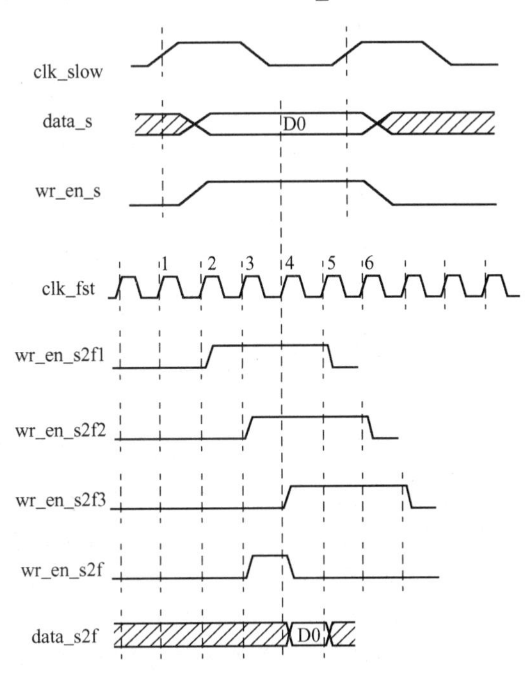

图 7-15　“写”数据操作实现示例波形图

一组递增的读/写指针用来实现先写的数据先被读出，即 FIFO 名字的由来 First In First Out。初始时，读/写指针都为0，即指向双端口存储器的同一地址，每一次FIFO写动作都会将数据写入当前写指针对应的存储器地址，然后写指针将会加1，指向一个新的未写的存储器空间；同样每次FIFO读动作，FIFO当前读指针所指的数据将会被读出，然后读指针会加1，指向下一个待读数据的地址空间。这样就实现了数据的先写先读的时序要求，这与异步数据同步时前后数据的时序是完全一致的。FIFO空标志位指示当前FIFO中没有数据未读，此时读/写指针值相同。FIFO满标志位指示当前FIFO已满，不能再写入数据。这是因为任何存储器都有大小的限制，有了这两个标志信号之后，异步时钟读/写两端即可实现正确的同步。

因为FIFO完全可以满足没有任何关系的时钟之间的同步，为了区分数据同步的源/目的两端，在这里，把读FIFO的一方（同步数据的目的方）称作读者，写FIFO的一方（同步数据的源方）称作写者。

FIFO实现同步的整个过程为，写者需要发送待同步数据到读者时，首先检查，发现FIFO满信号（Full）为无效时，就将数据写到FIFO中，等待读者来读，直到满信号（Full）为有效时，写者停止写动作，等到FIFO满信号（Full）再次无效时，写者恢复，将待同步的数据写入FIFO，同时，读者发现FIFO空信号（Empty）无效后，就开始读FIFO。这样整个同步过程就以读者读到数据宣告成功。由此可见，借助于FIFO的Full/Empty信号，数据同步就可以准确无误地完成。

但同时这也说明Full/Empty的产生非常关键。如果Full在FIFO已满的时候无效，写者就会继续写FIFO，从而将读者第一个未读的数据覆盖；同样如果Empty在FIFO已空的时候无效，读者就会继续读FIFO，从而只会得到错误的数据。显然，这两种情况发生后造成的后果都非常严重。

综上所述，有了FIFO之后，在同步异步时钟的数据时，电路的行为是这样的：

- 待同步的数据时钟域会在其写信号的控制之下，将数据写入到FIFO中；
- 目的时钟域在发现空标志位无效后，执行FIFO读动作，读出被异步时钟域写入FIFO的数据；
- 如果只要同步一个数据，空标志位再次有效；
- 如果需要同步多个数据，因为FIFO的读/写之间可以不受影响地进行，所以待同步的数据时钟会一直写FIFO，直到所有的需要同步的数据已经写完，并且目的时钟域根据空标志位来判断是否还有异步数据没有被同步，直到空标志位再次有效说明这次同步完成，FIFO空/满示意图如图7-16所示。

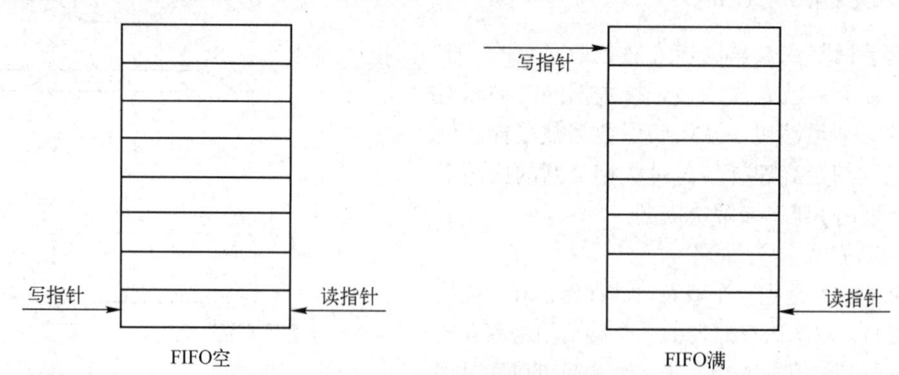

图7-16　FIFO空/满示意图

FIFO的结构图如图7-17所示。“写地址产生/满控制”模块负责产生FIFO写地址wptr和FIFO满信号Full，“读地址产生/空控制”模块负责产生FIFO读地址rptr和FIFO空信号Empty，双端口存储器“Dual Port memory”负责存储数据。

（2）FIFO设计中的亚稳态问题

FIFO结构可以有效地解决两个没有任何关系的时钟源间数据同步的问题，但是这是以牺牲芯片中巨大的电路面积为代价的。更何况，FIFO结构并不可能解决异步时钟固有的亚稳态问题，只是，亚稳态问题都被隐藏到FIFO空信号的产生逻辑上了。

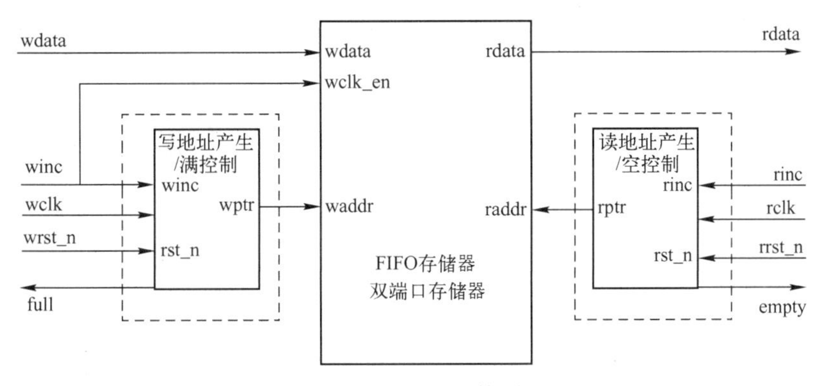

图 7-17　FIFO 结构图

通常，通过比较读/写指针是否相等来判断 FIFO 是否为空。而因为读/写指针属于不同的时钟域，两者显然不能直接连到比较器的两端来产生空信号，否则会造成读 FIFO 的目的时钟域的电路碰到亚稳态现象。解决这一问题，可以将写指针同步到读 FIFO 的时钟域来。同时还必须考虑到指针是一个多位的信号，如果编码的多位信号同时发生改变时，可能会产生毛刺，可以采用格雷码（Gray Code）来避免这一现象，格雷码的特点是加 1 操作后，前后两个编码之间只可能有 1 位数据翻动。从表 7-1 所示的二进制编码和格雷码的对比可以很直观地看到这一点。

表 7-1　二进制编码和格雷码的对比

码 制 数 字	二进制编码	格 雷 码
0	000	000
1	001	001
2	010	011
3	011	010
4	100	110
5	101	111
6	110	101
7	111	100

由此可见，通过以下两个途径可以解决 FIFO 结构中固有的异步时钟亚稳态现象：

- 以格雷码编码表示读/写指针，用格雷码加法器来实现读/写地址的加一动作；
- 用同步器将读指针同步到 FIFO 满标志的产生逻辑，同样用同步器将写指针同步到 FIFO 空标志的产生逻辑中。

由此，给出新的异步 FIFO 的结构框图，如图 7-18 所示。

考虑到整个 FIFO 的设计过于庞大，以下只给出格雷码加法器用 Verilog HDL 设计的 RTL 代码：

```
module graycntr (
                    clk,
                    reset_b,
                    inc,
                    gray
                      );

    parameter SIZE = 4;

    input clk ;
```

```
        input inc ;
        iput reset_b ;

        output [SIZE-1:0] gray ;

        reg [SIZE-1:0] gnext ;
        reg [SIZE-1:0] gray ;
        reg [SIZE-1:0] bnext ;
        reg [SIZE-1:0] bin;
        integer i;

    always @ (posedge clk or negedge reset_b)
        if (!   reset_b)
            gray <= 0;
        else
            gray <= gnext;
        always @(gray or inc)
        begin
            for (i=0; i<SIZE; i=i+1)
                bin [i]  = ^(gray>>i);
            bnext = bin + inc;
            gnext = (bnext>>1) ^ bnext;
        end

    endmodule
```

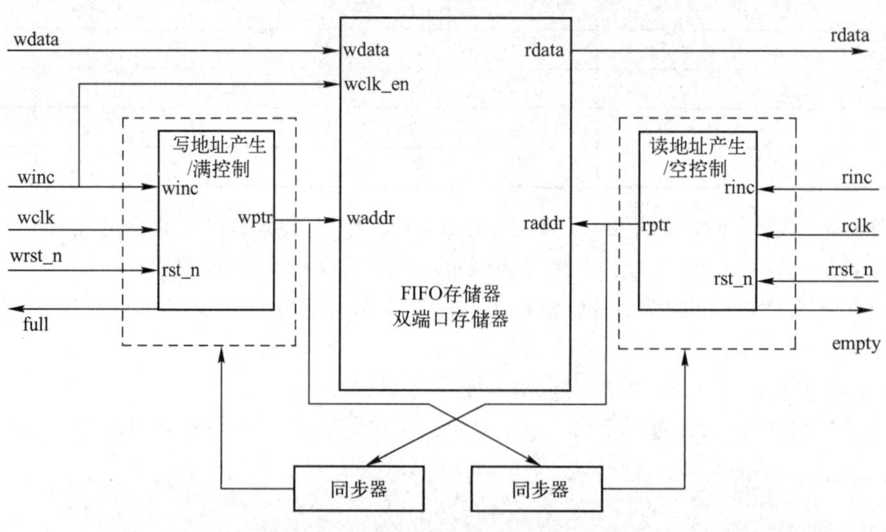

图 7-18 新的异步 FIFO 结构图

需要指出的是，Full 信号的产生逻辑中所用到的读指针是经过同步器（同步到写时钟域）后的读指针，Full 信号的产生通过比较写指针值和经同步的读指针减一后的值是否相等。经过写时钟下同步器的两级触发器同步延时后，同步后读指针的值可能不是 FIFO 的当前指针值，这带来的问题并不是 Full 信号不能在 FIFO 为满的时候被置位（有效），而是 Full 信号会在 FIFO 中还有空间未被写入时被置位（有效），因此，不会对数据同步整个过程的正确性产生任何影响，唯一的代价是可能使同步过程的延时增大。同样，Empty 信号的产生也有类似的问题。

以上分析了数据同步常用的两种方法，即握手机制和 FIFO 机制。握手机制在明确知道目的时钟比源时钟快很多的情况下可以无误地实现数据的同步，其最大的优点是简单、代价小；而FIFO 机制具有更大的适用性，它可以用来同步没有任何关系的源和目的时钟域间的数据交换，但它的最大的缺点就是面积大。

7.4　SoC 设计中的时钟规划策略

至此介绍了异步电路设计中固有的亚稳态问题及其危害，也介绍了异步控制信号和数据同步的方法，需要强调的是：

- 亚稳态现象在异步电路设计中并没有完美的解决方案，不可能避免亚稳态的出现；
- 通过同步器，在空间上可以把亚稳态现象控制在电路的一个很小的区域，在时间上可以把亚稳态的出现时间控制到最小；
- 在电路上，无论是异步控制信号的同步还是数据的同步，两者不可能完全无关，异步数据的同步需要异步控制信号的同步，异步控制信号的同步正是为了异步数据的同步。

结合上面的分析，在此提出 SoC 中时钟分配策略，供设计者参考。

首先尽可能使用同步设计：

- 对于同步电路，逻辑综合和时钟树综合等 EDA 工具能够发挥更大的作用，可以用静态时序分析工具来分析单时钟同步设计的时序收敛问题；
- 可测性设计（DFT）的插入工作得到最大的简化。

其次，注意同步电路设计的缺陷：

- 噪声问题，因为所有的时序逻辑单元都会在同一时钟的边沿发生改变，这样会对数字系统造成很大的辐射噪声；
- 时钟树上的功耗很大。

如果必须采用不同的时钟，则要注意：

- 后端设计的复杂化，如约束条件中要考虑多周期路径（Multi Cycle Path）；
- 可测性设计更加复杂，因为此时系统中需要有多条独立的扫描链；
- 越多的时钟域，发生亚稳态的概率就会越大。

最后，设计规划中应注意以下几点：

- 尽可能将不同时钟域的数量减到越少越好；
- 尽可能将异步交互电路归入同一或多个独立的模块，这样不但方便后端设计脚本的书写，也方便代码的阅读；
- 尽可能避免使用电平触发器（Latch），因为静态时序分析会变得复杂，不能得到 EDA 工具很好的支持；
- 尽可能减小时钟树的延时，因为这个延时可能会造成系统功能失效和多余的功耗；
- 任何异步时钟域交互的环节都要尽可能避免亚稳态现象。

本章参考文献

[1] Jan M.Rabaey. 数字集成电路（设计透视英文影印版）. 2 版[M]. 北京：清华大学出版社，1999.

[2] Clifford E, Cummings. Synthesis and Scripting Techniques for Designing Multi-Asynchronous Clock Design[M]. USA: Sunburst Design, Inc, 2001.

[3] Clifford E, Cummings. Simulation and Synthesis Techniques for Asynchronous FIFO Design[M]. USA: Sunburst Design, Inc, 2002.

[4] Clifford E, Cummings, Don Mills. Simulation and Synthesis Techniques for Asynchronous FIFO Design with Asynchronous Pointer Comparisons[M]. USA: Sunburst Design, Inc, 2002.

第8章　综合策略与静态时序分析方法

在20世纪60至80年代，集成电路的设计大都依赖于电路图的搭建，即使是一个非常简单的组合逻辑，设计者仍然要从最基本的晶体管属性定义、端口的连接等步骤开始。到20世纪80年代末90年代初，高级硬件描述语言开始兴起，同时EDA工具性能突飞猛进，半导体代工厂模式崛起，使得运用HDL语言进行集成电路设计变得越来越方便，也让设计周期进一步缩短，设计规模进一步扩大，从而带来了集成电路产业的惊人发展。而将HDL语言变为最终的物理电路，其中最根本，也是至关重要的一步便是综合。配合综合，静态时序分析也被IC设计者广泛接受，并以此作为判断电路性能好坏的最根本的依据之一。

本章将对综合技术和静态时序分析技术做基本的介绍，包括逻辑综合及其在SoC设计中的使用策略、物理综合、静态时序分析方法及新兴的基于概率考虑的统计静态时序分析技术等。

8.1　逻辑综合

利用工具将RTL代码转化为门级网表的过程称为逻辑综合。综合一个设计的过程，从读取RTL代码开始，通过时序约束关系，映射产生一个门级网表。它可以分为两步，首先根据用户指定的集成电路制造工艺库将RTL翻译及映射成为网表，然后根据要求对其进行优化，如图8-1所示。

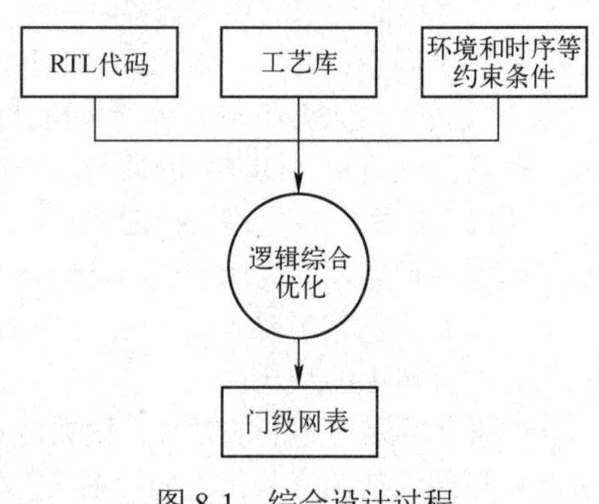

图8-1　综合设计过程

8.1.1　流程介绍

1. 用硬件描述语言进行设计

读入的设计，通常是采用硬件描述语言（HDL）编写的，如Verilog和VHDL。为了达到最佳的综合结果，在用HDL语言进行设计时，需要详尽地考虑到模块划分、设计规范化等各个方面的因素，即用可综合的RTL语法编写代码。注意，本步骤实际上并不属于综合的一部分。

2. 指定工艺库

在根据约束条件进行逻辑综合时，对于选择的流片工艺，工艺库将提供综合工具所需要的标准单元的全部信息，即工艺库含有特定工艺下的标准单元的逻辑功能、单元的面积、输入到输出的时序关系、输出的扇出限制和对单元时序检查所需的信息等。综合工具将依据工艺库的这些信息来进行器件选择和电路结构调整，使其可以达到时序收敛的要求。

3. 读入设计

把HDL描述的设计，即RTL代码输入给综合工具，由综合工具进行编译，综合工具在综合时会首先检查代码的可综合性。

4. 定义环境约束条件

定义本设计要综合时的环境，包括设计的工艺参数（温度、制造工艺、电压）、I/O端口属性等。

工艺参数是指器件与线网上的延时。在库文件中，包含有对各种不同条件的具体描述，比如 WORST、BEST、TYPICAL 等。通过设置不同的操作条件，可以覆盖到各种不同的情况。

I/O 端口属性用于设定信号驱动强度。

5. 设定设计的约束条件

约束条件将指定综合工具按照什么样的原则来综合电路，该电路所要达到的指标是什么。约束条件大致包含定义时钟，以及设定设计规则约束、输入/输出延时等。

（1）定义时钟

定义芯片所需的内部时钟信号。通常时钟网络在综合过程中是不做处理的，会在后续的布局布线中插入时钟树，减小其时钟偏斜。同样的，系统异步复位信号网络通常也需要进行这样的特殊处理，适当地插入缓冲器以平衡异步复位信号。这些不需要综合的网络均需要在综合工具中特别指定。

（2）设定设计规则约束

设定设计规则约束包括节点上信号最大跳变时间（Max Transition）、最大扇出（Max Fanout）、最大电容（Max Capacitance）等。合理地设定这些约束条件将有利于控制功耗，保证信号完整性。

上述约束可以设置在输入端口、输出端口及当前设计上。通常这些约束在工艺库内已经设定，由工艺参数决定大小。如果库内设定的值不够恰当或者过于乐观，可以根据设计专门设置。

（3）输入/输出延时

输入/输出延时示意图如图8-2 所示，为保证片外的触发器可以正确地输入/输出，不仅要保证片内的延时满足时序要求，而且要保证片内外延时总和满足时序要求，在综合时，设计者一般根据系统应用需要指定输入/输出延时，并作为参数输入给综合工具，综合工具会自动调整片内逻辑，以满足整体的时序要求。

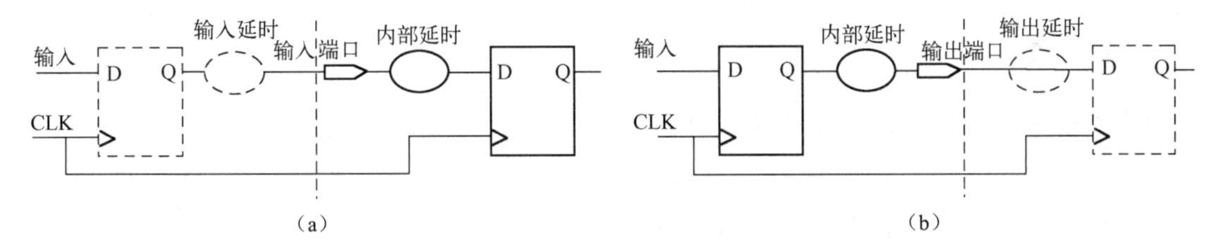

图 8-2 输入/输出延时示意图

图 8-3 所示为如何定义输入延时和输出延时的波形图实例。时序模块有输入信号 DATA_IN 和输出信号 DATA_OUT，输入信号在时钟沿之后 20ns 达到稳定，而输出信号需要在时钟沿之前 15ns 到达。

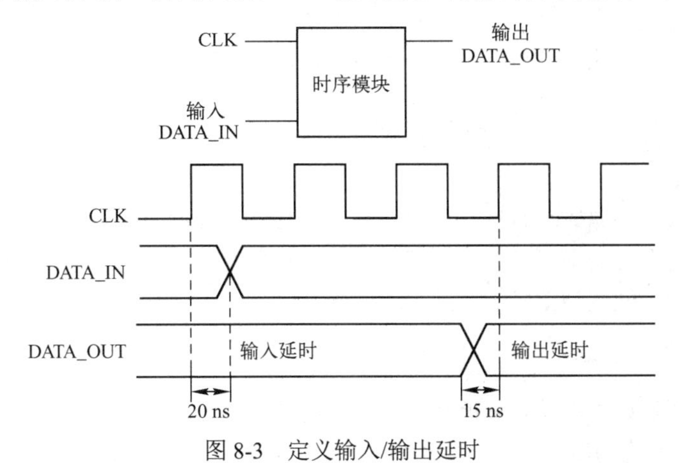

图 8-3 定义输入/输出延时

（4）面积约束

面积约束是指定设计的最大面积值，如果设计超过了这一面积就违反了约束。

在将设计实体转换成门级电路时，通常要加面积约束条件。这一设计指标，也是逻辑综合过程中进行优化的依据之一。多数的逻辑综合工具允许设计者按工艺库中门级宏单元所用的单位来指定面积的约束条件。

6．优化设计

优化的主要目的是在满足时序要求的前提下尽量减小芯片面积。与工艺无关的优化缺乏非常准确的时序信息，因而注意力往往集中在优化面积上。等到映射之后时序信息比较准确时再进行修正更有效。

优化的主要方法有关键路径的逻辑重构、插入缓冲器、门的选择与替换等。从设计层次角度出发，优化可以分为以下几类，在越高层次考虑则优化效果越好。

- 架构优化：如选择 DesignWare 实现所需功能等。
- 逻辑优化：重构（优化面积）与展平（优化速度）。
- 门级优化：映射、延时优化、设计规则修正、面积优化。

然而，对于很大规模的设计，优化过程将耗费大量的运行时间，通常所需时间随着设计数据的增长按比例增加。同时，往复迭代的过程使得优化所能获得的效果大大降低。通过对设计进行划分可以有效地解决这类问题。

7．分析及解决问题

在综合与优化过程中，会产生许多报告，如面积、约束、时序报告等。通过这些报告，用户可以分析设计存在的问题，并且加以解决。

8．保存数据

保存数据是指保存综合工具得到的数据，除了网表以外，可以根据后端工具的需要将数据保存成不同的格式。

8.1.2 SoC 设计中常用的综合策略

有两种基本的综合策略可以选择，即自顶向下（Top-down）与自底向上（Bottom-up）。

1．自顶向下的综合策略

在自顶向下综合策略里，顶层设计与其子模块同时编译，仅需要施加顶层约束。对一些设计规模较小的设计，这种方法比较适合，而对于大型设计，由于需要同时处理所有的子模块，这种方法不是很适用。

这种方法的优点是，自顶向下策略仅需要对顶层施加约束条件，将整个设计作为整体来优化，可以获得较好的结果。

这种方法的缺点是，编译时间长，特别是对上百万门的 SoC，由于工具的限制，结果不一定是最优化的。另外，每存在一个子模块的改变时，需要整个设计重新综合，如果设计包含多个时钟或者生成时钟逻辑，则不能达到很好的效果。

2．自底向上的综合策略

自底向上的综合策略是指先单独地对各个子模块进行约束与综合，完成后，赋予它们不再优化（Dont_touch）属性，将它们整合到上一层模块中，进行综合，重复这一过程，直至综合最顶层的模块。

这一方法可以用于综合大规模的设计，因为综合工具不需要同时处理所有未编译的模块。然而，在每一步中，用户都必须考虑到模块之间的约束关系，往往需要多次的编译，才能达到最稳定的结果。

这种方法的优点是，由于各个模块可以单独并行设计，因而对整个设计进度的管理很方便。此外，这种方法在定义与优化各个模块时有很大的灵活性，因而通常可以得到比较好的结果。

这种方法的缺点是，顶层中看到的关键路径在其他层面看来不一定是需要优化的关键路径。定义各个子模块的约束条件，特别是接口信号的输入/输出延时，需要花较长的时间。此外，这种策略还将导致过多的脚本维护。

对于较大的设计，在 RTL 到门级的转化过程中，也可以采用自顶向下的综合策略，而随后在门级到门级的优化中，采用自底向上的综合策略，这样做的好处在于增大了可以优化的电路规模，同时降低了对于 CPU 与存储器的要求。另外，这种综合策略的约束条件比较容易得到，因为自顶向下的综合约束条件只需要顶层的约束条件。在自顶向下的综合时，可以利用综合工具产生自底向上的综合时所用的模块级的综合约束条件。

两种综合策略都有其优缺点，可以根据特定的设计要求来灵活地选择。

8.2　物理综合的概念

8.2.1　物理综合的产生背景

传统的逻辑综合方法是依赖于连线负载模型（Wire-load Model）的，随着工艺尺寸的不断缩小及芯片复杂性的增加，整个电路的延时信息更多取决于互连线延时。但是逻辑综合时所用的线上延时信息是根据连线负载模型估算出来的，对于 0.18μm 以下工艺的大规模集成电路设计，由于大部分路径上的延时是由连线上的延时所决定的，连线负载模型的延时信息与在布局布线阶段抽取出的连线上实际延时信息有明显的差别。如图8-4所示，连线负载模型的延时信息与实际延时信息的差别可能是巨大的。

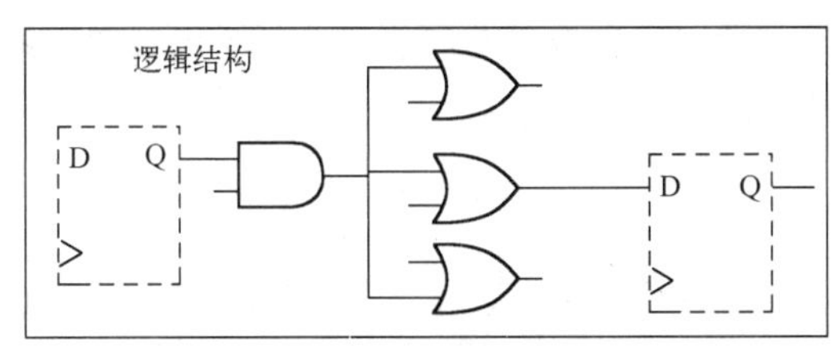

（a）逻辑综合时的连线负载模型的时延信息

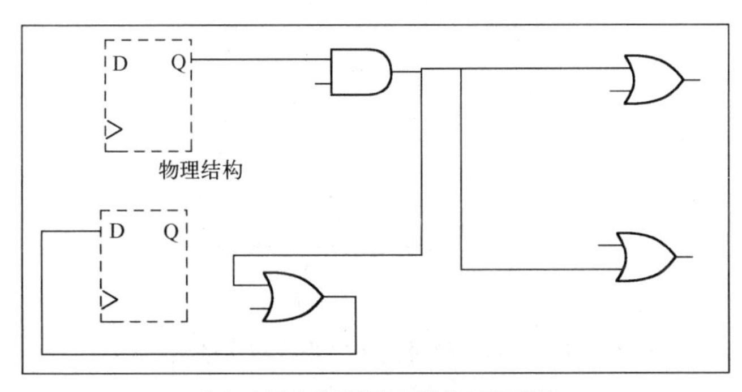

（b）布局布线后的实际连线时延信息

图 8-4　连线负载模型的延时信息与实际延时信息的差别示例

在物理综合时，就要考虑布局布线的问题了。它无需使用连线负载模型，计算延时的方法不是通过计算扇出（Fanout）得出的，而是通过布局信息得到的。它在综合的同时也根据版图规划（Floorplan）的信息来完成电路布局过程，同时进行电路综合和布局的过程能够提供准确的互连线延时信息，因此这一方法可以将花费在逻辑综合和布局布线阶段上来回反复的时间减到最小，达到快速时序收敛的结果。此外，对于设计工程师来说，就能够在设计流程初期考虑电路布局对时序的影响，做出相应的调整。

8.2.2 操作模式

物理综合要求的约束条件通常有芯片尺寸、引脚位置、线上负载信息、版图规划信息等。一般使用以下两种操作模式。

1. RTL 到门级模式

在 RTL 到门级模式下，物理综合的输入信息是 RTL 级的设计电路、版图规划信息及含有版图信息的物理综合的库文件。经过综合后，输出带有布局（Placement）数据的门级网表及布局信息。

这种方法更多地依赖于 EDA 工具的自动化性能。

2. 门级到布局后门级模式

在这一模式下，与 RTL 到门级模式的唯一区别是物理综合的输入信息是门级网表，而不是 RTL 级的设计电路。门级网表是由传统方法通过逻辑综合方法运用连线负载模型得出的。通过物理综合能够优化网表并得到门级电路的布局信息。其余的输入和输出信息与 RTL 到门级模式相同。

相对而言，RTL 到门级模式所花费的时间要比门级到门级模式的时间长。因为后者只需对已经存在的网表根据布局信息来优化，而前者还必须将 RTL 级的设计电路转化为网表。

当设计电路很庞大的时候，RTL 到网表所花费的时间会很长，而由于缺少实际的布局布线的信息，所得的网表对实际布局而言并不是优化的。建议在这一级的综合时不要花太多的时间优化，而把优化工作由物理综合完成。换句话说，可以先通过简单的逻辑综合将 RTL 级的设计电路转化为网表，然后通过物理综合对网表进行布局与优化，最终得到满足时序的电路结构。图 8-5 所示为常用的门级到布局后门级模式的物理综合流程图。随着物理综合工具的不断成熟，物理综合在 0.18μm 以下工艺的大型 SoC 设计中被广泛采用。

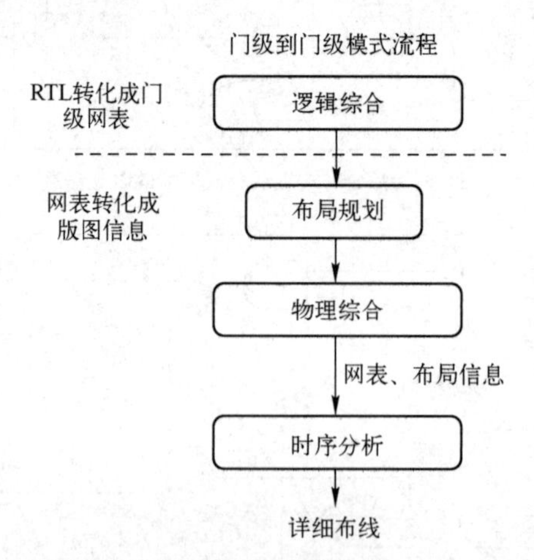

图 8-5 布局后门级模式的物理综合的流程图

8.3 实例——用 Synopsys 的工具 Design Compiler 进行逻辑综合

图8-6所示为在 DC（Design Compiler）综合过程中的各个步骤中所经常用到的命令，随后将对它们进行介绍。

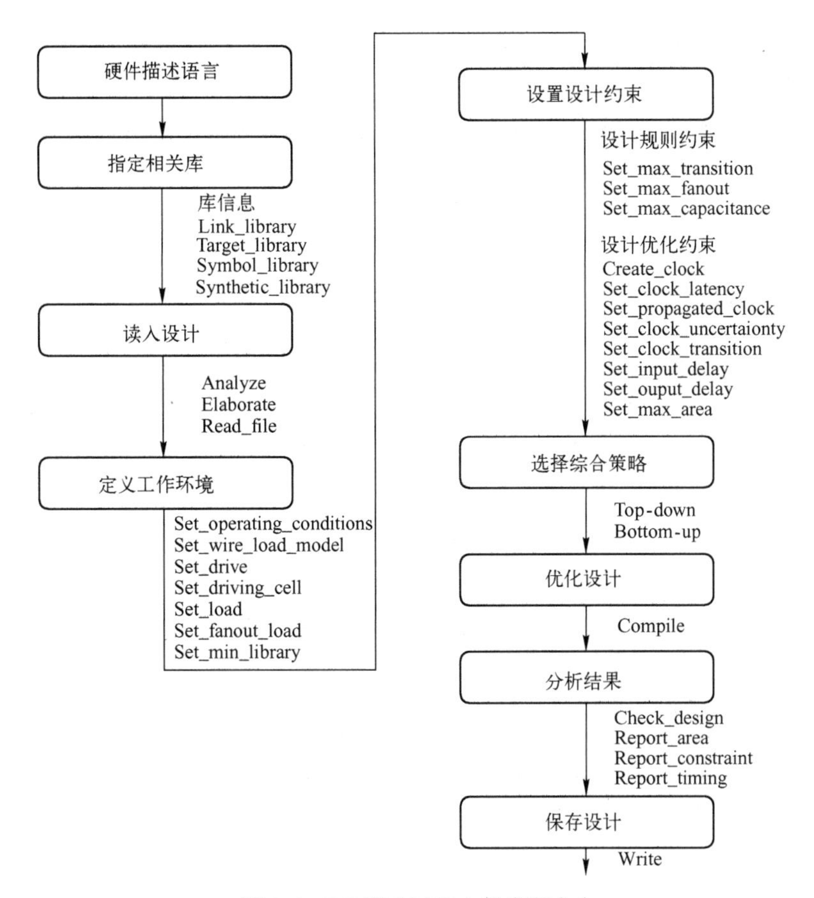

图 8-6　DC 综合过程中的常用命令

8.3.1　指定库文件

在综合之前，需要用一个名为“.synopsys_dc.setup”的初始化文件建立综合的环境。在该文件中，通过向相关环境变量赋值，来定义工艺库的位置及综合所需要的参数。下面分别介绍该文件的位置、内容。

1. Setup 文件的位置

在调用综合工具 DC 时，系统顺序从以下 3 个位置读取“.synopsys_dc.setup”文件。

① synopsys 的安装目录：对于 UNIX 系统来说，它通常位于“$SYNOPSYS/admin/setup”目录下。用于保存 synopsys 工艺独立库及别的参数，不包含设计相关的数据。

② 用户根目录：这里的 setup 文件包含用户对于自己 DC 工作环境的参数设置。

③ 启动 DC 的当前目录：这里的 setup 文件包含与设计项目相关的变量设置。

DC 将按顺序读取以上文件，如果在各个文件中有对同一变量的设置，DC 将以最后读取的设置为准。

2. Setup 文件的内容

需要定义以下 4 个变量。

① search_path：由目录列表组成。当 DC 搜索某个未指定路径的文件（如库、设计文件等）时，将在 search_path 中定义的路径中去搜索该文件。通常将其定义为某个主要的库文件所在的目录路径。

② target_library：指定对设计进行综合时采用的工艺库，由厂家提供。该库中的器件被 DC 用

于逻辑映射。本变量指定的库文件名，应该也包含在link_library所列出的内容中，用于供DC读取门级网表。

③ link_library：该变量指定的库文件中的器件将不会被DC用来进行综合，如RAM、ROM及I/O。在RTL设计中，将以实例化的方式进行引用。

④ symbol_library：该变量指定的库文件包含有工艺库中器件的图形化信息，用于生成图形化原理图。

8.3.2 读入设计

向DC输入HDL描述的设计。DC采用HDL编译器，其输入的设计文件既可以是RTL级的设计，也可以为门级网表。这里使用的命令，可以是“analyze”与“elaborate”一起，也可以是“read”命令。DC读入设计命令两者的区别如表8-1所示。

表8-1 DC读入设计命令

类　别	analyze&elaborate	Read
格　式	以Verilog或VHDL编写的RTL代码	Verilog、VHDL、EDIF、db等所有格式
用　途	综合以Verilog或者VHDL写成的RTL	读入网表、预编译设计等
设计库	以－library选项指定库文件名	用默认的设置，不能存储中间结果
Generics（VHDL）	可用	不可用
Architecture（VHDL）	可用	不可用

8.3.3 定义工作环境

DC工作环境定义见图8-7。

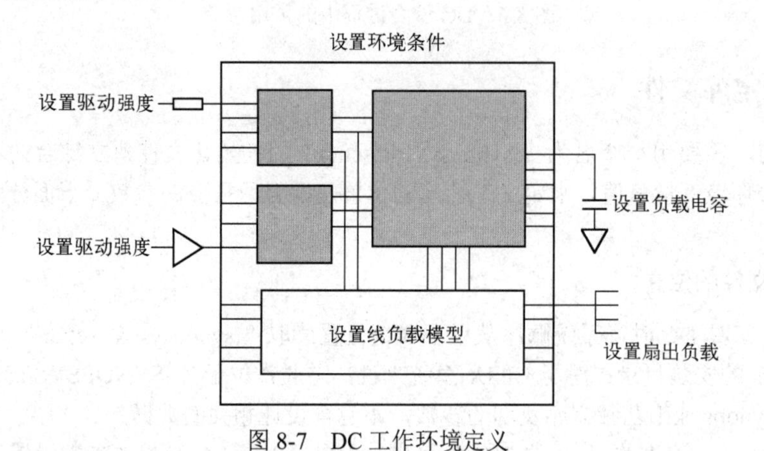

图8-7 DC工作环境定义

1．设置环境条件（set_operating_conditions）

用于描述本设计的制造工艺、工作电压与温度（PVT）。器件与线网上的延时在条件不同的时候呈线性变化。在库文件中，包含对各种不同条件的具体描述，如WORST、BEST、TYPICAL等，对应芯片工作的最差、典型及最好的环境条件。通过设置不同的操作条件，可以覆盖到各种不同的情况。

例如：set_operating_conditions WORST

2．设置线负载模型（set_wire_load_model）

为DC提供统计性的估算的线网负载信息，随后DC使用这些线网负载信息，以负载的大小为函数来模拟线上的延时。通常在一个库里含有多种线网负载模型，不同的模型模拟不同规模的模块内的线上负载情况。用户也可以自己创建自己的线网负载模型，以便更精确地模拟其设计内的线上负载。

例如：set_wire_load_model -name MEDIUM

3．设置驱动强度（set_drive 与 set_driving_cell）

为 input 或者 inout 的端口设定驱动强度。set_drive 以电阻值为计量，0 表示最大的驱动强度，通常用于时钟端口，而 set_driving_cell 则以模拟端口驱动的器件的形式计量。

例如：set_drive 0 {CLK RST}

例如：set_driving_cell -cell "ND2" find(port IN1)

4．设置电容负载

设定线上或者端口上的电容负载，单位为工艺库内定义的电容单位，通常为 pf。

例如：set_load 5 find(port OUT1)

例如：set_load load_of (cba/IVA/A) find(port OUT1)

5．设置扇出负载（set_fanout_load）

为输出端口设定 fanout_load 值。综合时，检查某个驱动单元所驱动的所有引脚的 fanout_load 值的和，看是否超过该单元的最大扇出值(max_fanout)。

例如：set_fanout_load 2 all_outputs( )

8.3.4　设置约束条件

1．设置设计规则约束（set_max_transition、set_max_fanout、set_max_capacitance）

设计规则约束（set_max_transition、set_max_fanout、set_max_capacitance）可以设置在输入端口、输出端口及当前设计上。通常这些约束在工艺库内已经设定，由工艺参数决定大小，不过，如果库内设定的值不够恰当或者过于乐观，可以用以下命令来专门设置，以控制设计的裕量。

例如：set_max_transition 0.3 current_design

例如：set_max_capacitance 1.5 [get_ports out1]

例如：set_max_fanout 3.0 [all_outputs]

2．时钟定义的相关命令

create_clock 用来定义一个时钟的周期和波形。如图 8-8 所示的部分时钟定义命令例子，定义了一个端口 CLK 为时钟信号，周期为 10ns，占空比为 50%，上升沿在 0ns 时产生，而下降沿在 5ns 时产生。

除此之外，还需要定义其他相关信息。

set_clock_latency 定义时钟网络的延时，如图 8-9 所示。

set_clock_uncertainty 定义时钟偏斜值。时钟偏斜是同一时钟域内或者不同时钟域间的触发器的时钟到达时间的最大差值，通常是由时钟抖动及时钟传播路径的差异决定的，如图8-9 所示。

create_generated_clock 定义一个内部生成的时钟。可以将内部分频或者倍频产生的时钟定义为初级时钟的函数。

例如：create_generated_clock -name GENCLK -source CLKIN -divide_by 2 [get_pins idiv/div_reg/Q]

对于只含有组合逻辑的模块，为了定义该模块的延时约束，可以创建一个虚拟时钟，再相对于虚拟时钟定义输入/输出延时。

set_propagated_clock 在布局布线后，不需要再定义时钟的时钟偏斜值和翻转时间，而是直接由时钟树来决定。

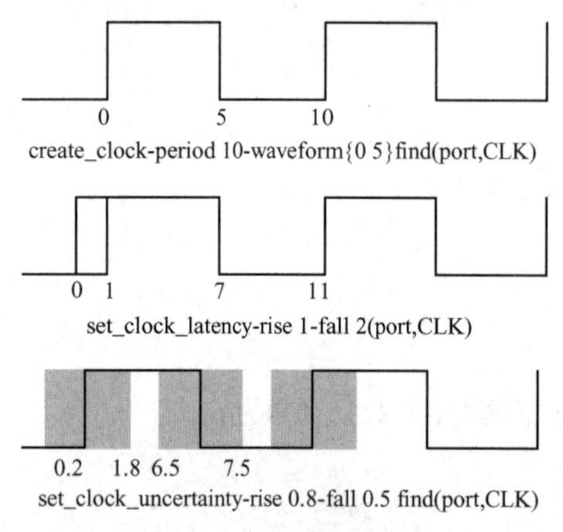

图 8-8 部分时钟定义命令

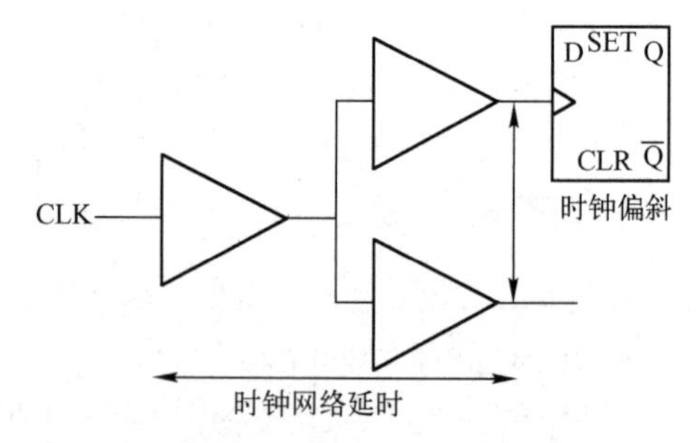

图 8-9 定义时钟网络的延时

3．设置输入/输出端口的延时（set_input_delay、set_output_delay）

输入延时定义了信号相对于时钟的到达时间，指一个信号在时钟沿之后多少时间到达。输出延时则定义输出信号相对于时钟所需要的到达时间，指一个信号在时钟沿之前多少时间输出。通常根据芯片外围电路的延时参数和芯片自身的封装形式来决定输入/输出端口的延时。

例如，图 8-10 所示的输入/输出延时可以用如下命令来定义：

```
set_input_delay 4.5 -clock PH1 IN1
set_output_delay 4.3 -clock PH1 OUT1
```

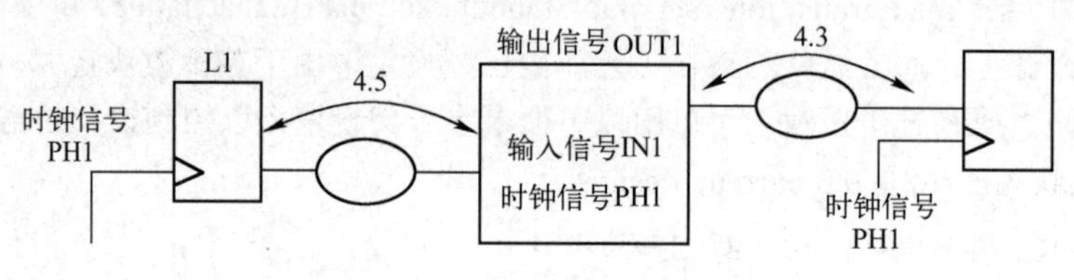

图 8-10 输入/输出延时

4．设置最大面积（set_max_area）

set_max_area 为本设计设定最大面积约束。

5．特别路径的约束

虚假路径（set_false_path）是指由于逻辑功能、数据顺序或操作模式等原因，从来不会激活或者不需要考虑的路径。在实际电路中，会存在许多虚假路径。这些路径的时序在综合时不会被考虑，并且不会在静态时序分析中检查该路径是否满足时序要求。虚假路径如图8-11 所示，触发器 R_1 到触发器 R_2 的路径被屏蔽了。

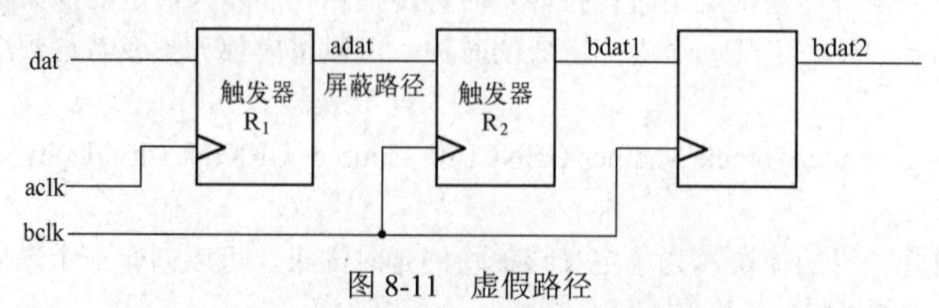

图 8-11 虚假路径

例如：set_false_path -from [get_clocks aclk] -to [get_clocks bclk]

设置多周期路径（set_multicycle_path），指设计中从发送数据到采样到数据的时间允许多于一个时钟周期的路径。多周期路径如图 8-12 所示，虚线标出了多周期路径。

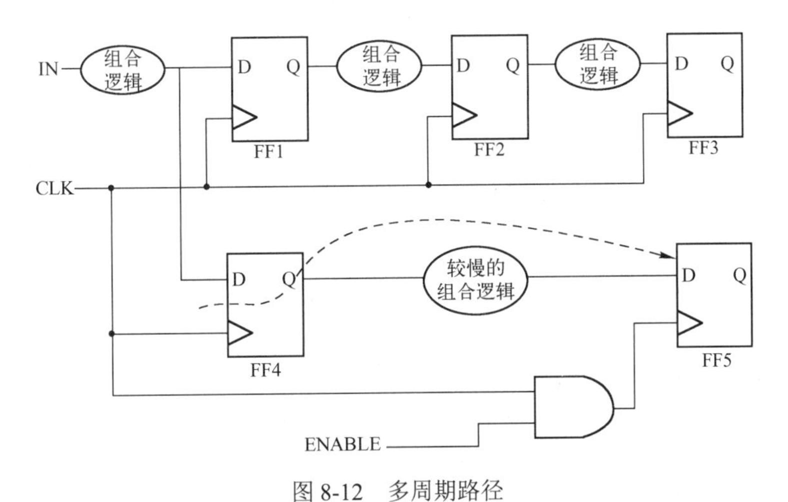

图 8-12　多周期路径

例如：set_multicycle_path 2 -setup -from A -to B

set_max_delay/set_min_delay 指定某些路径的最大/最小延时。

8.3.5　设定综合优化策略

通过使用 compile 命令调用 DC，对设计进行综合与优化。该命令有许多选项可以选择，其中，映射努力（map_effort）即要求工具优化的程度，可以设置为低、中、高。

在初次编译时，如果需要对整个设计的性能和面积等有一个大致的了解，可以将 map_effort 设置为低。默认的 map_effort 级别为中，而在最后一次编译中，可以将 map_effort 设置为高。通常，将 map_effort 设置为中即可。

8.3.6　设计脚本举例

1．示例 1：.synopsys_dc.setup 文件

```
#*****************************************
#          .synopsys_dc.setup
#*****************************************
set search_path [contact $ search_path  [list "." "/usr/golden/library/std_cells"]]
set target_library [list ex25_worst.db ex25_best.db]
set link_library [list "*", ex25_worst.db ex25_best.db]
set symbol_library [list ex25.sdb]
define_name_rules BORG –allowed "A–Za–z0–9" –first_restricted "_" \
    –last_restricted "_" –max_length 30 \
    –map [contact [list "\*cell\*" "mycell"] [list "*–return" "myreturn"]]
set bus_naming_style {%s [%d] }
set verilogout_no_tri true
set verilogout_show_unconnected_pins true
set test_default_scan_style multiplexer_flip_flop
```

2．示例 2：时序约束文件 constraints.tcl

```
#***************************************
#          Clock specification and design constraints
#***************************************
create_clock –period 33 –waveform [list 0 16.5] tck
set_dont_touch_network [list tck trst]
set_clock_latency 2.0 tck
set_clock _uncertainty –setup 3.0 tck
set_driveing_cell –lib_cell BUFF1X –pin Z [all_inputs]
set_drive 0   [list tck trst]
set_input_delay 20.0 –clock tck –max [all_inputs]
set_output_delay 10.0 –clock tck –max [all_outputs]
set_max_area 0
```

3．示例 3：主程序脚本 main.tcl

```
#***************************************
#        Generic synthesis script for sub–modules
#***************************************
#/*Define design name */
set active_design tap_bypass

#/*Define entry in Verilog format */
analyze –format verilog [format "%s%s" $active_design".v"]
elaborate $active_design
current_design $active_design
link
Uniquify

#/*Define environment */
set_wire_load SMALL –mode top
set_operating_conditions WORST
#/*Compile with scan insertion */
set_fix_multiple_port_nets –buffer_constant –all
compile –scan
check_test
create_test_patterns –sample 10
preview_scan
insert_scan
check_test

#/*Clean–up and generate the netlist in verilog and db formats */
remove_unconnected_ports [find –hierarchy cell "*"]
change_names –h –rules BROG
set_dont_touch [current_design]
write –hierarchy –output  [format "%s%s" $active_design".db"]
write –format verilog –hierarchy –output  [format "%s%s" $active_design".v"]
```

4．其他示例 1：时钟定义

```
#****************************************
#          create_clock for SYS_CLK
#****************************************
create_clock –name SYS_CLK –period 9 –waveform [list 0 4] [get_pins pll_clk]
set_clock_uncertainty –setup 0.5 SYS_CLK
set_clock_uncertainty –hold 0.5 SYS_CLK
set_clock_latency 4 –min [get_clocks SYS_CLK]
set_clock_latency 4.5 –max [get_clocks SYS_CLK]
set_clock_transition 0.5 [get_clocks SYS_CLK]
set_dont_touch_network [get_clocks SYS_CLK]
```

5．其他示例 2：生成时钟定义

```
#****************************************
#          create_generated _lock for 48MHZ clock
#****************************************
create_generated_clock –divide_by 2 –source [get_pins pll_clk] –name 48MCLK \
      [get_pins {crc/crm_clkc_clkgen/usb_clk}]
set_clock_uncertainty –setup 0.5 48MCLK
set_clock_uncertainty –hold 0.5 48MCLK
set_clock_latency 4 –min [get_clocks 48MCLK]
set_clock_latency 4.5 –max [get_clocks 48MCLK]
set_clock_transition 0.5 [get_clocks 48MCLK]
set_dont_touch_network [get_clocks 48MCLK]
```

8.4 静态时序分析

8.4.1 基本概念

传统的电路设计分析方法采用动态仿真的方法来验证设计的正确性，但是随着集成电路的发展，这一验证方法已成为了大规模复杂的设计验证时的瓶颈。因为现在 SoC 的发展趋势是将上百万个甚至更多门级电路集成在一个芯片上，如果通过动态仿真的方法验证这样的电路设计，则需要花费很长的时间。此外，动态仿真取决于验证时采用的测试向量的覆盖率及仿真平台（Testbench）的性质，因此往往只能测试到部分逻辑而其他的逻辑被忽略。为了解决这个问题，设计者采用其他的验证手段来一起验证设计，如利用静态时序分析（STA，Static Timing Analysis）来验证时序。

相对于动态仿真方法，静态时序分析方法要快很多，而且它能够验证所有的门级电路设计的时序关系。

静态时序分析最大的特点是不需要加入输入测试向量，每一个时序路径都自动被检测到。但是它无法判断电路逻辑功能经过的路线和非逻辑功能经过的路线，因为它不会考虑电路的逻辑功能。这些特性使得 STA 成为整个设计流程中最重要的步骤之一。

1．静态时序分析的内容

静态时序分析工具主要对设计电路中以下路径进行分析：

- 从原始输入端到设计电路中的所有触发器；
- 从触发器到触发器；

● 从触发器到设计电路的原始输出端口；
● 从设计电路的原始输入端口到原始输出端口。

对于整个设计电路，静态时序分析工具把它打散成上述4种类型的时序路径（Timing Path）来分析其时序信息，如计算出最慢与最快的开关时间、决定最坏的路径、比较信号到达的时间与要求的时间是否一致等，最后产生分析报告。其中一些关键的时序信息参数包括建立时间和保持时间（Setup/hold Time）、时钟偏斜（Clock Skew）、最大扇出（Maximum Fanout）、最大跳变时间（Maximum Transition）、最大负载电容（Maximum Capacitance）。

静态时序分析工具的分析思想是通过比较信号最晚可能到达的时间与最早要求到达的时间，来检测信号是否到达太晚（即检查建立时间），同时它可以找出所有时序路径中最长的一条，这条最长路径将决定系统最快的工作速度，即所谓的关键路径。

由于建立时间的违反更多地发生在最慢的工艺条件及工作条件下，因此，应该使用对应最坏条件下的库文件来进行分析。

同样的，对于保持时间的分析是通过比较信号最早可能改变的时间和要求保持到的最晚的时间，来检测信号是否到达太早，进而可以检查出设计中潜在的竞争与冒险问题。

与建立时间分析相反，保持时间的违反更可能发生在最快、最好的工艺条件及工作条件下，因此，应该使用对应最好条件下的库文件来进行分析。

2．静态时序分析中用到的基本概念

以下是对静态时序分析中一些基本概念的介绍。

（1）时序路径（Timing Path）

什么是时序路径？路径的源头是电路中的原始输入端（Primary Input），而终点是原始输出端和时序检查到的地方，如触发器、锁存器、门控时钟等。

每一条路径都有一个起始点和终止点，如8.3节指出的，起始点可以是设计电路的主要输入端，也可以是触发器的时钟端。而终止点可以是设计电路的输出端，也可以是触发器的数据输入端。图8-13具体给出了4种时序路径。

路径1：从设计电路的原始输入端口A到触发器的数据端口D。

路径2：从触发器的CLK端到触发器的数据输入端口D。

路径3：从触发器的CLK端到设计电路的原始输出端口Z。

路径4：从设计电路的原始输入端口A到设计电路的原始输出端口Z。

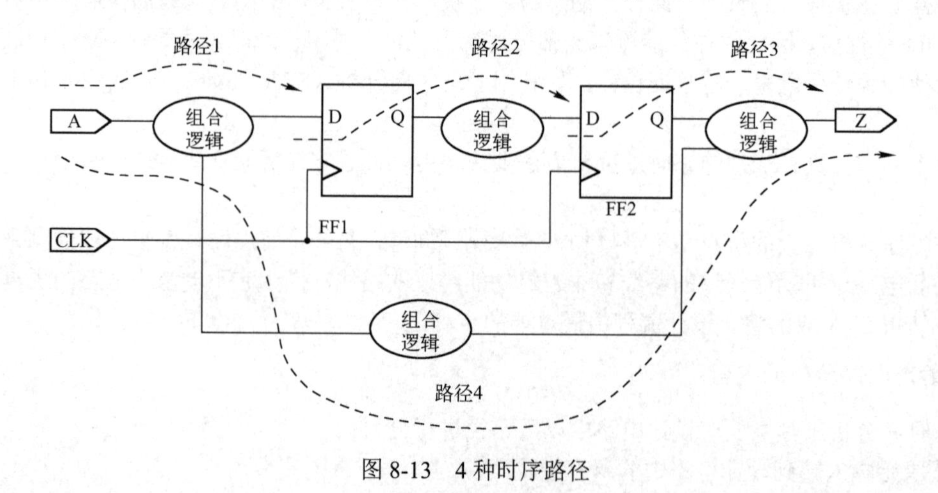

图8-13　4种时序路径

(2) 触发器的建立时间（Setup Time）

Setup Time 指的是时钟信号变化之前数据保持不变的时间，如图 8-14 所示。

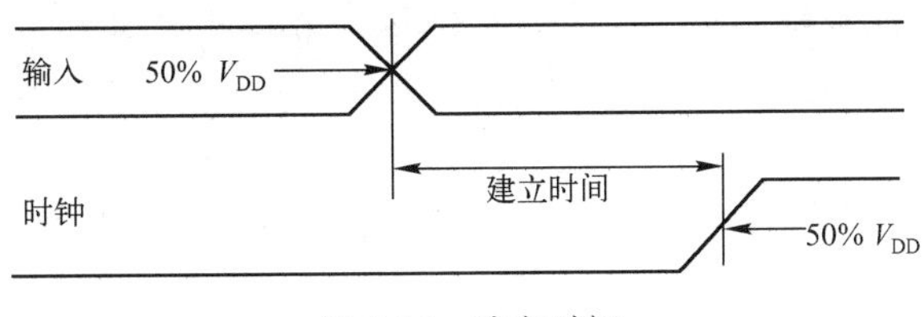

图 8-14　建立时间

(3) 触发器的保持时间（Hold Time）

Hold Time 指的是时钟信号变化之后数据保持不变的时间，如图 8-15 所示。

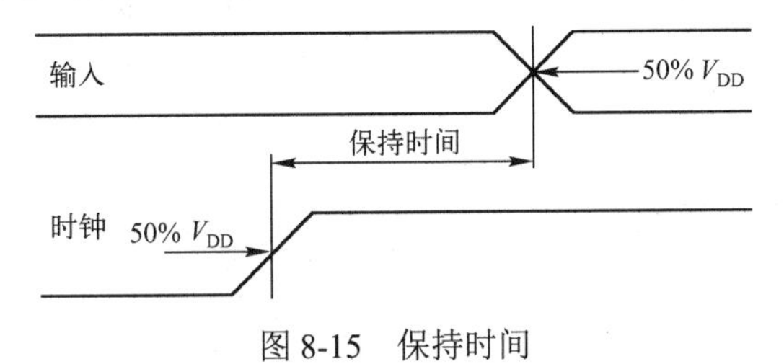

图 8-15　保持时间

(4) 触发器的恢复时间（Recovery Time）

对于时序单元来说，Recovery Time 是指在时钟信号的时钟沿到达之前，置位或重置信号必须保持有效的最小时间，这样才能保证器件单元的正确功能，如图 8-16 所示。

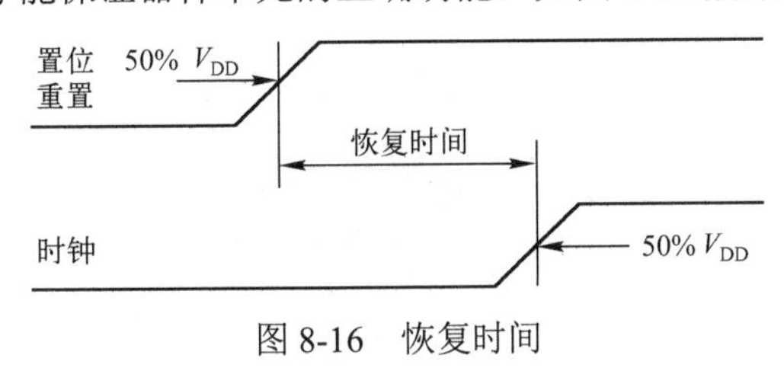

图 8-16　恢复时间

(5) 时间裕量（Slack）

Slack 是指信号在时序路径上要求的时间和实际花费的时间之差。如果 Slack 的值为正值或零，则说明设计电路的实际时序符合约束条件，如果为负值则说明不符合约束条件，如图 8-17 所示。

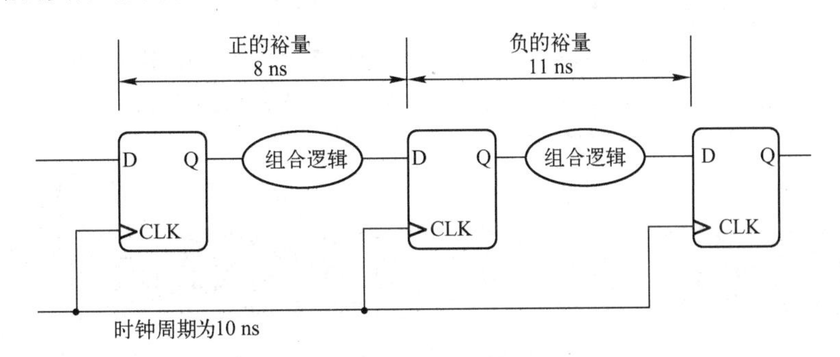

图 8-17　时间裕量

一个同步系统能工作的最快速度是由两级寄存器之间的最长路径决定的。

(6) 时钟偏斜（Clock Skew）

时钟偏斜是指从时钟定义点到不同触发器时钟引脚的延时差。在可综合的同步设计电路中，在一个时钟沿第一个触发器输出数据，此数据在另一个时钟沿（通常是接下来的那个时钟沿）被第二个触发器接收到。如果这两个时钟沿（发出数据的时钟沿和接收数据的时钟沿）是同一个时钟源产生的，则在理想状态下，两个时钟沿相差一个时钟周期。但是由于两个触发器的时钟路径的不同，路径上的延时会有一定的差别，接收数据的时钟沿可能早到或晚到，这样的话就会产生时钟偏斜。如果接收数据的时钟沿早到，则有可能产生建立时间的冲突，如果晚到，则有可能产生保持时间的冲突。因此在布局布线前的阶段通常会指定少许的时钟偏斜量，这样既保证了设计电路的健壮性，又能得到更接近实际情况的时序分析报告。

8.4.2 实例——用 Synopsys 的工具 PrimeTime 进行时序分析

Primetime，缩写为 PT，是一个独立的 STA 工具。它不仅能够在设计电路所要求的约束条件下检查时序，还能对设计电路进行全面的静态时序分析。PT 和 DC 都有约束时序条件的命令，能够产生相似的分析报告，支持同样的文件格式。与 DC 相比，PT 分析得更快，需要的内存更少，而且报告的信息量更多、更准确。

1. 静态时序分析 STA 的流程图

STA 的流程如图 8-18 所示。

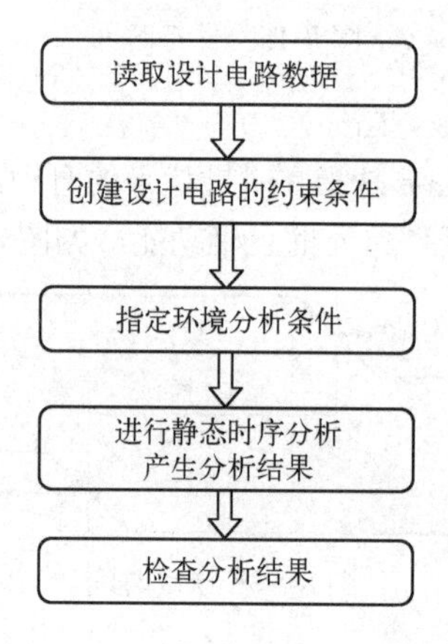

图 8-18 STA 流程

2. 流程说明

（1）阶段 1：读取设计电路数据

阶段 1 把电路的设计代码文件读入 PT 中，以便 PT 进行分析。值得注意的是，PT 做静态时序分析的时候只能读映射过的文件。因此文件格式只能为 db、Verilog HDL、VHDL 或 EDIF 格式。不同文件格式的 pt_shell 读取设计电路数据的命令如下：

```
read_db –netlist_only <design name>.db        #db format
read_verilog <design name>.sv                 #verilog format
read_vhdl <design name>.svhd                  #vhdl format
read_edif <design name>.edf                   #EDIF format
```

由于 db 格式的网表还包含了约束条件或环境属性的信息，所以可以在 read_db 命令后加上“-netlist_only”选项，这样 PT 只会载入门级网表而忽略其他信息。

（2）阶段 2：创建设计电路的约束条件

阶段 2 是对设计电路设置约束条件，这样才能得到接近实际情况的分析结果。通常需要设置相关的时钟信号和输入/输出延时，相关的命令在逻辑综合中有具体介绍。

静态时序分析主要是在设计的两个阶段中对电路进行分析的，第一个阶段是在布局布线前，第二个阶段是在布局布线后。这两个阶段的主要区别在于，后者有具体的互连线长度、宽度、信号分布情况等信息，所以，前者只能根据设计电路面积的大小，估计线上延时和时钟树的延时，而后者可以更加准确地估计线上延时，以及时钟树的延时。为了在布局布线前就能得到接近实际情况的报告，通常采用以下的方法来定义时钟。

以下的命令是定义时钟的命令，通常在设计阶段的布局布线前（pre-layout）使用：

```
create_clock –period 40 –waveform {0 20} CLK
set_clock_latency –source 0.2 CLK
set_clock_uncertainty –setup 0.5          –hold 0.5 CLK
set_dont_touch_network CLK
set_ideal_network CLK
```

上述命令指定了时钟 CLK，该时钟的周期为 40ns，时钟的跳变时间（transition）为 0.2ns。定义时钟跳变时间为 0.2ns，就是指定了 PT 工具在分析设计电路的时候使用 0.2ns 的固定值，而不需要通过计算器件本身的属性来获得相应的时钟跳变时间。时钟偏斜（clock skew）与建立时间（setup-time）和保持时间（hold-time）有关，-minus_uncertainty 用于建立时间，-plus_uncertainty 用于保持时间。定义了这些时钟的特性后，即使布局布线前进行时序分析，也能够得到与布局布线后的阶段相似的分析结果。

由于布局布线后（post-layout）在网表中插入了时钟树，所以时钟可以通过整个时钟网来传播。这样时钟的传输时间和时钟偏斜就取决于整个时钟树网络。在这个阶段无须指定时钟的跳变时间。以下便是在布局布线后定义时钟的命令。

```
create_clock –period 40 –waveform {0 20} CLK
set_clock_latency –source 0.2 CLK
set_propagated_clock CLK
```

除了设置时钟方式的不同，布局布线后阶段还要将 RC 延时、负载电容等信息反标回电路，再次对设计进行静态时序分析。这些信息包含了从布局布线数据库中提取出来的延时信息，这样就可以对包含时钟树信息的网表进行分析，以得到更为精确的分析结果。下列是通常在 PT 中使用的相关的反标命令。

① read_sdf：读 SDF 文件命令。

例如：read_sdf　rc_delays.sdf

② read_parasitics：读 DSPF、RSPF 和 SPEF 文件命令。运用此命令，PT 能够自动识别文件而不需要指定文件格式。

例如：read_parasitics clock_info.spf

（3）阶段 3：指定环境分析条件

除了一些语法上轻微的差别，PT 的环境设置命令与 DC 一致。下面是常用的设置环境的命令：

```
set_wire_load_model –name <wire–load model name>
set_wire_load_mode < top | enclosed | segmented>
set_operating_conditions <operating conditions name>
set_load 50 [all_outputs]
set_input_delay 10.0 –clock <clock name> [all_inputs]
set_output_delay 10.0 –clock <clock name> [all_outputs]
```

其中，值得注意的是 set_operating_conditions 命令。一般在分析建立时间冲突的时候使用最坏情况（worst-case operation conditions），而在分析保持时间冲突的时候使用最好情况（best-case operation conditions）。原因是使用最坏情况来分析建立时间冲突，每一个器件的延迟时间是它运行在最差情况下的延时（最大温度、低电压和其他最坏的参数条件下），所以最大的延时值滞留了数据流，使得建立时间的冲突有可能产生。相反，在最好情况下分析保持时间冲突，由于每一个器件工作在最好的情况下（最小温度、高电压和其他最好的参数条件下），因此数据流到达它的目的地的延迟时间就变小了。如果数据比所要求的最小到达时间快，那么保持时间的冲突就很容易发生了。

（4）阶段4：进行静态时序分析，产生分析结果

下面是常用的一些用于分析的指令和产生报告的指令，与DC中的相类似，这里不再赘述。

① report_timing：显示时序路径信息。

```
report_timing –delay max –from a –to z2
report_timing –delay min –from a –to z2
```

上述第一条命令用于建立时间冲突的检查，第二条命令用于保持时间冲突的检查。

② report_constraint：显示设计电路的相关约束信息。

```
report_constraint –all_violators
```

③ set_case_analysis：这是PT提供的常用的分析命令之一，运用此命令，在进行静态时序分析的时候可将一个固定的逻辑值赋给某个端口，这样就可以得到与实际电路更接近的分析结果。下例将设计电路中的所有scan_mode设为0，使得电路此时运行在功能模式下：

```
set_case_analysis 0 scan_mode
```

④ set_multicycle_path：定义多周期路径的时序信息。下例重新定义了两个不同的时钟信号之间的保持时间关系。

```
set_multicycle_path 2 –setup –from regA/CP –to regB/D
```

值得注意的是，由于PT默认的是最严格约束条件，无论是对建立时间还是保持时间，所以这一操作也会相应地改变默认的保持时间关系。为了避免产生错误的保持时间关系，通过以下命令可以将错误的默认保持时间关系修正为正确值：

```
set_min_delay 0 –from regA/CP –to regB/D
```

⑤ set_disable_timing：帮助PT选择正确的时序路径的命令。由于PT在计算路径延时默认使用最大的延时信息，这样将导致计算一个器件的延迟时有可能选择错误的延时信息。例如，对于一个有两个输入端和一个输出端的多路选择器U1来说，控制信号S为1时，选择输入端A1的信号输出到Z端，S为0时，选择输入端A2的信号输出到Z端。假设在正常情况下，控制信号为0，只有在测试模式下才为1。这样的话，对于只需要分析设计电路在正常运行下的情况，PT在做STA的时候应该指定选择信号为0，否则STA还会分析测试模式下的情况，从而计算出的时序路径是错误的。而使用set_disable_timing命令就可以将A1到Z端的路径分析取消。

```
set_disable_timing –from A1 –to Z{U1}
```

（5）阶段5：检查分析结果

检查分析结果就是检查有没有影响设计电路功能的冲突。图8-19所示为常见的分析报告格式。

该图中slack的值为正值，说明这条时序路径没有时序冲突。如果STA检查的结果发现slack的值为负值，则说明这条路径不安全，存在影响电路功能的隐患。

```
report_timing –from tdi –to [all_registers –data_pins]
                    **************************************************
                    Report        : timing
                                    –Path full
                                    –delay max
                                    –max_paths 1
                    Design        : tap_controller
                    Version       : 1998.08–PT2
                    Date          : Tue Nov 17 11:16:18 1998
                    **************************************************

                    Startpoint    : tdi(input port clocked by tck)
                    Endpoint      : ir_block/ir_rego
                                    (rising edge–triggered filip–flop clocked by tck)
                    Path Group    : tck
                    Path Type     : max
                    Point                          Incr          Path
                    ------------------------------------------------
                    clock tck(risc edge)           0.00          0.00
                    clock net work dclay(idcal)    0.00          0.00
                    input extemal delay            15.00         15.00 r
                    tdi(in)                        0.00          15.00 r
                    pads/tdi(pads)                       0.00          15.00 r
                    pads/tdi_pad/Z (PADIX)         1.32          16.32 r
                    pads/tdi_signal (pads)         0.00          16.32 r
                    ir_block/tdi (ir_block)        0.00          16.32 r
                    ir_block/U1/Z(AND2D4)          0.28          16.60 r
                    ir_blick/U2/ZN(INV0D2)         0.33          16.93 r
                    ir_block/U1234/Z(OR2D0)        1.82          18.75 r
                    ir_block/U156/ZN(NOR3D2)       1.05          19.80 r
                    ir_block/ir_reg0/D(DFF1X)            0.00          19.80 r
                    data arrival time                            19.80

                    clock tck (rice cdge)          30.00         30.00
                    clock network delay (ideal)    2.50          32.50
                    ir_block/ir_reg0/CP (DFFI/X)                 32.50 r
                    library setup time             –0.76         31.74 r
                    data required time                           31.74
                    ------------------------------------------------
                    data required time                           31.74
                    data arrival time                            –19.80
                    ------------------------------------------------
                    slack (MET)                                  11.94
```

图 8-19　时序分析报告

3．如何检查时序冲突和修正冲突

由于静态时序工具把整个设计电路打散成时序路径，分析不同路径的时序信息，得到建立时间和保持时间的计算结果。而静态时序分析的精髓就在于判断和分析这两个参数的结果。

检查时序冲突如图8-20所示，数据从触发器 A 的 D 端进入，传到触发器 B 的 Q 端输出，这是一个最基本的时序路径，而且这两个触发器都是用同一个时钟驱动的。

首先检查建立时间。假设在 time = 0 时，触发器 A 的第 1 个上升沿时钟使得触发器 A 获得 D 端的数据，那么，数据到达触发器 B 的 D 端的时间一定要比触发器 B 的第 2 个上升沿时钟到达触发器 B 的 CLK 端的时间要短，也就是在触发器 B 的第 2 个上升沿时钟到达之前，触发器 B 的 D 端数据就该已经到达。如果设置的建立时间冲突的尺度为 0，要求数据到达的时间必须小于一个时钟周期时间。否则，时序分析结果就会报建立时间的冲突。建立时间的冲突设定的尺度也可以是比 0 大的值，这样，时序路径的延时就必须更小，对设计电路时序的要求就更高。通常建立时间的冲突发生在最坏工作环境下，因此使用最坏情况下的库文件来检查建立时间的冲突。

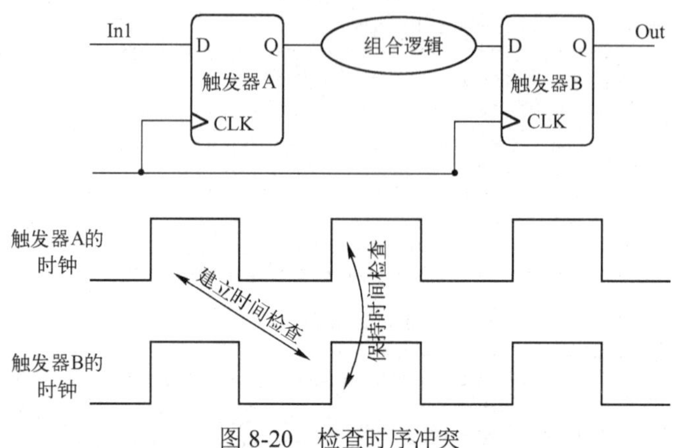

图 8-20 检查时序冲突

同理可以检查保持时间。总的来说，就是检测数据是否传得太快。假设当 time = 0 的时候，触发器 A 的上升沿时钟使得 D 端的数据进入触发器，那么，数据从触发器 A 的 D 端传到触发器 B 的 D 端的时间一定要比触发器 B 在 time = 0 的第一个上升沿时钟到达触发器 B 的时钟端的时间长，否则，就会报保持时间冲突。通常保持时间冲突发生在最好工作环境下，因此使用最好情况下的库文件来检查保持时间的冲突。选择何种库文件可以在“.synopsys_pt.setup”中设置。

如果设计电路中的静态时序分析结果显示没有冲突，那么电路就没有时序错误，否则，可以通过 report_timing 命令将发生冲突的时序路径的详细信息显示出来，再根据具体情况，决定是否重新综合。对于建立时间和保持时间的冲突，有不同的方法可以消除。

消除建立时间冲突的方法如下：

- 加强约束条件重新综合设计电路或对产生冲突的时序路径进行进一步的优化；
- 通过做 ECO（Engineering Change Order）来消除冲突；
- 如果以上方法都不能产生效果，那可能只好通过修改 RTL 代码来实现。

消除保持时间冲突的方法如下：

- 绝大多数的布局布线工具都具有自动消除保持时间冲突的功能，可以通过这些工具来实现；
- 如果工具不能实现，可以在产生冲突的时序路径上通过 ECO 添加缓冲器逻辑，使得数据到达的时间符合保持时间的检查，以此消除冲突。

4．synopsys_pt.setup 文件实例

```
set search_path ［list./usr/golden/library/std_cells］
set link_path  ［list {*} ex25_worst.db, ex25_best.db］
```

5．main script 实例

```
##############################################
# PT script for pre–layout setup–time STA
##########################################
# Define the design and read the netlist only
set active_design <design name>
read_db –netlist_only $active_design.db
curren_design $active_design
set_wire_load_model <wire–load model name>
set_wire_load_mode < top | enclosed | segmented>
set_operating_conditions <worst–case operating conditions>

# Assuming the 50pf load requirement for all outputs
```

```
set_load 50.0 [all_outputs]

# Assuming the clock name is CLK with a period of 30ns.
# The latency and transition are frozen to approximate the
# post–routed values.
create_clock –period 30 –waveform [0 15] CLK
set_clock_latency 3.0 [get_clocks CLK]
set_clock_transition 0.2 [get_clocks CLK]
set_clock_uncertainty 1.5 –setup [get_clocks CLK]

# The input and output delay constraint values are assumed
# to be derived from the design specifications.
set_input_delay 15.0–clock CLK [all_inputs]
set_output_delay 10.0–clock CLK [all_outputs]

# Assuming a Tcl variable TESTMODE has been defined.
# This variable is used to switch between the normal–mode and
# the test–mode for static timing analysis. Case analysis for
# normal–mode is enabled when TESTMODE = 1, while
# case analysis for test–mode is enabled when TESTMODE = 0.

set TESTMODE [getenv TESTMODE]
if {$TESTMODE= = 1} {
set_case_analysis 1 [get_port bist_mode]
} else {
set_case_analysis 0 [get_port bist_mode]
}

# The following command determines the overall health
# of the design.
report_constraint –all_violators

# Extensive analysis is performed using the following commands.
report_timing –to  [all_registers –data_pins]
report_timing –to  [all_outputs]

##########################################
# PT script for post–layout hold–time STA
##########################################

# Define the design and read the netlist only
set active_design <design name>
read_db –netlist_only $active_design.db
current_design $ active_design
set_wire_load_model <wire–load model name>
set_wire_load_mode < top | enclosed | segmented >
# Use best–case operating conditions for hold–time analysis
set_operating_conditions <best–case operating conditions>
```

```
# Assuming the 50pf load requirement for all outputs
set_load 50.0 [all_outputs]

# Back annotate the best-case (extracted) layout information.
source capacitance_best.pt #actual parasitic capacitances
read_sdf rc_delays_best.sdf #actual RC delays
read_parasitics clock_info_best.spf #clock network data

# Assuming the clock name is CLK with a period of 30ns.
# The latency and transition are frozen to approximate the
# post-routed values.
create_clock -period 30 -waveform [0 15]  CLK
set_propagated_clock [get_clocks CLK]
set_clock_uncertainty 0.2 -hold [get_clocks CLK]

# The input and output delay constraint values are assumed
# to be derived from the design specifications.
set_input_delay 15.0-clock CLK [all_3inputs]
set_output_delay 10.0-clock CLK [all_outputs]

# Assuming a Tcl variable TESTMODE has been defined.
# This variable is used to switch between the normal-mode and
# the test-mode for static timing analysis. Case analysis for
# normal-mode is enabled when TESTMODE = 1, while
# case analysis for test-mode is enabled when TESTMODE = 0.
set TESTMODE [getenv TESTMODE]
if {$TESTMODE= =1} {
set_case_analysis 1 [get_port bist_mode]
} else {
set_case_analysis 0 [get_port bist_mode]
}

# The following command determines the overall health
# of the design.
report_constraint -all_violators

# Extensive analysis is performed using the following commands.
report_timing -to [all_registers -data_pins] \
-delay_type min
report_timing -to [all_outputs] -delay_type min
```

8.5 统计静态时序分析

静态时序分析很久以来都被看作是百万门级芯片时序分析的基本方法及设计完成的检验。然而，随着深亚微米技术进一步下降到 90nm 及其以下的线宽，设计者在进行静态时序分析时面临着太多的不确定性。这是由于制造工艺的偏差造成了元器件特性的变化，如 CMOS 管的 V_{th} 和 L_{eff} 等，影响越来越大，而连线延迟的不确定性相对于以前的工艺造成的影响也越来越大，同时，元器件对工作的环境，如工作电压的变化及温度变化等，越来越敏感。这就是所谓的制程变异（Process Variation）及环境变化（Environmental Variation）所带来的问题。可以想象，如果是输入的数据有问题，即使是最好的静态时序分析工具也不能解决这个问题。用统计静态时序分析（SSTA，Statistical Static Timing Analysis）的方法有可能估计出许多不确定的现象，帮助设计者精调设计，减少不必要的过度设计，使得设计更可靠，进而提高良率。

8.5.1　传统时序分析的局限

制程变异的来源有很多，主要包括每批晶圆的差异、晶圆与晶圆间的差异、裸片间的差异，以及裸片上的差异等。静态时序分析可以通过基于各种边界条件分析的方法较好地建模晶片间的制程变异，例如，将电路置于最好条件（Best Case）、最坏条件（Worst Case）等多种情况下进行分析，但是对于晶片上的制程变异却无能为力。因为在最坏条件分析时，静态时序分析总是假定一个晶圆上的电路同时都处于最坏情况下，而实际上，同一个晶圆上的电路不可能同时都处于最坏的条件下（这可由分析版图或者工艺得来）。例如，在一个芯片的不同位置上画了两个完全一样的 MOS 管，制造出来后，两只 MOS 管的性能很难保证完全一样。当工艺在 90nm 以下时，误差会高达 20%～30%。传统式的静态时序分析是将芯片上所有器件按同一个工艺及工作条件下的时间路径上的延时加起来，因而传统式的静态时序分析对于延迟的估计过于悲观。

于是，当线宽进一步减小，晶片上的工艺偏差对电路的影响不能再被忽视时，基于概率分布来考虑的统计静态时序分析方法出现，对晶片上工艺偏差进行更好的建模。

8.5.2　统计静态时序分析的概念

晶片上制程变异的几个典型来源包括：晶体管沟道长度（Transistor Channel Length）的差异、掺杂原子浓度或者数目（Dopant Atom Concentration or Count）的差异、氧化层厚度（Oxide Thickness）的差异及层间电介质厚度（ILD Thickness）的差异、金属连线的厚度及宽度偏差等，另外，还有温度和电压等因素。这些工艺参数的偏差在统计静态时序分析中不再被忽略，而是采用随机变量来描述。例如，假设 Lenom 是正常情况下的沟道长度，现在的沟道长度则用 Le=Lenom+Ler 来描述，Ler 是表示偏差的特征值为 0 的随机变量。Ler 的概率分布通常假设为正态或者高斯分布，其方差一般在工艺库文件中给出。用同样的方法也可以分析所有的变化参数，并将同一个芯片上的器件延时统计出来。

在静态时序分析中，信号的到达时间和门延迟都是确定的数值。然而在统计静态时序分析中，当工艺参数的偏差用随机变量建模后，作为工艺参数函数的门延迟、互连线延迟和门输入端信号的到达时间自然也需要用带有概率分布的随机变量来描述。

从半导体工艺和器件的层面考虑，许多物理量之间存在某些联系，这就引出了随机变量之间的关联问题，这也是统计静态时序分析中的关键和难点。关联的存在使得高级统计静态时序分析算法的运行时间与电路规模呈指数关系的增长，给统计静态时序分析带来爆炸性的数据处理量，然而忽略关联的后果将会更加严重。晶片上制成变异中的关联主要包括两种情况——空间关联（Spatial Correlation）和路径重会聚关联（Path Re-convergent correlation）。空间关联通常与位置相关，例如距离接近的晶体管的沟道长度相近的概率很大，而距离很远的晶体管的沟道长度通常不同，相似的门类型之间的延迟接近（如与非门和非门有相似的内部结构），门的多个输入端之间及接近的互连线之间的延迟相互关联等。而路径重会聚关联则顾名思义，主要是在某一点分开的路径又部分会聚到另一点，到达会聚点的各路延迟彼此之间存在路径重会聚关联。例如，时钟和数据共享部分时序路径，或者数据通路上共享部分路径，最后得到的延迟变量间必然存在关联。

统计静态时序分析将上述同一个芯片上的各种不确定情况以统计的方式建模，分析电路的延迟。

8.5.3 统计静态时序分析的步骤

首先，要有用于统计静态时序分析的标准单元库。原则上讲，通过统计工艺仿真及SPICE仿真提取管子的I–V特性。然后特性化，表示为标准单元的延时。这种具有统计特性的单元库将被用于统计静态时序分析。

通过统计静态时序分析，找出合适的时序窗（Timing Window），在此窗中，良率可以达到最高。

不难发现，统计静态时序分析库的建立目前仍较困难。在库中，统计静态时序分析器需要知道库单元延时对每个工艺变量的灵敏度，进而根据工艺变化提供概率分布。然而，如何才能提供驱动统计静态时序分析所需的工艺信息却是尚未解决的大问题。在这一点上，需要更成熟的、为工艺变化而建模的方法。

总之，统计静态时序分析通过对制程变异进行恰当的建模，更好地解决了延迟的不确定性问题，避免了过度的余量，提高了设计的性能及制造的良率。现在基于统计静态时序分析工具已经面市，如IBM的EinsTimer等，越来越多的EDA公司也正在推出统计静态时序分析工具。毫无疑问，统计静态时序分析将是静态时序分析发展的方向。

本章参考文献

[1] Agarwal Aseem, Blaauw David, Zolotov Vladimir, et al. Computation and refinement of statistical bounds on circuit delay[C]. Proceedings-Design Automation Conference, 2003, 348-353.

[2] Min Pan, C.C.N. Chu, Hai Zhou. Timing Yield Estimation Using Statistical Static Timing Analysis[C]. IEEE International Symposium on Circuits and Systems, 2005, 2461-2464.

[3] Lizheng Zhang, Yuhen Hu, C.C.-P. Chen. Block Based Statistical Timing Analysis with Extended Canonical Timing Model[C]. Proceeding of Design Automation Conference on Asia and South Pacific, 2005, 250-253.

[4] Chirayu S. Amin, Killpack K, et al. Statistical Static Timing Analysis: How simple can we get?[C]. Proceedings 42nd Conference of Design Automation Conference, 2005, 652-657.

[5] Hongliang Chang, Sapatnekar S.S. Statistical Timing Analysis considering spatial correlations using a single Pert-like traversal[C]. International Conference on Computer Aided Design, 2003, 621-625.

[6] Himanshu Bhatnagar. Advanced ASIC Chip Synthesis: Using Synopsys Design Compiler and PrimeTime[M]. Netherland: Kluwer Academic Publishers, 1999.

[7] Michael Keating, Pierre Bricaud. Reuse Methodology Manual: For System-on-a-Chip Designs. Third Edition[M]. Netherland: Kluwer Academic Publishers, 2002.

第 9 章 SoC 功能验证

由于复杂的软硬件结构及众多的模块，验证已经成为 SoC 设计的关键也是最花时间的环节，它贯穿了整个设计流程。从最初的利用系统级建模的仿真，到 RTL 设计和后端设计，设计过程中的每一步都需要进行验证，以便尽早发现设计中可能存在的错误，从而缩短设计周期、降低芯片成本。以前那种仅靠手工直接编写验证代码的验证方法只适合于小规模电路设计，对于大规模的 SoC 设计而言远远不能满足要求。在大量的研究基础上，先进的验证技术和验证工具不断出现，用于解决这一问题。例如，基于断言的验证及通用验证方法学（UVM，Universal Verification Methodology）正逐渐地被设计工程师所采用。

本章将重点介绍功能验证策略和最新的验证技术。最后，通过对 UVM 的介绍，进一步理解验证方法学。

9.1 功能验证概述

随着设计的进行，越接近最后的产品，修正一个设计缺陷的成本就会越高，图 9-1 所示为在不同设计阶段修正一个设计缺陷所需费用的示意图。因此，在设计的早期发现设计的缺陷并及时修正对减少成本、保证产品上市时间有着重要意义。

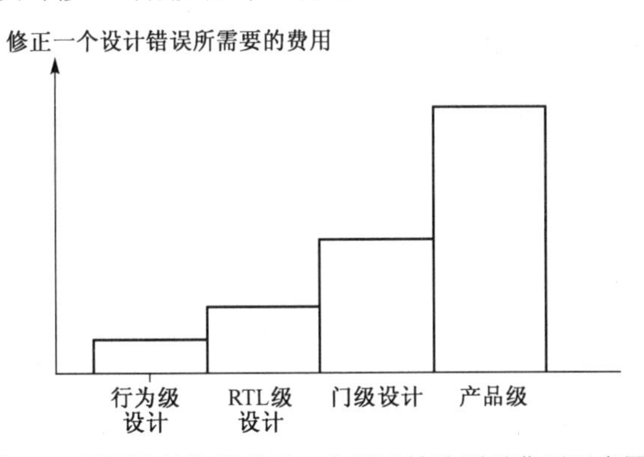

图 9-1 不同设计阶段修正一个设计缺陷所需费用示意图

设计验证是证明实现与设计目标一致的一个过程，是在设计的各层次进行的。IC 设计中的验证可以分为功能验证、时序验证、形式验证和物理验证。本章所讲述的功能验证是在系统级和 RTL 级进行的，是以验证方法为基础，而不是以验证工具为基础。

9.1.1 功能验证的概念

在集成电路设计领域，通常所说的验证和测试是指两种不同的事，尽管在验证阶段大家常常把“验证”叫作“测试”。两者的主要区别在于：验证是在设计过程中确认所设计的电路功能的正确性，测试是指采用测试设备检查芯片是否存在制造或封装过程中产生的缺陷。验证可以通过软件仿真、硬件模拟和形式验证等方法进行，它是在流片之前要做的。

功能验证一般是指设计者通过各种方法比较设计完成的电路模块和设计文档实际规定的功能是否一致。通过功能验证可以找出功能模块中存在的逻辑缺陷，保证逻辑设计的正确性。因此，功能验证的目标是尽量确保设计能够实现设计要求中所描述的功能。

功能验证的方法学主要有软硬件协同仿真、基于断言的验证、随机验证、基于覆盖率的验证和基于硬件加速的原型机等。

9.1.2　SoC功能验证的挑战

随着集成电路制造技术的发展，芯片的规模已经发展到现在的数百万门级，而芯片上所能实现的功能的复杂度甚至超越了摩尔定律所预言的集成度的发展速度，同时设计周期从以前的18个月缩短到6个月甚至更短。这使得设计、验证都变得异常困难。由于复杂性的增加，导致验证工作占据整个设计周期的大部分时间，比重甚至可达70%。其挑战主要来自以下两方面。

1．系统复杂性提高增加验证难度

随着集成电路产品功能越来越丰富，其设计复杂度不断提高，如硬件和软件结合、模拟和数字的共存等。如今，SoC在同一块芯片上集成了大量的IP模块，如微处理器、DSP、存储器、ADC、DAC，以及其他模拟和射频电路等，使得芯片的设计规模远远超过了以往的设计，其片内通信及模块间接口的复杂程度也大大提高了，从而使其验证的难度和复杂度都达到了前所未有的程度。

2．设计层次提高增加了验证工作量

在一个较高的抽象级上进行设计使得设计者能够轻松地实现高度复杂的功能。然而，如何保证高抽象级上的设计与在RTL级这一层次上的设计一致，避免在设计、变换及最终产品的映射中存在信息损失和解释错误的情况？显然传统式的系统设计与IC设计分离的方法很难避免出现这些问题。

9.1.3　SoC功能验证的发展趋势

传统的验证方式只是基于芯片本身的功能验证，IC设计工程师与系统工程师工作在各自独立的验证平台上，因此很难保证系统性能及模块之间的功能在特定的应用环境下瞬态的有效性，以及软硬件的划分是否合理。因此，功能验证将向系统级设计与IC设计在同一个验证平台上发展（SoC功能验证方式的发展如图9-2所示），并且考虑需要加快错误的定位，将更多的应用基于断言的验证方法。

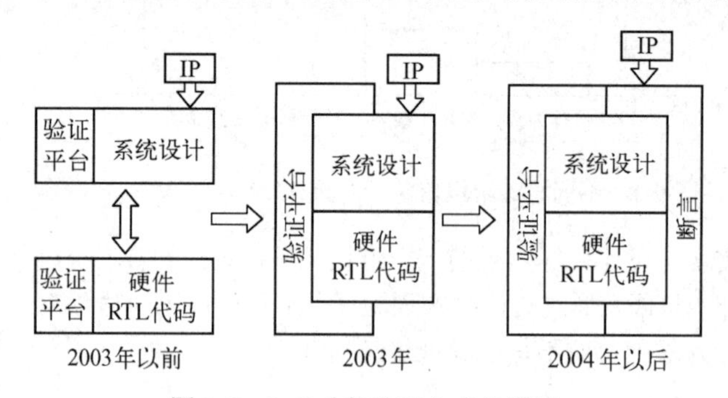

图9-2　SoC功能验证方式的发展

9.2　功能验证方法与验证规划

SoC功能验证可以分为不同的验证层。

（1）模块内

模块内部的设计错误可以通过直接仿真捕获到。验证内容主要是模块功能，如算法、数据传输等。每一个功能是独立的，通常比较容易找到设计错误。

（2）模块间

由于每个模块可能是由不同的人设计的，一个模块的代码对另一个模块的设计者来说可能是完

全陌生的。两者仅仅是通过设计文档了解对方模块的功能。模块间的设计错误是比较难找到的。

（3）芯片层

这一层的验证是把所有模块的独立验证集成，在芯片顶层（Top-level）执行。由 SoC 架构的复杂性所决定，这一层的验证是一项艰难的任务。

（4）系统应用层

这一层的验证需要尽可能模仿真实的应用程序和应用环境。通常还需要一定的随机验证来提高验证覆盖率。

对于设计验证，业界存在着很多验证方法。其中主要的验证方法可以粗略地划分为软件仿真（Software Simulation）、硬件模拟（Hardware Emulation）和形式验证（Formal Verification）等。每种方法都有其自身的强项和弱项。图 9-3 概述了以仿真为基本出发点的功能验证方法。其中，电子系统级的仿真验证可以在设计的早期发现系统架构存在的问题，通过硬件模拟器可以得到接近实际芯片运行速度的设计原型，而形式验证则可以获得最大的验证覆盖率。

在验证过程中，验证方法学扮演着十分重要的角色，尤其是对于高集成度和高复杂度的 SoC 的验证。针对验证的各个步骤制订验证计划，提供具体而易用的建议和指导，对于大幅减少验证工作量、提高一次流片成功率具有重大实用意义。图 9-4 所示为功能验证开发流程。

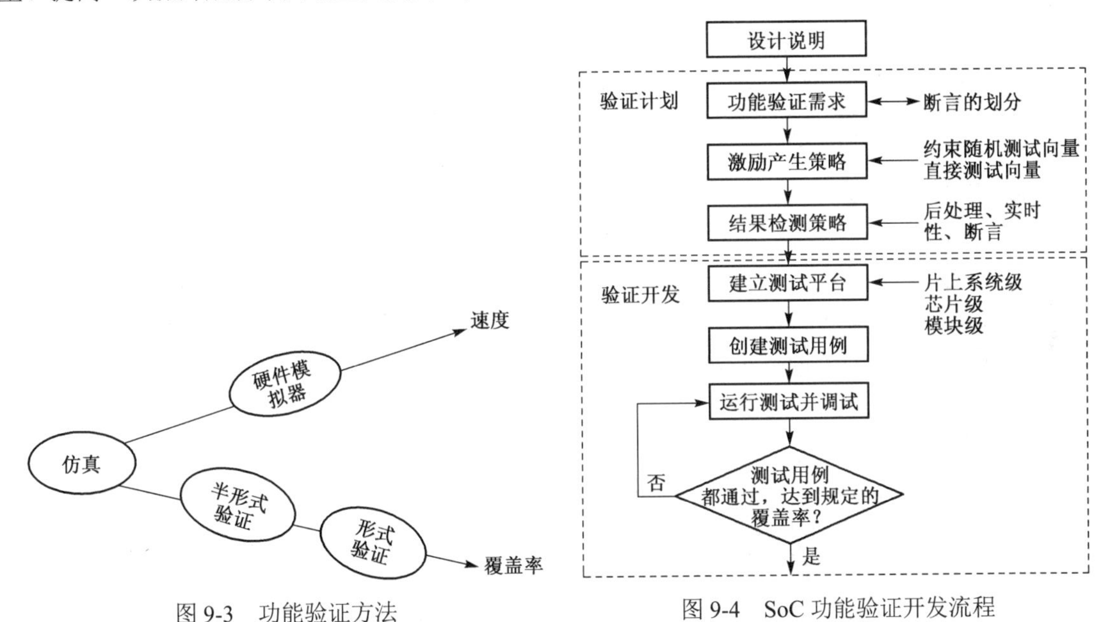

图 9-3　功能验证方法

图 9-4　SoC 功能验证开发流程

从图中可以看出，验证的开发流程可以分为制订验证计划和验证开发两大部分。

所谓验证计划就是要明确验证过程中主要阶段的对象和目标、验证优先级以及验证这些对象所采用的技术方法。其中，验证计划又可细分为功能验证需求、激励产生策略和结果检测策略。

① 功能验证需求：根据设计说明的要求，明确设计有什么功能；确定哪些地方需要使用断言增加可验证性及验证覆盖率。

② 激励产生策略：通常有两种方式，一种为直接验证向量，要求验证者要清楚地知道输入的限制，以及这些输入所对应的输出响应，它主要以一些特定的函数和函数集为目标；另一种为约束驱动的随机验证向量，通过编写一个随机验证用例生成器和结果比较器来帮助验证者发现那些隐藏的验证条件和设计缺陷。

③ 结果检测策略：包括可视化检测、自动后处理、实时性监测、属性覆盖率检查几种方式。其中，可视化检测主要是检查波形。这种方法适用于规模较小的模块；自动后处理则通过编写脚

本来自动比较仿真输出结果是否正确，它适合于处理规模较大的模块；实时性监测则可以通过断言来实现。

验证开发的主要工作有建立验证平台，根据验证计划中的激励产生策略产生验证用例，启动验证平台进行调试直到验证通过。建立验证平台时要考虑通过验证平台的不同的设计抽象层、自动化、重用和断言等不同的机制来提高验证的效率。

9.3 系统级功能验证

9.3.1 系统级的功能验证

系统级的功能验证需要在各阶段保证模块的功能正确，同时对应系统的要求，需要对整体性能及相互间的协议进行验证。业界较为流行的验证方法是基于平台和系统接口驱动的验证方法。它充分利用了基于平台设计的验证 IP 及验证平台的复用性，建立与系统应用环境一致的仿真验证平台。

1．行为级功能验证

与 RTL 级相比，高层次的建模，如事务级建模，可以加快仿真速度，更快、更好地验证系统级功能设计的正确性。因此，在系统架构设计阶段，采用电子系统级设计方法对整个系统快速建模，进而进行软硬件协同验证，是保证 SoC 系统级功能正确性的有效手段。

在设计 RTL 代码阶段，验证的目的是为了检查 RTL 的设计是否符合系统功能的要求。在得到一个可行的设计之前，要不断地通过仿真对 RTL 代码进行检查。系统级的验证可以验证数据控制流的很多方面，包括系统的初始化和关闭 I/O 设备、数据通路、验证软件功能、与外界的通信等。

2．性能验证

性能验证主要是在设计确定之前，对整个芯片设计的架构及各模块之间的接口进行验证和评估。性能验证的输入包括所有的 IP、优化的数据、详细的控制流、软件描述以及详细的软硬件功能的划分。验证时采用具备嵌入系统设计环境的仿真器。为了验证整个系统的架构，必须创建一个系统验证平台。在功能验证阶段所创建的验证平台也可以进行性能验证。通过性能验证可以使设计者清楚地知道整个系统的工作速度、传输效率、计算能力等性能方面的指标。

3．协议验证

集成于 SoC 上的模块，如 SSI、SPI、USBD 等，除了实现其自身特定功能的部分，在模块和系统总线之间还应具有符合总线协议的接口，这样才能真正实现 SoC 集成。因此，在确定模块特定功能正确的情况下，还必须要根据系统总线协议对该模块的接口部分进行验证，即协议验证。协议验证的目的是确保在实际应用过程中，任何模块的互连关系和时序特性与总线协议都不会发生冲突。可以看出，这样的验证是围绕总线来进行的，因此各模块的激励必须符合总线协议，才能满足协议验证的需要。如果一个 SoC 项目具有其特定的系统集成验证平台，其模块互连的时序关系大多已符合总线协议，因此，可通过系统指令直接给予模块及其接口合理的激励及验证向量。而如果没有这样的验证平台，则必须根据总线协议向模块及其接口提供正确的激励。

系统级验证必须具备以下要素。

（1）系统级的验证平台

系统级的验证平台对于自上而下（Top-down）的设计流程是非常关键的。基于验证平台的验证是在系统规划定义的功能基础上进行的，每一次验证的结果，都有相应的正确/错误的标准定义来检查，从而反映系统是否正确的工作，为了创建完整的验证平台，需要注意以下方面：

- 边界条件
- 设计的不连续处

- 出错的条件
- 极限情况

（2）系统级的验证平台标准

制定系统验证平台的标准，需要考虑系统所要达到的性能指标、覆盖率指标等。其中，比较重要的一个衡量标准就是要把验证计划中所有的验证向量都包括进来。建立验证平台更加侧重于验证的质量，而不是验证的数量。如果把注意力集中在如何制定验证计划，也可以得到不错的效果。

在抽象系统级别，验证工程师使用覆盖率来检测设计的所有功能模型是否都已经被验证。如果条件允许的话，最好验证所有可能出现的数据的组合。对于规模较大的设计来讲，这种方法会导致验证平台过大。此时，要尽量在保证验证质量不受影响的前提下，减少验证向量的数量。

在硬件描述语言阶段，有许多的工具来衡量代码覆盖率。代码覆盖率包括行、翻转，还有状态机的覆盖率。这对完美验证来说当然是一个必要条件。但是需要指出的是，工具所报出的代码覆盖率是有很多误解的。100%的代码覆盖率并不等于 100%的功能验证。这是因为工具所报出的代码覆盖率并不检查所有情况下的逻辑组合。也就是说，每行代码都得到了执行并不意味着器件的所有功能都得到了验证。

在设计的每个阶段，系统级的验证平台都要对电路的功能、性能进行验证。对于集成度很高的 SoC 门级模型，应用系统级的验证平台很难对大规模的设计进行调试。随着 SoC 设计所包含的门的数目越来越多，系统级验证平台所包含的验证向量也呈指数级上升。尽管软件仿真器在整体的容量和速度上取得了很大的改进，但是还是不能与验证向量的指数级上升保持同步。为了将整个系统级的验证平台应用到 SoC 设计的具体性能验证，利用 ESL 设计工具所完成的软硬件协同验证是很好的验证方法。

（3）硬件模拟器

硬件模拟器（Emulator）包括一些可配置逻辑，如 FPGA 的硬件系统。有一些验证方法已经被用于系统级的验证，利用 FPGA 构造模拟环境是其中被最广泛采用的一种。FPGA 具有速度快、易擦写等优点，但其缺点也很明显，如采用第三方提供的 IP。供应商一般不会提供 IP 的 RTL 代码描述，而只给出行为级的描述。这样的 IP 不可能被综合，更不可能写入 FPGA，这使得利用 FPGA 进行系统级验证变得不容易实现。近来由于 IP 逐步走向标准化、规范化，使得建立一个统一的系统验证环境成为可能。

针对不同的硬件模型，有不同的验证器结构。目前使用的有 3 种：黑盒、通用 FPGA 板和开放式结构验证器。

黑盒（Black Box）结构的仿真器通常是 FPGA 阵列，或是通过公用总线连接在一起的一系列通用处理器。被验证的逻辑模块通过自动的划分后，被映射到 FPGA 阵列的不同模块中，模块之间通过一系列的公用总线进行数据传递交互。为了优化设计，布局布线工具必须对互连的拓扑逻辑加以考虑，在公用总线上加的约束也会对验证产生很大的影响。黑盒结构的最大优点是能够处理大规模设计的 FPGA 映射。但是，每当 FPGA 的信号或者容量发生变化时，仿真器的结构都要根据 FPGA 的变化进行相应的改进，这样会增加验证开销。另外，黑盒结构的验证速度相对较慢。

通用 FPGA 板（Custom FPGA Board）是最常用的 FPGA 验证方法，成本低，能以较高的速度对设计进行验证。但是，通用 FPGA 板的 I/O 口都是固定的，不能灵活地自行配置。随着 FPGA 容量和速度的不断提高，有限的 I/O 配置已经成为通用 FPGA 验证中的瓶颈。

开放式结构模拟器（Open Architecture Emulator）牺牲了自动化程度，以获得更好的性能及更高的准确度。相对于仿真来说，使用的模型更接近系统的原型。开放式结构是基于板级、可配置互连的，内部连线为静态专用互连，避免了信号从一块 FPGA 传输到另一块 FPGA 时所引入的超前转换问题。在开放式结构中，在设计者的监控下，设计被逐块映射，其中较大的设计部分被优先映射到器件中，以获得最好的实现。开放式结构通过现场可编程板的互连资源实现设计模块内部的互连。这些资源包括专用总线模型和通用点到点内部互连资源。可编程资源被自动配置，另可手动加入额外的互连线，以增加互连资源。

另外，大型的IP供应商，如ARM公司，会提供相应的专用硬件仿真器，核心IP（如ARM核）会集成在这种仿真器中，而核心IP的接口都会引至外围接口，可与FPGA等硬件相连。

9.3.2 软硬件协同验证

软硬件协同验证是一种可以使得嵌入式系统软件在系统硬件仿真模型上运行的方法，它可以从硬件和软件上对系统进行完整的验证，在第4章中已有介绍。

软硬件协同验证的困难之处在于在设计早期提供可以运行软件的硬件虚拟原型。现在的软硬件协同验证工具中一般对常用的处理器核（如ARM系列）、总线模型（如AMBA）和外围IP建立了模型库。这样可以帮助在设计初期快速构建一个协同验证环境。

在软硬件协同验证环境建立完成后，就可对嵌入式代码和硬件模型进行验证，也就是对整个系统进行验证。在软硬件协同验证环境中，可以检查软硬件的接口关系，探究系统的各项性能，分析系统的瓶颈，如内存和缓存的配置对系统的影响、总线速度对系统性能的影响、总线竞争情况等。这样在设计的早期，可帮助设计者合理的配置软硬件资源，提高系统的整体性能。

在建立系统硬件模型时，可以采用多种建模策略，如图9-5所示，根据设计规范可以由两个独立的团队建立两种类型的模型，一个团队建立RTL的模型，一个团队建立基于C语言或SystemC等语言的模型。这两种模型都是对设计规范的阐述，两种模型的比较可以使一些关键的路径更加清晰。由于基于C语言的功能模型的架构比较简单，因此可以更快地建立系统的硬件模型，快速地构建软硬件协同验证平台。基于C语言的功能模型和RTL模型，在仿真时可以自动比较结果，相互检查。基于C语言的建模团队可以负责整个验证计划的开发和执行，推动整个验证过程。有了不同级别的模型后，可以在不同的级别进行验证，如在架构级和实现级，还可以用实际应用程序在系统级进行仿真。

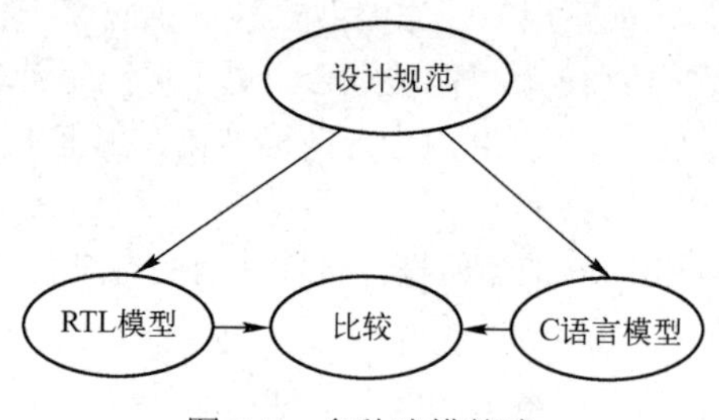

图9-5　多种建模策略

在协同验证中通常采用协同仿真的方法。协同仿真是通过同步的方式连接两个或者多个仿真器进行联合仿真。如图9-6所示，是一个协同仿真的例子，在该环境中需要同时调用HDL和C语言仿真器。

软硬件协同验证环境通常要求所提供的模型是周期精确的或者在引脚上的信号是精确的，能够运行实时操作系统，能够在设计的早期建立好系统环境。

软硬件协同验证的层次环境，如图9-7所示，可以分为4个部分。

① 源码调试：用来控制处理器的执行，导出软件分析参数等，如总线上的竞争状况，缓存命中情况等。

② 处理器：由工具供应商开发的仿真模型，也可由用户自行开发，通常有指令集仿真器（ISS），总线功能模型（BFM）等。

③ 系统接口：提供处理器和外设之间的接口，通常由软硬件协同验证工具提供标准的接口。

④ 外设：通常为基于 C 语言的模型，或者 RTL 代码，或者在 FPGA 中的实现。

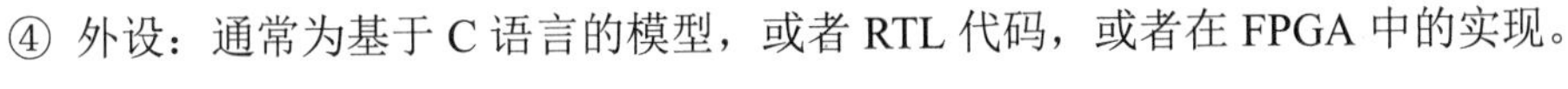

图 9-6 协同仿真实例

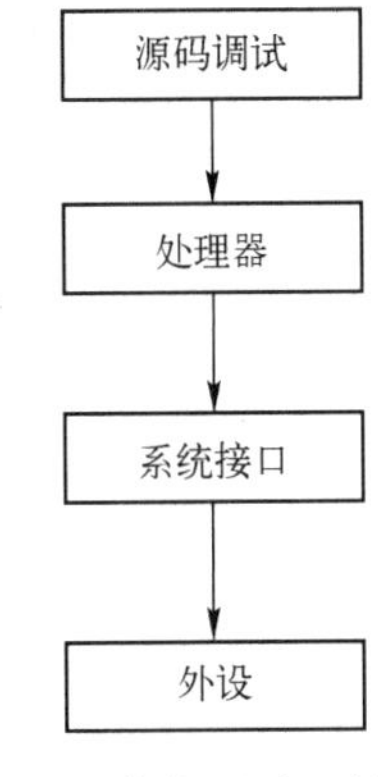

图 9-7 软硬件协同验证的层次结构

9.4 仿真验证自动化

仿真目前依然是功能验证中最主要的方法，其他的验证方法都是对仿真方法的补充。在 RTL 设计阶段，模块集成后，要进行功能仿真验证。通常，验证分为如下 3 个步骤：

① 验证各独立模块的功能正确；

② 模块在系统中接口功能正确；

③ 在整个系统上（部分使用仿真原型）运行一些实际应用代码，以验证功能和时序的正确。

图9-8 所示为一个基于仿真的验证环境示意图。在该验证平台中，例化了 SoC 芯片，对模块的接口建立了相应的接口模型，如片外存储器模型，加上了不同 IP 模块的验证模型，还有一些便于调试的模块等。系统片外存储器模型用于存放程序和数据。验证模型用在系统仿真时，与系统的特定 IP 模块通信，完成模块功能协议的检查。现在有很多专门用于验证的 IP，即 VIP（Verification IP）。激励模型用来产生激励向量，而检测模型用来在系统仿真中显示一些提示信息，如当前正在执行的代码段、运行结果是正确还是错误等，起到方便查看运行结果和调试的作用。通常，在一个模块的验证模型中包括激励模型和检测模型。

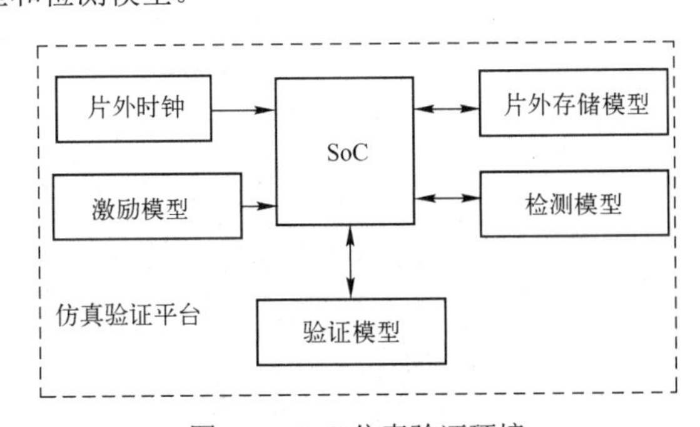

图 9-8 SoC 仿真验证环境

有了上述的基于仿真的验证环境后，即可逐步完成系统级验证过程的自动化。验证过程的自动化主要是指输入激励产生自动化、输出结果保存自动化和结果自动监测与比较，SoC 仿真验证平台如图 9-9 所示。

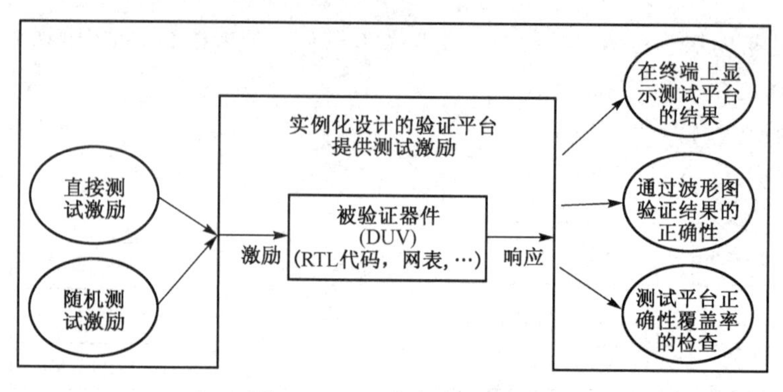

图 9-9 SoC 仿真验证平台

9.4.1 激励的生成

验证激励一般有两种形式：一种是直接验证激励，它能够检测到你所希望检测到的系统的缺陷；另一种是随机验证激励，它能够检测到验证者没有想到的一些系统缺陷。尽管采用直接验证激励的验证方法需要花费大量时间考虑验证激励的生成，这种验证方法仍然是主要的验证方法。

在系统级验证各模块时，根据模块和系统规范的要求，通常用C程序或汇编指令写出验证计划所描述的功能，如配置存储器控制器与片外存储器模型的寄存器使之处于一定的工作模式，以便完成与片外存储器的数据传输等。这些验证程序会在验证环境中自动编译成为处理器模型能够识别的二进制指令作为仿真向量。接着用仿真软件编译成可执行的仿真文件，按实际工作的模式，或放入片内存储器中，或放入片外存储器中，最后运行仿真文件。这样可以快速、准确地产生大量的与实际应用一致的输入向量，进而提高验证覆盖率。

对于随机产生的验证激励，如果没有施加任何约束条件，所产生的激励可能会存在不合法或效率低的情况。带约束的随机验证激励是指在产生随机验证向量时施加一定的约束，使所产生的随机验证向量满足一定的规则。

图9-10所示为一个简单的带约束的随机激励生成的例子。x_1 和 x_2 为系统的两个输入，它们经过独热码编码器编码之后产生与被验证设计（DUV）直接相连的输入。因为独热码编码器编码产生的输入需要满足 $in[1]+in[2]+in[3]\leqslant 1$ 的条件，此时验证者就可以用随机验证向量生成器并施加 $in[1]+in[2]+in[3]\leqslant 1$ 的约束条件，这样产生的随机向量就可以保证它们的合法性。

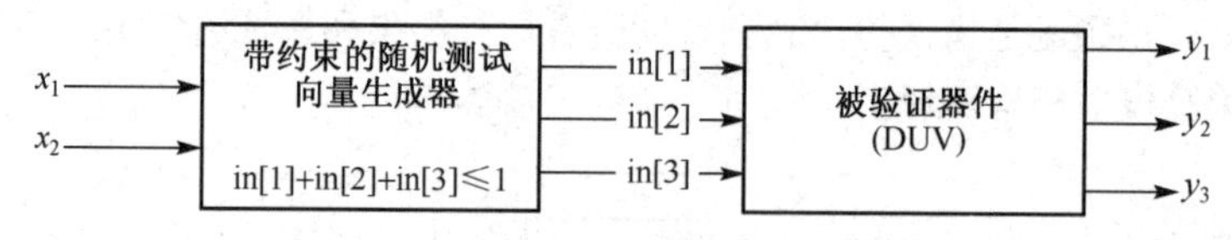

图 9-10 一个带约束的随机激励生成的例子

SystemVerilog 支持带约束的随机激励生成。在下面用 SystemVerilog 语言所写的带有约束的随机激励生成的一个例子中，随机输入激励 data 的数量限制在 1～1000。

```
program automatic test;

//define constraint
class Transaction;
  rand bit[31:0] src, dst, data[];        // dynamic array
  randc bit[2:0] kind;                    // cycle through all kinds
  constraint c_len
    {data.size inside {[1:1000]}; }       // limit array size
Endclass
```

```
    // instantiation
    Transaction tr;

    // start random vector generation
    initial begin
      tr = new( );
      if(!tr.randomize( )) $finish;
      transmit(tr);
      end
    endprogram
```

9.4.2　响应的检查

输出结果的检查最直观的方法是可视化的波形检查。但是对于 RTL 级的系统仿真，波形的存储需要向计算机的硬盘存入大量的仿真结果数据，这样会消耗大量的计算机资源，影响仿真的速度。此外，利用波形观察的方法对于复杂的设计并不适用，这是因为根据波形来判断输出是否正确非常烦琐，在设计代码和验证激励程序都不太稳定的情况下，必然导致波形的输出前后变化很大，需要用大量时间来调试。所以，复杂响应的检查通过程序化、自动化来完成是必要的。通常，复杂响应的检查与产生复杂激励的过程一样，往往通过相应的检测模型或验证模型来自动完成输出结果的比对。图 9-11 所示为一个自动化仿真验证平台的功能图。

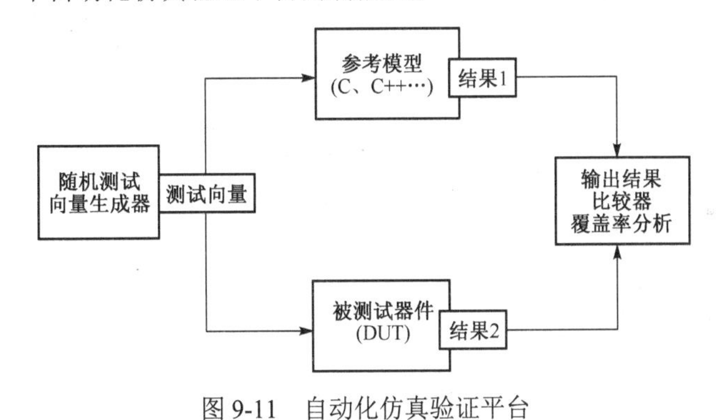

图 9-11　自动化仿真验证平台

9.4.3　覆盖率的检测

如何用较少的验证向量完成必要的验证，达到所需要的覆盖率，是设计人员在验证规划阶段就需要考虑的问题。覆盖率数据通常是在多个仿真中收集的。覆盖率数据收集的太多也会使分析工作变得十分困难。对于复杂设计，激励和响应的所有空间是多维的，可能是巨大的。利用带约束的随机验证环境可以有效地完成这一任务。覆盖率的模型由针对结构覆盖率（Structural Coverage）和功能覆盖率（Functional Coverage）两种目标而定义的模型所组成。这些覆盖率定义可以进一步细化为一些小的指标，如有限状态机覆盖率（FSM Coverage）、表达式覆盖率（Expression Coverage）、交叉覆盖率（Cross Coverage）和断言覆盖率（Assertion Coverage）等。下面是一个用 SystemVerilog 语言写的功能覆盖率自动检测环境例子。

```
  program automatic test(busifc.TB ifc);
class Transaction;
      rand bit[31:0] src, dst, data[];        // dynamic array
      randc enum {MemRd, MemWr, CsrRd, CsrWr, loRd, loWr, Intr, Nop} kind;
  endclass
  covergroup CovKind;
```

```
    coverpoint tr.kind;                 // measure coverage
  endgroup

  Transaction tr = new( );              // instantiate transaction
  CovKind ck = new( );                  // instantiate group

  initial begin
    repeat (32) begin                   // run a few cycles
    if(!tr.randomize( )) $finish;
    ifc.cb.kind = tr.kind;              // transmit transaction
    ifc.cb.data = tr.data;              // into interface
    ck.sample( );                       // gather coverage
    @ifc.cb;                            // Wait a cycle
  end
    end
  endprogram
```

对于一个复杂的 SoC 设计，仿真有两大不足之处。一是仿真的速度比较慢，通常 RTL 前端仿真时每秒只能处理几十个指令周期，门级后端仿真时每秒只能处理十几个指令周期。一个典型的 SoC 应用往往会有上百万的指令周期，整个验证向量在仿真环境需要很长的运行时间。对此，可以采用两种方法进行改善：第一种方法是硬件模拟，它通常是基于 FPGA 的系统模拟。硬件模拟是在一个真实的系统上进行的验证，它的仿真速度很快。但是，从 RTL 设计映射到硬件的时间开销非常大，并且对于复杂的大型 SoC 可能要使用多块 FPGA 和大量硬件 IP 资源，价格十分昂贵。第二种方法是基于 ESL 设计的仿真，它是基于高层建模方法的仿真，是 RTL 仿真和硬件模拟的折中。这种方法已经在第 4 章介绍过。仿真的另一个不足是由于整个 SoC 设计状态空间的巨大，要开发完整的验证向量覆盖整个状态空间是不现实的，通常所开发的验证向量只是整个状态空间的一部分，而由仿真发现的问题到找到对应的设计中的错误可能需要花费更多的时间。下面介绍的基于断言的验证是对上述仿真方法的补充。

9.5 基于断言的验证

在通常的仿真验证中，面临的两个问题是可观测性和可控制性。对于整个设计的端口上的信号比较容易控制，但是对于设计内部的信号却很难直接去控制，必须加一定序列的验证向量才能使内部信号达到要求的状态，传统的仿真验证如图 9-12 所示，通过验证平台施加验证向量。用常规的仿真方法发现功能上的错误必须要有两个条件：一是合适的输入向量能够激活错误，二是错误要能够以某种预期的形式输出。如果错误没有表现出来，就很难发现错误，而且即使能够发现错误，在发现错误时，也已经历了多个周期的传输，很难追踪产生错误的根源。

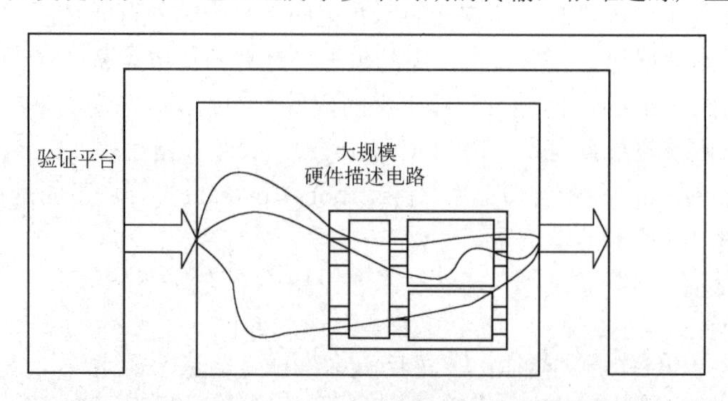

图 9-12　传统的仿真验证

近年来，基于断言的验证（Assertion Based Verification）已经得到了广泛的应用。采用断言描述设计的行为，在仿真时起到监控作用，当监控的属性出现错误时，立刻触发错误的产生，增加了设计错误在仿真时的可观测性，如图 9-13 所示。用断言描述的属性既可以用在仿真中起到监控设计行为的作用，也可以用在形式属性检查中作为要验证的属性。属性检查（Property Check）时，是对整个状态空间进行搜索，能够控制到每一个信号并能指出错误的具体位置，解决了设计验证时的可控制性和可观察性问题。

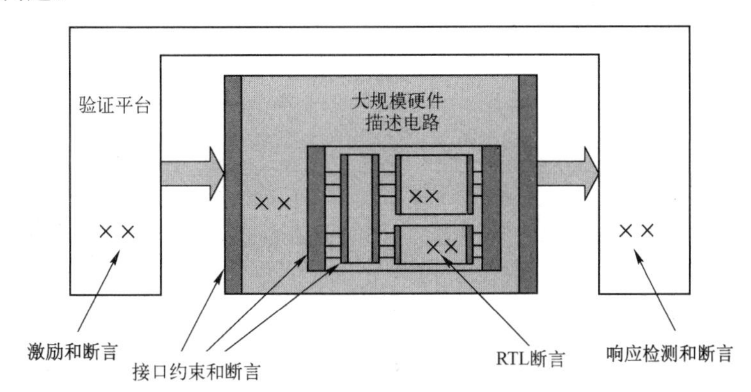

图 9-13　基于断言的验证

基于断言的验证方法，把断言规范与仿真技术、形式验证技术，甚至综合等有机结合起来，最有可能成为下一代硬件设计和验证中革命性的方法。由于断言可以用抽象级很高的语言描述，它也能够用在复杂的系统设计中，加快验证调试的速度，保证验证的质量。

然而，由于断言的生成是手工完成的，而要熟练掌握断言语言及工具的使用也需要时间，这往往使得基于断言的验证方法的推广受到阻碍。但这是一个值得的投资。图 9-14 所示为 IBM 的工程师从他们的实践中得出的不同的验证方法实现所花费的时间和所产生的效率的关系。从图中可以清楚地看到基于断言的仿真所带来的仿真质量的提高。

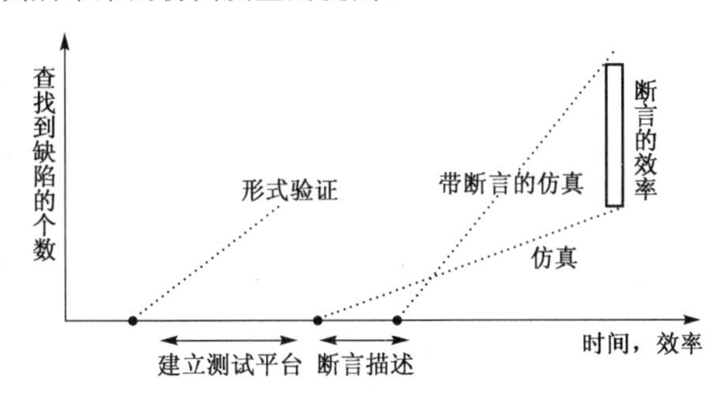

图 9-14　验证实现所花费的时间与验证的质量

9.5.1　断言语言

硬件验证的基础是保证设计的实现满足设计规范的要求。设计和验证过程的关键在于规范。然而，在过去，规范是用自然语言描述的设计要求。这种形式的规范不仅模糊，而且在许多情况下，由于缺乏标准使得设计表述不可验证。进一步来说，就是不能保证规范要求的各方面得到了充分的验证。断言语言正是为了解决这一问题而发展起来的。

可描述断言的语言有很多种。SVA（SystemVerilog Assertion）是目前广泛被工业界使用的一种断言语言。作为 SystemVerilog 的重要组成部分，SVA 是一种描述性语言，它可以完美的描述和控制与时序相关的问题，而且这种语言本身简洁易读，容易维护。SVA 提供了许多内嵌的函数用于验证特定的时序关系和自动收集功能覆盖率的数据。设计工程师和验证工程师可以利用这些已有的函数快速地对复杂设计验证行为进行定义，而不必浪费大量精力来自己设计断言。

比如，要验证这样一个简单的属性：每当 A 有效时，B 必须在下一个时钟或第 2 个时钟有效。下面分别为用 Verilog HDL 描述和用 SVA 描述的例子。其中，assert property 为 SVA 的关键字，表示并发断言。

用 Verilog HDL 实现的检查器：

```
always @ (posedge A)
begin
   repeat (1) @ (posedge clk);
      fork: A_to_B
         begin
            @ (posedge B)
            $display ("SUCCESS: B arrived in time\n", $time);
            disable A_to_B;
         end
         begin
         repeat (1) @ (posedge clk)
            @ (posedge B)
            display ("SUCCESS: B arrived in time\n", $time);
            disable A_to_B;
         end

         begin
         repeat (2) @ (posedge clk)
            display ("ERROR: B didn't arrive in time\n", $time);
            disable A_to_B;
         end
end
```

用 SVA 实现的检查器：

```
assert property ( @(posedge clk )A|->##[1:2]B);
```

上述例子很清楚地显示出 SVA 的优势，描述相同的协议，Verilog HDL 需要很多行代码，而用 SVA 则只需要 1 行。此外，Verilog HDL 断言成功或失败都必须额外的定义，而 SVA 中断言失败会自动显示出错误信息，这些错误信息包括断言失败的时间和出错的位置等。断言可以用来描述设计在总体行为上的要求，也可以描述设计在具体环境中所满足的假设要求。断言也能够捕获设计过程中的内部行为要求和假设。这两种特性使得功能验证和设计复用更加有效。

断言的另一个重要用途就是建立文档，可以替代自然语言规范或与自然语言规范一起使用。可以描述一些简单的变量，也可以描述一些多周期的行为。

断言能够作为验证工具的输入，既可以用在仿真中，也可以作为使用属性检查的形式验证中。断言能够用来自动产生仿真时的检查点，可以通过多种方式来实现，如直接把检查点集成到仿真工具中，把所描述的属性集成在验证平台自动化工具中驱动激励的产生，产生 HDL 监控器与设计一起仿真等。

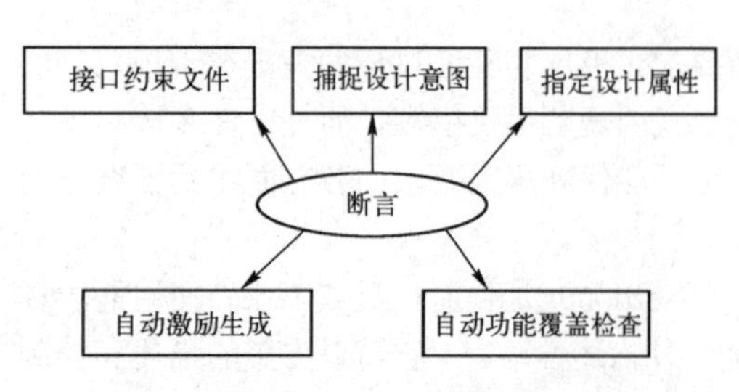

图 9-15　断言的作用

断言的使用有机整合了验证中的各种要素，断言的作用如图 9-15 所示。在随机仿真和用形式验证的方法进行属性检查时，都需要在设计的输入端口加约束文件，使设计在合法的状态空间内验证。可以用断言语言来完成限制文件。断言也可以用来捕捉设计者的意图，指定设计的属性。断言既可以在仿真环境中运行，也可以在属性检查的形式验证中使用。如果断言描述的是设计的属性，那么根据断言的执行情况，可以进行功能覆盖检查。如果断言被执行了，相对应的功能就被覆盖到了。

9.5.2　基于断言的验证

基于断言的验证以断言为起始点和中心点。在仿真时断言起到监控行为的作用，在属性检查时，则作为要验证的属性。如果用硬件描述语言来写断言，大多数仿真工具会支持断言的使用。现在也有不少仿真工具能够支持特定的断言语言。不同的属性检查工具也会支持不同的断言语言描述的属性。在 Accellera 的标准应用到 EDA 中后，选择任何一种仿真工具和属性检查工具，都可以满足一个基于断言的验证平台的基本要求。基于断言的验证，使得断言规范在各种验证技术中都能起到作用，如形式验证、仿真验证、混合验证等。

1．在属性检查中使用断言

在属性检查中，最重要的就是属性描述。只要断言能够得到属性检查工具的支持，针对设计规范要求开发的断言就可以作为属性，在形式验证中使用。

因此断言属性检查依然面临着两个问题：

- 状态空间爆炸问题，使得断言属性检查不能够应用在比较大的验证中；
- 环境的限制问题。

采用了基于断言的方法后，可以通过断言限制使整个验证过程变得事半功倍。接口断言复用如图9-16 所示，在属性检查时为一个模块创建接口限制断言，可以作为与之相邻的另外一个模块的输出断言检查，在系统级仿真时起到监控输出的作用。断言限制文件也有助于设计者对设计状态空间的理解。

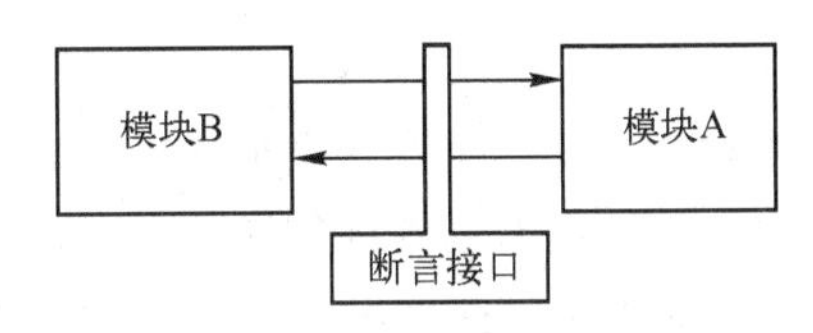

图 9-16　接口断言复用

属性检查可以在整个有效的状态空间内搜索，来证明属性的正确性，能够保证通过验证的属性100%的正确，不需要再用仿真的方法验证该属性。在传统的仿真方法中，对于设计的输入端口具有很好的控制性，但是对于内部的节点却很难控制。属性检查具备在整个状态空间搜索的特性，解决了验证中可控制性问题。

在属性检查应用中，如果设计太大或者属性比较复杂，可能得不到彻底验证，可以采取下述有效措施避免这种状态空间爆炸问题。

- 分割设计：在与断言属性相关的子设计中验证断言。
- 分割断言属性：把一个大的属性分割为多个小的容易证明的属性。

断言规范的不完整会导致一些属性没法被验证到，而且由于状态空间问题，属性检查现在还不适合 SoC 系统级的验证。由于这些问题的存在，形式验证只用在模块中对一些比较关键的属性进行完全的验证。

2．在仿真中使用断言

如图9-17 所示的仿真环境，断言起到监控设计行为，修正产生的激励及功能覆盖统计等作用。与常规的仿真相比只是加入了断言，不影响仿真中采用其他技术。

在仿真中使用断言的方法，提高了设计的可观测性，在仿真时断言监控有不成立的地方，会在靠近错误发生的地方给出提示信息，这样能够加速调试错误的过程。目前，这种方法已经被许多著名的公司使用。

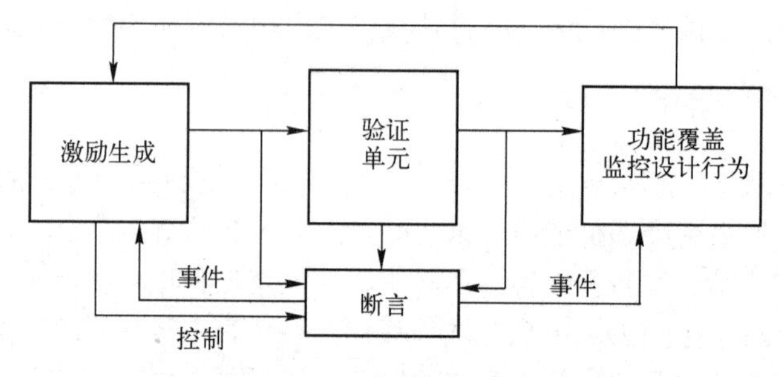

图 9-17　断言在仿真环境中的使用

9.5.3　断言的其他用途

1．断言和设计的复用

模块级开发的仿真环境和验证向量，到了系统级后基本上是无法移植的。但是，在模块级开发的断言属性、接口限制都可以很简单地转化为断言检查点，在系统集成仿真时，仍然可以起到监控作用。

另外，文字描述的设计规范不足以表示设计中的具体的信息，文字信息也容易产生歧义。断言规范是可以执行的精确代码，是天然的注释。断言的使用有利于其他设计者对设计的理解和更改，可以减少维护和修改的费用。断言和模块可以作为 IP，一起交给客户。

2．FPGA 中的断言实现

断言是可以执行且可以综合的代码，不仅可以用在仿真和形式验证中。断言还可以用在 FPGA 的验证中，目前已经开始有了这方面的研究。

在 SoC 系统级仿真时，一般每秒只有几十个指令周期。用仿真的方法来运行实际应用代码几乎是不可能的事情。在运行这些代码时，往往需要用硬件加速的办法，常用的有 FPGA 验证，但是 FPGA 相当于黑盒验证，可观测性比较差。如果断言能够用在 FPGA 中，可以解决这一问题。

在 FPGA 电路仿真时可以把综合后的断言映射到 FPGA 中，那么在硬件仿真时也能起到在电路中的监控作用。断言综合如图 9-18 所示，用 PSL 语言表示的验证层属性的代码可以综合为门级电路，因为用 PSL 语言规范描述的属性是可以综合的。可以把断言属性映射到 FPGA 中起到增加观测性的作用。

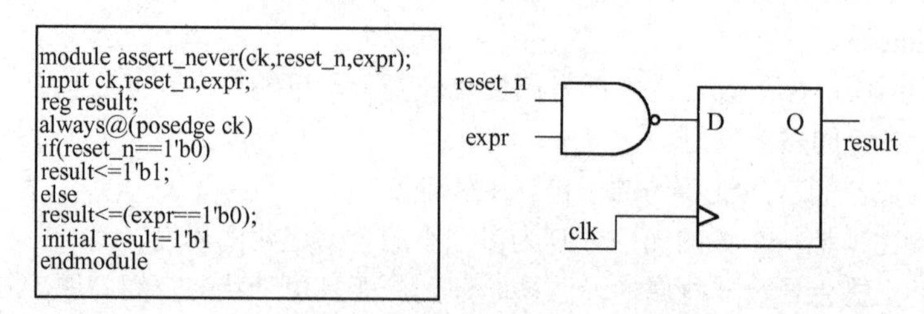

图 9-18　断言综合

在 FPGA 硬件仿真中使用断言时，相关的框架如图 9-19 所示，它主要由断言、断言处理器和相互之间的连接 3 个部分组成。

- 分布在电路中的断言，运行时起监控作用。
- 断言处理器是用来处理断言结果的，采取正确措施的电路，如停止系统或者隔离错误等。
- 断言结果到断言处理器的连接。

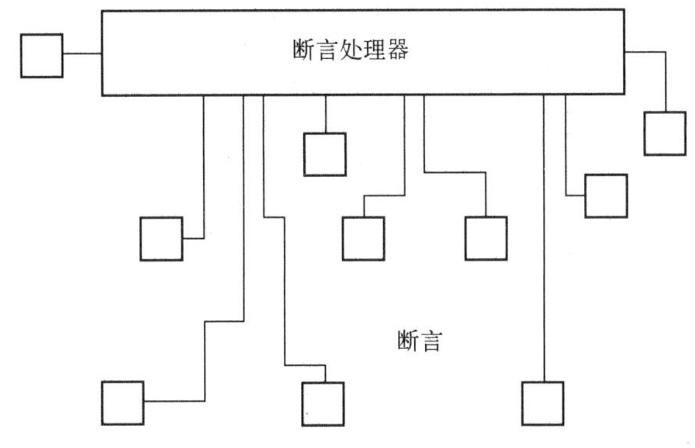

图 9-19　FPGA 中的断言和断言处理器

断言在软件仿真时已经写好，要在 FPGA 验证使用时，还需要加入一个断言处理器，对断言执行的结果进行处理。断言处理器可以简单到只是把断言执行的结果引出到 FPGA 的观测引脚上，同时也可以复杂到对所有的断言情况进行统计分析，给出一个综合的结果。

新的验证平台组件正在进入今天的验证方法之中，断言的使用可能对质量和速度产生戏剧性的影响。此外，某些更新的验证平台组件也已出现。所有这些新的组件都将受到属性的驱动，进而操控和利用属性，这是未来的发展方向。这种自动化、基于属性的验证方法将推动验证性能的提高，这也是缩短验证鸿沟的必要条件。

9.6　通用验证方法学

通用验证方法学，UVM（Universal Verification Methodology），是由多家半导体公司及 Cadence、Synopsys 等多家 EDA 公司联合推出的验证方法学及标准。在 2017 年 3 月，UVM 正式成为 IEEE 1800.2-2017 标准。UVM 的目的是为了能够建立通用的、可复用的验证组件（UVC，UVM Verification Component），进而高效地进行 SoC 功能验证，缩短验证周期，提高验证覆盖率。现在 UVM 已成为工业界主流的验证平台。

UVM 的关键特征包括 5 个方面。

① 数据设计：UVM 能够将用户的验证环境划分成一个个特定的数据项（Data Item）和组件（Component）的集合。除此之外，UVM 还集成了许多常规操作，能够简化文字打印和图形显示等基本的操作，从验证对象中分层地提取数据，并且能够让一些常用的操作例如复制、比较和打包自动进行。

② 激励产生：UVM 提供了一系列的类和底层结构，能够在底层控制模型的数据流序列，同时也能够在底层控制系统级的激励产生。使用者可根据当前系统环境的状态随机化生成激励。可依据的系统环境包括被验证模块的状态、接口和之前产生的数据。UVM 提供了一套完整的可定制化的激励产生机制，用户可以配置自定义的分层事件及事件流的产生。

③ 验证平台的创建和运行验证程序：UVM 的基本类（Basic Class）能够使验证自动化，简化对 UVM 的使用。一个明确定义的流程能够让创建多层次的可复用环境成为可能。一个通用的配置接口让用户无须修改原始实现就能够配置实时运行的行为和验证用例的组合。

④ 覆盖模型的设计和验证策略：能够将成熟的设计与需要验证的设计结合起来，并将函数功能覆盖、电路和外加的验证电路、协议和数据验证整合到一个可重复使用的验证组件中。

⑤ 分析和调试能力：UVM 提供的库和方法，能够提供验证过程中的大量信息，如错误信息报告、事件日志和序列追踪等。

UVM 采用了一种分层的、面向对象的方法来开发验证平台（testbench），这样可以使团队的不同成员分别关注不同的方向。UVM testbench 中的每个组件都有一个特定的用途和一个与 testbench

的其余部分具有良好定义的接口，进而提高效率并且方便进行复用。当这些组件被组装到一个 testbench 中时，搭建好的模块化可复用验证环境允许验证者在事务级别进行思考，关注于必须要进行验证的功能，而如何与被测设计（DUT）进行交互则由 testbench 的架构设计师进行处理。

图 9-20 所示为一个 UVM testbench 基本结构框图。在一个 UVM 的 testbench 中，DUT 通过接口信号引脚与 Agent 层连接。Agent 包含与被测设计进行通信的所有特定协议。UVM Agent 和其他组件封装在 Env 环境包当中。Env 将在顶层 Test 中进行实例化和定制。通过调用事务级代码顶层模块（HVL）中的 run_test()，开始 UVM 验证。

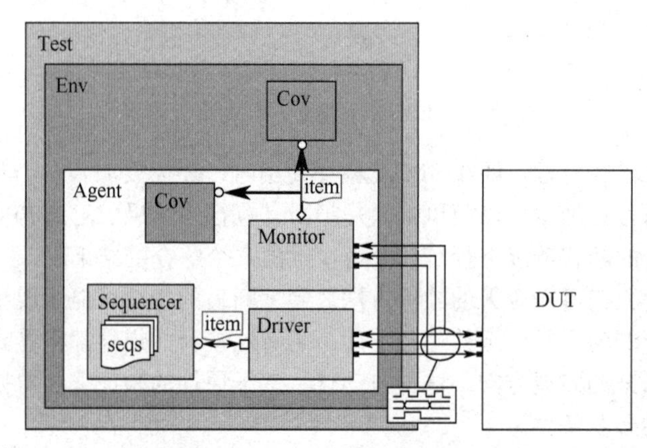

图 9-20 UVM testbench 基本结构框图

DUT 连接到事务层（Agent）。事务执行与 DUT 之间的通信是使用 DUT 引脚级上的驱动和采样信号进行的，例如信号和事务间的转换。事务执行和 testbench 的其余部分通过传递事务对象进行通信。事务层之上的 testbench 层由在事务层中专门进行交互的组件组成，如记分板（scoreboards）、覆盖收集器（coverage collectors）、激励信号发生器（stimulus generators）等。

UVM 中的 agent 把 driver、monitor 和 sequencer 封装在一起。agent 对应物理接口协议。不同的接口协议对应不同的 agent。接口协议规定了数据的交换格式和方式。通过给 testbench 提供统一的接口，agent 将 testbench 与 sequencer 接口实现细节隔离开来。

UVM agent 通过 driver 和 monitor 来实现接口协议的内容。driver 负责将事务转化成 DUT 引脚上电平级的激励信号；monitor 负责监视 DUT 引脚上信号电平的变化，将其转化成事务，并将其提供给 agent 中的分析组件或验证平台中的其他地方，如 coverage collector 或 scoreboards；scoreboard 用于检查 DUT 输出的事务和参考模型的输出是否一致；sequencer 为序列容器，负责调度事务，并发送给 driver；sequence 为序列发生器，负责产生 DUT 需要的事务，并经过 sequencer 调度。一个 sequencer 启动一个 sequence，从 sequence 获取数据，并把这些数据转交给 driver。这种功能划分让 driver 不再关注数据的产生，而只负责数据的发送。在一个 UVM testbench 中，通常每个 DUT 接口有一个 agent。

对于一个给定的设计，agent 和其他组件封装在 env 环境包当中，env 通常是特殊设计的。与 agent 一样，env 通常有一个与其相关联的配置对象，该对象允许控制不同的 env 以及控制在 env 中实例化的 agent。因为 env 本身就是 UVM 组件，所以可以将它们组装到更高级别的 env 中。

当模块级设计被组装到子系统和系统中时，与模块相关联的模块级的 env 可以作为子系统级 env 中的组件重用，而子系统级 env 本身可以在系统级验证台中重用。

UVM 建立了基于 SystemVerilog 语言的类库（Class Library）。由于采用了积木式模块，并提供标准接口，验证设计人员能够快速搭建可复用的验证组件和验证环境。这个库由基本类、工具及宏组成。

UVM testbench 是由 uvm_component 基本类扩展的组件对象（component objects）构建的。uvm_object 用于构建事务，uvm_component 用于构建结构。在仿真阶段创建了 uvm_componen 中的类的结构后，它将成为 testbench 层次结构的一部分，该层次结构在仿真期间保持不变。值得注意的是，sequence 不是从 uvm_component 中派生来的。它是来自 uvm_object 的另一个分支，如图 9-21 所示。与 component 不同，它在仿真阶段是瞬态的，当它被引用完成后，会被销毁。

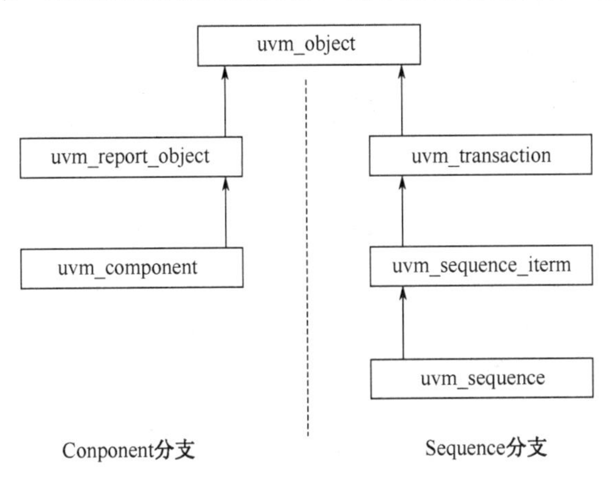

图 9-21 简化的 uvm 关系

UVM 采用树形的组织结构管理 testbench 的各组件，如图 9-22 所示，树的根是 uvm_top 组件。它是一个全局变量，是 uvm_root 唯一的一个实例。env 是从 uvm_component 类中派生来的。而 driver、monitor、model（DUT 的参考模型，高级建模的模型）、scoreboard 等都要从 evn 这个类派生而来。通过这种形式，env 把 driver、monitor、model、scoreboard 等节点都组织在一个树上，包含在其内部，方便执行后面的操作。其中，monitor 是可以放在 i_age 和 o_age 中，分别用于收集 DUT 输入和输出的信号。

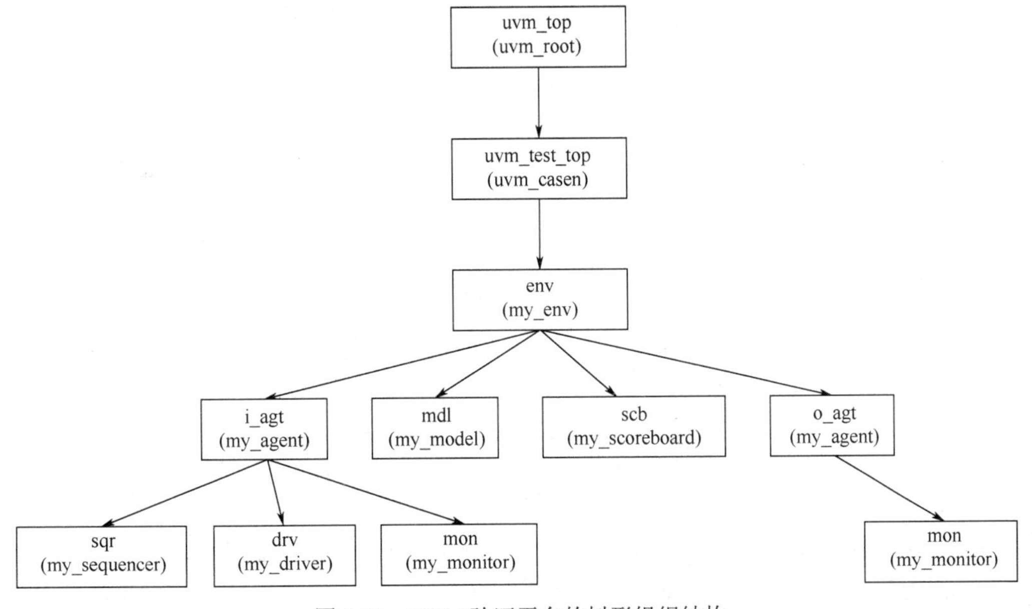

图 9-22 UVM 验证平台的树形组织结构

在实际的验证平台上，上述组件及之间的接口和连接关系如图 9-23 所示。一旦定义了 env，uvm_test 将实例化、配置和构建环境，包括定制整个 testbench 环境。

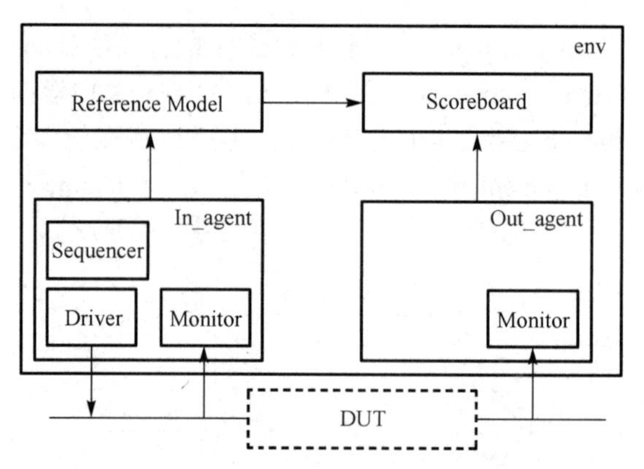

图 9-23 实际验证平台上的组件及其连接关系

UVM component 可以被分层次地封装和实例化，并通过一组可扩展的阶段（phase）来初始化、执行仿真和产生每一个验证结果报告。一个 component 中可以有多个 phase，按照先后顺序运行。Testbench 等到所有 component 当前的 phase 都运行完之后再进入下一个 phase。

图 9-24 给出了 UVM 中的仿真阶段所包含的子 phase 以及执行顺序。下一个 phase 必须在上一个 phase 执行完成后才能执行。

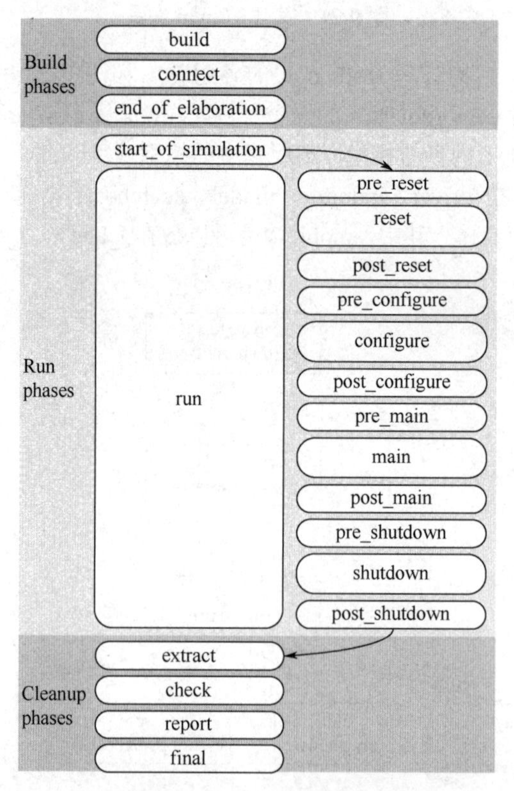

图 9-24 UMV 中仿真阶段

UVM 验证是通过调用事务级代码顶层（HVL）模块中的全局任务 run_test()开始的。首先执行的是 build phases。在 build phases，将创建顶层验证平台（top-level testbench）的拓扑结构，即将子模块自顶向下分层，创建模块之间的连接。run phases 在验证平台上运行验证用例。所有 uvm_component 的 run phase 的任务都并行执行，如 driver 和 monitor。最后是 clean up phases，负责收集和报告验证结果。每一个组件必须在完成前一个 phase 后，才能运行下一个 phase。

UVM 基本类库包含在一个名为 uvm_pkg 的包（package）中。package 是 SystemVerilog 语言结构，它使相关的声明和定义能够在包名称空间中组合在一起。package 可能包含类型定义，常量声明、函数和类模板。在开发 UVM 验证平台时，应该使用 package 来收集和组织各种类定义，这些类定义是为实现 agent、envs、sequence libraries、test libraries 等而开发的。

UVM 支持多种语言的设计和验证，如用 C 或 SystemC 写的验证 IP。模块之间的通信采用 TLM 标准实现。UVM 还提供了一个用于访问和控制 SystemC（或 C，或 C++）仿真的 UVM 指令 API。

由于设计规模越来越大、越来越复杂，虽然 UVM 提供了构建标准化的设计验证平台的方法，但验证设计者还是需要精心设计每一个 ASIC 设计的仿真环境，进而有效地运行大量仿真。

本章参考文献

[1] J.Bergerpm 等. SystemVerilog 验证方法学[M]. 夏宇闻，杨雷，等译. 北京：北京航空航天大学出版社，2007

[2] S. Vijayaraghavan，M. Ramanathan. SystemVerilog Assertions 应用指南[M]. 陈俊杰，等译. 北京：清华大学出版社，2006.

[3] Rochit Rajsuman. SoC 设计与测试[M]. 北京：北京航空航天大学出版社，2003.

[4] Jacob Anderson, Peter Jensen. Leveraging Assertion Based Verification Using Magellan[C]. SNUG. Synopsys, 2005.

[5] Sharon Rosenberg, Kathleen A Meade. A Practical Guide to Adopting the Universal Verification Methodology (UVM)[M]. Cadence Design Systems, Inc., 2010.

第 10 章　可测性设计

随着 SoC 的集成度越来越高，其测试可行性、测试时间和测试功耗越来越受到人们的关注。本章介绍有关测试和可测性设计的一些基本概念和常用方法。其中，可测性设计包括存储器的内建自测、扫描测试、处理器核的测试和边界扫描测试等，并且通过具体的应用使学员加深对可测性设计的理解。

10.1　集成电路测试概述

10.1.1　测试的概念和原理

集成电路测试是 IC 产业链中重要的一环，而且是不可或缺的一环，它贯穿于从产品设计开始到完成加工的全过程。目前所指的测试通常是指芯片流片后的测试，定义为对被测芯片施加已知的测试向量，观察其输出结果，并与已知正确输出结果进行比较而判断芯片功能、性能、结构好坏的过程。图10-1 说明了测试原理，就其概念而言，测试包含了三方面的内容：已知的测试向量、确定的电路结构和已知正确的输出结果。

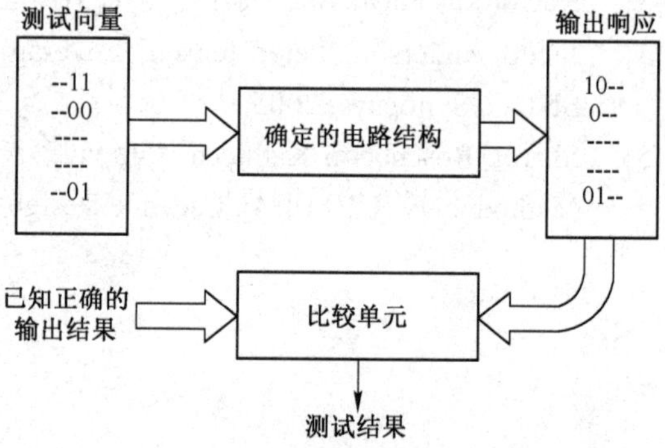

图 10-1　测试原理

随着芯片集成度的越来越高，如今的 IC 测试面临着前所未有的挑战：

- 测试时间越来越长，百万门级的 SoC 测试可能需要几个月甚至更长的时间；
- 测试向量的数目越来越多，覆盖率却难以提高，人们不知道究竟要用多少测试向量才能覆盖到所有的器件；
- 测试设备的使用成本越来越高，直接影响到芯片的成本。

10.1.2　测试及测试向量的分类

1. 按测试目的分类

根据测试的目的不同，可以把集成电路测试分为 4 种类型。

（1）验证测试（Verification Testing，也称作 Design Validation）

当一款新的芯片第一次被设计并生产出来，首先要接受验证测试。在这一阶段，将会进行功能测试，以及全面的 AC、DC 参数的测试。通过验证测试，可以诊断和修改设计错误，为最终规范（产品手册）测量出芯片的各种电气参数，并开发出测试流程。

（2）生产测试（Manufacturing Testing）

当芯片的设计方案通过了验证测试，进入量产阶段之后，将利用前一阶段调试好的流程进行生产测试。在这一阶段，测试的目的就是明确做出被测芯片是否通过测试的判决。由于每一颗芯片都要进行生产测试，所以测试成本是这一阶段的首要问题。从这一角度出发，生产测试通常所采用的测试向量集不会包含过多的功能向量，但是必须有足够高的模型化故障的覆盖率。这点在 10.2 节中将会重点介绍。

（3）可靠性测试（Reliability Testing）

通过生产测试的每一颗芯片并不完全相同，最典型的例子就是同一型号产品的使用寿命不尽相同。可靠性测试就是要保证产品的可靠性，通过调高供电电压、延长测试时间、提高温度等方式，将不合格的产品（如会很快失效的产品）淘汰出来。

（4）接受测试（Acceptance Testing）

当芯片送到用户手中，用户将进行再一次的测试。例如，系统集成商在组装系统之前，会对买回的各个部件进行此项测试。

2. 按测试方式的分类

根据测试方式的不同，测试向量也可以分为 3 类。

（1）穷举测试向量（Exhaustive Vector）

穷举测试向量是指所有可能的输入向量。该测试向量的特点是覆盖率高，可以达到 100%，但是其数目惊人，对于具有 n 个输入端口的芯片来说，需要 2^n 个测试向量来覆盖其所有的可能出现的状态。例如，如果要测试 74181ALU，其有 14 个输入端口，就需要 2^{14}=16384 个测试向量，对于一个有 38 个输入端口的 16 位的 ALU 来说，以 10MHz 的速度运行完所有的测试向量需要 7.64 个小时，显然，这样的测试对于量产的芯片是不可取的。

（2）功能测试向量（Functional Vector）

功能测试向量主要应用于验证测试中，目的是验证各个器件的功能是否正确。其需要的向量数目大大低于穷举测试，以 74181ALU 为例，只需要 448 个测试向量，但是目前没有算法去计算向量是否覆盖了芯片的所有功能。

（3）结构测试向量（Structural Vector）

这是一种基于故障模型的测试向量，它的最大好处是可以利用电子设计自动化（EDA）工具自动对电路产生测试向量，并且能够有效地评估测试效果。74181ALU 只需要 47 个测试向量。这类测试向量的缺点是有时候工具无法检测所有的故障类型。

10.1.3 自动测试设备

与 IC 测试有关的另外一个重要概念就是自动测试设备（ATE，Automatic Test Equipment）。使用 ATE 可以自动完成测试向量的输入和核对输出的工作，大大提高了测试速度，但是目前其仍旧面临不小的挑战。

该挑战主要来自两方面。首先是不同芯片对于同种测试设备的需求。在一般情况下，4～5 个芯片需要用同一个测试设备进行测试，测试时间只有一批一批的安排。每种设计都有自己的测试向量和测试环境，因此改变被测芯片时，需要重新设置测试设备和更新测试向量。其次是巨大测试向量对于测试设备本身性能的要求。目前，百万门级 SoC 的测试向量规模非常大，可能达到数万个，把这些测试向量读进测试设备并初始化需要相当长的时间。解决这一方法的途径是开发具有大容量向量存储器的测试向量加载器。例如，Advantest 的 W4322 的高速测试向量加载服务器，可以提供 72GB 的存储空间，可以缩短 80%的向量装载时间。

10.2 故障建模及 ATPG 原理

10.2.1 故障建模的基本概念

故障建模是生产测试的基础，在介绍故障建模前需要先理清集成电路中几个容易混淆的概念：缺陷、故障、误差和漏洞。

缺陷是指在集成电路制造过程中，在芯片上所产生的物理异常，如某些器件多余或被遗漏了。故障是指由于缺陷所表现出的不同于正常功能的现象，如电路的逻辑功能固定为 1 或 0。误差是指由于故障而造成的系统功能的偏差和错误。漏洞是指由于一些设计问题而造成的功能错误，也就是常说的 bug。表 10-1 列出了一些制造缺陷和相应的故障表现形式。

表 10-1　制造缺陷和故障表现形式

制造过程中的缺陷	故障表现形式
线与线之间的短路	逻辑故障
电源与电源之间的短路	总的逻辑出错
逻辑电路的开路	固定型故障
线开路	逻辑故障或延迟故障
MOS 管源漏端的开路	延迟或逻辑故障
MOS 管源漏端的短路	延迟或逻辑故障
栅级氧化短路	延迟或逻辑故障
PN 结漏电	延迟或逻辑故障

在实际的芯片中，氧化层破裂、晶体管的寄生效应、硅表面不平整及电离子迁移等都可能造成一定程度的制造缺陷，并最终反映为芯片的功能故障。

故障建模是指以数学模型来模拟芯片制造过程中的物理缺陷，便于研究故障对电路或系统造成的影响，诊断故障的位置。为什么要进行故障建模呢？这是因为，电路中可能存在的物理缺陷是多种多样的，并且由于某些物理缺陷对于电路功能的影响过于复杂，不能被充分地理解，分析的难度很大。而故障化模型中的一个逻辑故障可以描述多种物理缺陷的行为，从而回避了对物理缺陷分析的复杂度。

10.2.2　常见故障模型

1. 数字逻辑单元中的故障模型

在数字逻辑中常用的故障模型如下。

（1）固定型故障（SAF，Stuck At Fault）

这是在集成电路测试中使用最早和最普遍的故障模型，它假设电路或系统中某个信号永久地固定为逻辑 0 或者逻辑 1，简记为 SA0（Stuck-At-0）和 SA1（Stuck-At-1），可以用来表征多种不同的物理缺陷。如图 10-2 所示，对于器件 U0 来说，SA1 模拟了输入端口 A 的固定在逻辑 1 的故障；对于 U1 来说，SA0 模拟了输出端口 Y 固定在逻辑 0 的故障。

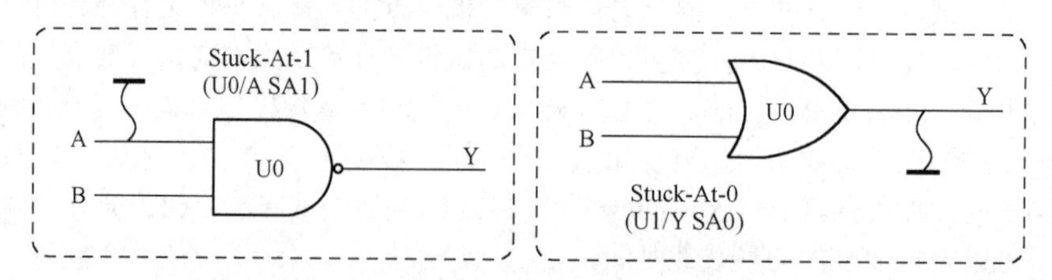

图 10-2　固定型故障

对于图 10-3 所示的组合电路，共包含 $2\times(N_{\text{pins}}+N_{\text{ports}})=2\times(11+5)=32$ 个固定型故障。

下面的例子说明了故障合并的含义。对于图 10-4 所示的传输电路，端口 A 的 SA0 故障和端口 Z 的 SA0 故障等效，同样的端口 A 的 SA1 故障和端口 Z 的 SA1 故障等效，因此在考虑测试向量集的时候可以合并故障，只需要从子故障集合{A：SA0，Z：SA0}和{A：SA1，Z：SA1}中各选择一个故障类型。

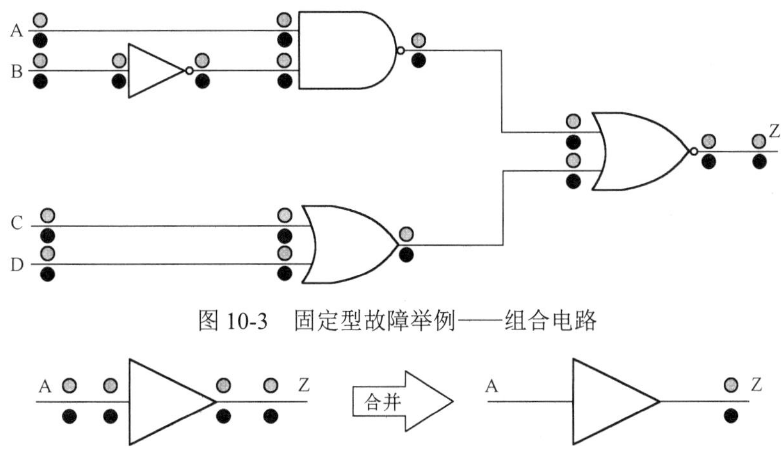

图 10-3　固定型故障举例——组合电路

A　Z　合并　A　Z

图 10-4　故障的合并——组合电路

（2）晶体管固定开/短路故障（Stuck-open/Stuck-short）

在数字电路中，晶体管被认为是理想的开关元件，一般包含两种故障模型——固定开路故障和固定短路故障，分别如图 10-5 和图 10-6 所示。在检测固定开路故障的时候，需要两个测试向量，第一测试向量 10 用于初始化，可测试端口 A 的 SA0 故障，第二个测试向量 00 用来测试端口 A 的 SA1 故障。对于固定短路故障的时候需要测量输出端口的静态电流。

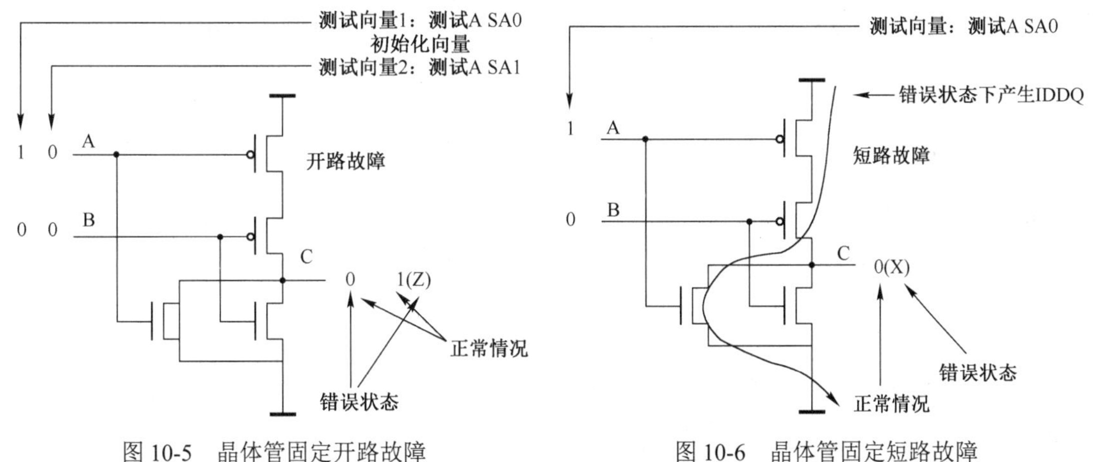

图 10-5　晶体管固定开路故障　　图 10-6　晶体管固定短路故障

（3）桥接故障（Bridging Faults）

桥接故障是指节点间电路的短路故障，通常假象为电阻很小的通路，即只考虑低阻的桥接故障。桥接故障通常分为 3 类：逻辑电路与逻辑电路之间的桥接故障、节点间的无反馈桥接故障和节点间的反馈桥接故障。

（4）跳变延迟故障（TF，Transition Delay Fault）

跳变延迟故障见图 10-7，是指电路无法在规定时间内由 0 跳变到 1 或从 1 跳变到 0 的故障。在电路上经过一段时间的传输后，跳变延迟故障表现为固定型故障。

（5）传输延迟故障（Path Delay Fault）

传输延迟故障不同于跳变延迟故障，是指信号在特定路径上的传输延迟，通常与测试该路径相关 AC 参数联系在一起，尤其是关键路径。

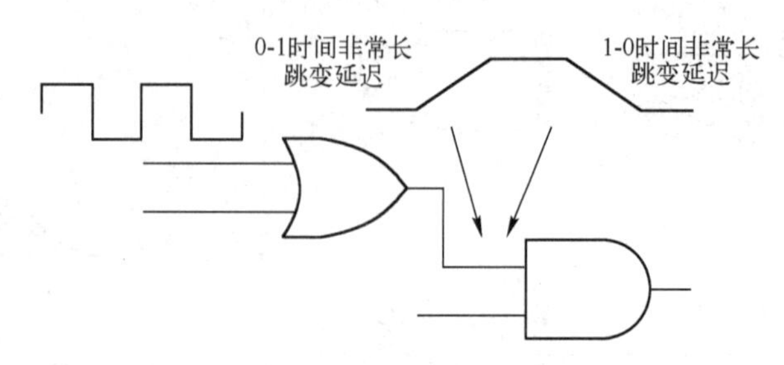

图 10-7 跳变延迟故障

2．存储器的故障模型

存储器的故障模型和数字逻辑中的故障模型有着显著的不同，虽然固定、桥接及晶体管固定开/短路故障模型对于数字逻辑有很好的模拟效果，但是用这些故障类型来确定存储器功能的正确性却是不充分的。除单元固定、桥接故障外，存储器故障还包括耦合、数据保留、临近图形敏感故障。

（1）单元固定故障（SAF，Stuck-At Fault）

单元固定故障指的是存储器单元固定在 0 或 1。为了检测这类故障需要对每个存储单元和传输线进行读/写 0 和 1 的操作。

（2）状态跳变故障（TF，Transition Delay Fault）

状态跳变故障是固定故障的特殊类型，发生在对存储单元进行写操作的时候，不发生正常的跳变。这里需要指出的是跳变故障和固定故障不可相互替代，因为跳变故障可能在发生耦合故障时发生跳变，但是固定故障永远不可能改变。为了检测此类故障必须对每个单元进行 0-1 和 1-0 的读/写操作，并且要在写入相反值后立刻读出当前值。

（3）单元耦合故障（CF，Coupling Fault）

这些故障主要针对 RAM，发生在一个单元进行写操作时，这个单元发生跳变的时候，会影响到另一个单元的内容。单元耦合可能是反相类型（CFin，inversion，单元内容反相）、等幂类型（CFid，idempotent，仅当单元有特定数据时单元的内容改变）或者简单的状态耦合（CFst，state，仅当其他位置有特定的数据时单元内容改变）。为了测试 CF 故障，要在对一个连接单元进行奇数次跳变后，对所有单元进行读操作，以避免可能造成的耦合故障。

（4）临近图形敏感故障（NPSF，Neighborhood Pattern Sensitive Faults）

这是一个特殊的状态耦合故障，见图 10-8。此类故障意味着在特定存储单元周围的其他存储单元出现一些特定数据时，该单元会受到影响。

（5）地址译码故障（ADF，Address Decode Fault）

该故障主要有 4 类：

- 对于给定的地址，不存在相对应的存储单元；
- 对于一个存储单元，没有相对应的物理地址；
- 对于给定的地址，可以访问多个固定的存储单元；
- 对于一个存储单元，有多个地址可以访问。

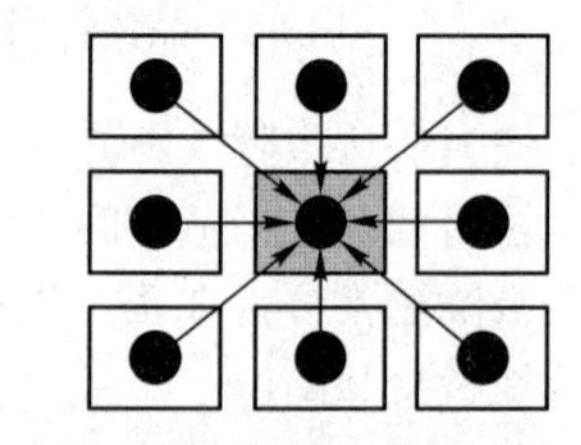

图 10-8 临近图形敏感故障

（6）数据保留故障（DF，Data Retention Fault）

数据保留故障是指存储单元不能在规定时间内有效保持其数据值而出现的故障。这是一类动态的故障，对于 SRAM 来说相当重要，可以模拟 DRAM 数据刷新中数据固定和 SRAM 静态数据丢失等故障，有时对可编程的 ROM 和 Flash 存储器也十分重要。

10.2.3 ATPG 基本原理

在抽象出有效故障模型的基础上，就可以开发各种自动测试向量产生（ATPG，Automatic Test

Pattern Generation）向量了。目前，常用的 ATPG 算法有伪随机算法和 AD-Hoc 算法，对于组合逻辑来说还有 D 算法、PODEM 算法和 FAN 算法。

利用软件程序可以实现 ATPG 算法，达到测试向量自动生成的目的。这里的测试向量是指为了使特定故障能够在原始输出端被观察到，而在被测电路原始输入端所施加的激励。通过软件程序，可以自动完成以下两项工作：

- 基于某种故障类型，确定当前测试向量能够覆盖多少物理缺陷；
- 对于特定的抽象电路，工具能够自动选择能够匹配的故障模型。

这里涉及故障覆盖率的概念，故障覆盖率表示测试向量集对于故障的覆盖程度：

故障覆盖率 = 被检测到的故障数目/被测电路的故障总数

可见，ATPG 的优点是明显的。首先，它是一个自动的过程，所以它可以减少向量生成的时间，并且生成的向量可以用故障覆盖率的标准来衡量好坏；其次，ATPG 是根据各类故障模型来生成向量的，因此一旦在测试机上发现错误，可以直接根据故障模型来追踪错误，能够很好地定位和诊断；另外，ATPG 生成向量的有效性非常高，这里的有效性是指每个时钟周期所增长的故障覆盖率，节约了时钟周期也就是节约了测试程序，最终表现出是测试成本的节约。

另一种观点不利于 ATPG 的发展，有些人认为如果过于依赖 ATPG，就会造成前端的设计必须与 ATPG 的设计要求相匹配，可能造成的后果是破坏原有的设计流程。还有支持问题，成功的 ATPG 需要包括库和 EDA 软件的支持。

10.2.4 ATPG 的工作原理

ATPG 采用故障模型，通过分析芯片的结构生成测试向量，进行结构测试，筛选出不合格的芯片。其中，最常用的故障模型就是固定故障模型。这在前面的存储器测试中提到过，下面就以这个模型来说明 ATPG 的工作原理。

该故障假设芯片的一个节点存在缺陷，假设 SA0 表示节点恒为低电平，相对地，SA1 表示节点恒为高电平，即使控制目标节点的别的信号线都正常。例如，对于一个与门，只要将输入都变为 1，就可以建立 Stuck-At-0 故障模型，如果输出为 0 则说明存在该故障。通过在芯片内建立这个故障模型，可以在芯片的顶层输入端口加上激励，在芯片的输出端口获取实际响应，根据希望响应与实际响应是否相同，来判断芯片是否存在制造缺陷。为了实现这样的目标，必须要求目标节点输入是可控制的，节点的输出是可观察的，并且目标节点不受别的节点影响，扫描链的结构为此提供了一切。对于 ATPG 软件来说，它的工作包括以下步骤。

（1）故障类型的选择

ATPG 可以处理的故障类型不仅仅是阻塞型故障，还有延时故障和路径延时故障等，一旦所有需要检测的故障类型被列举，ATPG 将对这些故障进行合理的排序，可能是按字母顺序、按层次结构排序，或者随机排序。

（2）检测故障

在确定了故障类型后，ATPG 将决定如何对这类故障进行检测，并且需要考虑施加激励向量的测试点，需要计算所有会影响目标节点的可控制点。

（3）检测故障传输路径

寻找传输路径可以说是向量生成中最困难的，需要花很多时间去寻找故障的观测点的传播。因为通常一个故障拥有很多的可观测点，一些工具一般会找到最近的那一个。不同目标节点的传输路径可能会造成重叠和冲突，当然这在扫描结构中是不会出现的。

10.2.5 ATPG 工具的使用步骤

目前，市场上的 ATPG 工具已经可以支持千万门级组合逻辑和全扫描电路的测试向量生成。

例如，Synopsys 的 TetraMAX，它支持全扫描设计和局部扫描设计，支持多种扫描风格，支持 IEEE 1149.1 标准。设计步骤如下：

① 将含扫描结构的门级网表输入到 ATPG 工具。

② 输入库文件。必须与门级网表相对应并且能被 ATPG 工具识别。

③ 建立 ATPG 模型。输入库文件后，ATPG 工具将根据库文件和网表文件建立模型。

④ 根据 STIL 文件做 DRC 检测。STIL 文件是标准测试接口文件，包含扫描结构的一系列信息和信号的约束。

⑤ 生成向量。这里需要选择建立哪种故障模型。

⑥ 压缩向量。这一步骤可以节约将来芯片测试时候的工作站资源和测试时间。

⑦ 转换 ATPG 模式的向量为 ATE 所需要格式的测试向量。

⑧ 输出测试向量和故障列表。

其中，故障列表为将来测试诊断用，可以发现芯片的制造缺陷，生成向量以后需要进行实际的电路仿真，确定故障覆盖率满足要求。

10.3 可测性设计基础

10.3.1 可测性的概念

可测性是现在经常使用，却经常被理解错的一个词。其框架式的定义是，可测性是在一定的时间和财力限制下，生成、评价、运行测试，以满足一系列的测试对象（例如，故障覆盖率、测试时间等）。对一些具体的集成电路来说，对该定义的解释由于使用工具和已有的技术水平的不同而不同。目前工业界使用的一个范围比较窄的定义是，可测性是能够测试检验出存在于设计产品中的各种制造缺陷的程度。

1. 可测性设计（DFT，Design For Testability）

所谓可测性设计是指设计人员在设计系统和电路的同时，考虑到测试的要求，通过增加一定的硬件开销，获得最大可测性的设计过程。简单来说，可测性设计是指为了达到故障检测目的所做的辅助性设计，这种设计为基于故障模型的结构测试服务，用来检测生产故障。目前，主要的可测性设计方法有扫描通路测试、内建自测试和边界扫描测试等。

为什么说 DFT 是必需的？让我们先来看看传统的设计测试流程，如图 10-9 所示。在传统测试方法中，设计人员的职责止于验证阶段，一旦设计人员认定其设计满足包括时序、功耗、面积在内的各项指标，其工作即告结束。此后，测试人员接过接力棒，开始开发合适的测试程序和足够的测试图形，用来查找出隐藏的设计和制造错误。但是，在其工作期间很少了解设计人员的设计意图，因此，测试人员必须将大量宝贵的时间花在梳理设计细节上，而且测试开发人员必须等到测试程序和测试模型经过验证和调试之后才能知道早先的努力是否有效。沿用传统测试方法，测试人员别无选择，只能等待流片完成和允许他使用昂贵的自动测试设备（ATE）。这就导致了整个设计-测试过程周期拉大，充斥着延误和效率低下的沟通。

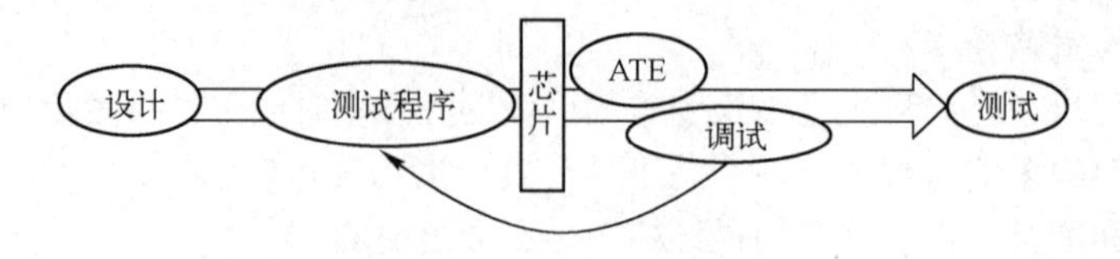

图 10-9 传统的设计测试流程

自 20 世纪 80 年代以来，规模较大的半导体生产商就开始利用 DFT 技术来改善测试成本，降低测试复杂度。如今，前端设计人员都能清楚地认识到只要使用恰当的工具和方法，在设计的最初阶段就对测试略加考虑，会在将来受益匪浅，现在的设计测试流程见图 10-10。DFT 技术与现代的 EDA/ATE 技术紧密地联系在一起，大幅降低了测试对 ATE 资源的要求，便于集成电路产品的质量控制，提高产品的可制造性，降低产品的测试成本，缩短产品的制造周期。

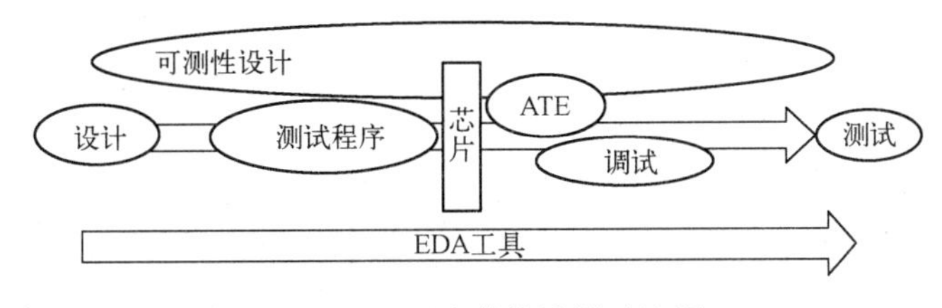

图 10-10　现在的设计测试流程

2. 可控制性和可观测性

可控制性（Controllability）和可观测性（Observability）是可测性设计中的重要概念。所谓可控制性是指将该信号设置成 0 或者 1 的难度。如图 10-11 所示，对于与门 G3 输入端口 A 的固定为逻辑值 1 的故障，可以通过在外围端口 B、C、D、E 施加向量 0011 来检测，因此认为该节点是可控制的。

可观测性是指观察这个信号所产生故障的难度。如图 10-12 所示，G3 输入端口 A 的固定为逻辑值 1 的故障可以通过施加 0 向量而传输到外围端口 Y，因此认为其为可观测的。

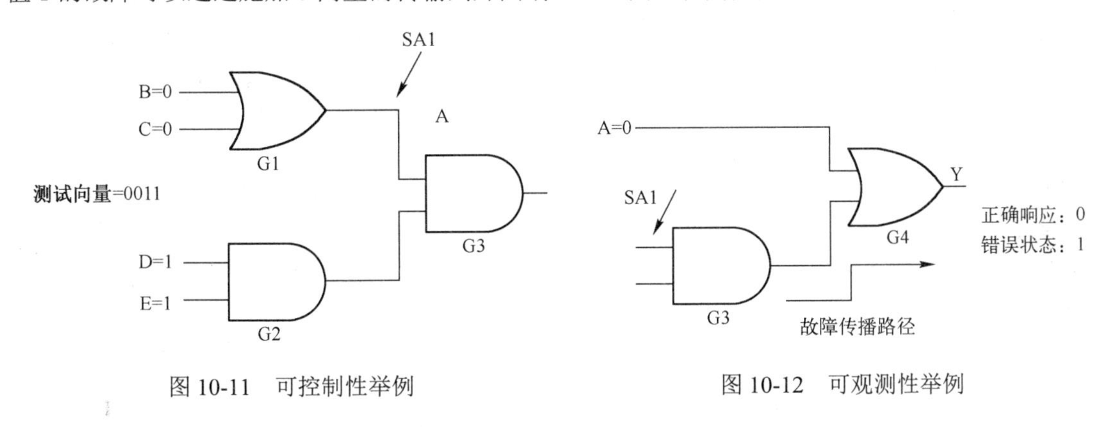

图 10-11　可控制性举例　　　　图 10-12　可观测性举例

10.3.2　可测性设计的优势和不足

人们通常会问，为什么要在原有的电路中加入额外的测试结构？这个问题确实很难回答，可测性设计 DFT 的经济性涉及包括设计、测试、制造、市场销售等各个方面。不同的人衡量的标准也不一样，设计工程师通常觉得 DFT 附加的电路会影响芯片的性能，而测试工程师会认为有效的可测性设计将大大提高故障覆盖率。表 10-2 列出了可测性设计的一些优势和不足。

表 10-2　DFT 的优势和不足

优　　势	不　　足
可以利用 EDA 工具进行测试向量的生成	增大了芯片的面积、提高了出错概率
便于故障的诊断和调试	增加设计的复杂程度
可以提高芯片的成品率并衡量其品质	需要额外的引脚，增加了芯片面积
减少测试成本	影响了芯片的功耗、速度和其他性能

来自工业界的许多实例证明，加入额外的测试结构确实有助于芯片成品率的提高，从而大幅降低了芯片的制造成本。当然为了弥补一些缺陷，DFT 技术本身也在不断地改进和发展。本章主要介绍用于数字电路的一些可测性设计方法，包括扫描测试结构、用于存储器测试的内建自测结构，以及用于测试板级连接的边界扫描测试结构。

10.4 扫描测试（SCAN）

前面提到过，测试可分为功能测试和结构测试，要知道封装好的芯片是不是在结构上符合设计的意图只能求助于后者，其能够检测的故障包括线路的断路和短路、线路和器件的延迟等。目前为止，扫描测试被认为是最理想的结构故障测试结构，它不仅可以重复利用，也有助于测试向量的生成。总之，扫描测试的方法可以提高芯片的质量，减少测试成本，通过改进向量生成方法和压缩算法还可以帮助芯片提前进入市场，实现量产。

10.4.1 基于故障模型的可测性

在详细论述扫描测试之前，先来看看一些故障模型的可测性问题。

针对下述与非门电路 G1，如图 10-13 所示，如何检测述输入端口 A 的 SA0 故障？如果要检测该故障，必须要对端口 A 输入相反的逻辑值，即逻辑 1，并且要在输出端口表现出来，通过逻辑电路真值表的分析，可以发现如果端口 A 为 0，则输出端口 Y 必然为 1。因此，端口 Y 为 0 的时候，才能断定端口 A 为 1，要保证 Y 为 0，则 B 必须为 1。综上分析检测该故障需要输入的测试向量是 A=1，B=1，即 11。

上述针对单输出的电路采用的是逆推的方法，即从输出端口倒推回输入端口。学员可以根据上述思路，自己推断图 10-14 所示电路的测试向量（00011）。针对这样的思路，有相应的算法去计算所需的测试向量，这里不详细叙述。

以上基于故障模型的测试分析都是针对组合逻辑的，与组合逻辑不同，通常时序逻辑的测试算法非常复杂，需要一个或多个时钟周期才能将测试向量送至被测节点，同时也需要一个或多个时钟周期才能将被测点的测试结果传输至原始输出端。下面所提到的扫描测试方法就是解决时序电路测试的最佳方案。

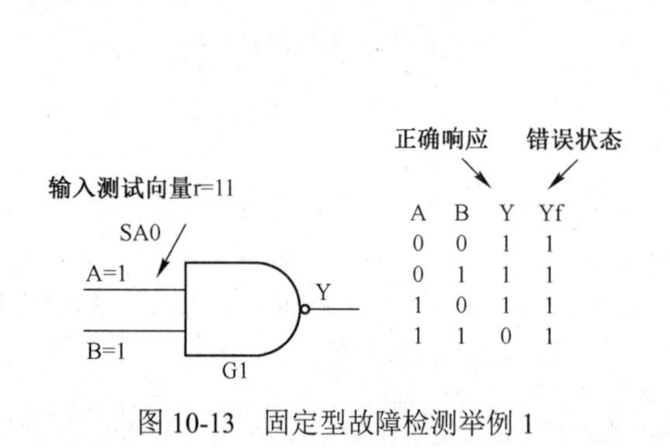

A	B	Y	Yf
0	0	1	1
0	1	1	1
1	0	1	1
1	1	0	1

图 10-13 固定型故障检测举例 1

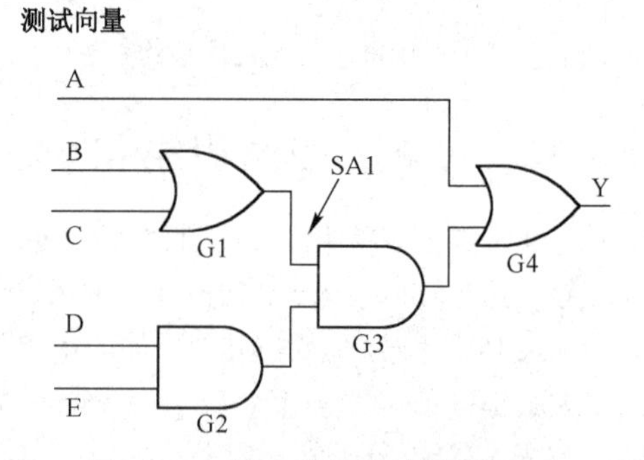

图 10-14 固定型故障检测举例 2

10.4.2 扫描测试的基本概念

扫描测试是目前数字集成电路设计中最常用的可测性设计技术，这里说的是内部扫描，不同于边界扫描。扫描时序分成时序和组合两部分，从而使内部节点可以控制并且可以观察。测试向量的施加及传输是通过将寄存器用特殊设计的带有扫描功能的寄存器代替，使其连接成一个或几个长的移位寄存器链来实现的。

扫描测试结构的基本单元就是扫描触发器，目前使用的最广泛的就是带多路选择器的 D 型触发器（见图 10-15（a））和带扫描端的锁存器。

1. 带多路选择器的 D 型触发器

图 10-15（b）所示为带多路选择器的 D 型扫描触发器的基本结构，其中，scan_in 为扫描输入、scan_out 和数据输出端复用；scan_enable 控制电路在正常模式和扫描模式间切换。扫描触发器一共有两种工作模式，分别为：

- 正常工作模式：scan_enable 为 0，此时数据从 D 端输入，从 Q 端输出。
- 扫描移位模式：scan_enable 为 1，此时数据从 scan_in 输入，从 scan_out 端输出。

值得注意的是，采用这种扫描单元结构显然会增加芯片面积和功耗。

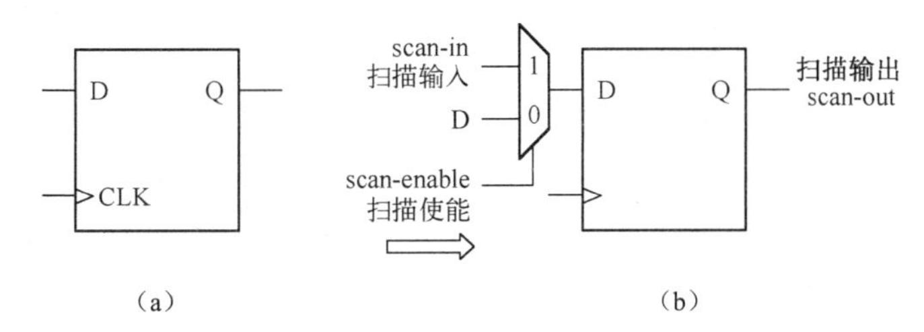

图 10-15　D 型触发器和带多路选择器的 D 型扫描触发器

2. 带扫描端的锁存器

除了扫描触发器，还有一种扫描方式为电平敏感扫描设计，其中利用的扫描单元就是带扫描端的锁存器，如图 10-16 所示。当 c 为高电平的时候，为正常工作模式，数据从 d 端到 mq 端；当 a 为高电平，为扫描工作模式，数据从 scan_in 端到 mq 端；当 b 为高电平时，存在第一级锁存器中的数据传输到 sq 输出端。

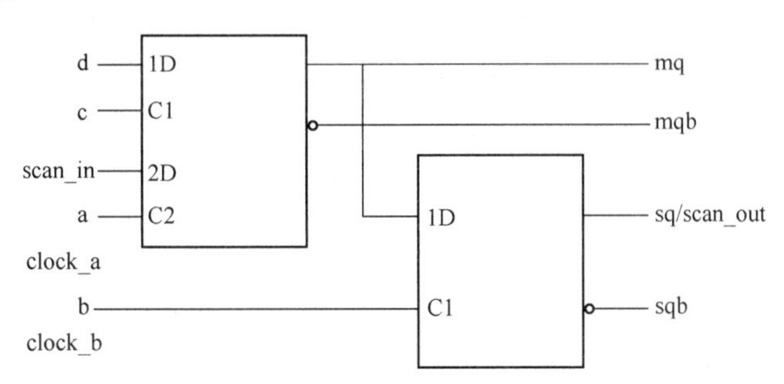

图 10-16　带扫描端的锁存器

这类扫描单元主要应用于基于锁存器的设计中，其最大的劣势是时钟的生成和分配异常复杂。

将这些扫描单元按扫描移位模式连接起来，就构成了扫描测试的基本结构。扫描方式分为全扫描和部分扫描，如图 10-17 所示。全扫描意味着在设计中的每一个寄存器都用具有扫描功能的寄存器代替，使其在扫描测试模式下连成一个或几个移位寄存器链。这样，电路的所有状态可以直接从原始输入和输出端得到控制和观察。所谓部分扫描是指电路中一部分采用了扫描测试结构，而另一部分没有。这些没有采用扫描测试结构的部分将采用功能测试向量进行测试。通常在设计中为了提高电路的性能，排除那些违背可测性设计规则的寄存器，完成的扫描测试介于全扫描和部分扫描之间。

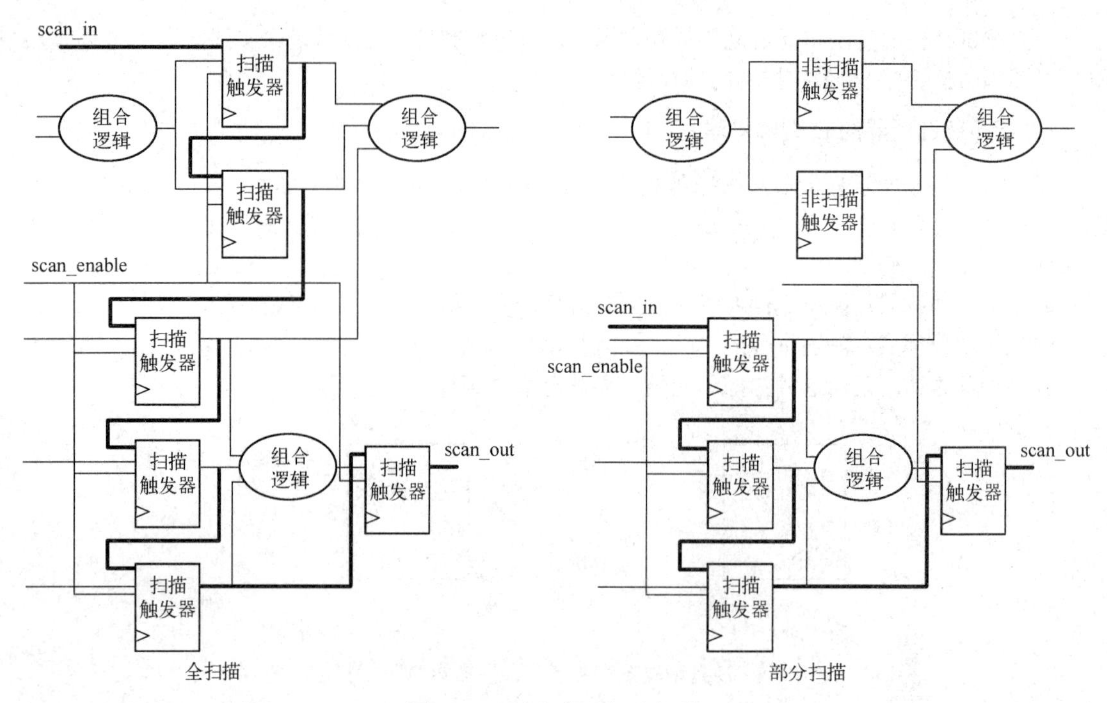

图 10-17 全扫描和部分扫描

10.4.3 扫描测试原理

在一般的设计中，为了达到 IC 设计的周期化和同步的目的，电路的主要组成结构为组合逻辑和触发器，信号在经历了组合逻辑传输后，用触发器进行同步。因此对于一般的设计，采用基于多路选择触发器的扫描设计方法，相应的扫描单元就是带多路选择的扫描触发器。而在处理器核中，锁存器如果是主要寄存逻辑单元，那么就采用电平敏感扫描设计，相应的扫描单元就是带扫描端的锁存器。以下举例说明基于多路选择 D 型扫描触发器的扫描测试原理，主要针对固定型故障的检测。

在图 10-18 所示的扫描测试原理的时序和组合逻辑中，为了实现对于与门 G3 输入端点 SA1 的故障测试，首先需要对电路进行扫描插入，将图 10-18 中 4 个触发器替换为扫描触发器并串联成一条扫描链，接着利用工具生成测试向量。其测试步骤如下。

① 将测试向量（×100）通过 scan_in 端口输入，通过扫描链传至每个触发器。此时 scan_enable 为 1，扫描触发器工作在移位模式。

② 在移位的最后一个时钟周期，scan_enable 为 1，向 A、B、C、D、E 输入并行测试向量（00001）。

③ 输入一个或几个采样时钟周期，将故障响应采样到扫描触发器。此时，scan_enable 为 0，扫描触发器工作在正常模式。

④ 将故障响应通过扫描链送至原始输出端。此时，scan_enable 为 1，扫描触发器工作在移位模式。

⑤ 在故障响应输出的同时，新的测试向量同时输入至各个触发器。

如果要检测延迟故障（包括状态跳变故障和延迟故障），通常采用 at-speed 测试，这是一种比较理想的延迟故障检测方法，并且可以包含一切 stuck-at 故障。在 at-speed 测试中，测试一个延迟故障，需要对组合逻辑路径施加两个测试向量。其中，一个向量将电路设置到确定状态，第二个向量则引起一个或多个触发器翻转，启动一个信号跳变，由下一级触发器将其捕获。在这一过程中，目前有两种方法来产生并施加 at-speed 测试向量：移位启动和慢速移位快速捕获（SSFC，Slow Shift Fast Capture）。

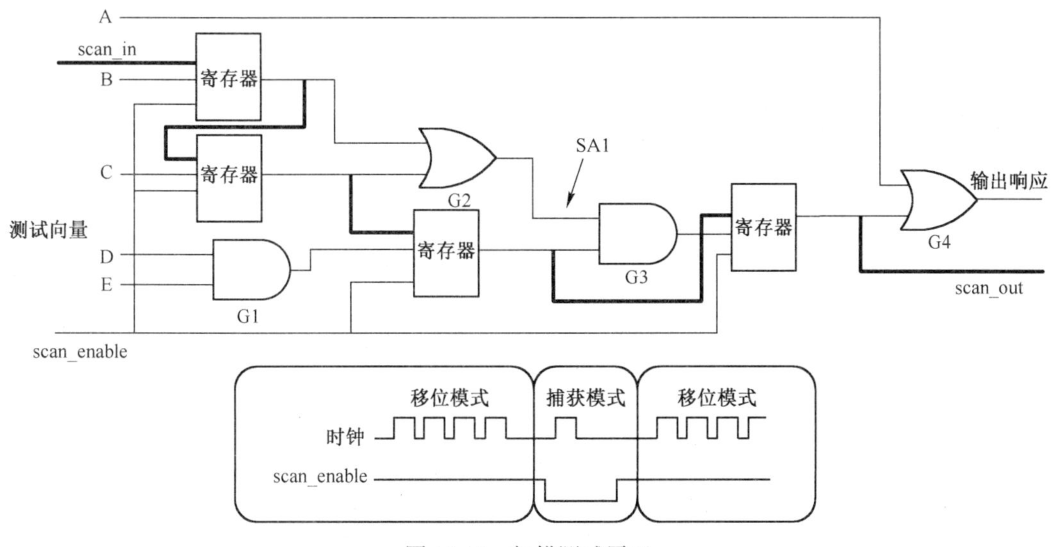

图 10-18　扫描测试原理

在移动启动方法中，最后一个移位时钟以系统工作模式下的高速工作时钟来施加，同时启动待测路径上的逻辑转换（scan_enable），随后，利用下一个高速时钟，将该逻辑转换结果捕获到扫描单元中。由于只需要一个捕获时钟，利用组合 ATPG 算法就可以检测出转换故障。这种方法需要移位过程中满足高速时钟的时序要求，即使能够满足，也会造成非常大的功耗，尤其是 I/O 单元的功耗。这会迫使设计者对封装及电源分配进行特殊考虑。

与移位启动方法不同，SSFC 方法在数据移位时不用高速时钟，而只是在启动逻辑转换周期时使用高速时钟，随后再用一个或多个周期的高速时钟捕获逻辑转换结果。因为需要不止一个时钟周期，所以 SSFC 方法采用的是时序 ATPG，对于向量生成的算法比组合 ATPG 更加困难。不过，这种方法对于移位时钟和控制信号及扫描链的最低频率都没有要求。因此，设计者可以根据实际情况、封装形式和测试机的能力，在一个比较理想的频率上进行移位。当然，移位的速度不会影响 at-speed 测试的性能，只影响测试花费的时间。

10.4.4　扫描设计规则

扫描测试要求电路中每个节点处于可控制和可观测的状态，只有这样才能保证其可替换为相应的扫描单元，并且保证故障覆盖率。为了保证电路中的每个节点都符合设计需求，在扫描链插入之前会进行扫描设计规则的检查。基本扫描设计规则包括：

- 使用同种类扫描单元进行替换，通常选择带多路选择器的扫描触发器；
- 在原始输入端必须能够对所有触发器的时钟端和异步复位端进行控制；
- 时钟信号不能作为触发器的输入信号；
- 三态总线在扫描测试模式必须处于非活跃状态；
- ATPG 无法识别的逻辑应加以屏蔽和旁路。

通常的解决办法是利用工具加入额外电路来解决上述的错误，比如锁存器，可以在 DFT Compiler 工具里加入 set_scan_transparen 来屏蔽。但是如果在设计 RTL 阶段就有所考虑，将事半功倍。下面将举例说明一些具体解决办法。

1. 三态总线

为了避免扫描模式（scan_mode）下的总线竞争，必须控制其控制端，通常的做法是在控制端加入多路选择器，使其固定在逻辑 0 或者逻辑 1，三态总线的扫描设计规则如图 10-19 所示。

2．门控时钟或者门控异步输入端

门控异步输入端的设计规则如图 10-20 所示，为了避免扫描模式下 resetn 不可控制，处理方法和三态总线一样，加入额外逻辑，让异步输入端处于非有效状态。

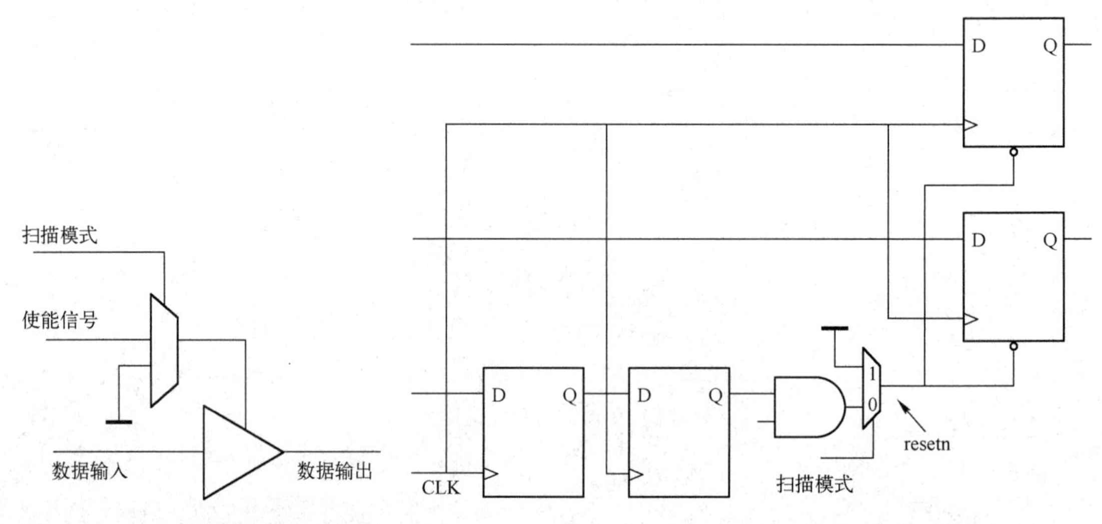

图 10-19 三态总线的扫描设计规则

图 10-20 门控异步输入端的设计规则

3．ATPG 工具不识别的逻辑

对于一些如存储器、模拟电路等的“黑盒子”，无法采用扫描测试结构，是 ATPG 工具不可识别的逻辑。如果在扫描电路中遇到这样的“黑盒子”，可以在其周围加入隔离旁路结构（Test Wrapper），能够解决逻辑端口上的不可控制和不可观察的问题，有效地挽回了故障覆盖率。图 10-21 所示为一种简单的旁路结构。在扫描模式下，它将存储器与其他具有扫描测试结构的逻辑分开。

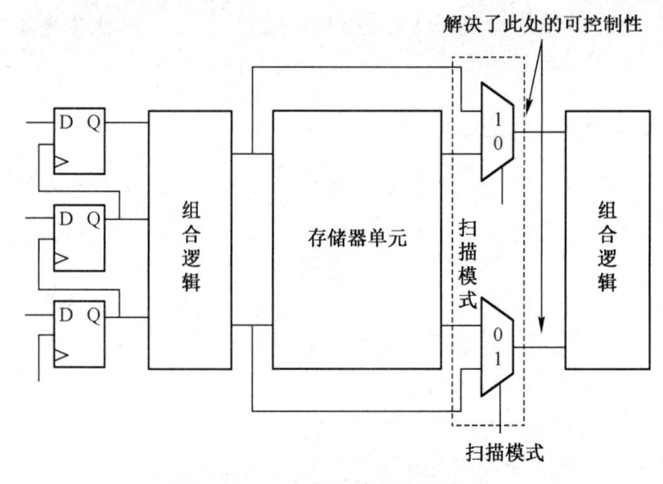

图 10-21 一种简单的旁路结构

对于一个 SoC 设计，除了上述几点需要考虑，还需要从整体 DFT 实现及性能上考虑以下几方面：

- 尽量避免异步时钟设计；
- 限制不同时钟域的数量；
- 对于多时钟域的设计，处于同一时钟域的触发器最好连在同一根扫描链上；

- 注意扇出比较多的端口，如 scan_enable 信号，尤其在综合的时候需要特别注意；
- 对于存储器、模拟电路等不可综合的逻辑加入适当的隔离旁路结构；
- 避免过长的扫描链；
- 考虑到测试模式下功耗过高所造成的问题，可将扫描测试分成数个部分，分开进行插入，在不同的扫描测试模式下，测试不同的部分；
- 尽量减少额外逻辑带来的面积、功耗的增大；
- 通过复用外围引脚，减少扫描测试对引脚的要求。

10.4.5　扫描测试的可测性设计流程及相关 EDA 工具

扫描测试的设计主要包括两部分内容——测试电路插入和测试向量的生成。其中，测试电路插入主要完成下列工作：

- 在电路中（RTL）中加入测试控制点，包括测试使能信号和必要的时钟控制信号；
- 在扫描模式下将触发器替换为扫描触发器，并且将其串入扫描链中；
- 通过检查 DRC，保证每个触发器的可控制性和可观察性。

测试向量生成，主要是利用 ATPG 工具进行自动测试向量的生成和故障列表分析。扫描测试的可测性设计流程如图 10-22 所示。

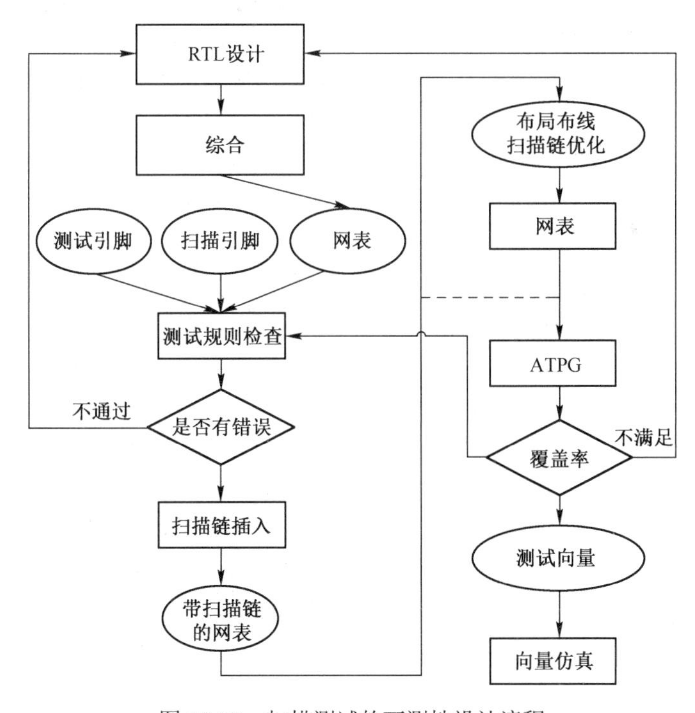

图 10-22　扫描测试的可测性设计流程

目前常用的测试综合和 ATPG 工具如下。

- 扫描插入工具：Synopsys 的 DFT Compiler、Siemens EDA 的 DFTAdvisor。
- ATPG 工具：Synopsys 的 TetraMAX、Siemens EDA 的 Fastscan。
- 测试向量验证：Synopsys 的 TetraMAX。

以 Synopsys 的 DFT Compiler 为例，可以将 DFT 实现放在综合流程中，而不会妨碍原功能、时序、信号完整或功耗的要求。实现过程主要包括如下 4 项。

① 信号定义

时钟：create_test_clock -p 100 -w {50，50} clk_scan

扫描输入：set_scan_signal test_scan_in-port si_1

扫描输出：set_scan_signal test_scan_out-port so_1

② 设计综合

扫描单元替换和综合：compile-scan

③ 扫描插入

扫描链构：Insert-scan

④ 设计规范检查

check-scan

这些工具对于固定型故障的覆盖率达到 98%以上，相互连接故障的覆盖率达到 100%，使得成品率可以达到 99.999%。

10.5 存储器的内建自测

10.5.1 存储器测试的必要性

嵌入式存储器的测试不论是在今天基于 IP 的嵌入式 ScC 系统中，还是在复杂的微处理器中都是一个十分重要的问题。其必要性在于如下几方面。

① 存储器本身的物理结构密度很大。通常对存储器的测试将受到片外引脚的限制，从片外无法通过端口直接访问嵌入式存储器。

② 随着存储器容量和密度的不断增加，各种针对存储器的新的错误类型不断产生。

③ SoC 对于存储器的需求越来越大。目前在许多设计中，存储器所占芯片面积已经大于 50%，预计到 2014 年这一比率会达到 94%。

④ 对于 SoC 系统而言，SRAM、DRAM、ROM、E^2PROM 和 Flash 都可以嵌入其中，因此需要不同的测试方法去测试。

⑤ 存储器的测试时间越来越长，在未来的超大规模集成电路设计过程中，存储器将取代数字逻辑而占据芯片测试的主要部分。

10.5.2 存储器测试方法

首先看一下存储器的基本模型，如图 10-23 所示就功能而言存储器主要包括地址解码单元、存储单元和读写控制单元 3 部分。前面曾经介绍过存储器的主要故障类型：单元固定故障（SAF）、状态跳变故障（TF）、单元耦合故障（CF）、临近图形敏感故障（NPSF）、地址译码故障（ADF）和数据保持故障（DF）等。

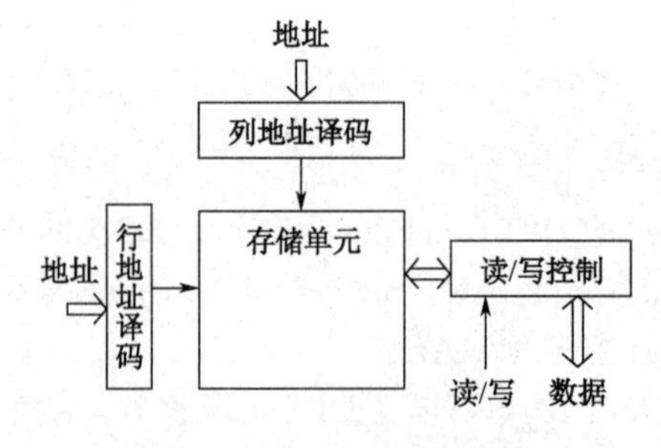

图 10-23 存储器基本模型

当前测试嵌入式存储器的方法不少，有直接访问测试、通过片上微处理器进行测试和利用存储器内建自测（BIST，Built-In-Self-Test）等。

（1）直接访问测试方法

直接访问测试方法是在芯片外增加直接访问存储器的端口，通过直接读/写存储单元来测试存储器。

（2）通过片上微处理器进行测试

在这种方法中，微处理器的功能就像一个测试仪，可以利用微处理器存储器中的汇编语言程序来实现所需要的存储器测试算法。

（3）利用存储器内建自测

存储器内建自测通过在存储器周围加入额外的电路来产生片上测试向量并进行测试比较，完成对存储器的测试。BIST 的方法可以用于 RAM、ROM 和 Flash 等存储设备中，主要用于 RAM 中。

1. 扫描寄存器测试

对于小型的嵌入式存储器通常使用局部边界扫描寄存器，这种方法需要给嵌入式存储器增加测试外壳，由于外壳的延迟，存储器的读/写速率将降低，在测试的时候数据都是串行读入和读出的，测试时间显著增加，不太可能全速测试。

2. 用 ASIC 功能测试的方法进行测试

对于小型存储器，ASIC 供应商提供了简单的读/写操作用于 ASIC 的功能操作，可以利用这些向量对存储器进行测试。

表 10-3 比较了各种存储器测试方法的优缺点。目前最流行的就是 BIST，比起其他方法，BIST 的最大优势是可以自己完成所有的测试，并且有自动工具支持，可以进行全速测试。当然有利必有弊，BIST 付出的代价是硬件开销和对存储器性能的永久损失，而对于故障的分析和诊断，BIST 也有不足之处。不过随着存储器在 SoC 中的地位的提升，BIST 的优势也越来越明显，它能够充分实现 March 算法。

表 10-3　存储器测试方法比较

测试方法	优　点	缺　点
直接访问测试方法	可以进行非常详细的测试 可以使用故障诊断工具	在芯片 I/O 上有巨大损失 布线代价可能很大
通过片上微处理器进行测试	不需要额外硬件 没有性能损失	必须要有微处理器的存在
存储器内建自测	有自动工具支持 可以进行全速测试 有良好的故障覆盖率 对于测试机来说，消耗最少	有一定的硬件开销 对存储器带来永久的性能损失 故障诊断和修复比较麻烦 硬件本身的可测试性
扫描寄存器测试	可以进行故障分析 避免了在芯片 I/O 性能损失	测试时间会很长 需要大量的额外硬件
用 ASIC 功能测试的方法进行测试	不需要额外硬件 没有性能损失	只能执行简单算法 只适合小型存储器

10.5.3 BIST的基本概念

内建自测是当前广泛应用的可测性设计方法。它的基本思想是电路自己生成测试向量，而不是要求外部施加测试向量。它有独立的比较结构来决定所得到的测试结果是否正确，因此，内建自测必须附加额外的电路，包括向量生成器、BIST控制器和响应分析器，BIST结构如图10-24所示。

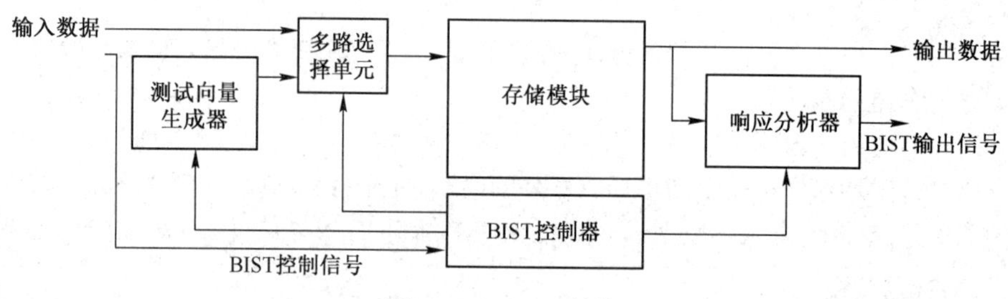

图10-24 BIST结构

由BIST额外电路带来的测试引脚如下。

- BIST_MODE：测试模式选择信号，控制电路进入BIST状态。
- BIST_RESET：初始化BIST控制单元。
- BIST_CLK：BIST测试时钟。
- BIST_DONE：输出信号，标志自测结束。
- BIST_FAIL：输出信号，标志自测失败，说明存储器有制造故障。

其中，核心部分是BIST控制单元，作为外部电路与存储器之间的接口，为存储器的自测试提供控制信号，控制测试的结束与否，并且实现测试算法。通常用有限状态机来实现BIST的控制单元。根据电路要求，可知控制电路需具备以下功能。

- 接收外部启动存储器自测试的信号。
- 在该信号的作用下，对自测试电路进行初始化，并根据测试算法，产生自测试电路。
- 确定何时结束测试，并控制送出测试情况。

对预测结果，设计人员关心的不仅仅是故障的存在与否，更重要的是故障的诊断和修复，因此BIST电路需要具备故障定位和辅助修复的功能。一旦发现缺陷，就暂停测试，然后将此时的读地址、端口号、数据背景图形编号和测试算法控制单元的状态以串行方式送出片外，并且将状态机固定在确定状态，以便快速故障诊断，诊断完毕后再继续进行测试。

10.5.4 存储器的测试算法

大量关于存储器的测试算法都是基于故障模型的。常用的算法有棋盘式图形算法和March算法。

1. 棋盘式图形算法

在这种测试方案中，将存储单元分为两组，相邻的单元属于不同的两组，然后向不同的组写入0和1交替组成的测试向量。停止后对整个存储阵列进行读取，棋盘式图形算法如图10-25所示。这种算法可以覆盖单元固定故障和相邻单元间的图形敏感故障。

2. March算法

March算法是目前最流行的测试算法，在March测试方案中，首先对单个单元进行一系列的操作，然后才进行下个单元的操作。操作序列称为March单元（March Element）。一个March单元可能包括一组简单的序列，也可能包括一组复杂的、带有多个读/写操作的操作序列。例如，March 13n

算法：

‖(w0)↑(r0，w1，r1)↑(r1，w0，r0)↓(r0，w1，r1)↓(r1，w0，r0)

其中，‖表示任意的遍历顺序。由于是对单个单元进行读/写操作，因此其算法的复杂度为 O(4n)，表示对每个存储单元进行了 4 次读/写操作。算法复杂度的直接反映是测试时间的长短。表 10-4 根据算法的演变过程列出了 March 算法的不同变体。

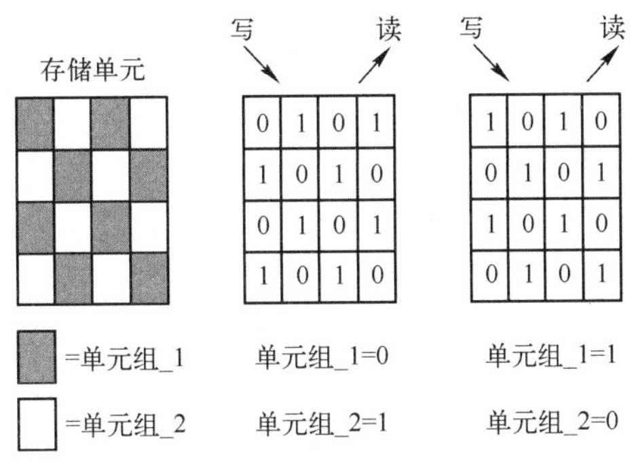

图 10-25 棋盘式图形算法

表 10-4 March 算法的不同变体

算法	复杂度	算法描述
MATS	4n	‖(w0)↑(r0，w1)‖(r1)
MATS+	5n	‖(w0)↑(r0，w1)↓(r1，w0)
MATS++	6n	‖(w0)↑(r0，w1)↓(r1，w0，r0)
March X	6n	‖(w0)↑(r0，w1)↓(r1，w0)‖(r0)
March Y	8n	‖(w0)↑(r0，w1，r1)↓(r1，w0，r0)‖(r0)
March	9n	‖(w0)↑(r0，w1)↑(r1，w0)↓(r0，w1)↓(r1，w0)
March C-	10n	‖(w0)↑(r0，w1)↑(r1，w0)↓(r0，w1)↓(r1，w0)‖(r0)
March C	11n	‖(w0)↑(r0，w1)↑(r1，w0)↑(r0)↓(r0，w1)↓(r1，w0)‖(r0)
March	13n	‖(w0)↑(r0，w1，r1)↑(r1，w0，r0)↓(r0，w1，r1)↓(r1，w0，r0)
March U	13n	‖(w0)↑(r0，w1，r1，w0)↑(r0，w1)↓(r1，w0，r0，w1)
March LR	14n	‖(w0)↑(r0，w1)↑(r1，w0，r0，w1)↑(r1，w0)↓(r0，w1，r1，w0) ‖(r0)
March SR	14n	‖(w0)↑(r0，w1，r1，w0)↑(r0，r0)↑(w1)↓(r1，w0，r0，w1) ↓(r1，r1)
March A	15n	‖(w0)↑(r0，w1，r1，w0)↑(r1，w0，w1)↓(r1，w0，w1，w0)↓(r0，w1，w0)
March B	17n	‖(w0)↑(r0，w1，r1，w0，r0，w1)↑(r1，w0，w1)↓(r1，w0，w1，w0) ↓(r0，w1，w0)
March LA	22n	‖(w0)↑(r0，w1，w0，w1，r1)↑(r1，w0，w1，w0，r0)↓(r0，w1，w0，w1，r1)↓(r1，w0，w1，w0，r1)↓(r0)
March SS	22n	‖(w0)↑(r0，r0，w0，r0，w1)↑(r1，r1，w1，r1，w0)↓(r0，r0，w0，r0，w1)↓(r1，r1，w1，r1，w0)‖(r0)
.March G	23n	‖(w0)↑(r0，w1，r1，w0，r0，w1)↑(r1，w0，r1)↓(r1，w0，w1，w0)↓(r0，w1，w0)↑(r0，w1，r1)↑(r1，w0，r0)
SMarch	24n	↑(rx，w0，r0，w0)↑(r0，w1，r1，w1)↑(r1，w0，r0，w0)↓(r0，w1，r1，w1)↓(r1，w0，r0，w0)↓(r0，w0，r0，w0)
March RAW	26n	‖(w0)↑(r0，w0，r0，r0，w1，r1)↑(r1，w1，r1，r1，w0，r0)↓(r0，w0，r0，r0，w1，r1)↓(r1，w1，r1，r1，w0，r0)‖(r0)

不同的 March 算法能够覆盖不同的故障类型，这些故障可能在现实生活中出现的概率比较低。故障覆盖率的提高牺牲了算法复杂度和测试时间，而且并不是覆盖率高的算法对实际故障就真的很有效。比如，一些算法可以覆盖临近图形敏感故障，但是对其他故障覆盖率会很低，很多人甚至因此把 NPSF 断言为不好的故障模型。所以在进行可测性设计的时候，需要根据实际存储器来选择测试算法，而不是盲目的追求故障覆盖率。表 10-5 列出了一些 March 算法的故障覆盖率。

表 10-5　March 算法的故障覆盖率

	ADF	SAF	TF	CFid	CFst	CFin	DF
MATS	50%	100%					
MATS+	100%	100%	50%				
MATS++	100%	100%	50%				
March X	100%	100%	100%				
March Y	100%	100%	100%	50%			
March C-	100%	100%	100%	50%	50%		
March C	100%	100%	100%	50%	100%	100%	
March 13n	100%	100%	100%	100%	50%	100%	
March A	100%	100%	100%	100%	100%	100%	
March B	100%	100%	100%	100%	75%	100%	25%
March SS	100%	100%	100%	100%	100%	100%	50%

3．数据保留测试

该测试为了保证存储单元在一定的时间内能保持数据，通常在棋盘式图形算法和 March 算法中插入延迟单元来实现，延迟时间通常介于 10ms 和 80ms 之间，由制造工艺和环境温度决定。在加入延迟单元后，March 13n 算法变为以下形式，如图10-26所示，有效地覆盖了数据保留故障。

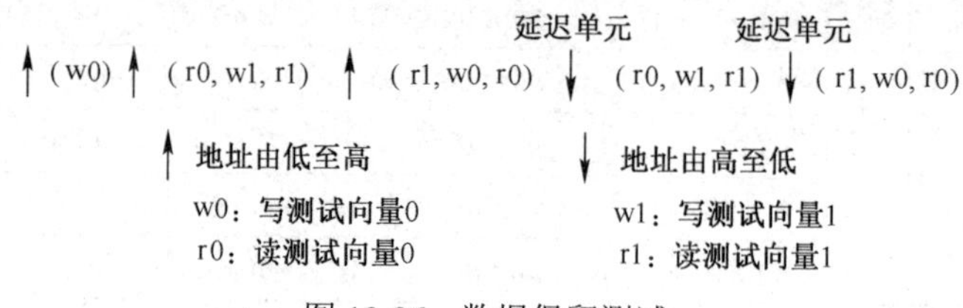

图 10-26　数据保留测试

4．多数据背景

由于通常处理的是面向字的存储器，那么位于同一地址内的组合故障有可能被淹没，为避免这种情况的发生，需要引入多个数据背景，按每个数据背景各执行一遍算法，这样就可以很好地覆盖同一地址单元内任意两位之间的状态组合故障 CFst。理论上，对于字长为 m 的存储器，需要 $K=\log_2 m+1$ 个数据背景。

假设当前存储器为 8 位字长，则需要 4 个数据背景，可以采用 00000000、11111111、10101010、01010101 这 4 个数据背景作为测试向量。相对的 March 13n 测试算法描述如下：

$$\uparrow(w0)\uparrow(r0,w1,r1)\uparrow(r1,w0,r0)\downarrow(w2)\downarrow(r2,w3,r3)\downarrow(r3,w2,r2)$$

将该算法应用于单通道 SRAM 测试，其 BIST 控制单元中的对 March 13n 算法的有限状态转移图如图 10-27 所示。

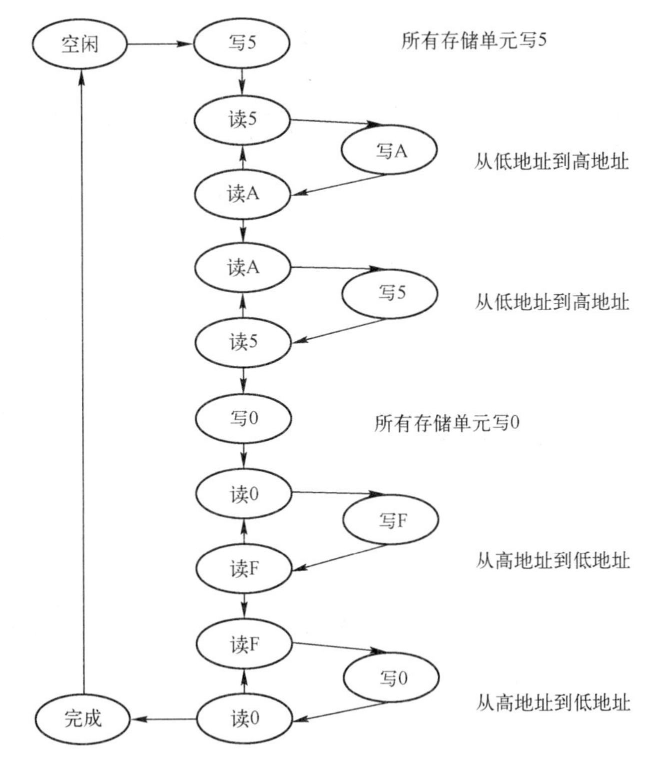

图 10-27　BIST 控制模块中的对 March 13n 算法的有限状态转移图

10.5.5　BIST 模块在设计中的集成

BIST 电路作为逻辑电路的一部分通常在 RTL 级插入，并且需要与其他逻辑一起进行综合。数据、地址和一些控制信号在进入存储器之前需要经过多路选择器，如图 10-28 所示。保证了在正常工作模式下，存储器输入信号来自于其他电路。在自测模式下，输入信号由 BIST 控制单元产生。以图 10-28 为例，当 bist_enable 为 0 时，整个电路工作在正常模式，由处理器产生存储器的输入数据 DI、A 和 ctrl；当 bist_enable 为 1 时，由 BIST 控制模块产生 bist_DI、bist_A 和 bist_ctrl，并通过多路选择器传送至存储器，电路进入存储器自测模式。

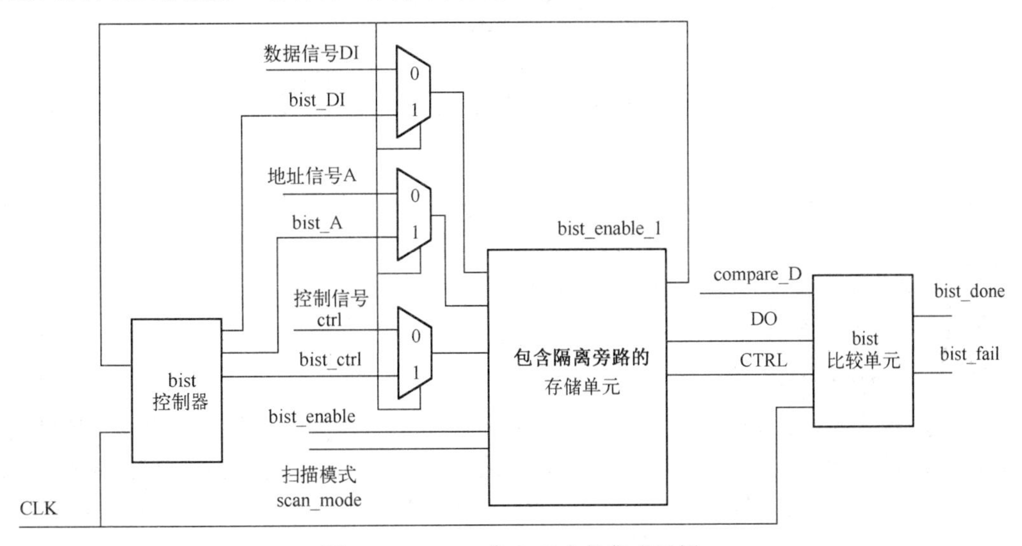

图 10-28　BIST 在 SoC 中的集成示例

另外，如果电路还需要工作在扫描测试等其他模式，就必须考虑其他测试的需求。比如，如果需要对电路进行延迟跳变等 AC 故障的测试，就必须对电路插入扫描链，这时候需要保证电路在扫描模式的时候屏蔽 bist_enable 信号。图 10-29 所示为一种隔离旁路电路的结构，当 scan_mode 为 1 的时候，电路为扫描模式，此时用于控制 BIST 的使能信号 bist_enable_1 为 0，不会开始存储器的自测。如果该电路需要进行 ATPG，则还需要考虑存储器所导致的周围信号不可控制和不可观察的因素，解决方法是在存储器周围加入必要的隔离旁路结构，使得存储器在扫描测试下处于透明状态，即存储器中没有数据通过。

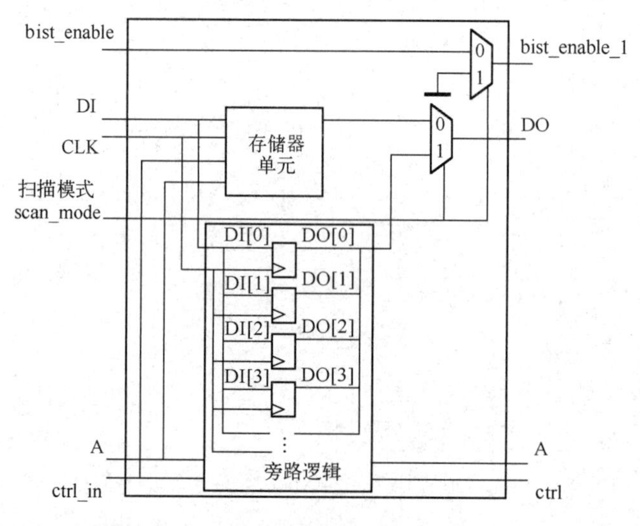

图 10-29　一种存储器隔离旁路电路的结构

目前，有许多 EDA 工具可以在 RTL 级自动生成 BIST 电路并集成到设计中，其中最常用的是 Siemen EDA 的 mBISTArchitect 和 Synopsys 的 SoCBIST。图 10-30 所示为 Siemen EDA 的 mBISTArchitect 生成的 BIST 电路。

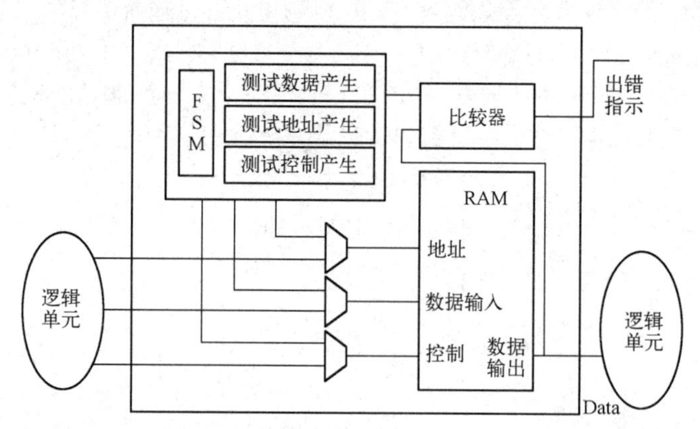

图 10-30　mBISTArchitect 生成的 BIST 结构

10.6　边界扫描测试

边界扫描测试（Boundary scan）是为了解决印制电路板（PCB）上芯片与芯片之间的互连测试而提出的一种解决方案。它与 10.5 节提到的内部扫描有明显的区别，前者是在电路的输入/输出端口增加扫描单元，并将这些扫描单元连成扫描通路，后者是将电路中普通的时序单元替换成为具有扫描能力的时序单元，再将它们连成扫描通路。

10.6.1　边界扫描测试原理

边界扫描的原理是在核心逻辑电路的输入和输出端口都增加一个寄存器，通过将这些 I/O 上的寄存器连接起来，可以将数据串行输入被测单元，并且从相应端口串行读出。在这个过程中，它可以实现 3 方面的测试。

首先是芯片级测试，即可以对芯片本身进行测试和调试，使芯片工作在正常功能模式，通过输入端输入测试向量，并通过观察串行移位的输出响应进行调试。

其次是板级测试，检测集成电路和 PCB 之间的互连。实现原理是将一块 PCB 上所有具有边界扫描的 IC 中的扫描寄存器连接在一起，通过一定的测试向量，可以发现元件是否丢失或者摆放错误，同时可以检测引脚的开路和短路故障。

最后是系统级测试，在板级集成后，可以通过对板上 CPLD 或者 Flash 的在线编程，实现系统级测试。

其中，最主要的功能是进行板级芯片的互连测试，如图 10-31 所示。

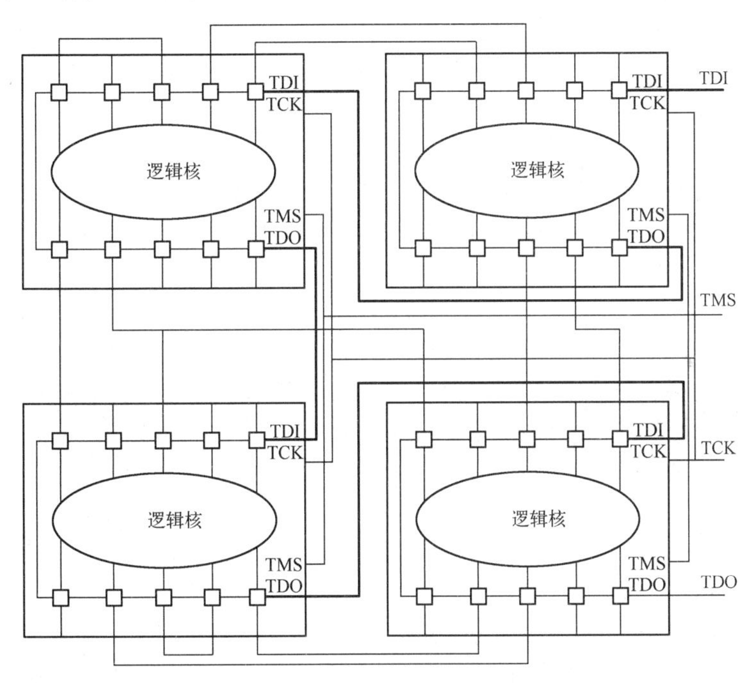

图 10-31　基于边界扫描的板级互连测试

10.6.2　IEEE 1149.1 标准

边界扫描是欧美一些大公司联合成立的一个组织——联合测试行动小组（JTAG），为了解决印制电路板（PCB）上芯片与芯片之间互连测试而提出的一种解决方案。由于该方案的合理性，它于 1990 年被 IEEE 采纳而成为一个标准，即 IEEE 1149.1。该标准规定了边界扫描的测试端口、测试结构和操作指令。

1. IEEE 1149.1 结构

IEEE 1149.1 结构如图 10-32 所示，其主要包括 TAP 控制器和寄存器组。其中，TAP 控制器如图 10-33 所示。寄存器组包括边界扫描寄存器、旁路寄存器、标志寄存器和指令寄存器，主要端口为 TCK、TMS、TDI、TDO，另外还有一个用户可选择的端口 TRST。

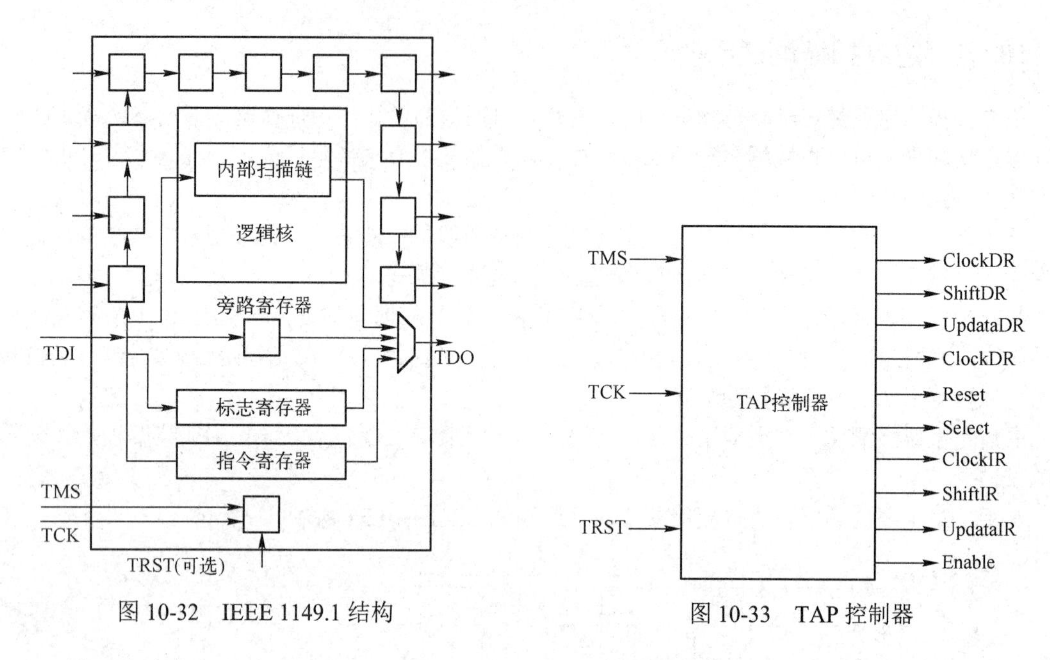

图 10-32 IEEE 1149.1 结构

图 10-33 TAP 控制器

2. 端口定义如下

（1）TCK（Test Clock）

边界扫描设计中的测试时钟是独立的，因此与原来 IC 或 PCB 上的时钟是无关的，也可以复用原来的时钟。

（2）TMS（Test Mode Select）

由于在测试过程中，需要有数据捕获、移位、暂停等不同的工作模式，因此需要有一个信号来控制。在 IEEE 1149.1 中，仅有这样一根控制信号，通过特定的输入序列来确定工作模式，采用有限状态机来实现。该信号在测试时钟 TCK 的上升沿采样。

（3）TDI（Test Data In）

以串行方式输入的数据 TDI 有两种。一种是指令信号，送入指令寄存器；另一种是测试数据（激励、输出响应和其他信号），它输入到相应的边界扫描寄存器中去。

（4）TDO（Test Data Out）

以串行输出的数据也有两种，一种是从指令寄存器移位出来的指令，另一种是从边界扫描寄存器移位出来的数据。

除此之外，还有一个可选端口 TRST，为测试系统复位信号，作用是强制复位。

3. TAP 控制器

TAP 控制器的作用是将串行输入的 TMS 信号进行译码，使边界扫描系统进入相应的测试模式，并且产生该模式下所需的各个控制信号。IEEE 1149.1 的 TAP 控制器由有限状态机来实现，图 10-34 所示为状态转移图。DR 表示数据寄存器，IR 表示指令寄存器。

4. 寄存器组

（1）指令寄存器（IR，Instruction Register）

如图 10-35 所示，指令寄存器由移位寄存器和锁存器组成，长度等于指令的长度。IR 可以连接在 TDI 和 TDO 的两端，经 TDI 串行输入指令，并且送入锁存器，保存当前指令。在这两部分中有个译码单元，负责识别当前指令。由于 JTAG 有 3 个强制指令，所以该寄存器的宽度至少为 2 位。

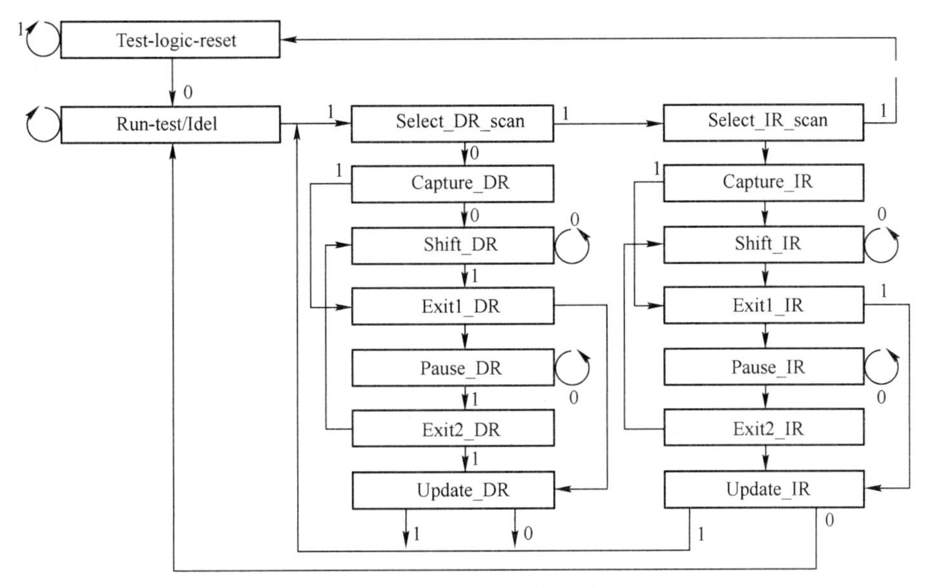

图 10-34　TAP 控制器的状态转移图

（2）旁路寄存器（BR，Bypass Register）

旁路寄存器也可以直接连接在 TDI 和 TDO 两端，只有 1 位组成。若一块 PCB 上有多个具有边界扫描设计的 IC，可将每个 IC 中的边界扫描链串接起来。如果此时需要对其中的某几个 IC 进行测试，就可以通过 BYPASS 指令来旁路无须测试的 IC。如图 10-36 所示，如果需要测试 Chip2 和 Chip3，则在 TDI 输入 110000 就可以配置旁路寄存器，此时 Chip1 的旁路寄存器被置位，表示该芯片在测试过程中被旁路。

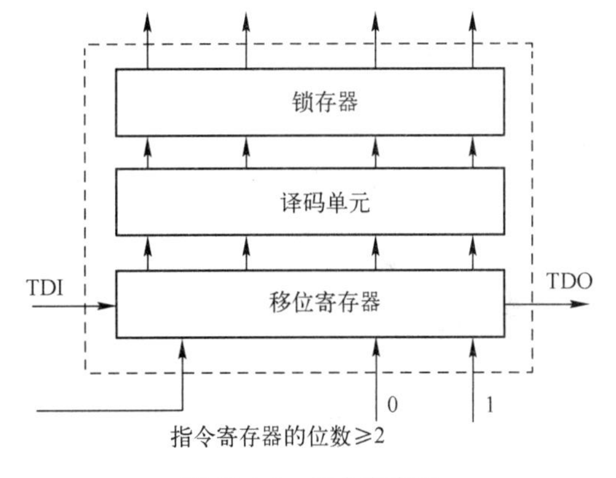

图 10-35　指令寄存器

（3）标志寄存器（IDR，Identification Register）

如图 10-37 所示，在一般的边界扫描设计中，都包含一个固化有该器件标志的寄存器，它是一个 32 位的标准寄存器，其内容有关于该器件的版本号、器件型号、制造厂商等信息，用途是在 PCB 生产线上，可以检查 IC 的型号和版本，以便检修和替换。

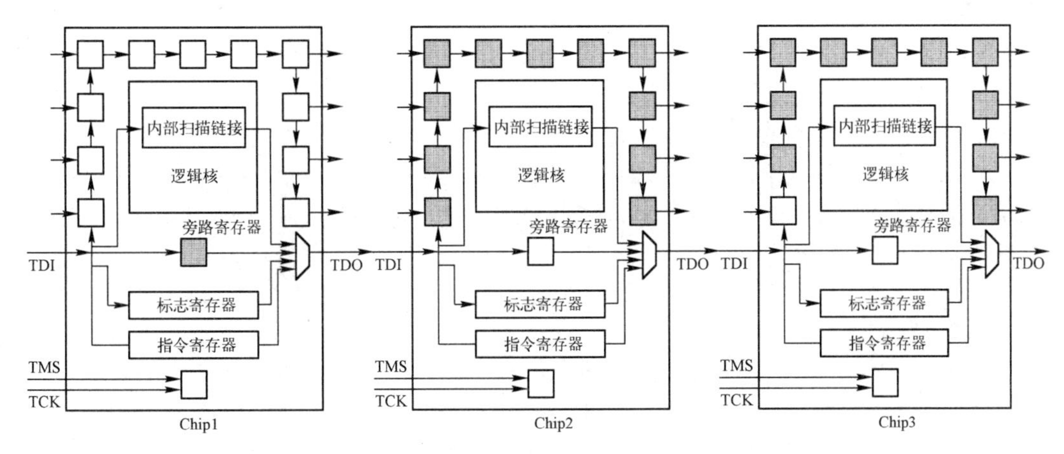

图 10-36　旁路寄存器使用举例

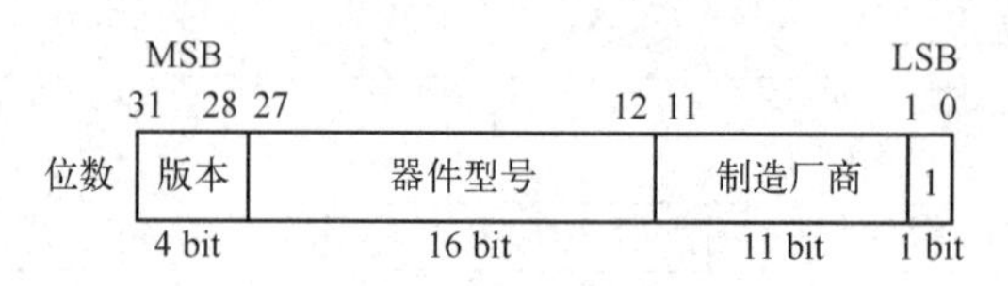

图10-37 标志寄存器

在器件标志寄存器的标准格式中，最低位（第0位）为1，用于识别标志寄存器和旁路寄存器的标志位。第1～11位为制造厂商的标识位。根据国际联合电子器件工程委员会所提出的方案，这11位共允许有2032个生产厂家的标识。第12～27位表示器件的型号，总计可以表示2^{16}=65536种不同的型号。余下的4位表示同一型号器件的不同版本。

（4）边界扫描寄存器

边界扫描寄存器是边界扫描中最重要的结构单元，它完成测试数据的输入、输出锁存和移位过程中必要的数据操作。其工作在多种模式，首先是满足扫描链上的串行移位模式，其次是正常模式下电路的数据捕获和更新，如图10-38所示。

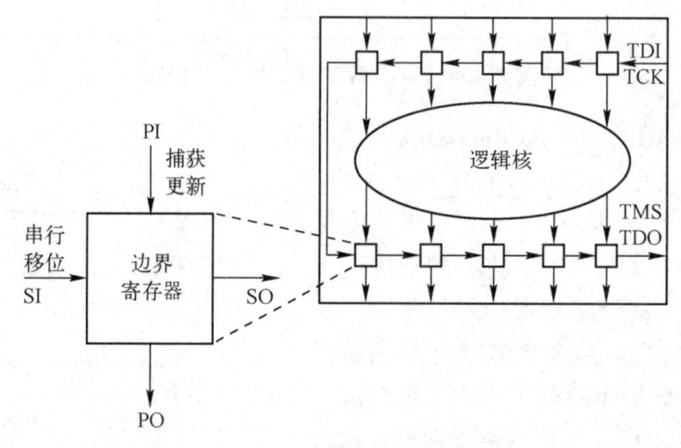

图10-38 边界扫描寄存器

利用边界扫描寄存器可提供如下的主要测试功能：

- 对被测IC的外部电路进行测试，如可测IC之间的互连，此时可以使用外部测试指令EXTEST（10.6.3节会提到）；
- 使用INTEST进行被测电路的内部自测；
- 对输入、输出信号进行采样和更新，此时可以完全不影响核心逻辑电路的工作状态。

5．相关指令

JTAG规定了3个强制指令：EXTEST、BYPASS、SAMPLE/PRELOAD。

（1）EXTEST：外测试指令

外测试指令主要用于测试IC和PCB之间的连线或边界扫描设计以外的逻辑电路。执行该指令的主要操作为，将测试向量串行移位至边界扫描寄存器，以激励被测的连线或外部逻辑电路，同时该寄存器又捕获响应数据，并串行移出测试结果，以便检查。

（2）BYPASS：旁路指令

这是一条由1组成的全1指令串，它的功能是选择该IC中的旁路寄存器BR，决定该IC是否被测试，可参见图10-36。

（3）SAMPLE/PRELOAD：采样/预装指令

采样指令用于不影响核心逻辑正常工作的条件下，将边界扫描设计中的并行输入端的信号捕获至边界扫描寄存器中，在测试时，通过采样指令捕获所测试逻辑电路的响应。

预装指令功能与采样基本相同，只是此时装入边界扫描寄存器的数据是编程者已知或确定的。

除了上述必需的指令外，JTAG 还定义了部分可选择的指令：INTEST、IDCODE、RUNBIST、CLAMP、HIGHZ。

- INTEST 为内测试指令，用于测试核心逻辑电路。执行过程与外测试指令基本相似，只是由于被测对象的位置恰好相反，它的激励端和响应测试端正好相反。
- IDCODE 指令用于从标志寄存器中取出标志代码。
- RUNBIST 为运行自测试指令，用来执行被测逻辑的自测试功能，需要保证电路本身具有自测结构。
- CLAMP 是组件指令，有两个功能，一是使旁路寄存器为 0，另一个是使边界扫描寄存器 BSR 的输出为一组给定的固定电平。
- HIGHZ 是输出高阻指令，可以使 IC 的所有输出端都呈高阻状态，即无效状态。

10.6.3　边界扫描测试策略和相关工具

1．板级测试策略

利用边界扫描 IEEE 1149.1 进行板级测试的策略分为以下 3 步。

① 根据 IEEE 1149.1 标准建立边界扫描的测试结构。

② 利用边界扫描测试结构，对被测部分之间的连接进行向量输入和响应分析。这是板级测试的主要环节，也是边界扫描结构的主要应用。可以用来检测由于电气、机械和温度导致的板级集成故障。

③ 对单个核心逻辑进行测试，可以初始化该逻辑并且利用其本身的测试结构。

2．相关 EDA 工具

工业界主要采用的边界扫描工具为 Siemen EDA 的 Tessent Bounnday Scan 和 Synopsys 的 BSD Compiler。以后者为例，其主要设计流程如图 10-39 所示。该流程会生成 BSDL 文件，该文件是边界扫描测试描述文件，该文件内容包括引脚定义和边界扫描链的组成结构。一般的 ATE 可以识别该文件，并自动生成相应的测试程序，完成芯片在板上的漏电流等参数的测试。

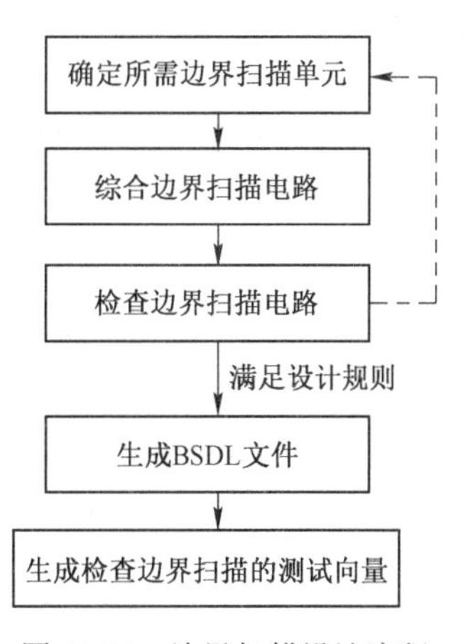

图 10-39　边界扫描设计流程

10.7　其他 DFT 技术

10.7.1　微处理器核的可测性设计

很多电路属于数字逻辑核的范畴，包括 MPU/MCU、DSP 及一些专用模块，如调制解调器、网络处理器等。通常核供应商会提供 3 种形式的处理器核：软核、固核和硬核。

1．访问、控制及隔离的设计

在基于微处理器核的 SoC 设计中，测试访问机制指的是从核的输入端施加需要的测试激励信号，并从核的输出端得到测试响应。从某种程度上说，它完成了传统意义上的可观测性和可控制性。控制机制是指启动和停止测试功能模式等操作。与传统测试不同的是这里多出了隔离的概念。在核测试中，隔离是双方面的，指在电气上将核的输入和输出端口与连接这些端口的芯片逻辑电路分离，以避免测试对其他电路产生副作用。

在 SoC 级，核的隔离和核的测试访问机制包括以下特性：

- 允许向核发送，并从核接收测试数据而不受其他核及 UDL 的影响；
- 避免测试数据传输过程中的干扰，或者破坏其他电路的正常；
- 允许同时测试多个彼此隔离的核；
- 允许对核与核之间的互连线提供验证通路；
- 需要保证在进行核测试的时候，不需要对临近的核或 UDL 有任何要求。

2．测试隔离逻辑（Test Wrapper）

核的测试隔离逻辑设计有很多种。一个好的测试隔离逻辑设计可以减少测试所需要集成的信号引脚的数量，一个好的测试隔离逻辑设计还应该考虑边界上不同频率的信号。

最简单的隔离逻辑可以由共享寄存器和多路选择器构成，如图 10-40 所示，这些寄存器原本是核的接口逻辑的一部分。在进行测试的时候，隔离逻辑上的寄存器独立组成一条或者多条扫描链，有独自的使能信号，在正常工作的时候，数据走正常路径。在扫描模式下，隔离逻辑可以将电路分成两个扫描域。

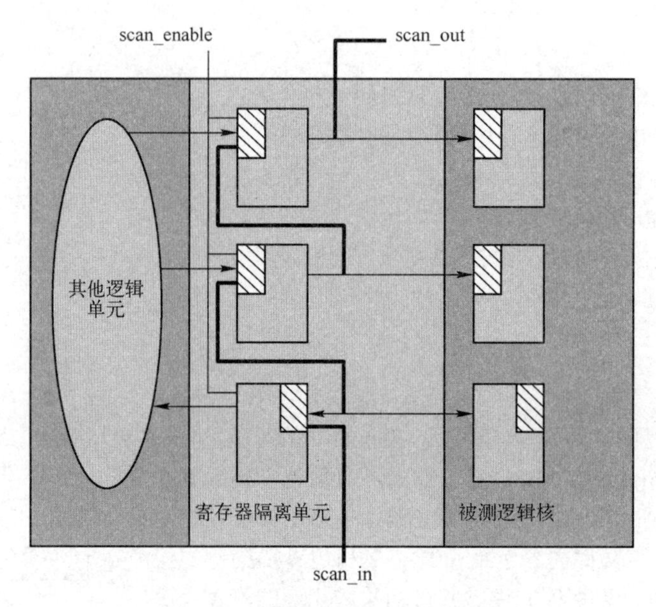

图 10-40　最简单的测试隔离逻辑

3．IEEE P1500 简述

IEEE P1500 嵌入式测试的基本结构主要包括 3 部分：嵌入式核测试隔离逻辑（Core Test Wrapper）、测试访问机制（TAM）和测试控制机制（TCM），如图 10-41 所示。回到根源，测试嵌入式核的问题就是解决控制、访问和隔离的问题。

（1）嵌入式核的隔离逻辑

测试隔离逻辑的主要作用就是隔离被测试模块，而不影响系统中其他工作模块。该逻辑通过测试访问机制模块控制嵌入式核测试数据的输入，并观察测试输出结果。测试隔离逻辑是 IEEE P1500 标准定义的标准逻辑单元。在进行系统集成时，系统集成商可以直接使用带有隔离逻辑的核进行设计，也可以使用裸核，在后续设计中根据嵌入式核设计商提供的 CTL 程序描述的测试信息建立隔离逻辑。

（2）测试控制机制

该单元是 IEEE P1500 规定的标准逻辑单元。该单元通过扫描控制路径上的移位寄存器控制测试模式的使能信号及相关的测试信号，从而对测试模型进行参数设置和运作。

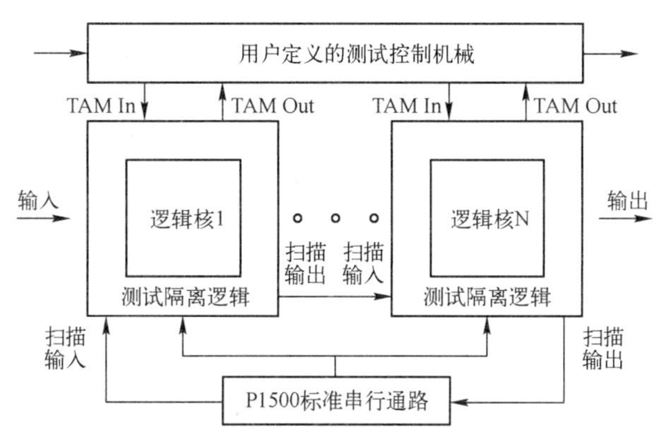

图 10-41　IEEE P1500 基本结构

（3）测试访问机制

这个单元完全是用户自定义逻辑单元，用来在系统 I/O 和嵌入式核隔离逻辑端口之间传递测试数据，可以选择串行和并行输入/输出数据。

4．嵌入式核测试语言（CTL）

IEEE P1500 嵌入式核测试语言用来描述嵌入式核测试时的一切相关测试信息。为此，它提供了一个简洁统一的信息模型，使系统和嵌入式核之间有一个公共的接口，使得单元模块的测试向量和设计数据在系统级进行可复用。

用嵌入式核测试语言（CTL）描述单元的测试信息时，一般应包括隔离逻辑的例化、内核端口和隔离逻辑的相互连接、嵌入式核的测试向量可复用描述、用户自定义逻辑单元和嵌入式核的相互连接信息等主要内容。如果系统中同时要对多个嵌入式核进行测试，可采用模块化的设计方法进行 CTL 描述。程序结构如下：

```
CTL modelnarne modetype{
lnteral{
   //describe the information about the core itself}
Patterninformation{
   //describe the information for the mode}
External{
   //describe instructions to the system integrator}
}
```

IEEE P1500 嵌入式核测试标准是一个正在逐步完善的标准，其测试可复用概念的提出，将会大大提高系统设计的测试和验证效率。核测试的完善，才能够真正标志 IC 片上系统时代的到来。

10.7.2　Logic BIST

Logic BIST 是 SoC 设计中芯片可测性设计的发展方向。大多数的 ASIC 使用基于扫描的 DFT 技术。对于规模越来越大的芯片来说，扫描测试的策略面临着巨大的挑战。使用 ATPG 工具产生的测试向量需要几 G 的存储空间。由于高频率、高存储能力的 ATE 设备代价高昂，越来越多的设计采用了 Logic BIST 的测试技术。它消除了测试仪的存储能力，但不足之处是其需要额外的逻辑面积开销。

图 10-42 所示为 Logic BIST 的原理结构图，它主要由 BIST 控制器、PRPG（伪随机向量生成器）、MISR（多输入标签寄存器）和扫描测试通道组成。Logic BIST 控制器是所有 BIST 逻辑的枢纽，主导内部和外部信号的交互工作。

如今有众多生成逻辑 BIST 向量的方法，包括 ROM、LFSR、二进制计数器等，它们通常可以分

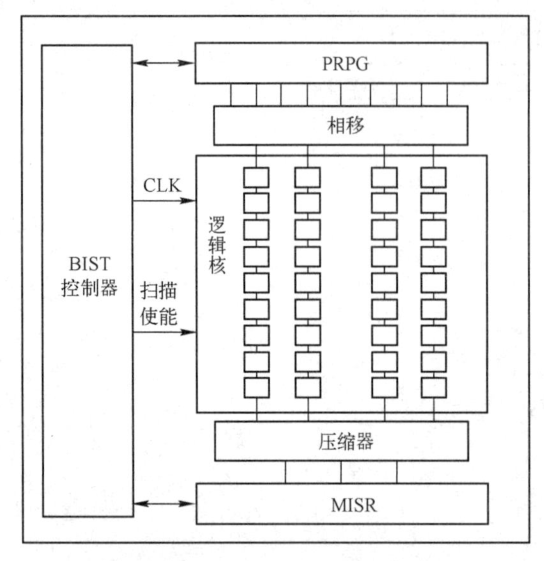

图 10-42　Logic BIST 原理结构图

为 3 类：穷尽向量生成、伪穷尽向量生成和伪随机向量生成。其中，由伪随机向量生成构成的 LFSR（线性反馈移位寄存器）的使用最为普遍。MISR 也可用于计算来自被测试电路测试响应的标记值。在通常情况下，增加移相器和压缩器有助于改善 PRPG 和 MISR 的特性。

Logic BIST 工具可以自动生成 BIST 结构（BIST 控制器、测试向量发生器和电路特征压缩器）的可综合 RTL 级 HDL 描述，并快速进行故障仿真以确定故障覆盖率。Logic BIST 工具的主要特点如下：

- 内建自测试技术降低了芯片测试对 ATE 测试机存储容量的要求；
- 针对部件或系统进行内建自测试的自动综合、分析与故障仿真，便于进行设计与测试的复用；
- 实速测试和多频率测试确保了高性能、高质量的测试设计；
- 全面的 BIST 设计规则检查确保了易用性，减少了设计时间，缩短了设计面市时间；
- 能够在获得最大故障覆盖率的同时将对设计的影响减至最低；
- BIST 部件的 RTL 综合和与工艺无关，可以保证设计复用。

10.8　DFT 技术在 SoC 中的应用

10.8.1　模块级的 DFT 技术

以上主要介绍了目前常用的 DFT 方法。对于不同的电路，应该采取合适的方法进行可测性设计。

1．微处理器

微处理器经常采用某种形式的定制测试结构，它是全扫描或部分扫描测试及并行向量测试的组合。这就意味着芯片级测试控制器必须同时为微处理器提供扫描链控制器和某种边界扫描测试控制，以施加并行测试向量。

2．存储器

对于存储单元，推荐使用某种形式的 BIST，它提供了一种快速、易于控制的测试方法。然而，某些 BIST 测试方案对于解决测试中的数据保持是不充分的，合理的直接存储器存取策略可以用来检测和解决数据保持问题。

3．其他数字模块

对于其他大多数模块，最好的选择是全扫描技术。全扫描设计以较小的设计努力，提供较高的故障覆盖率。芯片级测试控制器需要考虑允许多少条扫描链同时工作，以及如何将他们连接到芯片级 I/O 端口等问题。

4．模拟模块

模拟电路的可测性设计可以分为两类：可访问设计法和可重构设计法。其中，前者是在被测电路中插入测试总线或者测试点，以提高内部节点的可控制性和可观察性，这就构成了最早期用于混合信号的测试方法；后者依靠被测电路的重构来提高可测试性。这些方法对电路性能的影响通常是较高的，而且处于研究阶段，很少用于大量产品。目前采用得比较多的还是模拟 BIST 的方法，大多数的 BIST 方法都是在混合信号环境下测试模拟电路的。例如，通过数字-模拟-数字通路，而不像传统的外部测试那样通过模拟-数字-模拟路径。

10.8.2　SoC 中的 DFT 应用

目前，基于 IP 复用的 SoC 是 IC 设计的发展趋势。对于 SoC 的测试目标是利用最少的测试向量来检测 SoC 中所有 IP 可能出现的故障。SoC 一般包含处理器 IP、存储器 IP、各类接口 IP 及 ADC/DAC 等模拟 IP，因此需要不同的测试向量对这些 IP 进行检测，同时不同的 IP 的测试要求也不同。对于数字电路来说，需要考虑固定型、桥接故障和静态电流造成的短路故障等。对于模拟电路来说，则需要考虑噪声及测试精度等影响。而对于存储器来说，则需要考虑其本身特有的一些故障类型。

各个模块的组合构成了 SoC，模块级 DFT 的组合自然也就是系统级 DFT 的雏形，再加上必要的控制结构就可以形成完整的系统级 DFT 结构了。

SoC 开发者对于不同的 IP 模块采用最适合其类型的 DFT 方法，但是使用多种 DFT 方法就使测试的复杂性从生产测试转移到了测试开发。与模块级的 DFT 不同，系统级的 DFT 困难主要来自于：

- DFT 的不同测试策略在不同模块间的合理应用；
- SoC 规模庞大，测试结构和测试控制较为复杂；
- 系统的可测试资源，如外围引脚等限制了可测性设计；
- 不同的测试策略和测试结构的划分将会影响整个电路的可测性。

根据 SoC 的设计流程和系统级 DFT 的特点，可以采用以下的可测性设计流程：

- 根据系统规范，确定系统的 DFT 特征；
- 根据电路特征和芯片测试资源，确定不同模块或核的测试策略；
- 从顶层模块实现不同测试模式的控制；
- 综合考虑各种测试模式的需要，对电路进行必要的划分，完成测试结构的设计（包括测试时钟、使能和复位信号）；
- 考虑每个模块，甚至每个信号的可测性，加入额外电路，提高故障覆盖率；
- 对不同模块进行可测性设计，对某些核进行单独测试；
- 根据故障覆盖率的情况，进行必要的调试修改。

本章主要从芯片设计的角度介绍了几种数字电路中常用的可测性设计方法，主要有用于存储器测试的 BIST、用于组合逻辑测试的扫描和用于板级连接测试的边界扫描。近年来，DFT 技术发展很快，主要表现在以下方面：

① 在存储器内建自测方面，整体结构和算法已经基本成熟，目前主要是考虑低功耗的 BIST 技术和如何将内建自测技术融入其他模块的测试中，如整个 SoC 的 BIST；

② 在扫描测试方面，工具已经能够自动完成扫描链的插入，现在技术人员要做的是根据已有的电路设计适当的测试结构，在满足测试要求的同时，尽量减少测试时间和功耗，同时还需要对时序电路的可测性、测试向量的压缩、at-speed 测试、故障模拟等方面进一步研究；

③ 在边界扫描方面，由于其可以显著减少测试产生所需的时间，而被设计者广泛接受，当前已经能够使边界扫描的覆盖率达到 100%，但是目前还没有对采用 IEEE1149.1 标准获得的益处进行综合分析的成本模型，还需要综合考虑 BIST 和 SCAN 带来的影响。

除了技术方法的不断改进，一些支持 DFT 的 EDA 工具也在不断地更新换代。例如，Synopsys 公司的 DFT Compiler 和 TetraMAX ATPG 工具配合使用，可以一次性完成扫描综合和测试向量的生成。多年来，Mentor Graphics 公司在 DFT 领域一直扮演重要的角色，该公司提供用于可测试性分析的工具套件，支持多种故障模型，以帮助设计师确保他们的产品满足生产测试需要。

本章参考文献

[1] Said Hamdioui, Zaid Al-Ars, Ad J. van de Goor, et al. Linked Faults in Random Access Memories：Concept, Fault Models, Test Algorithms, and Industrial Results[J]. IEEE Transactions on Computer-Aided Design of Integrated Circuits And Systems, 23(5), 2004.

[2] Said Hamdiour, Rob Wadsworth, John Delos Reyes et al. Memory Fault Modeling Trends: A Case Study. Journal of Electronic Testing[M]. 2004.

[3] 杨士元. 数字系统的故障诊断与可靠性设计 [M]. 2 版. 北京：清华大学出版社，2002.

[4] Rochit Rajsuman. SoC 设计与测试[M]. 于敦山，盛世敏，田泽，等译. 北京：航空航天出版社，2003.

[5] Helmut Lang, Jens Pfeiffer, Jeff Maguire. Using On-chip Test Pattern Compression For Full scan SoC Design[C]. System-on-a-Chip Design Technology, 2000.

[6] F.Corno, M.Rebaudengo, M.Sonza Reorda, M.Violante. A new BIST architecture for low power circuits[C]. IEEE European Test Workshop September 24-27, 1999.

[7] P.Girard, L.Guiller, C.Landrault, S.Pravossoudovitch. Low power BIST design by hypergraph partitioning methodology and architectures[C]. International Test Conference, Atlantic City, NJ, USA, October 3-5, 2000.

[8] D. Gizopoulos, N. Kranitis, M. Psarakis, A Paschalis, Y. Zorian. Low power energy BIST scheme for datapaths[C]. 18th IEEE VLSI Test Symposium (VTS'00), April 30-May 04, 2000.

[9] Mar Guettaf. Improving Runtime and Capacity of scan Insertion and ATPG for Multimillion Gate Designs[C]. SNUG，2003.

[10] Mickey Oliel. SCAN patterns size reduction using TetraMAX[C]. SNUG, 2003[11].

第 11 章　低功耗设计

从 20 世纪 80 年代初到 90 年代初的 10 年里，IC 设计者的研究工作都集中在数字系统速度的提高上。进入 SoC 时代以后，随着芯片设计规模的不断增大及制造工艺的不断发展，低功耗设计已经成为与性能同等重要的设计目标，在嵌入式领域，功耗指标甚至成为第一大要素。

SoC 的低功耗设计需要在不同的设计层次上进行考虑。本章系统地介绍了低功耗设计的相关内容，包括基本概念、设计方法及不同层次的低功耗优化技术。最后，通过介绍工业界广泛采用的 IEEE1801 标准 UPF（Unified Power Format），进一步掌握低功耗设计的实现方法。

11.1　为什么需要低功耗设计

1．便携式设备——电池寿命

随着高性能、便携式电子设备应用的日益推广，系统对电池容量的要求越来越大。电池技术正在改进，每 5 年能将电池的容量提高 30%～40%，但是明显跟不上便携系统对电池容量的要求，所以低功耗设计在便携式应用中变得越来越重要。

2．桌面系统——高功耗

20 世纪 80 年代初到 90 年代初，桌面机和服务器的设计主要集中在提高性能上。随着电路集成密度的增大和时钟频率的不断提高，桌面机和服务器的功耗问题变得越来越严重。现在，功耗已经成为开发最快处理器的瓶颈，Pentium 4G 处理器就是由于功耗太高而被取消。

3．高功耗对系统的影响

功耗过高对系统有着致命的影响：系统的可靠性及性能降低；过高的功耗需要增加散热设施，又会增加系统的散热成本及芯片的封装成本；

（1）系统可靠性

功耗过高对系统的可靠性有很大的影响。从图 11-1 所示的 Micro 256MB Components 内存系统的平均失效时间可以看出，过高的功耗会导致系统的温度上升，温度升高同时会使得系统的失效率上升，试验结果表明在温度大于 85℃的情况下，系统温度每增加 10℃，系统的失效率将会增加 1 倍。对于集成电路来说，温度的增高还会加快电子迁移的速度。在当前的深亚微米工艺下，线宽越来越小，所以对线上的电子密度要求越来越严格。随着温度的升高，电子迁移速度越来越快，导致连线的失效率上升，从而降低了整个电路的可靠性。

（2）系统性能

功耗对系统的性能有着重要的影响。高功耗造成的温度的升高会降低载流子的迁移率，使得晶体管的翻转时间增加，降低了系统的性能。温度的升高还会增加系统的噪声，从而降低了系统的噪声容限。

（3）系统生产及封装成本

高功耗会增加系统成本。首先，高功耗的芯片需要的电源线更宽，使芯片的面积增加，其次，高功耗需要更好的散热介质，对封装的介质提出了更严格的要求，增加了芯片的封装成本。

（4）系统散热成本

随着功耗的增加，散热装置的成本在系统的总成本中所占的比例越来越大，从图 11-2 所示的主流桌面处理器的功耗密度可以看到，当前主流桌面处理器的功耗密度的增加越来越快，传统的散热方法（风冷）很快就不能满足要求了，在 Apple 的 MAC G5 处理器中的散热装置已经开始使用水冷散热，这将会大大增加系统的成本。

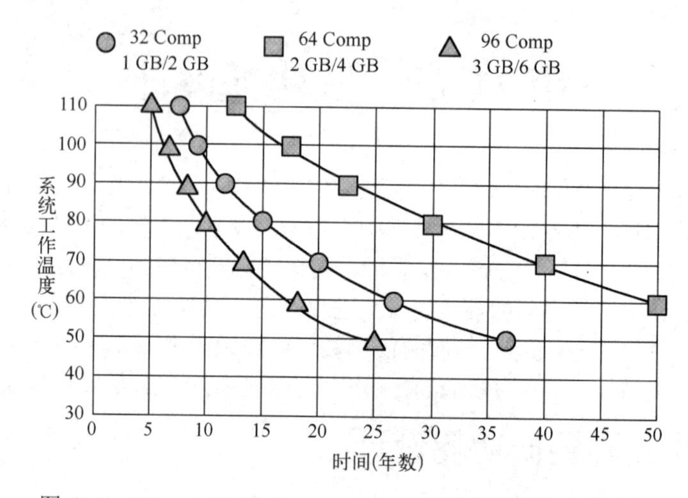

图 11-1　Micro 256MB Components 内存系统的平均失效时间

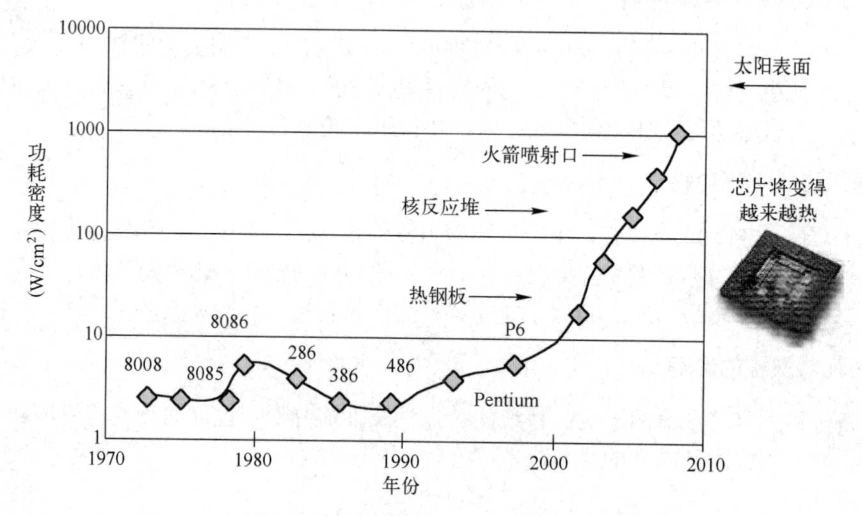

图 11-2　主流桌面处理器的功耗密度

对深亚微米工艺下的低功耗设计的研究变得越来越紧迫。有研究表明在 45nm 工艺条件下，尽管动态功耗相对保持稳定，但是漏电流会随着温度的升高而增加，而且芯片设计的时钟偏移也会受温度影响而更加严重。相比于 65nm 工艺条件下的设计，芯片由于温度系数影响的寿命会降低 4 倍。

11.2　功耗的类型

CMOS 电路中的功耗由两部分组成。第一部分为负载电容充放电时引起的功耗，称为动态功耗，另一部分为漏电流引起的功耗，称为静态功耗。其中，动态功耗包括翻转功耗和短路功耗。翻转功耗是数字电路要完成功能计算所必须消耗的功耗，称为有效功耗；短路功耗是由于 CMOS 在翻转过程中 PMOS 管和 NMOS 管同时导通时消耗的功耗，称为无效功耗。数字 CMOS 电路的总功耗如式（11.1）所示，其中，第一项为翻转功耗，第二项为短路功耗，最后一项为漏电流功耗，前两项称为动态功耗，最后一项为静态功耗。

$$P=\overbrace{\underbrace{\frac{1}{2}\cdot C\cdot V_{\mathrm{DD}}^{2}\cdot f\cdot N_{\mathrm{sw}}}_{\text{翻转功耗}}+\underbrace{Q_{\mathrm{sc}}\cdot V_{\mathrm{DD}}\cdot f\cdot N_{\mathrm{sw}}}_{\text{短路功耗}}}^{\text{动态功耗}}+\overbrace{\underbrace{I_{\mathrm{leak}}\cdot V_{\mathrm{DD}}}_{\text{漏电流功耗}}}^{\text{静态功耗}} \tag{11.1}$$

式中，C 为结电容，N_{sw} 为单时钟周期内翻转晶体管数目，f 为系统工作时钟频率，V_{DD} 为供电电压，Q_{sc} 为翻转过程中的短路电量，I_{leak} 为漏电流。

1. 动态功耗

在数字 CMOS 电路翻转过程中，CMOS 电路中的动态电流如图 11-3 所示，动态功耗是由翻转电流和短路电流引起的功耗。其中，翻转电流引起的功耗称为翻转功耗，短路电流引起的功耗称为短路功耗。

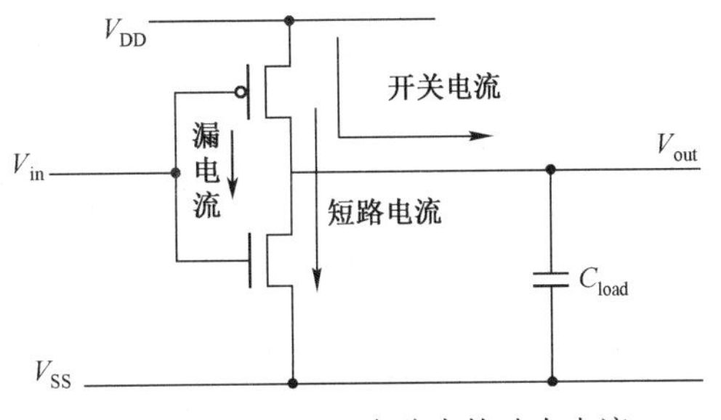

图 11-3　CMOS 电路中的动态电流

下面推导翻转功耗的表达式。当电容 C_{load} 通过 PMOS 管充电时，它的电压从 0 升至 V_{DD}，此时从电源上吸取了一定的能量。该能量的一部分消耗在 PMOS 器件上，而其余的则存放在负载电容上。在由高至低的翻转期间，这一电容被放电，于是存放的能量被消耗在 NMOS 管中。

先考虑从低到高的翻转。假设输入波形具有为零的上升和下降时间，或者说 NMOS 和 PMOS 器件决不会同时导通。在这一翻转期间从在电容上存储的能量 P_{switch} 可以通过在相应周期上对瞬时功耗积分求得

$$P_{swith} = f \cdot N_{sw} \cdot \int_0^T P(t)\mathrm{d}t = \frac{1}{2} C \cdot V_{DD}^2 \cdot f \cdot N_{sw} \tag{11.2}$$

如图 11-3 所示，所以电源提供的能量只有一部分在 C_{load} 上，而另一部分由 PMOS 管消耗掉了。在放电阶段，电荷从 C_{load} 上移去，能量主要消耗在 NMOS 管上。由此可以看出，在每一个 MOS 管翻转时（从低到高或从高到低）都需要固定数量的能量。所以式（11.2）可以用来表示动态功耗中的翻转功耗。

动态功耗的另一部分称为短路功耗。在实际的电路设计中，假设输入波形的上升和下降时间为 0 是不正确的。输入信号变化的斜率造成了开关过程中 V_{DD} 和 V_{SS} 之间在短期内出现了一条直流通路，此时 NMOS 管和 PMOS 管同时导通，产生短路电流 I_{SC} 如图 11-4 所示。

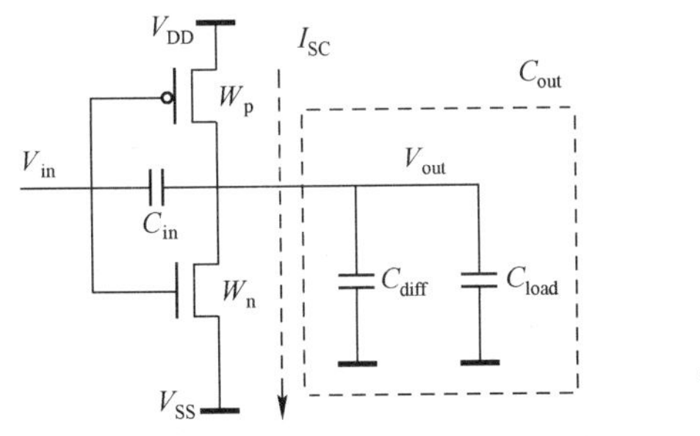

图 11-4　CMOS 电路中的短路电流

可以计算短路功耗的表达式如下

$$P_{short} = Q_x \cdot V_{DD} \cdot f \cdot N_{sw}$$

可以看出，动态功耗的大小与数字 CMOS 电路的工作频率成正比，与工作电压的平方成正比。动态功耗由两部分组成，翻转功耗和短路功耗。翻转功耗与传输的数据相关（是否有 0→1 或 1→0 的变化）。其中，翻转功耗在当前的设计电路中仍然占主要部分，短路功耗在动态功耗中所占的比例较小。

2. 静态功耗

在 CMOS 电路中静态功耗主要是由漏电流引起的功耗。由图 11-5 可知，漏电流主要由以下几部分组成：

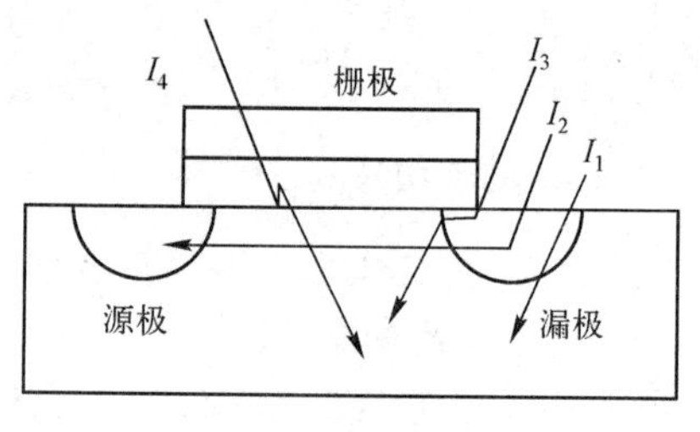

图 11-5 漏电流

- PN 结反向电流 I_1（PN-junction Reverse Current）；
- 源极和漏极之间的亚阈值漏电流 I_2（Sub-threshold Current）；
- 栅极漏电流，包括栅极和漏极之间的感应漏电流 I_3（Gate Induced Drain Leakage）；
- 栅极和衬底之间的隧道漏电流 I_4（Gate Tunneling）。

可以计算静态功耗的表达式如下

$$P_{\text{leakge}} = V_{\text{DD}} \cdot I_{\text{leak}}$$

静态漏电流的大小与工艺相关。静态功耗与工作电压成正比。

另一方面，为了满足工作频率越来越高的要求，就会降低晶体管的阈值电压 V_t，使得晶体管能够高速翻转。但是，如果 V_t 太低，晶体管不能完全关断，这将产生很大的静态功耗。

3. CMOS 工艺的发展与功耗的变化

表 11-1 所示为在 TSMC 和 BPTM 的工艺下，MOS 管的各种参数。可以看出，随着工艺的进步，电源电压随之减小以降低动态功耗，同时降低了阈值电压 V_t，导致了系统静态功耗的增加。

表 11-1 TSMC 和 BPTM 的工艺下 MOS 管的各种参数

工　艺	TSMC 0.18 μm	TSMC 90nm	TSMC65nm	BPTM 70nm
高 V_t(NMOS/PMOS)	0.46V/–0.45V	0.42V/–0.4V	0.37V/–0.42V	0.39V/–0.40V
低 V_t(NMOS/PMOS)	0.27V/–0.23V	0.23V/–0.2V	0.13V/–0.2V	0.15V/–0.18V
电源电压	1.8V	1.0～1.2V	0.7～1.0V	0.9V
温度	100℃	100℃	100℃	100℃

图 11-6 所示为在不同工艺下的 MOS 管漏电流的组成。可以看出，随着工艺尺寸的不断变小，MOS 管漏电流的成分在不断增加。在长沟道的 MOS 管中，漏电流基本上可以忽略不计；在短沟道的 MOS 管中，漏电流主要由亚阈值漏电流组成；在沟道宽度为 90～180nm 之间的短沟道 MOS 管中，漏电流主要是由亚阈值漏电流和栅极漏电流组成；在深亚微米的 MOS 管中，除了亚阈值漏电流和栅极漏电流，由于栅极氧化层（t_{ox}）很薄，隧道效应（Tunneling Effect）产生的漏电流都已经变得很重要了。

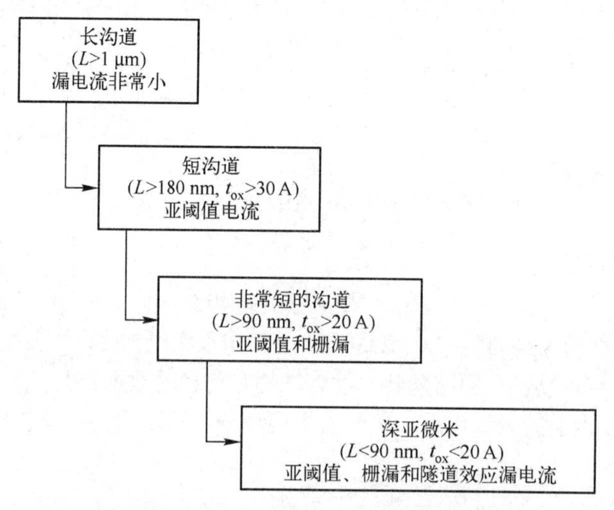

图 11-6 在不同工艺下的 MOS 管漏电流的组成

图 11-7 所示为不同电压、不同工艺、不同频率及不同晶体管数目下 CMOS 电路的功耗实例。从图中可以看出，随着工艺的进步，系统的工作电压将更低，同时带来更低的晶体管动态功耗，但是由于时钟频率的提高和晶体管数目的增多，导致系统的总功耗将越来越大。

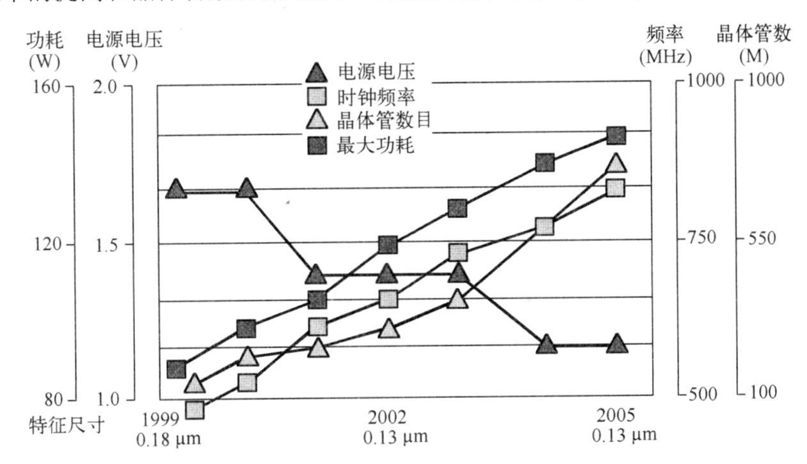

图 11-7　不同电压、不同工艺、不同频率及不同晶体管数目下 CMOS 电路的功耗实例（源自 Intel）

图 11-8 所示为不同工艺下的主流桌面处理器的工作功耗和待机功耗。从图中可以看出，随着工艺的改进，系统的功耗在不断增加，同时待机功耗和工作功耗越来越相近。这主要是由电路中的漏电流增大引起的。

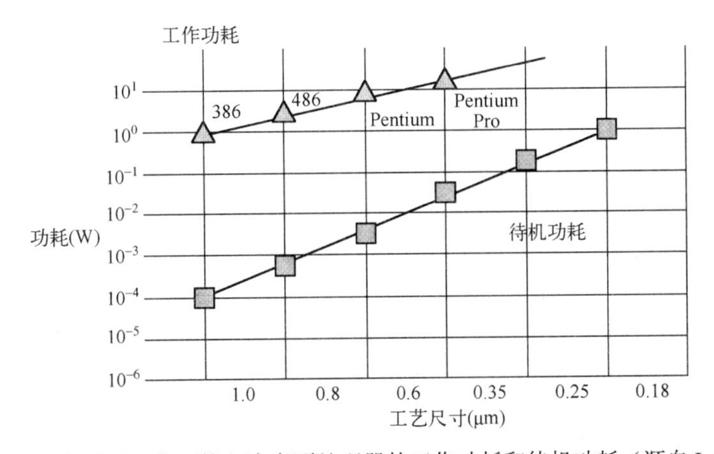

图 11-8　在不同工艺下的主流桌面处理器的工作功耗和待机功耗（源自 Intel）

从以上的分析可以看出，随着工艺的进步，晶体管的尺寸将变得越来越小，同时带来的是更低的工作电压和更大的漏电流。工作电压的降低减小了晶体管的动态功耗，但是由于主频的提高及晶体管数目的增多，系统的总功耗越来越大。由于漏电流的增大，静态功耗在系统总功耗中所占的比例不断增大。

4．SoC 中的主要动态功耗

基于微处理器应用的 SoC，其芯片的组成及应用的复杂程度变化很大。在一些应用中可能需要用到所有的硬件资源，但是在另一些应用中可能只需要用到其中一部分硬件资源；在一些应用中可能需要很高的工作频率，而在另一些应用中却可以大大降低工作频率。但从总体上看，主要的功耗通常在芯片上的处理器、存储器、时钟树上。图 11-9 所示为两个应用的 SoC 系统中的动态功耗组成示意图。

图 11-10 所示为 ARM 公司提供的 ARM946-S 中系统功耗的组成部分的统计数据。从图中可以

看出消耗功耗最多的是9E内核和16KB的指令和数据缓存，各为29%，其次是顶层时钟树为13%。

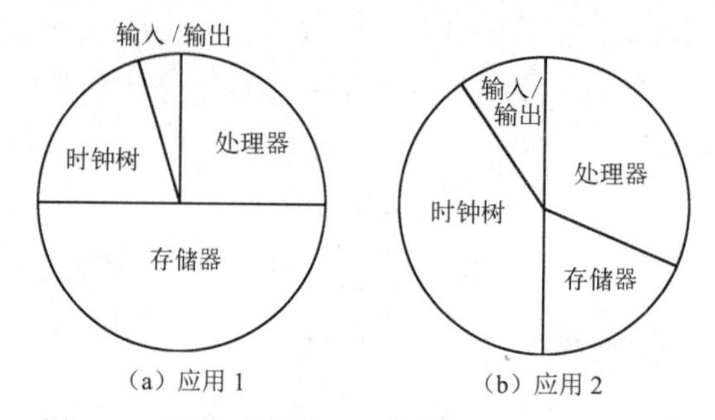

图11-9　两个不同的SoC系统中的动态功耗组成

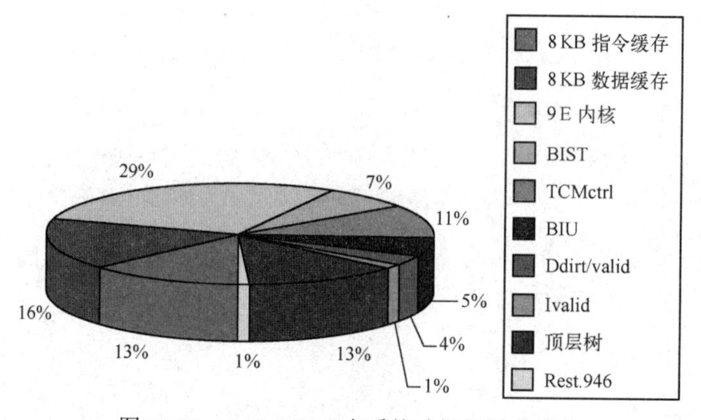

图11-10　ARM946-S中系统功耗的组成部分

11.3　低功耗设计方法

在设计一个系统的时候，必须清楚功耗和性能的关系。也就是说，在开始设计时必须清楚地知道你的系统应用是需要在得到尽可能高的性能的基础上降低功耗，还是需要在尽可能低的功耗基础上提高性能。这对于采用什么样的低功耗设计技术非常关键。

图11-11所示为基于低功耗反馈的前向设计方法。从图中可以看出，可以在5个层次上对系统的功耗进行优化，自顶向下分别是系统级优化、行为级优化、RTL级优化、逻辑级优化和物理级优化。11.4节将对各种优化技术进行详细地讲解。

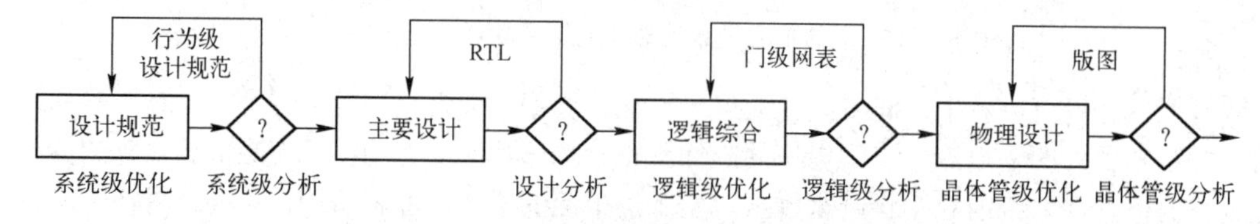

图11-11　低功耗反馈的前向设计方法

图11-12说明了各层次优化的具体方法及优化效果。可以看到，层次越高的优化方法优化效果越明显。系统级优化，包括软硬件协同设计，用户ISA，算法优化及协同综合等方法，最多可以节省大约70%的功耗。行为级优化，包括排序、流水线及行为转换等优化方法，最多可以节省40%～70%的功耗。RTL级优化，包括停时钟、预计算、操作数隔离、状态分配等技术，最多可以节省25%～40%的功耗。逻辑级优化，包括逻辑重构、工艺映射、重新分配引脚的顺序和相位等方法，最多可以节省15%～25%的功耗。物理级优化，包括扇出的优化、晶体管的大小调整、分块时钟树设计和毛刺的消除等方法，最多可以节省10%～15%的功耗。所以，低功耗设计应从系统设计开始，级级把关。

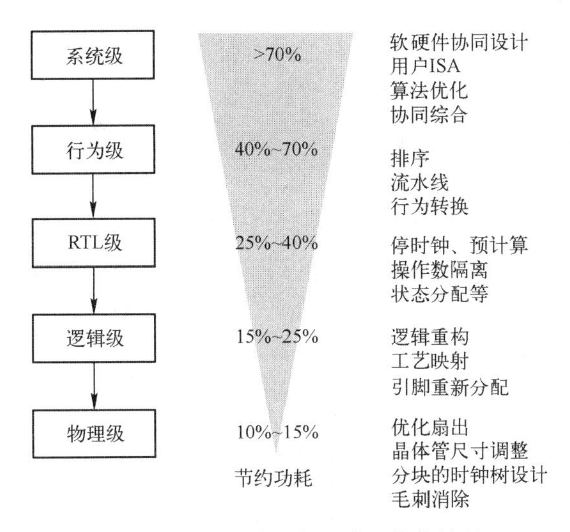

图 11-12　各层次优化方法及优化效果

11.4　低功耗技术

从以上分析可以看出降低电压、降低工作频率、增加阈值电压、电源门控和时钟门控将是有效减少功耗的方法。

11.4.1　静态低功耗技术

1．多阈值 CMOS（Multi-V_t CMOS）方法

使用多阈值 CMOS 可以在时序和漏电流之间进行一些折中。阈值与漏电流的关系如图 11-13 所示，低阈值的标准逻辑单元具有速度快、漏电流大的特点，高阈值的标准逻辑单元具有速度慢、漏电流小的特点。所以在设计中可以在关键路径上使用低阈值的标准逻辑单元来优化时序，在非关键路径上使用高阈值的标准逻辑单元来优化漏电流。所以使用多阈值工艺可以大大减少系统的静态功耗。

图 11-14 所示为一种典型的使用多阈值 CMOS 的工艺库综合的设计流程。首先，使用低阈值的单元库进行综合，然后使用高阈值的标准逻辑单元去替代那些时间裕量过大的路径上的低阈值的标准逻辑单元；或者先使用高阈值的标准逻辑单元，然后使用低阈值的标准逻辑单元在时间裕量不足的路径上去修正有建立时间错误的路径。

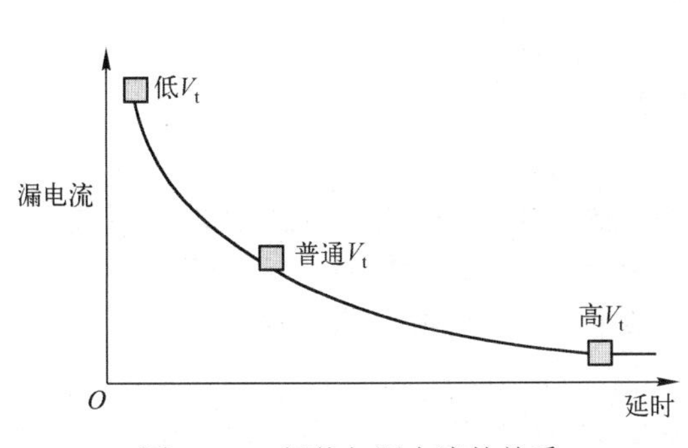

图 11-13　阈值与漏电流的关系

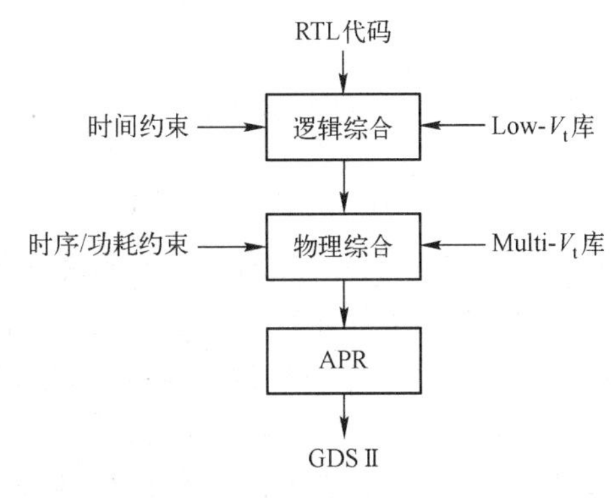

图 11-14　一种典型的使用多阈值 CMOS 的工艺库综合的设计流程

使用多阈值工艺设计的另一个优点是没有任何面积开销，工艺库设计时将两种阈值库中的相应单元的面积设计成一样，这样可以方便地进行替换。

2．电源门控（Power Gating）方法

电源门控方法也称为多电源方法（Multi-Supply），其思想是芯片上的一些模块可以根据应用需求采用不同的电源网络供电。这样，当一个模块不需要工作的时候，这个模块可以完全断开电源，如手机处于待机状态时的多媒体处理单元，进而做到零功耗。电源门控方法如图 11-15 所示，电源开关单元（Power Switch Cell）中的高阈值 MOS 管作为电源闸门，用来将低阈值电源和地隔离开。在正常工作状态，Sleep 信号为低电平，高阈值 MOS 管处于导通状态；当处于睡眠状态时，Sleep 信号为高电平，切断电源，并且由于采用了高阈值 MOS 管作为开关，可以有效地减少漏电流。值得注意的是，一方面，由于模块的输入/输出信号是与其他模块相连接的，很多情况下需要在处于睡眠状态的模块与非睡眠状态的模块之间的信号接口上，添加隔离单元（Isolation Cell），这样在输出信号的模块断电情况下，没有断电的接收模块的输入信号仍然具有特定的驱动。另一方面，需要添加保持寄存器（Retention Register）来保持一些特殊存储器件上的值，以保证电源开通时的正常功能。例如，当模块电源处于断电状态时，需要保存其中存储器中的值，就需要添加保持寄存器。

3．体偏置（Body Bias）

如图 11-16 所示，晶体管的阈值电压随体偏置而变化。在工作模式下，MOS 管的体偏置为 0，MOS 管处于低阈值状态，翻转速度快。在等待模式下，MOS 管的体偏置为反向偏置，处于高阈值状态，漏电小。值得注意的是，由于 MOS 管的体偏转需要时间，电路由等待模式转为工作模式的时间较长。这一点在应用时应加以注意。

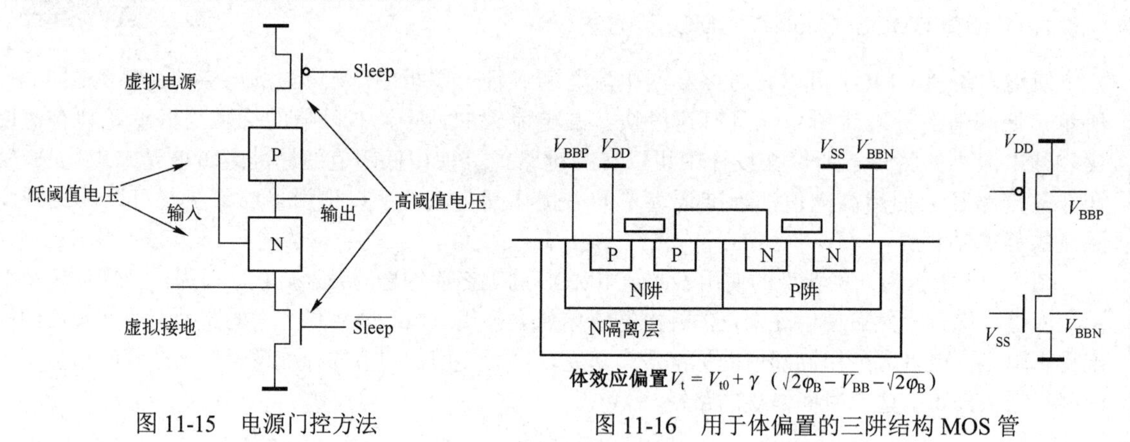

图 11-15　电源门控方法　　　　图 11-16　用于体偏置的三阱结构 MOS 管

11.4.2　动态低功耗技术

1．多电压域（Multi-Voltage Domain）

从数字 CMOS 电路的功耗表达式中可以看出，系统的功耗与电压的平方成正比，所以减小工作电压可以有效地降低功耗。在当前的设计流程中，一般使用基于模块的设计，这就使多电压设计成为可能。但电压的降低将使 MOS 管的翻转速度降低。如图 11-17 所示，可以根据应用让不同的模块使用不同的电压并以不同的频率运行。

该技术的基础是，能够在一个很宽范围内改变某个模块的供电电压，而不会影响模块的正常工作。例如，根据要求的时钟速率，工作电压可在 3.8～1.2V 之间变化。这就要求单元设计和模块应能在整个电压范围内正常工作，而不是仅能在某个固定电压下正常工作。另外，值得注意的是，对多电压域设计，要在不同的电压区域之间使用一些电平转换单元（Level Shifter），将输入电压范围转换成输出需要的不同电压范围。如果不同电压域之间的驱动信号与接收信号之间的距离很长，需要插入特殊的驱动单元（Repeater）来增强信号的驱动能力；如果不同的电压域可以单独断电（MV with Power Gating），还需要考虑添加保持寄存器（Retention Register）和电压隔离单元（Isolation Cell）。

真正做到动态电压及动态频率控制，是需要结合系统及应用软件来完成的。

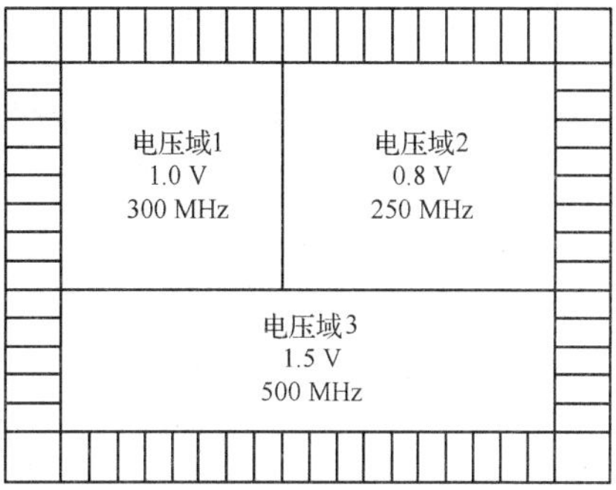

图 11-17　多电压域芯片设计示意图

2. 预计算

预计算是指通过判断输入向量在满足一些特定条件时将输入释放或屏蔽。例如，在满足某些条件的时候将输入到电路的时钟停住，或是在满足某些条件的时候将输入向量屏蔽住，即电路不执行该输入向量。

图 11-18 所示为一个简单的停时钟电路的例子。在遇到不需要计算的指令的时候，译码逻辑单元就会使输出 EN_B 信号为 0，时钟将会被关闭，寄存器的值保持不变，ALU 不需要进行无用的计算，因而减少了系统的功耗。

3. 门控时钟（Clock Gating）

随着如今芯片的规模和功耗越来越大，门控时钟被大量地用在芯片设计中，这是在 RTL 级的低功耗优化技术。门控时钟即用逻辑门电路控制模块时钟的停或开。当芯片上的某一模块的功能不需要工作时，如芯片上的 USB 模块或 SPI 接口模块没有使用时，通常会将通往这些模块的时钟停下来。通过关断空闲电路的时钟，可以大量减少消耗在时钟树上的和不工作触发器上的功耗。

（1）门控时钟单元的结构和 RTL 实现

图 11-19 所示为一种简单的门控时钟电路结构，它由一个与非门和一个非门组成，甚至可以仅仅引入一个与门。其设计开销几乎可以忽略不计，可以说是门控时钟的原型。

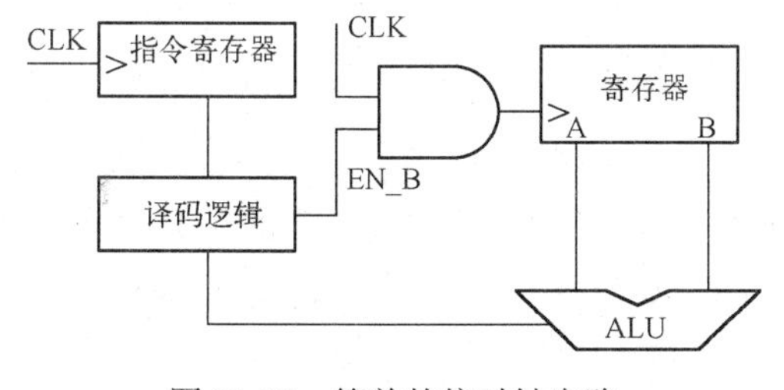

图 11-18　简单的停时钟电路

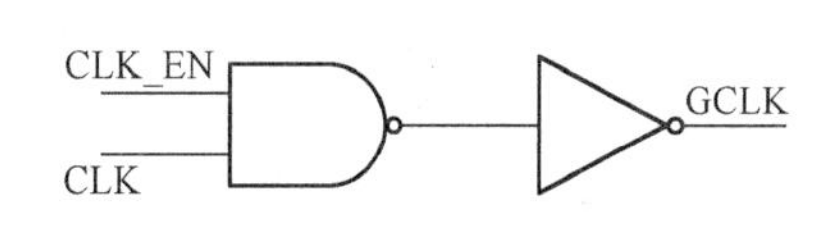

图 11-19　简单的门控时钟电路

但是从时钟完整性的角度看，这种设计结构对于大规模的数字电路的实现有一个极大的缺陷——可能产生毛刺。在实际系统工作时，如图 11-20 所示，当源时钟 CLK 为高电平时，如果 CLK_EN 变为低电平，GCLK 将立刻变为低电平，结果一个时钟的下降沿提前出现，即产生一个类似于毛刺的不完整时钟信号，这会影响一些使用下降沿触发器的电路。同样的，当源时钟 CLK 为高电平时，如果 CLK_EN 变为高电平，GCLK 将立刻变为高电平，造成一个时钟的上升沿提前出现，这会影响一些使用上升沿触发器的电路。总之，这类在门控时钟上出现的毛刺，对同步电路来说是非常致命的。

由于上述限制，工业界广泛采用的门控电路是一种在上述简单的门控电路结构上加入了一个低电平敏感的锁存器，如图 11-21 所示，使用低电平敏感的锁存器可以保证时钟使能信号只在时钟低电平区域变化，从而避免了毛刺的产生。

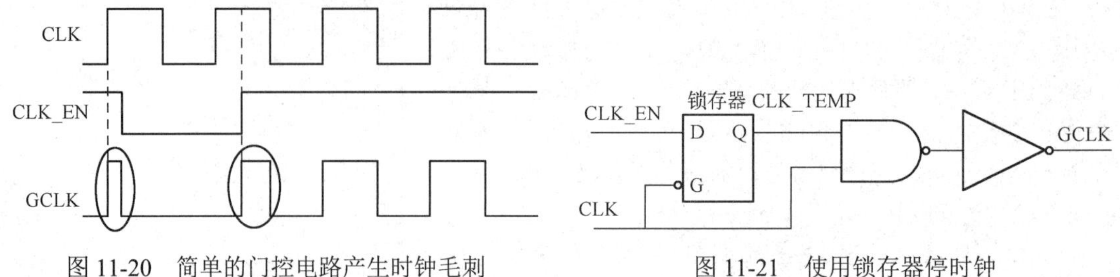

图 11-20 简单的门控电路产生时钟毛刺　　图 11-21 使用锁存器停时钟

图11-22所示为带锁存器的停时钟单元工作波形图。从图中可以看出，只有当 CLK 为低电平时，CLK_EN 才能传到与非门的输入端，当 CLK_EN 由高电平变为低电平时，不会使 GCLK 随之发生变化，这相当于 CLK_EN 信号被锁存了半个周期，这样就不会引起时钟的毛刺了。

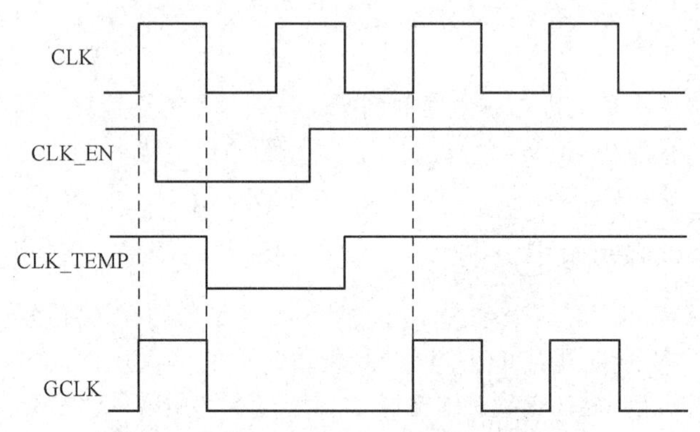

图 11-22 带锁存器的停时钟单元工作波形图

可以通过下面的 RTL 代码实现门控时钟结构：

```
always @ (CLK or CLK_EN)
if (!CLK)
CLK_TEMP <= CLK_EN;
assign GCLK = CLK & CLK_TEMP;
```

（2）门控时钟的综合和时序分析

随着门控时钟电路设计的标准化，很多标准单元库也提供门控时钟单元，同时也出现了一些可以对门控时钟电路自动综合、布局布线的工具。综合工具在综合门控时钟结构时，可以进行时钟毛刺的检查，虽然此类计算结果并不是很准确。在时序分析时，从图 11-21 可以看出，时钟时序路径起始于 CLK，数据时序路径起始于 CLK，经过锁存器到与非门结束。下面的例子显示了用 Synopsys 的 PrimeTime 静态时序分析工具对门控时钟电路进行建立时间分析的结果。

```
Startpoint: U_gate_ph2 (negative level-sensitive latch clocked by clk)
Endpoint: U_gclk_n (gating element for clock clk)
Path Group: clk
Path Type: max

| Point                                    Incr          Path
-----------------------------------------------------------------
clock clk (fall edge)                      50.00         50.00
clock network delay (propagated)           12.00         62.00
time given to startpoint                        21.00         83.00
```

```
U_gate_ph2/D (LATCHN)                    0.00          83.00   r
U_gate_ph2/Q (LATCHN)                    20.00   *     103.00  r
U_gclk_n/A (NAND2)                       0.00    *     103.00  r
data arrival time                                      103.00
clock clk (rise edge)                    100.00        100.00
clock network delay (propagated)         10.00         110.00
clock uncertainty                        -0.20         109.80
U_gclk_n/B (NAND2)                       0.00          109.80  r
clock gating setup time                  0.00          109.80
data required time                                     109.80
-----------------------------------------------------------
data required time                                     109.80
data arrival time                                        -103.00
-----------------------------------------------------------
slack (MET)                                               6.80
```

（3）门控时钟的可测性设计

在进行可测性设计的时候，如果要进行全扫描设计，则希望所有的触发器在扫描模式时都由一个统一的同步时钟驱动。如果电路中存在门控时钟单元，则会使得产生的时钟 GCLK 不可控制。最简单的解决方法是在门控电路结构前加入一个或门，其输入为扫描测试模式的使能信号和门控时钟使能信号，如图 11-23 所示测试模式下门控时钟单元被旁路。在测试模式下，时钟的门控时钟单元将被旁路。

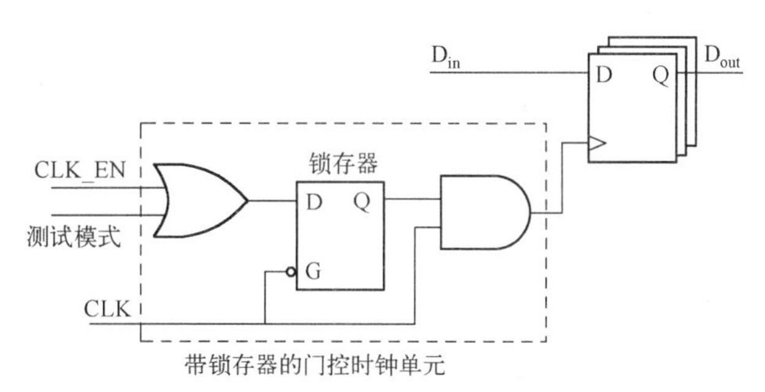

图 11-23 测试模式下门控时钟单元被旁路

值得一提的是，这个额外的或门可以放在锁存器之前也可以放在锁存器之后，如果放在锁存器之前则不影响时序检查，如果放在锁存器之后，则容易满足保持时间的时序要求。但是这样做会对扫描测试模式造成影响，它要求测试模式使能信号保持住一段时间。在实际电路中，这点不难满足，因为扫描测试通常工作在较低的时钟频率下。

目前的 ATPG 工具都可以处理门控时钟，从而保证测试覆盖率。然而，不难看出，在门控时钟结构中，无法检测锁存器使能端 Stuck-at-0 的故障。因此需要用功能测试去覆盖此类故障。

（4）门控时钟的时钟树设计

在时钟树的设计中，门控时钟单元应尽量摆放在时钟源附近，即防止在门控时钟单元的前面摆放大量的时钟缓冲器（Buffer）。这样，在利用门控时钟电路停时钟时，不仅能将该模块中的时钟停掉，也能将时钟树上的时钟缓冲器停止反转，有效地控制了时钟树上的功耗。如图 11-24 所示，在布局时将门控时钟电路的部件摆放在一起，并摆放在时钟源 GCLK 附近，停掉时钟后，整个时钟树上的缓冲器（CTS）和时钟树驱动的模块都停止了翻转。通常的 SoC 设计中，门控时钟单元会被做成一个硬核或标准单元。

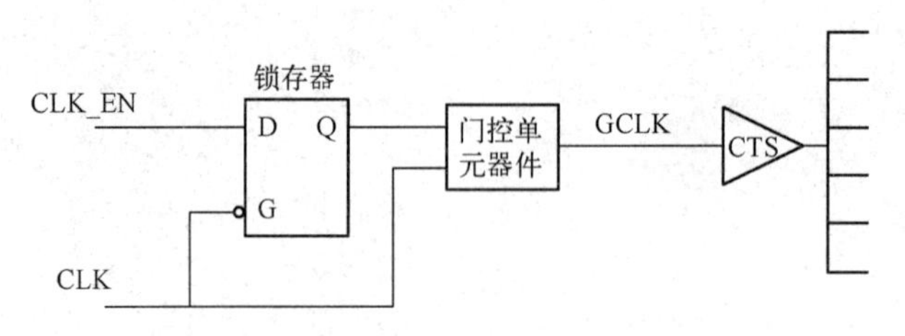

图 11-24 在时钟树的根处停 GCLK

11.4.3 采用低功耗技术的设计流程

典型的低功耗技术已经标准化，并且得到 EDA 工具的支持，如本章最后一节将详细介绍的 UPF。图 11-25 所示为采用多电压域、电源门控技术的低功耗设计流程。

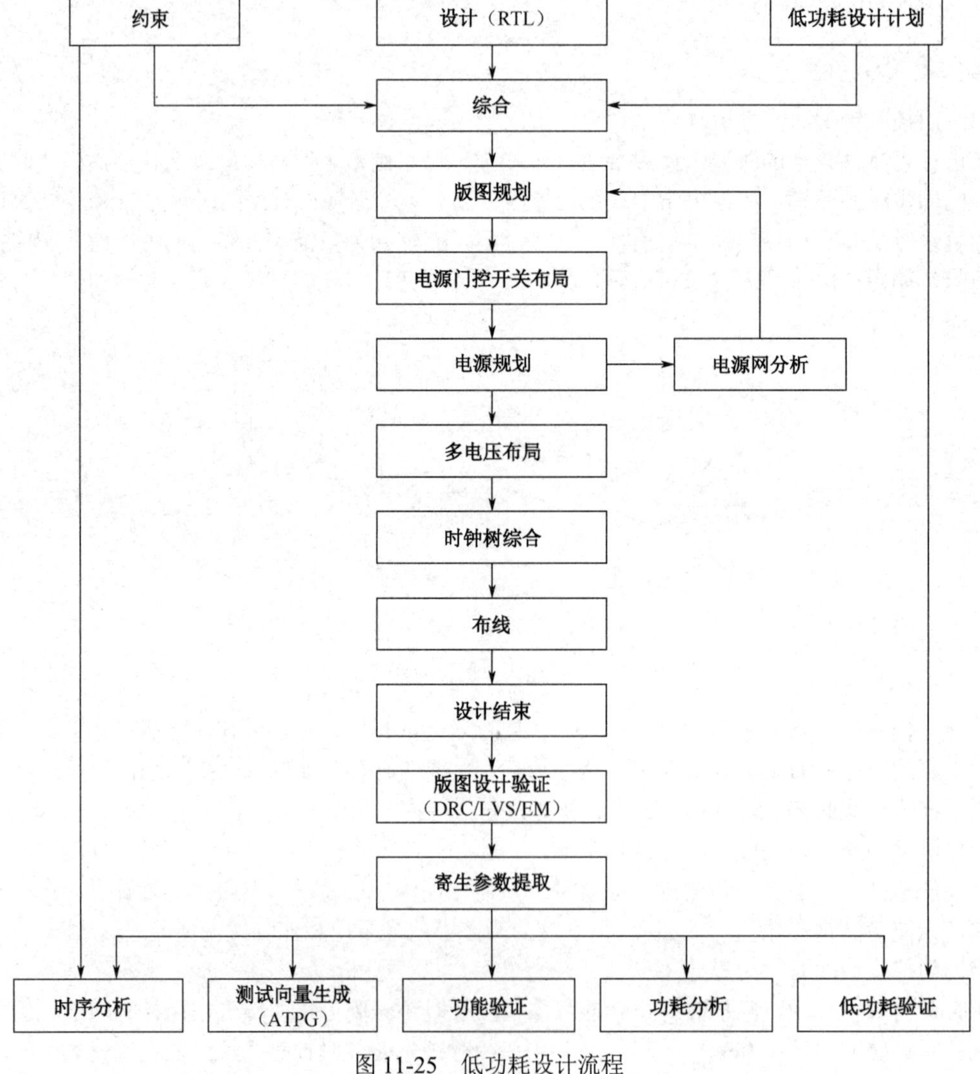

图 11-25 低功耗设计流程

低功耗设计流程与标准设计流程的区别主要有如下几点：

- 低功耗设计计划；
- 在 RTL 中或综合设计中添加相应的低功耗电路描述；

- 在综合过程中创建电压域；
- 带有电源始终接通管理的状态保持综合；
- 物理设计中的多电压区域的划分和多阈值 CMOS 单元的电源门控开关单元的添加；
- 在电源规划阶段，针对多阈值 CMOS 功耗门控的多电压的电源网的综合；
- 早期电源网分析，进而验证电源门控开关布局；
- 多电压布局优化，包括电平转换单元和隔离单元优化；
- 多电压时钟树综合和优化；
- 布线后的电源网分析和带有上电顺序的功耗验证。

其中，低功耗设计规划是非常关键的一步。该规划描述了设计中的电源域，以及电源如何分布到各电源域。它也定义了在哪里需要添加电平转换单元、隔离单元和保持寄存器，并且如何打开和关闭各个电源域。

11.4.4　低功耗 SoC 系统的动态管理

虽然系统中的功耗都是由硬件单元消耗的，但是软件组织还是对硬件的功耗有着很大的影响。低功耗软件的设计有一个原则：在满足系统应用的基础上，速度尽可能慢，电压尽可能低，尽可能满足时间要求。在 SoC 设计中，软硬件协同设计以达到低功耗设计是一大挑战。

1. 动态电压及频率调节技术

动态电压及动态频率调节（DVFS，Dynamic Voltage and Dynamic Frequency Scaling）技术是一种通过将不同电路模块的工作电压及工作频率调低到恰好满足系统最低要求，来实时降低系统中不同电路模块功耗的方法。该技术基于这样一种观察结果，即电路模块中的最大时钟频率和电压是紧密相关的。如果一个电路能够估算出它必须做多少工作才能完成当前的任务，那么从理论上讲就可以将时钟频率调低到刚好能适时完成该任务的水平。另外，降低时钟频率还意味着可以同时降低供电电压。所以，电路就从以下几个方面降低了功耗：更低的时钟频率、更低的电压、更低的漏电流（因所有的漏电流都与电压成正比关系）。

不过，这样一个相对来说显而易见的策略实现起来却需要对几乎所有的设计层面进行修改：单元设计、模块设计、模块互连、芯片规划、系统架构及操作系统和应用设计。所以，这种方法是最有效的低功耗方法，但也是最复杂的方法。

2. 操作系统的低功耗管理

在系统软件运行的过程中，最好把那些没有使用的硬件单元都关掉，称为系统功耗的动态管理。由图 11-26 可知，操作系统在加入了功耗管理机制后，可以大大的降低系统的总功耗。

操作系统的动态功耗管理有以下两种方法：计时的功耗管理和可预测关闭机制。在计时的功耗管理中，当系统进入空闲（Idle）状态时，启动一个计时器，当系统空闲了一定时间后，关掉整个系统。通常采用两种计时方式：固定的计时方式和自适应的计时方式。固定的计时方式在通常情况下很有效，但是在工作负载未知的情况下效率比较差；自适应的计时方式使用一组时间和索引，每一个时间都有一个权重，可以根据工作负载的不同进行自适应的计时。在可预测关闭机制中，当系统进入空闲时，如果预测机制认为此次空闲的时间将超过默认时间，系统将被关闭掉。使用这种方法的一个难题是怎么样去正确预测本次空闲的时间。通常使用静态预测关闭和预测唤醒，其中静态预测关闭包括非线性衰退预测机制和阈值预测机制。预测唤醒一般使用指数平均方法去修正预测错误，提前唤醒系统。

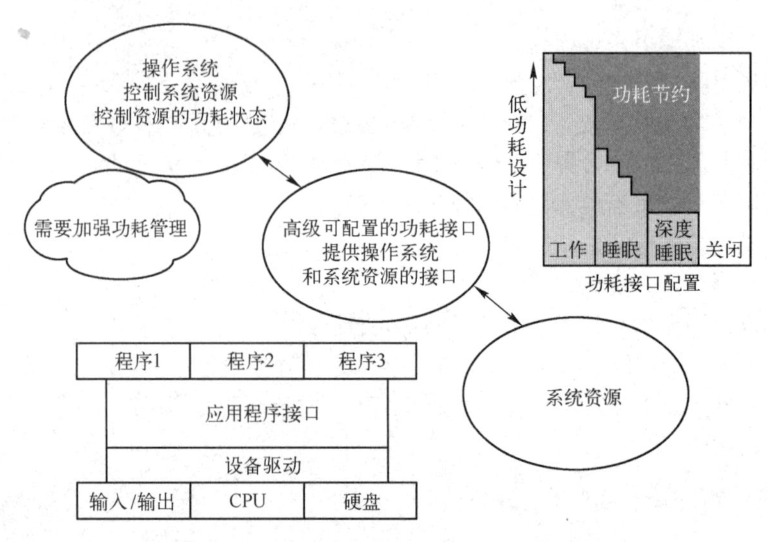

图 11-26　加入了功耗管理机制的操作系统

操作系统还可以通过动态调整供电电压和工作频率来控制系统功耗。操作系统可以在满足用户应用的基础上使用尽可能少的功耗，通过降低处理器的供电电压和工作频率可以得到平方级的功耗节省。

3．存储器功耗控制

由前面的分析可以看出，存储器的功耗可能会占到了 SoC 总功耗的一半左右，所以降低存储器的功耗非常重要。主要有以下几种优化存储器功耗的方法：存储器单元的优化，包括减小漏电流，如双阈值的 SRAM 单元、门控电源的 SRAM 单元或者门控接地的 SRAM 单元等，使用功耗可控的 DRAM；分层的存储器，如图 11-27 所示，将一大块存储器划分为几个单独时钟和电压可控的小段，使用小段，每一个存储器段都工作在不同的功耗模式下；存储器管理使用多种功耗状态等。

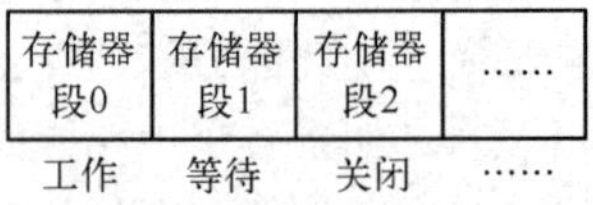

存储器段0	存储器段1	存储器段2	……
工作	等待	关闭	……

图 11-27　不同的存储器段在不同的功耗模式下工作

11.4.5　低功耗 SoC 设计技术的综合考虑

上述的各种低功耗设计方法对 SoC 设计的实现，如时序、面积、工艺、验证与仿真复杂度等，都有着深刻的影响。表 11-2 列出了常用的低功耗技术对性能与设计复杂度的影响。表中的统计数据来自于多篇学术论文，仅供参考。对于一种具体的设计及应用数字有所不同。

表 11-2　低功耗技术对性能与设计复杂度的影响

低功耗技术	漏电功耗的减小	动态功耗的减小	时序影响	面积影响	设计方法影响	验证复杂度影响	仿真影响
面积优化	10%	10%	0%	−10%	无	低	无
多阈值 CMOS	80%	0%	0%	2%	低	低	无
时钟门控	0	20%	0%	2%	低	低	无
多电压域	50%	40%～50%	0%	<10%	中	中	低
电源门控	90%～98%	～0%	4%～8%	5%～15%	中	高	低

续表

低功耗技术	漏电功耗的减小	动态功耗的减小	时序影响	面积影响	设计方法影响	验证复杂度影响	仿真影响
动态电压及动态频率缩放	50%～70%	40%～70%	0%	<10%	高	高	高
体偏置	90%	–	10%	<10%	高	高	高

如表 11-2 所示，各项低功耗技术不仅对芯片的静态功耗与动态功耗有着比例不同的优化指标，而且对设计的复杂度也有着相应的影响。因此，在进行 SoC 低功耗设计的同时，需要综合考虑设计的方法对功耗与设计复杂度的影响，选择合适的设计方法从而实现低功耗设计。

11.5　低功耗分析和工具

使用功耗分析工具的目的主要是在设计中找到功耗消耗最大的部分进行优化，在设计的前期预计到系统的功耗，进行更有效的设计和系统层次的考虑。

在实际电路设计中，功耗度量主要有以下方法。

- 峰值功耗：系统所能达到的功耗的最大值，主要用来调整电源线的宽度和噪音的容限。
- 平均功耗：系统在运行过程中的平均功耗，主要用来选择封装方式、冷却装置和电池寿命等。
- RMS（平方根法）：用来决定电子迁移的规则。

在做实际电路的功耗分析时，根据功耗的度量方式，一般需要注意以下问题：估计目标、峰值功耗和平均功耗，以及系统的功耗和每个节点的功耗。电路结构和逻辑方式，注意工艺库的特征、扇出的优化及采用何种电路方式（静态的还是多米诺式的）。

在做功耗分析时，工具还需要在精度和效率上做一些折中，如图 11-28 所示，采用静态的非仿真技术去估计有比较好的效率，但是精度很差。采用动态的仿真技术去估计有比较好的精度，但是效率很差。所以精度和效率是一个相互矛盾的问题，功耗分析工具必须要在这两个方面做一些折中。

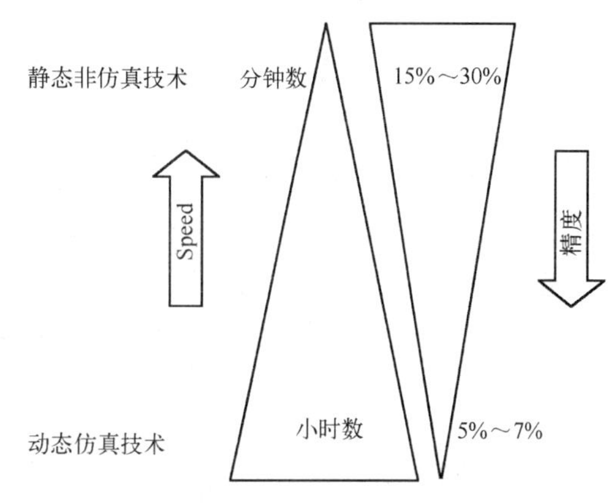

图 11-28　精度和效率的比较

当前的电路设计中功耗的估计和方针主要有以下方法。

- 综合后的功耗估计：一种动态的功耗仿真方式，与具体的向量相关的，具有很高的精度，但是需要较长的时间，主要包括 RTL 级的估计、门级的估计和晶体管级的估计，需要精确的功耗模型。
- 直接仿真：基于时钟周期的功耗仿真方式。
- 概率仿真：通过估计信号的转换概率进行功耗的仿真。
- 统计仿真：基于 Monte Carlo 的仿真方式。

综合后的功耗估计主要包括 RTL 级的估计，门级的估计和晶体管级的估计。其中 RTL 级仿真是最快最简单的仿真，但是精度很差，结果依赖于工艺库的精度；门级仿真是基于 RC 和 SDF 的精确分析，这种方法需要精确的库，而且漏电流功耗很难精确的估计；晶体管级的仿真结果非常精确，精确估计漏电流功耗，且结果与工艺库无关，但是这要在设计的后端才能做仿真，且需要很长的时间。

表 11-3 所示为业界比较流行的一些功耗估计工具及其特点。

表 11-3 业界流行的功耗估计工具及其特点

分析层次	工具名称	备注
RTL 级	Power Theater Power Complier (synthesis)	功耗分析速度快 实现基于功耗的门级优化
门级	PrimePower(simulation)	动态功耗分析很准确 需要测试向量 需要开关电容、短路及静态功耗的建模
晶体管级	PowerMill (simulation)	需要测试向量 分析速度快
连接级	RailMill, Astro-Rail, Blaster-Rail (layout)	可以对电源网络进行电压降和电迁移的分析

11.6 UPF及低功耗设计实现

统一功耗格式（UPF，Unified Power Format）是被工业界广泛采用的低功耗设计和验证的描述文件格式。UPF是为了在相对高的设计层次上描述低功耗设计意图（Power Intent），例如采用电源闸门技术和多电压域技术，就需要定义：哪些电源线需要布线到可以独立关开电源的区域块上？什么时候应该给这些不同区域块接通电源或关断电源？两个不同电压域之间电平如何转换？在关断主电源的情况下，如何检测保留寄存器和内存单元的内容？

UPF是由Accellera组织（主要是Mentor、Synopsys和Magma公司）在2007年提出的。2009年 UPF 2.0成为IEEE 1801标准。2013年推出的UPF 2.1（IEEE 1801-2013）和2015年推出的UPF 3.0（IEEE 1801-2015）进一步加强了对复杂SoC低功耗设计的支持，使低功耗设计与验证变得更加高效。

UPF 3.0标准实现了系统级IP功耗模型的高效创建和重用，以支持在早期就对多核SoC架构进行功耗和性能分析。其功能包括：经强化的电源状态与转换支持、系统级功率支持、新的信息模型与编程接口、由下至上的流程支持。这些抽象的功耗模型实现了系统级功耗预算的早期分析，这使得在完整的RTL设计之前的架构设计阶段，就可以实现对动态电压频率调整（DVFS）电源管理策略进行高效优化，以及对SoC的电源域进行分区。

11.6.1 基于UPF的低功耗电路综合

UPF支持不同供应商的EDA工具，并在设计过程中，保证一致性。在基于UPF的设计流程中，设计师用UPF文件（指令）来描述低功耗设计的想法。目前，主流的EDA工具也都具备了在语法上解析并分析整个UPF语言的功能。

图11-29所示为RTL+UPF综合的设计流程。在RTL代码中插入UPF指令，通常要做的是定义电源域、电源状态、特殊信号隔离及保持寄存器等。在RTL+UPF仿真这一步中，就可以验证电源域、隔离单元、保持寄存器等逻辑的正确性。综合过程中将完成创建电源域、隔离、保持寄存器等电路。

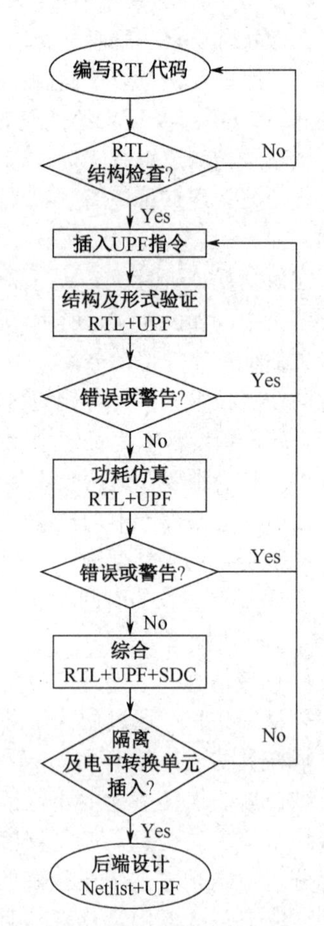

图11-29 RTL+UPF综合的设计流程

11.6.2 UPF 功耗描述文件举例

UPF 的指令可使电源管理单元放置到合适的地方，如电源隔离单元和电平转换单元等。UPF 也有指令将设计中的普通寄存器置换为保持寄存器。UPF 标准还定义了这些特殊的单元的行为及模型，可以在设计还没有实现之前进行仿真。同样，UPF 能连接电源到所有设计的逻辑电路中，检查是否存在电源不一致的问题。

下面给出一个设计中的 UPF 电源描述文件的实例。更多内容，请参考 UPF 标准文档。

- 创建电压域

```
create_power_domain -name PD_always –default
create_power_domain -name PD_PSO \
-instances moduleA/PSO_domain \
-shutoff_condition !moduleA/PwrOn_req \
-secondary_domains PD_always
```

- 定义工作电压

```
create_nominal_condition -name NC_off -voltage 0 -state off
create_nominal_condition -name NC_low -voltage 0.8 -state on
```

- 定义电源状态

```
create_power_mode -name PM_on_low \
-domain_conditions {PD_always@NC_nom PD_PSO@NC_low}
create_power_mode -name PM_on_nom \
-domain_conditions {PD_always@NC_nom PD_PSO@NC_nom}
```

- 插入电平转换单元

```
create_level_shifter_rule -name DefaultToIO \-from {PD_Default} -to {PD_IO}
```

- 插入隔离单元

```
create_isolation_rule -name iso_enc_high \
-from PD_enc \
-isolation_target from \
-isolation_condition enc_iso \
-pins { Enc_out_empty \
Enc_in_full} \
-isolation_output high
```

- 插入保持寄存器

```
create_state_retention_rule -name SR_FF \
-instances moduleA/PSO_domain/aa_reg \
-save_edge moduleA/store_out \
-restore_edge {!moduleA/restore_n_out}
```

11.7 低功耗设计趋势

1. 系统层次上的低功耗设计

系统层次的优化往往对低功耗设计的贡献最大，因此也越来越受到设计者的重视。这一层次上的优化主要包括两个方面：静态功耗优化和动态功耗优化。前者的研究重点在编译和算法设计上。具体而言，在编译时充分考虑指令的功耗特性，合理配置数据段和指令段在内存中的位置，并调整寄存器的分配；提高算法的执行效率；合理实现任务调度，减少由于频繁的上下文切换所造成的功耗。后者包括在操作系统支持下的动态功耗管理（Dynamic Power Management）和动态电压频率缩放（DVFS，Dynamic Voltage and Frequency Scaling）。前者是指将处于空闲状态或非满负荷运转状态的系统单元有选择的关闭或减慢运行速度。这主要有几种方式：基于超时（Timeout-based）的关闭策略、基于预测的关闭策略和基于 Markov 链的随机动态功耗管理策略。与前者不同，DVFS 主要通过调整单元处在工作状态时性能和能耗之间的关系来降低功耗，即根据性能的需要来分配不同的工作电压和频率，从而在满足性能的前提下，最大限度地降低功耗。

2．测试电路的低功耗设计

通常为了 SoC 的测试方便，都会在系统中集成一些电路专门用于测试，如 BIST、扫描链等。在测试环境下，由于电路中的触发器翻转概率比正常工作条件下大得多，由 11.2.1 节中的电路动态功耗公式可知，动态功耗会相应的增大。所以测试条件下的散热问题也成了 SoC 设计中的一个要素。

当前的一个降低测试功耗的设计方向，是在测试电路中加入重排序电路，通过对 ATPG 生成的测试信号的重排序来减少系统中的触发器的翻转概率，从而减少动态功耗，解决测试条件下的散热问题。

3．异步电路设计技术

现在及过去的四分之一世纪中，大部分的数字设计都是基于使用全局时钟信号即用时钟信号控制系统中所有部件的操作，即同步电路设计。复杂的系统可能使用多个时钟，但是，其中在每一个时钟控制的区域内都设计成一个同步的子系统。通过时钟树综合的方法将使时钟到达每一个触发器的时间相同，进而保证同步电路正常工作。这种同步设计方法简化了设计的复杂度，使得设计变得高效简单。但在时钟分配网络上添加了大量的缓冲器。随着设计规模的变大和时钟频率的提高，时钟分配网络消耗的功耗将越来越大。

在异步电路中，不需要全局时钟。为了降低系统的功耗，异步电路技术将再次成为热点。但是传统的异步电路需要额外的时间花在询问及应答上面，并且目前 EDA 工具还不支持异步电路设计技术。SoC 设计用异步电路设计还有很长的路要走。

4．内存的低功耗设计

随着片上缓存和存储器容量的不断增大，它们所占的面积越来越大，也就是说片上存储器消耗的功耗也越来越多。当前，SoC 芯片中片上缓存和存储器所占的面积已经超过了 50%。所以低功耗的存储器技术对于降低系统的功耗相当重要，这也是未来低功耗设计的一个重要方向。

本章参考文献

[1] Jan M. Rabaey. Low-power Circuit Design Basics[C]. Tutorial of ISCAS, London, 1994.

[2] J. Pangjun, S.S. Sapatnekar. Low Power Clock Distribution Using Multiple Voltages and Reduced Swings[J]. IEEE Transaction on Very Large Scale Integration Systems, 2002, 10(3): 309-318.2002.

[3] K. Wang, M. Marek-sadowska. Buffer Sizing for Clock Power Minimization Subject to General Skew Constraints[C]. Proc. Of IEEE/ACM Design Automation Conference, 2004, 497-502.

[4] UPF 3.0, 1801-2015-IEEE Standard for Design and Verification of Low-Power, Energy-Aware Electronic Systems[S], IEEE Computer Society, 2016.

[5] V. Gourisetty, H. Mahmoodi, V. Melikyan, et al. Low Power Design Flow based on Unified Power Format and Synopsys Tool Chain. Interdisciplinary Engineering Design Education Conference (IEDEC)[C], 2013 3rd. IEEE, 2013: 28-31.

[6] A. Srivastava, M. Bhargava. Stepping into UPF 2.1 world: easy solution to complex power aware verification[C]. DVCon2014, 2014.

第 12 章　后 端 设 计

后端设计（Beckend Design）也称为物理设计（Physical Design）。在 SoC 设计中，前端 IP 的定义、开发、综合、集成和验证固然重要，但要作为一块芯片去流片，进而量产，后端设计即 SoC 芯片的物理实现就显得非常关键了。SoC 技术发展多年以来，寻求最有效和可靠的后端设计技术和流程，是 IC 设计公司和 EDA 厂商一直追求的方向。尽管不同的 EDA 公司可以提供给后端设计不同的流程方案，其中细节上的差别种类繁多，但基本的步骤仍然较通用，即基于标准单元的 VLSI 设计流程。

基于标准单元的 ASIC 后端设计的详细流程已在第 2 章中介绍过。本章将对 SoC 后端设计中最为关键部分的原理、实现方法做详细介绍，包括时钟树综合、布局规划、功耗分析、物理验证和可制造性设计。

12.1　时钟树综合

1. 对时钟偏斜的要求

在同步电路中，时钟信号连接所有的寄存器和锁存器，是整个电路工作的基本保障。然而从时钟的根节点到每个寄存器时钟端的延时，由于走的路径不相同，到达的时间也不相同。它们的延时之差被称为时钟偏斜（Clock Skew）。时钟偏斜会对电路的功能和性能都造成影响。

下面以一个简单的同步流水线结构来说明时钟偏斜对电路的影响，如图 12-1 所示。

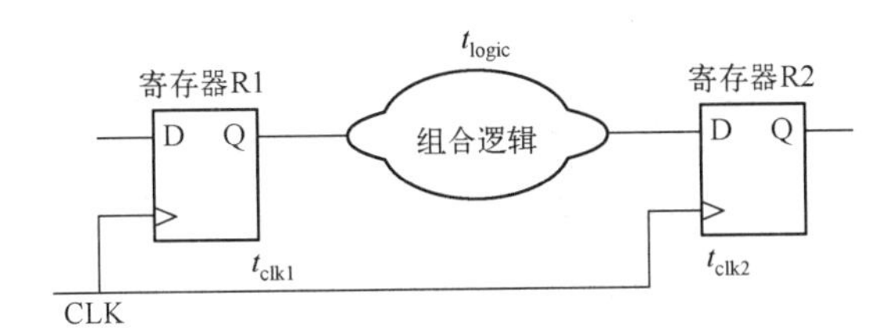

图 12-1　同步流水线结构

（1）保持（Hold）时间约束

t_{clk1} 是 CLK 到寄存器 R1 的时间，t_{clk2} 是 CLK 到寄存器 R_2 的时间，t_{logic} 是 R_1 与 R_2 之间组合逻辑所用的时间。$\varDelta = t_{clk2} - t_{clk1}$,为 R_1 和 R_2 之间的时钟偏斜。

根据同步电路的保持时间约束，有

$$t_{clk1} + t_{cq} + \min(t_{logic}) > t_{clk2} + t_{hold} \tag{12.1}$$

式中，$\min(t_{logic})$为 R_1 和 R_2 之间组合逻辑所用的最短时间，t_{cq} 为 R_1 寄存器 CK 到 Q 端的时间，t_{hold} 为 R_2 寄存器所需的保持时间。

$$\varDelta < \min(t_{logic}) + t_{cq} - t_{hold} \tag{12.2}$$

由式（12.2）可知，时钟偏斜要小于组合逻辑的最小延时加上 t_{cq} 减去 t_{hold}。否则 R_1 寄存器在 t_{clk1} 更新的值通过组合逻辑传递到 R_2 寄存器时，R_2 寄存器 D 端上次更新的值还没有锁存进寄存器就被新的值所替换，这样就造成了逻辑错误。

（2）建立（Setup）时间约束

$$T > t_{setup} + t_{cq} + \max(t_{logic}) - (t_{clk2} - t_{clk1}) \tag{12.3}$$

式中，$\max(t_{logic})$为 R_1 和 R_2 之间组合逻辑所用的最长时间，T 为时钟周期，t_{setup} 为 R_2 寄存器所需的

建立时间。所以

$$T > t_{setup} + t_{cq} + \max(t_{logic}) - \Delta \tag{12.4}$$

如果 t_{clk1} 比 t_{clk2} 慢，那么Δ为负值，这样就增大了不等式右边的值。如果要满足建立时间约束，就不得不增加时钟周期，降低频率，这样就减低了芯片的性能。

在满足保持时间约束时，Δ 越小越好。而要满足建立时间约束时，Δ 越大越好，这样可以降低时钟周期，提高芯片频率。所以要同时满足以上两个条件时，就要把Δ 控制在一个合理的范围内。

根据以上分析，时钟偏斜对芯片的正常工作和性能有很大的影响，必须加以控制。

2．如何平衡不同时钟节点

时钟树方法的出现使得大型 SoC 中时钟偏斜的问题得以解决。

在生成时钟树时，采用 H 树网络来生成时钟树的方法最常见，如图 12-2 所示。CLK 为时钟的根节点（Clock Root）。这样从时钟信号根节点通过相同的缓冲器和相等的路径到达每个寄存器的时钟信号都相等，消除了时钟偏斜。但是这只是一种理想模型，在实际的版图上，由于寄存器的分布是不均匀的，中间的连线长短也不一样，所以时钟的到达时间不可能完全一致。如果所有的寄存器时钟的到达时间真的精确的一致，也会造成在同一时刻所有的寄存器都在锁存数据，使得芯片电流突然增大，形成电涌（Surge）现象。这样也会造成芯片工作的不稳定。所以在一个芯片上，没有必要，也不可能完全消除时钟偏斜，只要把时钟偏斜控制在合理的范围内就可以了。

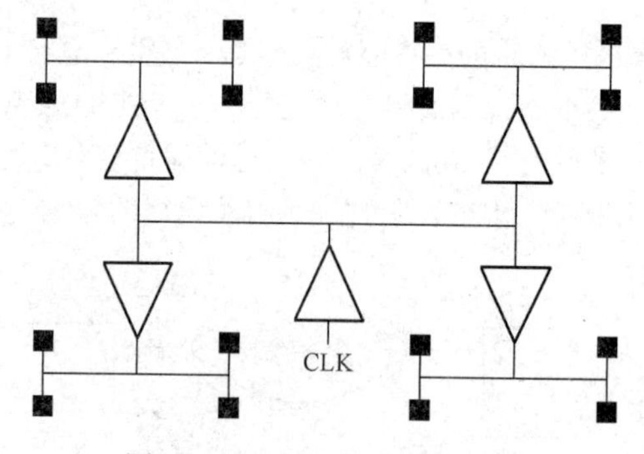

图 12-2　H 树网络生成时钟树

3．时钟树综合（Clock Tree Synthesis）技术

时钟树综合是指使用 EDA 工具自动生成时钟树，它包括时钟缓冲器的插入与时钟信号的布线。

（1）时钟缓冲器的插入

时钟综合工具根据寄存器的位置和数量，决定插入缓冲器的层数、驱动力的大小和插入位置。这样就可以得到时钟偏斜的初步结果了。为了减少延迟时间，也可以规定缓冲器插入的层数。如果时钟偏斜过大，可以进行手工的调整，如可以在最短的路径上手工插入缓冲器。

（2）时钟线的布线

由于时钟线的优先级高于一般信号线，所以应先布时钟线。这样可以让时钟线以最短的路径连接，避免延时过大，减少时钟偏斜。在时钟树综合时，通常在完成时钟缓冲器插入后就进行时钟线的布线，以得到完整的时钟树网络。

4．时钟网格（Clock Mesh）技术

时钟网格技术就是预先在整个设计上搭建时钟网格，如图 12-2 所示，可以根据芯片的布局，预先搭建类似的 H 树形时钟网格，随后各个区域的子时钟树可以连接到网格节点上。如此一来，可以形成“时钟链路→时钟网格→时钟树”的多层结构。

时钟网格与时钟树的最显著不同在于，网格类似于主干道，在设计中可以用更宽的金属线去绘制时钟网格，同时设计者可以用多个缓冲器去驱动网格，而不是通常的单个缓冲器对应单个或多个负载。目前有很多网格形式，上面提到的 H 树是一种形式，图 12-3 所示的鱼骨形时钟网格也是常用的一种形式。从图中可以看出，主干道的宽度数倍于分支，分支的宽度也数倍于一般布线宽度，同时主干道也用多个缓冲器来驱动。

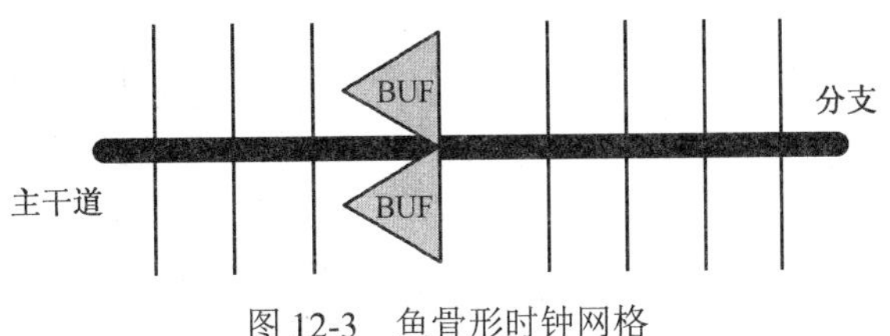

图 12-3　鱼骨形时钟网格

由以上描述可知时钟网格技术与普通时钟树相比的优劣：通过采用更宽的布线和更强的驱动，时钟网格可以有效降低时钟线上的延迟（Latency），并且可以更好地控制时钟偏斜，然而付出的代价就是更多的布线资源和时钟网络所产生的功耗。

5. 如何降低时钟树上的功耗

据统计，时钟树功耗可以占到整个芯片总动态功耗的30%左右。在后端设计中控制时钟树功耗可以对降低芯片功耗起到相当明显的效果。一般来说，有两种方法可降低时钟树功耗，即减少时钟缓冲器数量和尽量将时钟缓冲器插入门控时钟后面，下面分别阐述。

（1）减少时钟缓冲器的数量

一般，时钟通路上时钟缓冲器越少，时钟信号通过时翻转越少，消耗的动态功耗就越小。所以，如何减少时钟缓冲器的数量是减少时钟树功耗的有效方法。先观察时钟树的生长过程，如图 12-4 所示，可以发现时钟树的生长分为横向扩张和纵向延伸，其中垂直箭头为纵向延伸，水平箭头为横向扩张。

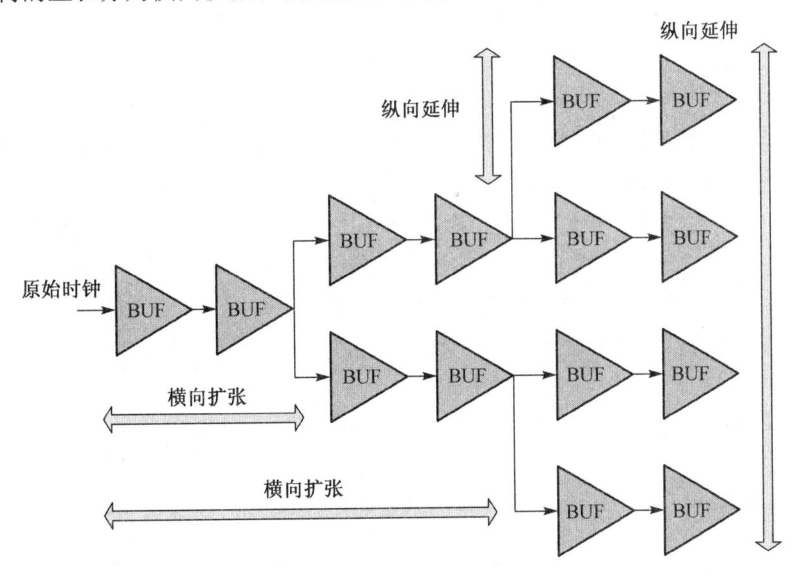

图 12-4　时钟树结构图

低功耗时钟树结构如图 12-5 所示。普通时钟树综合以降低时钟偏斜为目标，同时加大横向扩展和纵向延伸，将投入较多的缓冲器，更细粒度地调整每条时钟路径的延时，从而得到较小时钟偏斜。上述方式以增大时钟树规模为代价，综合得到的时钟树如图 12-5（a）所示。

出于功耗的考虑，希望能减小时钟树的规模。通过减小时钟树横向扩张可以有效减小时钟树的规模，如图 12-5（b）所示。但由于缓冲器数量的减少，与纵深结构的时钟树相比，扁平结构的时钟树将粗粒度地调整每条时钟路径的延时，得到的时钟偏斜较大。可见，以降低时钟树规模为目标，进行低功耗时钟树综合是以增加一定的时钟偏斜为代价的。

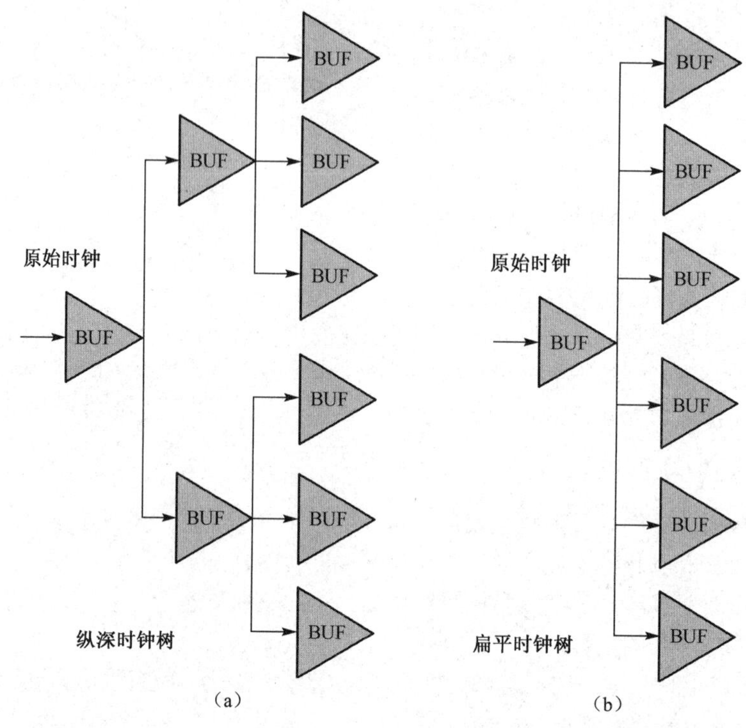

图 12-5 低功耗时钟树结构

除了选择适当的时钟树结构，以下几个因素是需要特别注意的：

① 检查是否在时钟通路上有延迟器件。这种器件会造成时钟树为了平衡最长的时钟节点加过多的时钟缓冲器。

② 检查是否在时钟通路上存在设为不被优化（dont_touch）的器件。这些器件可能会影响时钟树综合工具对时钟树的优化。

③ 芯片布局是否可以被调整使之更加利于时钟树综合。存在时钟相关的不同模块应该尽量放的近些。

④ 检查是否可以创建新的时钟使之对时钟树综合有益。如果在整个芯片中只有一个时钟源，因为这个时钟源的负载太大，往往时钟通路会很长。如能在某些节点上创建不同的时钟，可以减少时钟树上的延迟，也就减少了时钟树上的缓冲器数量。

⑤ 检查是否时钟树结点都是需要同步的。一定要确保时钟树综合时只同步那些需要同步的节点。

⑥ 在使用时钟综合工具中应该尽量设置插入延时（Insertion Delay）和时钟偏斜为最符合实际的值，而非 0。

⑦ 尽量只使用时钟反相器而非时钟缓冲器进行时钟树综合。

（2）时钟缓冲器尽量插入到门控时钟后面

在前面的第 11 章中讲到，门控时钟的方法是不需要时把时钟关掉。在进行时钟树综合时为了降低功耗应该尽量将时钟信号缓冲器插在门控时钟后。也就是说，当门控时钟关闭时这些时钟树上的缓冲器可以不需要翻转，因而降低了功耗。现在的后端工具大都不具备自动实现这一目标的能力，但可通过约束条件使时钟树的源与门控时钟单元（Clock Gating Cell）放在一起，从而防止时钟缓冲器在两者之间的插入。

（3）异步电路降低时钟树上的功耗

同步电路中的时钟树需要消耗大量能量，例如国产通用 CPU 龙芯 1 号和龙芯 2 号的时钟树功耗分别占整个芯片功耗的 30%和 60%，虽然可以采用门控时钟技术缓解，但仍不能从本质上解决问题。由于时钟频率能够满足所有模块的正常工作，因此同步电路存在功耗浪费问题。而异步电路的工作模式是“事件驱动”，电路只在需要时工作，消除了速度浪费，由于不需同步，没有全局时钟，因此也消除了全局时钟树的功耗。

12.2　布局规划

1．为什么要布局规划

一个好的、提前的布局规划会使得深亚微米设计的物理实现在设计周期和设计质量上都受益匪浅。

从具体内容上看，布局规划包括版图上的电源规划和模块的布局规划。电源规划可以帮助确保片上单元具有足够的电源与地连接。在很多情况下，尤其对于复杂的 SoC 设计，设计规划应当与源代码开发并行进行，布局和电源估计的优化可以与代码优化一同完成。模块的布局规划决定了模块所放的位置及 I/O 管脚的位置。

从规划中还可以获得对设计的深入理解，如芯片的面积，从而告知一个设计在经济上的可行性。

一个好的布局规划可以从许多方面确保时序收敛。比如，如何放置大的模块将影响关键路径的长短，影响硬核 IP 的集成，对噪声敏感模块的绕线可行性等问题。这些问题如果没有在布局规划中得到周密的考虑，会导致多次的设计反复甚至重新流片。布局规划的挑战是做出具有较好面积效率的布局规划，以节省芯片面积和为布线留出足够的空间，满足时序收敛。

2．布局规划策略

（1）布局规划流程

有很多类型的设计流程可供选用，这取决于使用的工具和适用于不同设计的方法。对设计规划有主要影响的是选择打散的还是层次化的设计方法。传统的打散的 ASIC 设计流程避免了建立层次化的工作，但却存在这样的风险，即为了纠正一些在布线以后出现的时序问题，设计有可能退回到架构定义阶段。建立层次化的设计流程有助于避免这类时序上的问题。决定选取打散的还是层次化的设计流程的因素，取决于设计规模的大小和对性能的要求。对于设计规模大、工作频率高的设计，采用层次化的设计更有效。

“虚拟”打散（Virtual Flat）的设计方法是一种先进的层次化设计方法。这种方法利用芯片级的内容信息做布局规划的重要决策。将网表导入布局规划工具以后，层次信息在产生布局规划的过程中被暂时忽略。在时序和物理分配以后，层次信息才恢复到网表中继续层次化的设计。

（2）布局规划的考虑因素

在进行布局规划时，考虑一些制程工艺的基本特性是很重要的。举例来说，一个典型的基本单元库定义的单元行是水平的，版图上每层布线的方向遵循交互的图案，第 1 层水平，第 2 层竖直等。由于第 1 层金属常常用来在标准单元内部布线，或者为单元行提供电源，所以它作为常规布线的能力是有限的。例如，用 4 层金属工艺制造芯片时，竖直方向的布线资源多于水平方向。5 层制程工艺在两个布线方向上提供相等的资源。

当为芯片和模块建立金属环（通常作为供电或噪声隔离的需要）的时候，要给布线留下足够的空间。将金属线布进模块内部的时候，设计者应该留心模块内部的障碍情况，以避免模块角落产生拥塞。

摆放模块的时候，应该避免最上层出现 4 个方向的通道交点（十字形），而 T 字形的交点产生较小的拥塞。这样的考虑对给布线通道留下足够的空间来说至关重要，对不能在单元上方布线的情况更是如此。利用飞线可以帮助确定最优的摆放位置和方向，但是当模块之间的飞线多到不能加以利用的程度，设计者必须依赖自己的判断去摆放，在稍后的过程中评估结果以做出可能的修正。

一旦模块摆放完毕，模块级的引脚就可以排放了。为引脚确定正确的金属层并将引脚散放以减小拥塞是必要的。在布线资源受限的情况下，应该避免将引脚摆放在角落，取而代之，应该用多层金属引脚以降低拥塞。

不推荐将单元摆放在模块的周界上。为了避免阻挡信号引脚，通常不把单元摆放在供电网络下面，当使用高层金属作为电源网络时例外（例如，高于第 2 层时）。密度约束和布局阻碍阵列可以用来降低拥塞，因为这些方法可以帮助把单元散放在更大的区域中，从而降低这些区域中对布线的需求。

在任何物理设计工作中，理解目标制程工艺的要求十分重要。例如，最大金属线宽度的限制。电源环和地线环通常需要很宽，以满足芯片各部分的供电需要。为了避免最大金属线宽度的限制，通常会在金属区域插入小开口，这个步骤称为开槽。开槽缓解了由于趋肤效应造成的相关问题，但是可能会改变金属载流的阻抗特征。采用图 12-6 所示的“总线”式布线更可取。

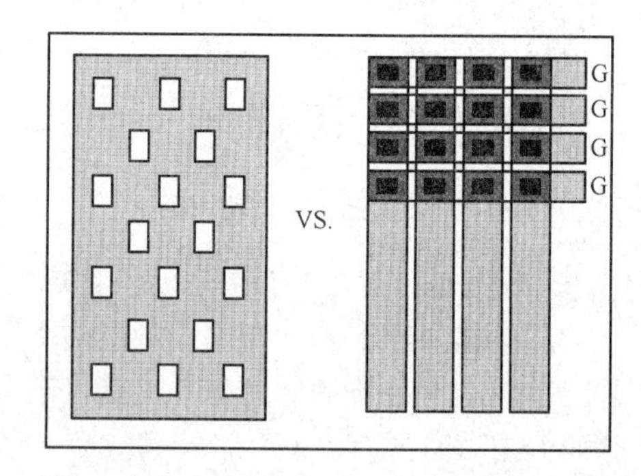

图 12-6 对于宽金属采用“总线”式布线

（3）应用规划步骤

设计者进行布局规划的时候，不仅要把所有的设计考虑记在心中，还要有对满足商业要求有一个清醒的认识。例如，要决定去优化哪一项参数——速度、进度、功耗、芯片大小等——设置区域利用率和其他一些参数对裕量的影响。

如果选择优化项目进度，就会把利用率设得比较低，比如低于选择优化芯片大小时设的值，这是比较明显的策略。较低的利用率将会导致较大的芯片面积，但是芯片在布线中遇到问题的可能性将变小，更容易布线。相似地，增大电源规划的裕量，比如在电源网络中增加更多的金属以避免直流负载下的失效会增大芯片面积，而对功耗问题，能在一定程度上改善进度。然而，必须小心以保证新增加的金属不会使信号线靠得太紧，那样会造成电容、功耗和信号完整性的问题。

正如这些考虑提示的，模块布局规划和电源规划是集成过程中的一部分。以下有一些建议能帮助在典型的线封装（I/O 单元摆放在芯片的最外层）下获得好的结果。

① 芯片级布局规划

从外围的 I/O 开始做布局规划具有一定的代表性（依赖于封装设计）。

最好先摆放设计中对版图有特殊要求的部分——存储器、模拟电路、锁相环、倍频逻辑，需要不同电压的模块和尺寸特别大的模块等，要首先保证这些要求得到满足。开始就要对这些有特殊要求的模块有所了解。举例来说，闪存器有一个高电压的编程输入端口必须与 I/O 引脚在一定的距离之内，所以最好先摆放这种单元。

如果有两个或多个较大的模块，或者有一些其他特殊的模块使得不能做出一个合理的布局规划时，有必要考虑增大芯片尺寸或者重新摆放 I/O。更早的找出这些问题，可以更容易地判断去做一个更大、更贵的芯片在经济上是否划算。如果这些大的模块中有部分是软核或者拥有 RTL 代码，可以通过重新分块的办法避免增大芯片面积。

将其他的模块按照 I/O 的位置和功耗摆放在剩下的空间里，布局规划就算完成了。其他的因素也要同样考虑，要避免把功耗很大的模块摆在芯片的中心附近。

② 模块级布局规划

进行初步的综合以确定模块中所有基本单元的面积。

决定模块面积和其中标准单元面积比例的是利用率。利用率随不同的库、工艺和设计特性的变化而变化，但是对于典型的单元库来说，70%左右的利用率比较适当。在通常的设计中，寄存器和硬核比例的增大会增大利用率，大比例的多路复用器和小的引脚密度大的单元会降低利用率。

③ 电源预算

在贯穿设计的过程中计算模块级的功率消耗以判断设计是否满足指定的功率预算是很重要的，而且在布局规划中要估算电源网格的尺寸。在设计的早期阶段，手工计算或数据表经常被用来估算功耗。随着 RTL 代码的完善，可以用工具去更准确地进行估算（±30%的误差是合理的）。当 RTL 代码转变到门级甚至晶体管级后，功率估算的准确度可以进一步提高。

要在布局规划中最终确定电源规划，必须用到真正的网表、线翻转率和反标的寄生参数。

④ 电源规划和分析

应该分析 I/O 电源引脚在 I/O 同时翻转时的效应，注重输出，因为它们汲取大部分的电流。绝大部分的 I/O 库会针对同时翻转的输出引脚推荐一个电源和地的使用比例。

为布局规划建立电源网络时，芯片的版图是应该考虑进去的。即使从模块级上看到的功耗分布是均匀的，芯片中心的压降也会因为线的长度而变差。芯片中心的压降会使得那个区域中的逻辑变化速度轻微变慢，这种效应对整体时序的影响在阈值电压降低时变得更加明显。电源网络中的有些线会因此承载更多的电流，所以每条线、节点和金属连接孔上的电流都要加以计算。金属连接孔不会和熔丝一样大，当电流很大时就会熔断，所以对金属连接孔阵列来说，压降、电流密度和电迁移效应都是要仔细分析的。

设法满足制程的最大电流密度极限可以避免电源网络发生电迁移，总的电源总线宽度需要满足一个特定值。满足总的金属宽度要求，并在金属带的宽度和金属带之间的间距做出权衡。

12.3 ECO 技术

ECO（Engineering Change Order），主要是针对静态时序分析和后仿真中出现的问题，对电路和单元布局进行小范围的改动。一般来说都是运用在通过自动布局布线完成的版图上，然后通过工具对版图进行自动调整。其主要优点是对于一些规模较小的修改，可以利用包含该项技术的 EDA 工具快速完成版图调整，从而避免了不必要的后端设计重复工作，以及对其他部分产生新的影响。

ECO 分为两种：功能性的 ECO 和非功能性的 ECO。对于功能性的 ECO，往往通过修改设计方案的原始 RTL 代码、网表等，添加、删除或修改其中部分内容，获得新的代码或网表后，让 EDA 工具自动导入并对版图进行调整。而对于非功能的 ECO，如修正时序、信号串扰、最大等效电容负载等，则不需要修改 RTL 代码和网表。常用的 ECO 都是指功能性 ECO。

在传统的设计过程中，当出现需要小范围内修改 RTL 或网表信息的情况时，设计者经常不得不把整个后端设计的流程重新做一遍。传统的 RTL 调整后的设计流程示意图如图 12-7 所示。

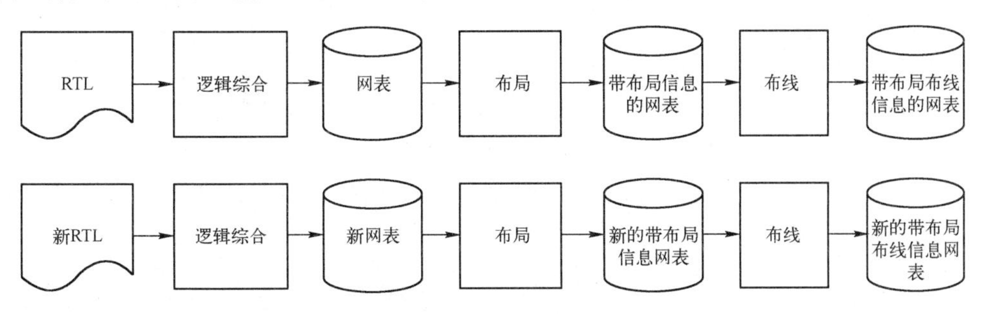

图 12-7 传统的 RTL 调整后的设计流程示意图

显然这样的浩大工程会显得很不经济。于是，ECO 技术应运而生。图 12-8 所示为使用 ECO 技术的设计流程，从图中可以看出，相比于传统的调整方案，在自动的版图映射等步骤上得到了省略，只需要利用一个带有 ECO 功能的布局布线工具，就可以实现对应功能调整的快速版图调整。

概括来说，ECO 技术对于后端设计，具有如下的优点，因此也成为了后端设计者必须掌握的能力：

- 设计时间缩短，对局部范围的功能调整不需要重新做一遍后端设计流程；
- 调整结果具备预测性，相对于重新做一遍后端设计流程，ECO 方案可以基本确保大部分功能与原先的方案的一致性，从而降低后端设计失败的风险。

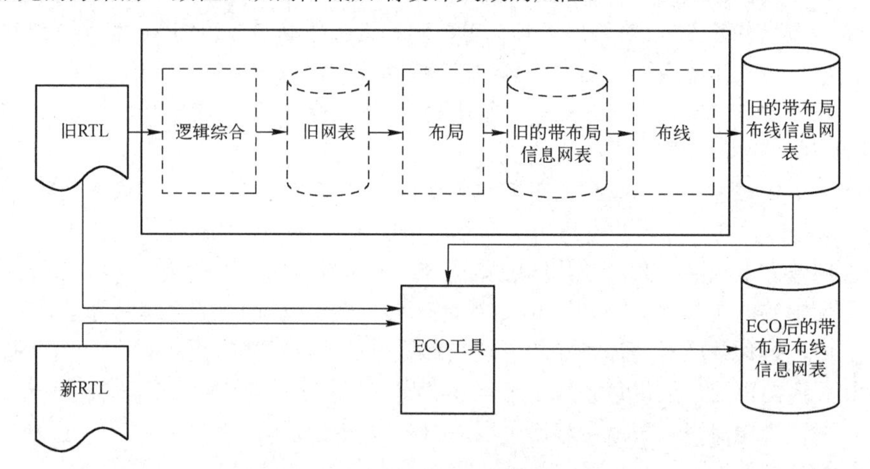

图 12-8 使用 ECO 技术的设计流程示意图

12.4 功耗分析

在版图设计的多个步骤都需要进行功耗分析以确保信号的完整性。

1．功耗分析概述

（1）功耗分析

功耗分析可以分成两种：静态功耗分析和动态功耗分析。静态功耗分析可以根据标准单元及 IP 的静态功耗参数估算出来。动态功耗分析与所用的测试向量有关，需要在布线完成后进行。

（2）电压降（IR Drop）分析

由于供电流在金属线网上进行传导，而金属线网本身存在电阻值，在电流通过金属网络时，必然带来电压降。如果不进行电压降分析，若芯片某一个部分供电不足，将导致性能的恶化，从而导致整个芯片功能的错误。通过电压降分析，可以了解到整个电源网络的供电情况，从而进行合理的供电网络规划，以保证芯片功能不会因为供电问题产生影响。一般来说要把整个芯片的电压降控制在电源电压的 10%以内。

（3）电迁移（Electromigration）分析

在决定供电网络金属线宽度的时候，需要满足由代工厂工艺库中提供的电流密度规则。若电流密度过大，而金属线宽过小，将导致电迁移现象出现。而电迁移会导致金属线的断裂，损坏整个芯片，因此，对电迁移进行分析，也是必需的一个步骤，对于不满足 EM 规则的金属线，需要加大线宽。

2．实例

下面以 Synopsys 的 Astro-Rail 工具为例，大致介绍一下如何进行功耗分析。

（1）数据准备

首先，需要提供整个芯片的时序信息。时序信息通常是以 SDC 格式存放的，可以使用相关命令将 SDC 加载到 Astro-Rail 使用的统一数据模型 Milkyway 中。如果设计中需要加载虚时序信息，可以使用相关命令进行转换。

加载时序信息之后，需要在数据模型中建立寄生参数视图。Astro-Rail 可以调用自己的 Layout

Parasitic Engine（LPE）抽取所有层次的寄生参数信息，并建立寄生参数视图。

接着需要指定供电网络的电压值，载入数据模型。

为了正确计算功耗，下一步需要制定连线的信号切换。Astro-Rail 支持 3 种输入格式，一种是用 Scheme 编写的信号翻转定义，一种是 SAIF 文件，还有一种是 VCD 文件。

如果设计中有硬核 IP 的存在，而这部分逻辑没有可用的供电模型，此时需要为这些单元指定供电信息。

（2）运行流程实例

图 12-9 所示为使用 Synopsys 的 Astro-Rail 工具时的整个流程。

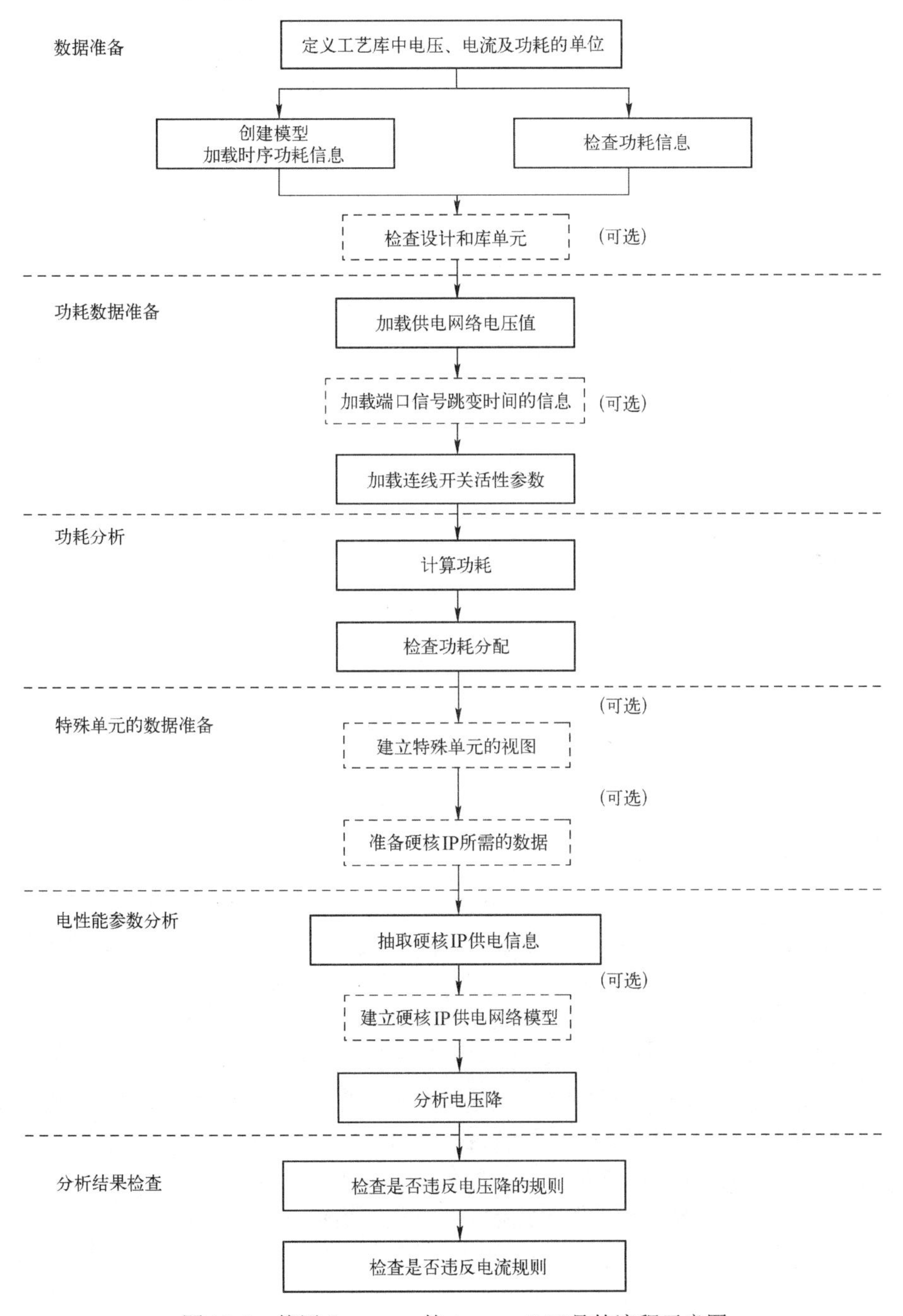

图 12-9　使用 Synopsys 的 Astro-rail 工具的流程示意图

12.5 信号完整性的考虑

12.5.1 信号完整性的挑战

随着先进的深亚微米制程在不断进步，使得互连线上的耦合电容、电阻增大，同时更大的电流密度和更低的电压引起的信号完整性问题成为新的挑战。如果没有得到充分重视，这些效应会导致芯片功能失效和出现可靠性问题。

为了处理这些信号完整性的影响，在物理实现的每一个阶段都需要引入大量的经过优化的物理互连拓扑结构和驱动的模型。随着设计进度经过综合、布局、布线和到最后的收尾，那些针对时序、面积、功耗和信号完整性的优化必须同时进行，使得解决方案收敛并达到所有的设计目标。

本节将会描述困扰当今设计师的信号完整性问题，如串扰、压降和电迁移及解决方案。

1. 串扰

在先进制程中，金属连线的宽度更窄，层间距离更小。在现在的设计中，线间电容 Cw 与衬底电容 Cs 和边缘电容相比更具主导作用，如图 12-10 所示，同时芯片的工作频率更高。以下两个因素增加了由两个信号间的耦合电容造成信号干扰的可能性。

- 两条紧邻线路的翻转时间在时间域上重叠，会导致串扰引起的延时。跃迁的相对方向决定了路径比预先的变快还是变慢。
- 串扰引起的噪声会给相邻的线路中注入电压针刺型干扰。如果干扰电压超过了翻转阈值，将会引起错误的跃迁，造成潜在的错误行为。

在 130nm 及以下的工艺中，线间电容延迟在互连延迟中占主导地位。

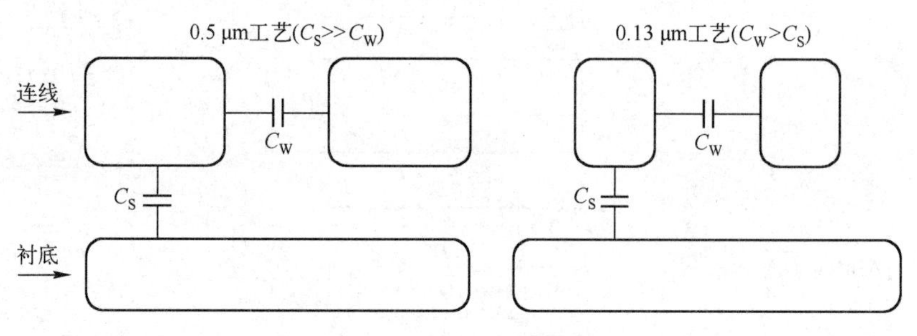

图 12-10 工艺中连线间的电容

2. 串扰引起的延迟

为了便于理解串扰引起延迟的效应，考虑图 12-11 所示的耦合电容电路，这个简单的电路由通过两个电容（C_{C1}和 C_{C2}）和互相耦合的 3 根线（A、B 和 C）组成。为了便于讨论信号完整性问题，这些线被分为两组：“受害者”和“攻击者”。“受害者”线上的延时和逻辑水平是要计算的。“攻击者”和“受害者”之间有很大的耦合电容，跃迁时会耦合电能给其他线路。

由于电容性的耦合，发生在攻击者上的跃迁会部分传递给“受害者”，这会使“受害者”的跃迁波形发生意外的扭曲，从而导致“受害者”测量得到的延时发生变化。串扰造成的电路延迟如图 12-12 所示。由两者的跃迁方向不同造成的延迟效应可能是以下情况之一：

- 转换方向相反，延时增加，导致建立时间的错误，如图 12-12（a）所示；
- 转换方向相同，延时减小，导致保持时间的错误，如图 12-12（b）所示。

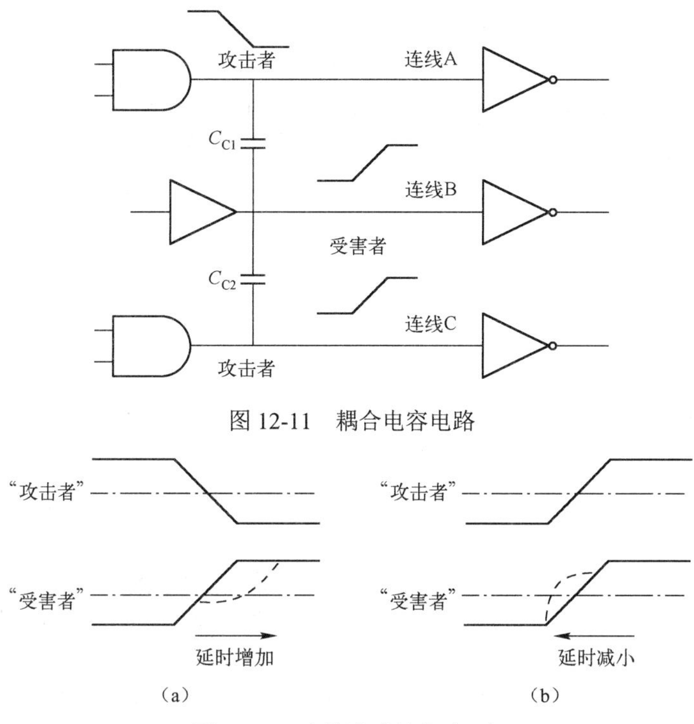

图 12-11　耦合电容电路

图 12-12　串扰造成的电路延迟

3. 串扰引起的噪声

除了影响时序，耦合性的电容还可以造成功能失效。当攻击者在“受害者”附近翻转时，它会造成“受害者”上面意外的信号翻转或者逻辑失效，这些被称为串扰造成的噪声（或者脉冲干扰）。图 12-13 所示为串扰对功能的影响。由于耦合电容（C_C），“攻击者”对没有驱动的“受害者”造成串扰噪声。耦合的能量已经超过了缓冲器引脚指定的噪声容限。这会导致缓冲器输出的意外跃迁，通过缓冲器的输出扇出进行传播，并且会错误地被时序器件捕捉，从而引起功能失效。

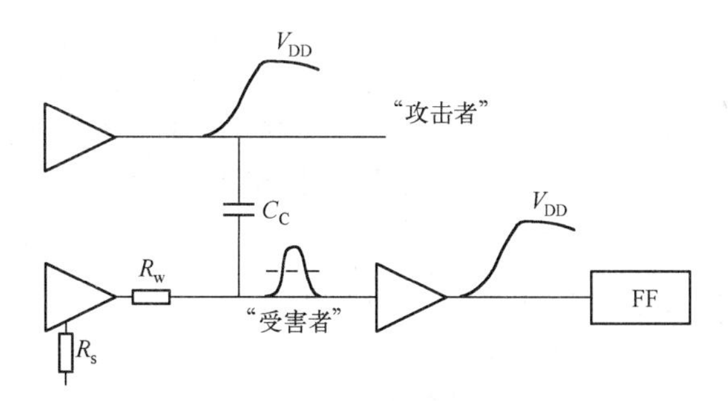

图 12-13　串扰对功能的影响

值得注意的是，两条金属线间的信号串扰对系统功能的影响与信号变化的时间窗口相关（Timing Sensitive）。目前的静态时序分析工具对串扰的分析通常是悲观的，即没有考虑信号变化的时间窗口。

12.5.2　压降和电迁移

1. 压降

电源网络上的电阻和瞬间的电流抽取都会造成基本单元上的电压下降。这种电压上的降低会使单元的延时增大，潜在地造成建立时间错误。这些错误降低了器件的性能，而且，降低的电压会降低器件的噪声免疫性，造成芯片级的失效。

传统上，设计师们会按照最坏情况下的数值来控制有害的压降，使用将这一数值作为最坏工作情况下的参数的库文件，并且设计电源网络以保证压降低于一定的约束。典型的压降阈值是百分之十的供电电压，这会造成百分之十或更多的器件延时，尤其在更为高端的制程中。

为了满足压降约束，当今的设计师通常会额外地设计电源网络，这将耗费一些珍贵的布线资源，使用多余的层次时会增加光照成本，还会增大电容，降低性能。压降大于约 5%的正常电压时，会产生非线性的时序变化。为了解决延时和供电电压之间的非线性关系，在静态时序分析（STA）中要使用更为复杂的模型，如可扩展的多项式延时模型（SPDMs）。

2. 电迁移

在大电流密度下会产生电动力，使电子在金属晶格结构中对原子产生很大的冲击，产生电迁移现象。随着时间，这种力会造成位移，即在高电流密度的地方产生空洞或者在相邻低电流密度的区域聚集移动的原子，产生开路或短路，电迁移造成的短路现象如图 12-14 所示。电源和地的网格最容易受到电迁移的影响，因为上面的电流一般很大并且是单方向的。时钟信号由于尖锐的边缘，大电流密度和频繁的翻转也会受到电迁移的影响。标准单元中的金属部分（尤其是只承载单方向电流的部分）和单元之间的金属互连同样容易受到电迁移的影响。在先进的 UDSM 制程中，金属连接孔很容易产生电迁移，因为连接孔具有相对较高的电阻，较小的横截面积和有可能在制造过程中出现的空洞。承载双向电流的金属通常有较长的寿命，但是从长期看仍然会受到电迁移的困扰。

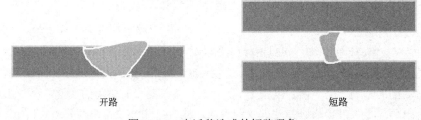

图 12-14 电迁移造成的短路现象

当电流经过金属互连时，自加热（焦耳热）会使导线温度上升。这种温度的升高会恶化电迁移，因为在较高的温度下，电子流的阻力增大。空洞的形成会分流它周围的电流，从而减小了横截面积。这无疑增大了空洞周围的阻力和电流密度。这些效应促进了空洞周围的自加热和电迁移，并扩大了其发展。导线的自加热还会引起金属和绝缘体边缘由于热膨胀系数不同造成的热机械应力，这种应力会造成互连失效。

12.5.3 信号完整性问题的预防、分析和修正

串扰、压降和电迁移的预防、分析和修正是基于布局布线，贯穿于从物理综合到详细布线的整个过程。任何信号完整性问题分析的好坏依赖于时序分析本身和寄生参数的值。分析中最关键的因素就是确定耦合和电源网络的寄生参数。复杂的信号完整性分析需要一个能够处理信号完整性问题效应的静态时序分析环境。

随着向更小的工艺尺寸的转移，信号完整性已经成为 SoC 和 ASIC 设计中首要考虑的问题，这一点得到了设计团队的认同。如果在设计实现过程中忽略了信号完整性的影响，电路会表现为功能失效，性能与规格书相去甚远，或者在应用中过早损坏。若不在设计实现中加以预防，这些问题将变得难以处理。串扰引起的延迟和噪声主导信号完整性，并且对电路的时序和功能有极为重要的影响。压降会降低设计的时序性能，降低噪声容限，增加了不满足性能和信号完整性要求的可能性。电迁移会引起可靠性问题，最终导致器件在使用中过早报废。

对串扰的消除的方法通常是增加两条金属线的距离（Spacing）或加隔离（Shielding）。另外，增加受害者的驱动能力减小进攻者的驱动能力也是很好的方法。对于压降及电迁移的修正通常靠改变版图的布局来完成。目前的 EDA 工具可以很好地支持信号完整性问题的检测及修正。

12.6　物理验证

1．物理验证简介

在将芯片版图正式交付代工厂之前，还需要经过一个重要的步骤，这就是物理验证。通常所说的物理验证是指检查其设计是否满足设计规则（DRC，Design Rule Check）及确定版图与逻辑门网表之间的一致性（LVS，Layout Vs Schematics）。如果直接将版图交付流片，无法保证流片后芯片的正确性，若此时再返回检查将造成极大的资源浪费，甚至影响到整个项目的进度，造成极大的损失。因此，进行正确的物理验证，在流片前修正物理设计上的错误，是极其重要的。

2．设计规则检查（DRC）

定义设计规则的目的是为了让电路稳定地从原理图转换到实际芯片上的几何形状。设计规则作为一种接口连接着电路工程师和工艺工程师。当工艺变得越来越复杂，设计者很难理解不同工艺下各种掩模（Mask）制造过程的复杂差异。

一般，电路设计者希望电路更小更紧凑，这样性能就越高，成本就越低。而工艺工程师希望一种可生产、高产量的工艺。设计规则就是这两者之间互相妥协的结果。

设计规则提供了一套在制造掩模时的指导方针。在设计规则定义中的基本单位就是最小线宽。它代表了掩模能够安全地转换成半导体材料的最小尺寸。一般来说最小线宽由光学蚀刻的分辨率来决定。

对于基于标准单元并自动布线的版图，设计规则检查主要验证标准单元上用来连线的金属和通孔是否满足设计规则。因为标准单元由流片厂的库厂商提供，其本身已经通过设计规则的检查。

常见的金属规则如下：

- 金属的最小宽度
- 同层金属之间的最小间距
- 金属包围多晶或通孔的最小面积
- 金属包围多晶或通孔的最小延伸长度
- 金属本身的最小面积
- 同层金属的最小密度

常见的通孔规则如下：

- 通孔的最小面积
- 同层通孔之间的最小间距

使用物理验证工具进行设计规则检查需要两个输入文件。一个是芯片的设计版图，通常是 GDSII 格式的数据库文件，另一个文件是设计规则文件。设计规则文件是代工厂提供的标准格式，它控制设计规则检查工具从何处读取版图文件，进行何种检查，将结果写到何处。在结果报告文件中，将指出违反设计规则的类型和出错处的坐标位置。

3．版图与原理图的一致性检查（LVS）

LVS 是验证版图与原理图是否一致。工程师设计的版图是根据原理图在芯片上的具体几何形状的实现。在这里原理图就是布线后导出的逻辑门网表，版图就是同时导出的 GDSII 格式的版图文件。对于基于标准单元的设计，LVS 主要验证其中的单元有没有供电，连接关系是否与逻辑网表一致。

在进行 LVS 操作时，首先分别把逻辑门网表和版图的数据转换成易于比较的电路模型。对于 LVS

工具比较的电路模型是基于晶体管级的，所以先要把基于标准单元的逻辑门网表根据其对应的晶体管转换成晶体管级网表。GDSII文件通过LVS工具把其中的几何图形抽取成晶体管级网表。

然后以输入和输出节点作为起始节点对这两个电路模型进行追踪。初始对应节点作为LVS追踪操作的起始点可以由设计者提供。当一个版图中的节点与原理图中符合条件的节点的标记完全一致且唯一时，它们就被作为一对初始对应节点对。符合条件的节点可以是一个电源节点、地节点、顶层的输入/输出节点或一个内部节点（取决于原理图的网表格式）。LVS工具选择所有的电源节点、地节点、时钟节点和至少一个其他类型的节点作为最小的一组初始对应节点。由于程序使用这些初始对应节点对进行追踪操作，因此，提供的初始对应节点对越多，追踪的效率就越高。但是，LVS工具不对初始对应节点对是否真正匹配加以检查，如果初始对应节点对中有错误，则以此为基准，追踪操作就会被误导。由于在版图数据库上手工添加标记较易出错，因此需要提供足以作为有效检查的最小数目的初始对应节点对。所以，应将所有引脚都作为初始对应节点对，此外，还要包括重要的信号节点、与众多模块相连的节点或高度并行电路（如总线）的节点，更重要的是要保证版图上的每个标记与逻辑原理图的一个同名节点相对应，这样就可以确定初始节点对正确无误了。一般来说布线工具在版图的输入/输出端口和电源和地节点都做了标记。

LVS工具使用试探法从初始对应节点对开始，对展开的版图网表和原理图网表进行逐步追踪。首先是I/O电路，然后去追踪那些需要最少回溯的路径。开始时，工具认为所有的对应节点对都匹配，每当在版图和原理图之间找到匹配的对象，且这种匹配情况是唯一时，它就将该对象认定为匹配的节点或模块。当所有的节点和模块都匹配或所有的歧点（差异点）都找到之后，工具即停止追踪操作。这就是说，歧点才是决定错误的定位及对错误进行解释的关键点，而非不匹配节点或模块。由于一个歧点可能会导致一连串的不匹配节点或模块，为说明歧点，工具把与特定歧点相关的匹配或不匹配的节点和模块报告出来，所以，不匹配节点或模块的数目可以不同于歧点的数目。

在使用物理验证工具进行LVS的时候，先要把布线后导出的逻辑门级网表转换成晶体管级的网表，根据其中对应的标准单元的晶体管网表，转换成全部是晶体管级的网表。另外两个文件与DRC相同，一个是芯片的设计版图，通常是GDSII格式的数据库文件，另一个是runset，即规则文件。同样地，结果报告文件中将指出版图与原理图不一致的地方。

12.7　可制造性设计/面向良率的设计

12.7.1　DFM/DFY的基本概念

在过去的40年中，IC设计业和制造业已完成分离。多数的IC设计者认为成品率是生产人员的责任。虽然实现成品率最大化对于设计者来说也很重要，但在较大工艺节点下，通常当电路满足物理和电学设计规则时，设计者也就认为自己的使命完成了。而当主流集成电路制造工艺技术发展到130nm以下，尤其进入65nm之后，随特征尺寸的减小以及芯片设计规模和复杂性的增大，芯片生产制造过程所引入的导致可制造性设计（DFM，Design for Manufacturing）变差的原因就更复杂，严重降低了成品率。在此情况下，提高DFM成为芯片设计者和制造者必须协同合作来完成的一项工作。面向DFM的设计方法学从产品开发早期就开始了，并贯穿整个设计过程。

导致DFM不满足要求的因素可分类为：① 随机因素，例如：制造过程引入的随机颗粒污染；② 系统化因素，例如：光学临近修正（OPC）做得不完备或化学/机械抛光（CMP，Chemical Mechanical Polish）不够平整；③ 参数化因素，例如：在同一芯片的不同区域不同位置、在同一晶圆的不同芯片上、在不同晶圆之间，电学特性发生偏差。

虽然可制造性设计和面向良率的设计（DFY，Design for Yield）这两个名词在一些情况下常互相替代，但其含义并不完全相同。DFM是指将集成电路制造工艺技术影响于版图设计过程中，从而提高产品制造过程的可靠性。但可制造性提高本身并不能一定保证高良率。DFY 是 DFM 的一部分，其解决方案是将良率定义为一个设计指标，主要在版图设计前后考虑电路设计的质量问题，通过将设计和生产工艺相结合，保证产品的高良率。

DFM 和 DFY 是紧紧联系在一起的。采用可制造性设计驱动的设计将比非可制造性设计驱动（Non-DFM-driven）设计，在产品良率方面会有很大的提升。

12.7.2 可制造性设计驱动的方法

可制造性设计驱动（DFM-driven）的设计方法流程如图 12-15 所示，是由芯片制造厂和 EDA 工具商联合支持的。可制造性设计的实现需要在 IP/Lib 等库中充分考虑了基于设计规则的方案，也需要 DFM 工具及 DFM 数据包中考虑了基于模型的方案。可制造性设计的一部分是在芯片版图设计阶段中完成的，另一部分由芯片制造厂的后期版图设计服务完成。

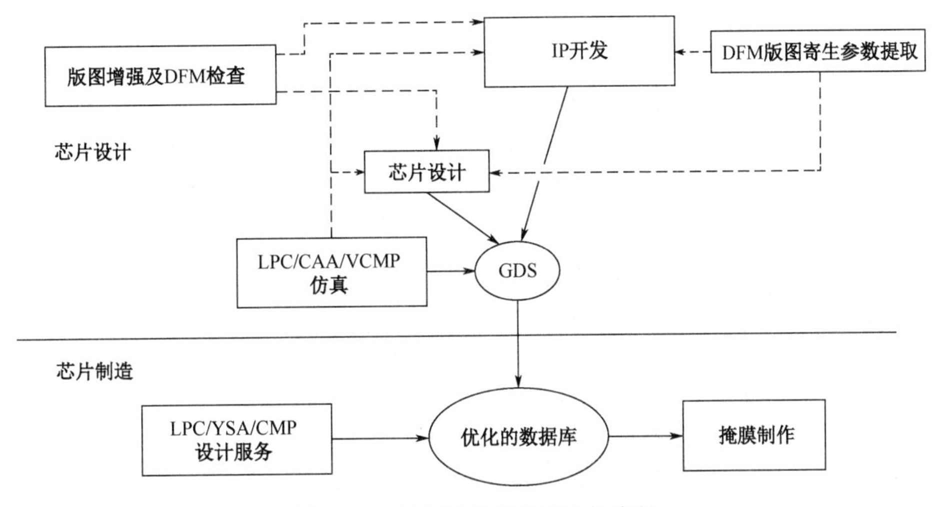

图 12-15　可制造性设计驱动的流程

1. 版图特征图形检查

版图特征图形检查（LPC，Layout Patterning Check）是芯片制造厂和 EDA 工具联合提供的基于工艺模型来对现有版图进行仿真检验以提高 DFM 的方法。LPC 的工艺模型文件定义了哪些版图特征形状容易在制掩膜版、光学临近修正、光刻过程中发生形变引发工艺缺陷而导致良率降低，即工艺模型文件定义哪些版图特征形状是“良率弱点”。应用 LPC 进行版图的仿真分析时，若发现符合工艺模型中“良率弱点”的特征形状，就需做版图的相应修正和改进以提高良率。

2. 版图关键区域分析和良率敏感区域分析

版图关键区域分析（CAA，Critical Area Analysis）是芯片制造厂和 EDA 工具联合提供的另一种基于工艺模型对现有版图进行仿真分析以提高 DFM 的方法。CAA 是针对随机颗粒污染物导致良率降低的仿真分析，版图关键位置是指制造过程容易引入随机颗粒污染物的版图区域。

图 12-16 所示为一个版图关键区域的示例。在这个示例中，同层相邻两根金属线之间，由工艺步骤随机地引入了 3 个颗粒污染物（用圆形表示）。若颗粒杂物导电，则会造成相邻金属线短路；若颗粒污染物不导电，则造成相邻金属线开路。

完成 CAA 仿真分析后，需在所定位到的版图关键区域内进行版图相应调整。常用的调整措施有：长距离平行金属线之间需增大间距；金属线需加宽线宽；金属线换层时，尽量地插入多通孔来取代单通孔。

良率敏感区域分析（YSA，Yield Sensitive-Area Analysis），通常是指芯片制造厂专用的版图关键区域分析工具。

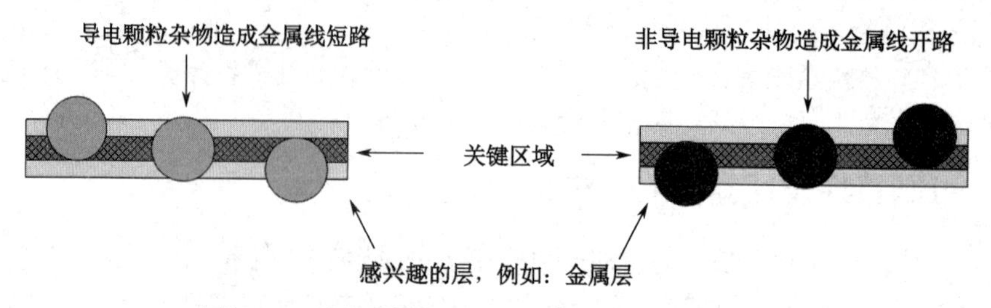

图 12-16　版图关键区域中污染颗粒及其影响示例

3．化学/机械抛光及其版图阶段的虚拟仿真

在芯片制作过程中，需要完成对表面起伏的硅片进行平坦化的过程，即化学/机械抛光（CMP，Chemical Mechanical Polishing）。在布局密度有较大差异的不同区域，抛光程度也会相应有所差别。布局密度较高的区域比起密度较低的区域，前者抛光后厚度往往都大于后者，这样整个裸片就不够平滑，会导致诸如互连故障的问题产生。解决这一问题的常用方法是在布局密度较低的区域插入一些冗余金属块（Dummy Tiles），以提高该区域的布局密度，从而在抛光过程中不至于过度地造成硅片区域厚度的损失。CMP 的设计考虑实例如图 12-17 所示。

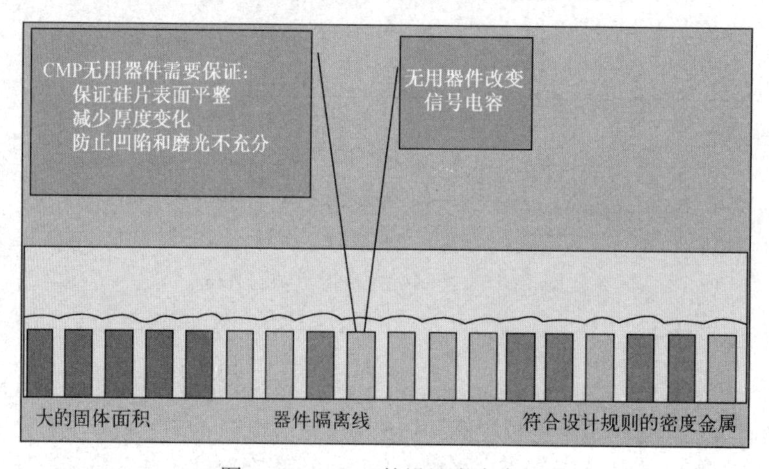

图 12-17　CMP 的设计考虑实例

为了在版图设计阶段就能够准确地预测出 CMP 的平整度及其影响，芯片制造商与 EDA 公司合作开发相应的虚拟仿真分析工具，如 TSMC 的 VCMP（虚拟化学/机械抛光仿真分析）。VCMP 能够计算出金属和电介质的厚度及其差异，也能计算出多层叠加效应对于厚度偏差的影响（Mutiple-Layer Effects）。这些信息可以用来指导在版图上如何填充冗余金属块，如在什么地方填充，以及填充什么形状的冗余金属块。

虽然在版图 DRC 阶段已经在每层插入了一定数量的冗余金属块，但 DRC 阶段的区域量化不够有针对性，对于长金属线、多层叠加通孔、芯片引脚相关区域的分析和冗余金属块的插入不够准确也不尽完备。而 VCMP 的仿真分析更有针对性，区域的分析也更细化。

12.7.3　分辨率增强技术提高 DFM/DFY 的方法

过去，设计对于生产问题的考虑主要集中在设计规则检查（DRC）软件和寄生效应提取，由于 DRC 充分考虑到了生产中的问题，半导体生产商可以认为通过 DRC 的设计电路是能够生产出来的。

根据所采用的集成电路工艺技术，早期寄生效应的提取也可以产生可靠的结果。然而，对于现在出现的纳米技术，这些早期的方法已经不够了。对于设计者，先进的生产技术要求标识设计约束不仅要基于时序和功耗，还要包括成品率的限制。在设计流程中，通过后处理 GDS-II 或掩模数据来进行物理修改实在是太晚了，不能解决成品率下降的问题。

今天，先进的半导体特征尺寸已经小于光刻中所使用的光的波长。这看起来不可能，却通过采用掩模综合工具（Mask Synthesis Tools）实施分辨率增强技术（RET，Resolution Enhancement Technology）实现了。当工艺尺寸比较大时，掩模综合仅仅是一个简单的步骤。随着硅器件特征尺寸的缩小，工艺变得更加复杂，掩模综合已成为批量生产的关键问题之一。IC 特征尺寸和光刻波长的差距在 180nm 工艺节点出现，在 130nm 工艺节点增大，使得采用先进的掩模综合技术成为了必须。当工艺尺寸小于 130nm 时，光学扭曲和其他的光刻效应将导致大的特征变形，以及小的特征消失，极大地降低了器件性能或导致了成品率下降。

通过采用 RET 技术，如光学临近修正（OPC）和移相掩模（PSM），是目前解决上述问题的主要办法之一。然而，这类技术的引入增加了复杂性，使得掩模数据文件变大，增加了写版的时间和成本。RET 技术成为生产商之间的关键区别。采用不同类型和方法的 RET，在同一条生产线上可以产生不同质量的结果。定制和保护生产工艺 IP 的能力已成为 RET 的重要问题。

另一种方法是变化图像，前提是我们了解印刷工艺会导致图像失真，而且了解失真的方式，然后按照失真相反的方向使原图失真，这样就能够致使两种失真效果相互抵消。但这样的方法所存在的问题是，根据最后的 GDSII 文件和光掩膜的对应关系，设计中的每个结构都会收到周围环境的影响，即受到最邻近的结构影响。也就是说，如果 GDSII 文件和光掩膜中两个几何拓扑形状互相隔离，那么它们的印刷形状就不会有问题，但是如果这两个形状被安排得非常接近，制造这些形状的光之间就会产生干涉效应，进而导致每个形状失真。

对于设计人员来说，需要在版图完成以后进行 DFM 设计规则检查，通常这些设计规则包括金属密度、间距、线宽、通孔、转角、电流密度等。可制造性设计的规则本质上与普通设计规则相互补充，但事实上由于 DFM 的修正会对布局布线都会造成影响，进而会改变设计原有的一些时序特性，因此孤立地去完成 DFM/DFY 调整，同样不能保证获得好的芯片设计质量。

12.7.4　其他 DFM/DFY 问题及解决方法

1．天线效应

从 0.35μm 工艺开始，特定的天线效应设计规则开始引入。在 90nm 工艺节点，天线效应成为 DFM/DFY 的重要考虑因素。天线效应主要是在互连线的制造过程中，产生负电荷的聚集，这些负电荷将传到与其相连接的 MOS 管的氧化栅极，使得 MOS 管的氧化栅极击穿，影响到 MOS 管的工作。当一根很长的互连线连接到氧化栅面积很小的 MOS 器件上的时候，这种效应较容易发生，它在深亚微米技术中影响尤为重大。当走线过长时产生的天线效应会对电路的时序产生影响。

假定有一根长 L_i 宽 W_i 的走线，其面积为 A_i，如图 12-18 所示。如果这根走线连接到长 L、宽 W、沟道面积为 A 的 MOS 器件上，需要检查以下规则

$$A_i < R_{antenna}A$$

式中，$A = WL$，为 MOS 管沟道表面面积（m^2）；$A_i = W_iL_i$，为互连线表面面积（m^2）；$R_{antenna}$ 为天线效应系数（约为 110）。

图 12-19 所示为常用的解决天线效应的方法。

① 在违反规则的金属所连接到的 MOS 管栅极上加一个二极管将制造过程中聚集到 MOS 的管栅极上的负电荷及时地释放掉。

② 替换金属层，即跳线，特别是要限制 Metal1 到 MOS 的管栅极的长度，以此来减少负电荷的聚集量。

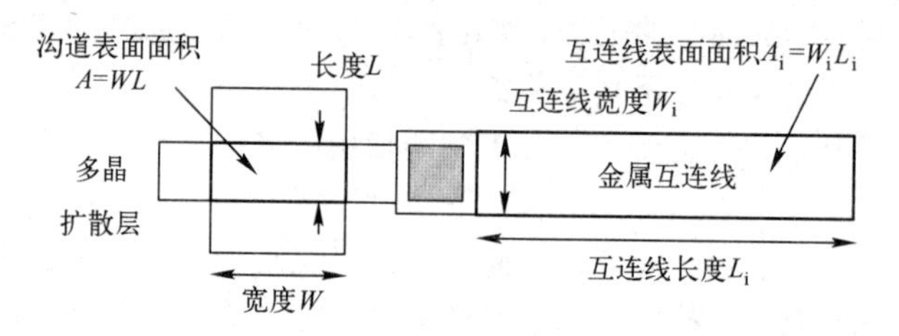

图 12-18 根据走线面积与栅面积关系的天线规则

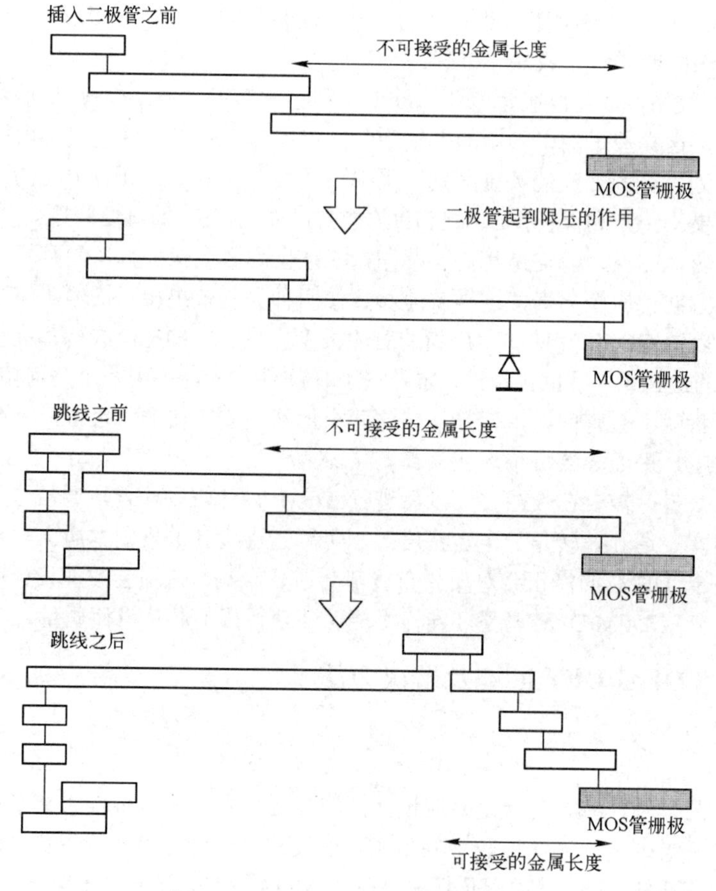

图 12-19 无线天线效应及消除方法

2．金属通孔（VIA）失效影响

由于 130nm 以下工艺采用铜互连线技术，尺寸进一步减小，金属导线上的空洞（Voids）在热应力的作用下会向金属通孔（VIA）中流动，从而造成连接断路，金属通孔断路的构成原因如图 12-20 所示。

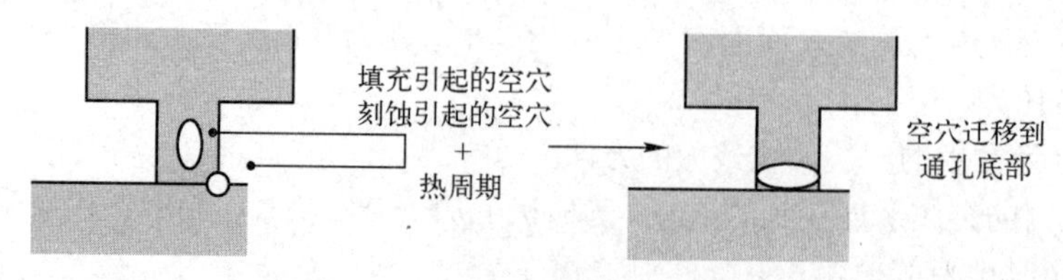

图 12-20 金属通孔断路的构成原因

多金属通孔方法如图 12-21 所示。然而，用于加倍通孔而多出的金属将会增加金属的临界面积，对于使用低介电常数材料的技术，这一工艺步骤可能会导致应力增加并最终使介电层开裂，良率也会下降。

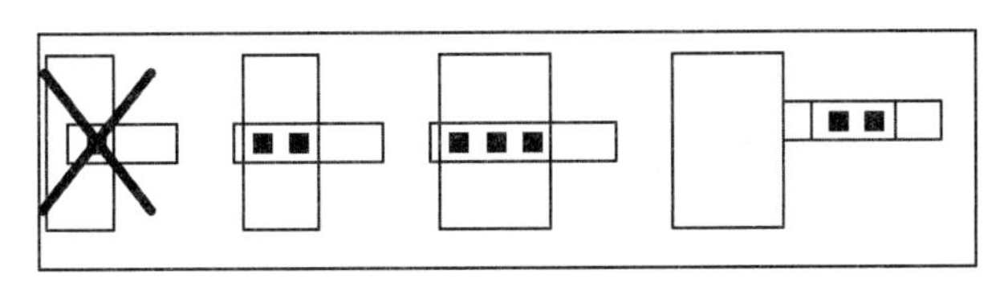

图 12-21　多金属通孔方法

此外，不合理的金属通孔堆叠结构（Stacked VIA），也是造成良率下降重要因素之一，而其产生的主要原因是在掩膜过程中出现不对齐的状况。一般来说，尽可能地增大金属层之间或者金属通孔之间的物理重叠，会降低出现金属通孔堆叠失效的概率。Stacked VIA 对良率的影响如图 12-22 所示，相邻层次金属通孔重叠面积大的物理结构出现金属通孔堆叠失效的机会，要小于两者几乎没有重叠的结构。需要指出的是，如果金属通孔下部所连接的金属层是一个比较大的金属块（Metal Island），金属通孔重叠过多反而会导致良率下降。因此，这样的方法也要根据实际情况加以灵活运用。

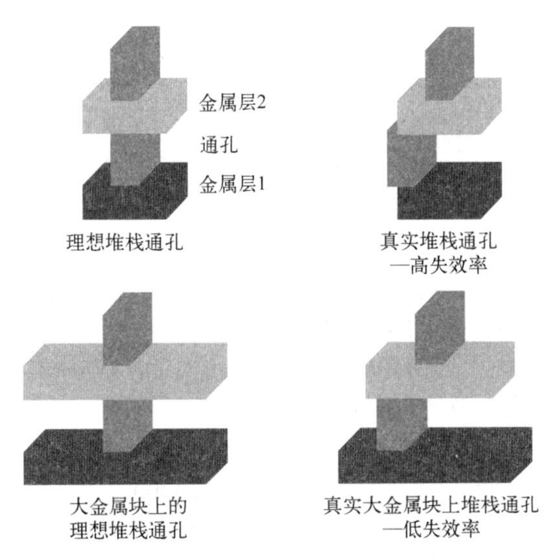

图 12-22　Stacked VIA 对良率的影响

12.7.5　EDA 工具对于 DFM/DFY 技术的支持

综上所述，在深亚微米条件下，DFM/DFY 问题已经越来越严重地影响到了 SoC 设计的质量。因此，设计和生产阶段之间应当通过 DFM/DFY 技术的发展越来越紧密地联系在一起。最先进的设计工具已经开始考虑掩模综合和生产工艺问题，即由掩膜制造商提供数据，生成数据库，由 EDA 厂商提供一个虚拟制造的设计环境，通过 EDA 工具进行侦测、修正，并预防设计中的错误，从而使设计者可以在设计过程中提高整体 IC 制造的良率。例如，Synopsys 的 PrimeYield 解决方案，以生产基线技术与制造模式为基础，在芯片流片前预测与修正会对制造产生影响的设计形态，其微影互通检查模组可在设计过程中提前侦测出潜在的微影错误及制程变异。而有模型化基础的 CMP 模组可以测出不均匀金属填充区块，关键区域分析模组还可以针对设计布局中较有可以能产生良率毁损的区域进行分析与改进，加强设计者的可预测性。

本章参考文献

[1] Rochit Rajsuman. SoC 设计与测试[M]. 北京：北京航空航天大学出版社，2003.
[2] Nigel Horspool，Peter Gorman. ASIC 完备指南（影印版）[M]. 北京：清华大学出版社，2002.
[3] Himanshu Bhatnagar. Advanced ASIC Chip Synthesis Using Synopsys. Design Compiler. Physical Compiler and Primetime[M]. 2nd edition. Springer, 2006.
[4] David Chinnery, Kurt Keutzer. Closing the Gap Between ASIC & Custom: Tools and Techniques for High-Performance ASIC Design[M]. Springer, 2006.
[5] Raminderpal Singh. Signal Integrity Effects in Custom IC and ASIC Designs[M]. Wiley-IEEE Press, 2001.
[6] Mely Chen Chi, Shih-Hsu Huang. A reliable clock tree design methodology for ASIC designs[C]. Quality Electronic Design. March 2000: 269-274.
[7] Dirk Jansen，王丹，童如松. 电子设计自动化（EDA）手册[M]. 北京：电子工业出版社，2005.
[8] 任艳颖，王彬. IC 设计基础. 西安：西安电子科技大学出版社，2003.
[9] Min Pan, Chu C.C.N, Chang J.M. . Transition time bounded low-power clock tree construction[J]. Circuits and Systems, May 2005: 2445-2448.
[10] Wayne Wolf. Modern VLSI Design: System-on-Chip Design (3rd Edition)[M]. Addison Wesley/ Pearson, 2004.
[11] Chopra S., Rosenberg E. . An efficient method for custom integrated circuit global routing[C]. Custom Integrated Circuits Conference, May 1988. : 11.3/1-11.3/6.
[12] La Potin D.P., Director S.W. . Mason: A Global Floorplanning Approach for VLSI Design[J]. Computer-Aided Design of Integrated Circuits and Systems, October 1986: 477-489.
[13] Sait S.M., Youssef H., Tanvir S., Benten M.S.T. Timing influenced general-cell genetic floorplanner[C]. Design Automation Conference. September 1995: 135-140.
[14] Chong K., Sahni S. Optimal realizations of floorplans(VLSI layout)[J]. Computer-Aided Design of Integrated Circuits and Systems, June 1993: 793-801.
[15] Chih-Hung Lee, Chin-Hung Su, Shih-Hsu Huang, Chih-Yuan Lin, Tsai-Ming Hsieh. Floorplanning with clock tree estimation[J]. Circuits and Systems, May 2005: 6244-6247.
[16] Wakabayashi S., Iwauchi N., Kubota H. . A hierarchical standard cell placement method based on a new cluster placement mode[J]. Circuits and Systems, October 2002: 273-278.
[17] Preston White K. Jr., Trybula W.J., Athay R.N. . Design for semiconductor manufacturing[J]. Perspective, Components, Packaging, and Manufacturing Technology, January 1997 : 58-72.
[18] Riviere-Cazaux L., Lucas K., Fitch J. . Integration of design for manufacturability(DFM) practices in design flows[J]. March 2005: 102-106.
[19] Chris Cork.. Design for Manufacturing: 90-nm and Beyond[C]. SNUG，2007.
[20] 王延升，刘雷波. SoC 设计中的时钟低功耗技术[J]. 计算机工程，2009.12.

第 13 章 SoC 中数模混合信号 IP 的设计与集成

如前所述，SoC 设计主要以一个或多个微处理器等为核心，配合各种外围 IP 实现各种功能。这些功能性的外设 IP 绝大多数都是数字形式的，而需要指出的是，一个完整的 SoC 设计，通常包含了数模混合信号 IP 的设计和应用，这样才能实现完整的系统功能。在 SoC 系统集成度越来越高的今天，数模混合信号 IP 在 SoC 中的设计和应用显得越来越重要。

在本章中，将对应用于 SoC 的数模混合信号 IP 的设计与应用做一个简单的介绍，其中包括 SoC 的数模混合信号 IP 技术特点、设计流程、集成要点。

13.1 SoC 中的数模混合信号 IP

一个完整的 SoC 设计，通常包含了数模混合信号 IP 的设计和应用，其原因主要在于：

① SoC 与外界的通信通常会有读取和发出的模拟信号，如音频录制及播放。SoC 要配合这样的通信方式，必须要有一个能衔接 SoC 外部的模拟信号与内部数字信号的 IP 模块，以实现两种不同模式的信号交互。数/模（D/A）、模/数（A/D）转换器是实现上述功能的最常见 IP。

② 某些特定的要求是一般的数字 IP 无法实现的，必须进行一定的数模混合，或者模拟 IP 的设计或应用，最典型的就是 PLL。在 SoC 设计中，PLL 已不完全是简单的频率锁定和相位锁定的功能，更多的是配合外接晶振实现对 SoC 主频的倍频功能，而这样的功能是一般的数字电路或 IP 所无法具备的。

在过去的 VLSI 设计中为了避免工艺复杂性和设计难度，往往都是将相关的数模混合信号模块作为片外设备考虑，这样做虽然方便了 VLSI 设计，但实际上增加了整个开发板上系统的面积，也增加了印制电路板上寄生参数分析的复杂性，同时这在设计开发成本的控制上也不是一个明智的选择。如今，随着深亚微米工艺越来越先进，以及用户对面积、功耗等多种方面的要求越来越高，将更多的数模混合或者模拟信号模块作为 IP 集成到 SoC 成为了一种必然的趋势。

除了已经提到的 PLL、ADC、DAC，常用的集成在 SoC 中的数模混合或模拟（AMS，Analog/Mixed-Signal）IP 还包括了 USB 收发器、RF 接收端、片内可控振荡器等。它们所具有的共同特性是利用部分模拟设计，起到了一般数字电路所无法达到的功能和作用。而为了能够实现这些 IP 在 SoC 内部可控，它们也必定存在一定的数字电路部分作为逻辑控制，如总线接口电路等。此外，这些模块中还可能存在一些数字逻辑，配合模拟部分完成整个模块的功能定义，如 ADC 中的数据存储、PLL 中的可编程分频器等。可以说，数模混合信号形式的 AMS IP 是 SoC 中不可或缺的组成部分。

13.2 数模混合信号 IP 的设计流程

由于设计方法、设计工具的较大不同，在 AMS IP 的设计流程中，一般都是把数字部分（Digital Block）和模拟部分（Analog Block）在整体定义、模块划分结束以后，分别进行单独设计的，如图 13-1 所示。

其中的主要部分如下：

- 模块整体功能的定义；
- 数字和模拟部分的划分；
- 数字模块部分的设计，通常使用一般的 RTL 到 GDSII 的设计流程，可采用基于标准库单元的自上而下的集成电路设计方式。在数字部分很少或逻辑需要在晶体管级进行优化等情况，也可进行全定制数字电路设计方法；

- 模拟模块部分的设计，主要包括子模块的定义，电路结构的搭建、功能 Spice 仿真，版图的制作，生成 GDSII 文件，由于这部分工作目前没有能够实现像数字 IC 设计时综合、布局布线等 EDA 工具的高自动化和智能化特性，因此在相当程度上需要依靠模拟电路设计者和版图工程师的经验和智慧，以实现电路的功能特性和性能优化；
- 数字和模拟部分整合，主要是版图的整合；
- AMS 模块整体后仿真，主要采用晶体管级仿真方式。

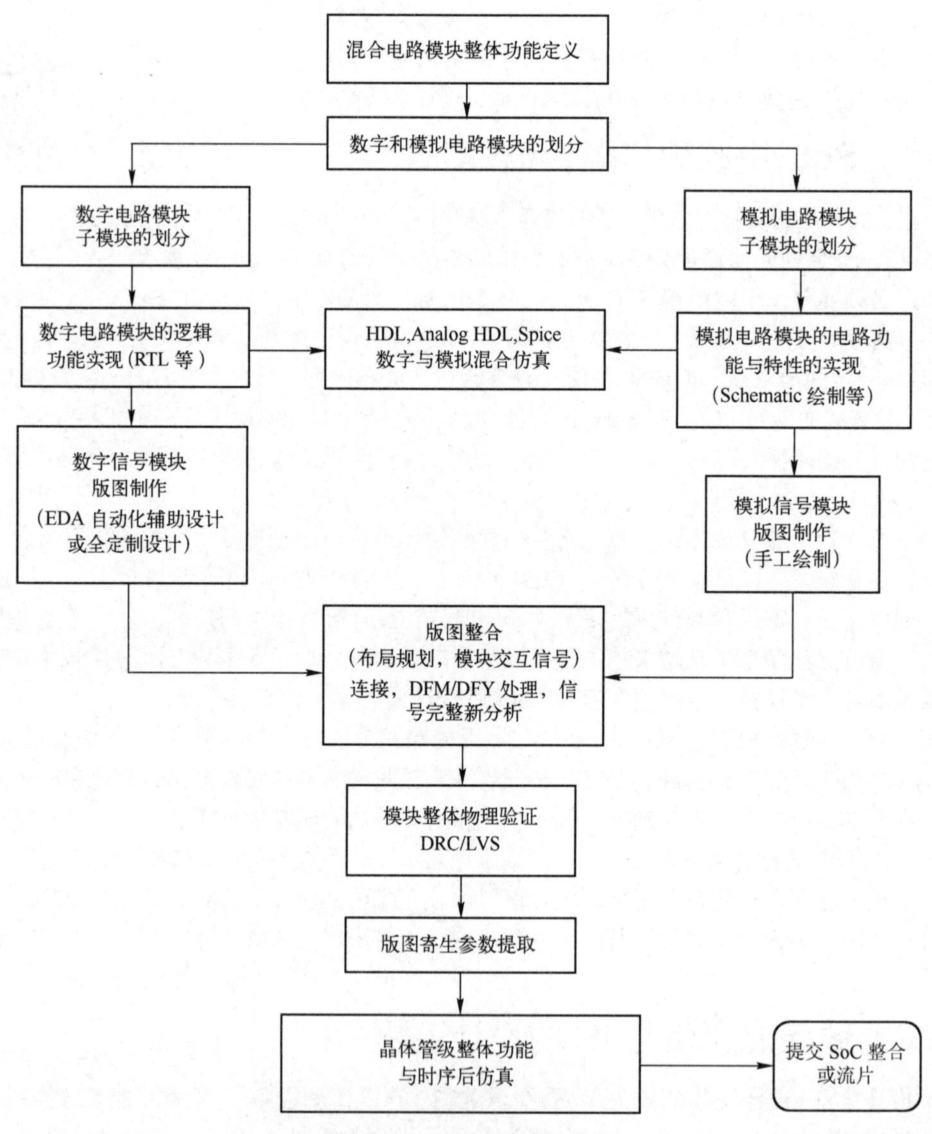

图 13-1 AMS IP 的设计流程

除了上述精确的版图信息，要将 AMS 模块作为 IP 进行复用，还需提供相应的高抽象层的仿真模型、综合时序、版图形状等硬核 IP 文件，作为 SoC 集成中所必需的要素。

13.3 基于 SoC 复用的数模混合信号（AMS）IP 包

根据图 13-1 所示的流程完成的数模混合/模拟模块的设计后，若要将该设计作为可供 SoC 复用的 IP，则需要相应地提供一些附加文件，从而形成一个全套的可复用 IP 包。

首先必须指出，AMS 模块作为 IP 复用时，必然是一个硬核 IP，其一般所需要配套的附加文件包含如下部分。

① 提供用于 SoC 集成时的 AMS IP 时序信息，即时序库文件（如.lib 和.db），包含了模块的所有端口信号（主要是数字端口信号）的时序信息，用于确保该 IP 的端口信号同系统其他模块或总线进行通信时，不会发生功能和时序错误。

② 提供用于 SoC 集成时的 AMS IP 物理信息，主要包含 IP 的版图（GDSII）或相关的物理库文件（如.plib 和.pdb）。版图文件给出 AMS IP 的完整物理信息，而物理库文件只需给出一些供 SoC 集成使用的最基本的模块物理信息，包括版图的面积大小、所占层次、端口信号的位置及该 IP 在物理设计上的某些特殊要求或限制，而不需要给出其详细的内部物理内容。

③ 提供用于 SoC 集成后物理验证时所需要的文件，主要是：

- DRC 检查时需要给出集成该 IP 时的天线规则检查文件，其包含信息为 IP 输入引脚所连接的最小晶体管栅极尺寸（若为 CMOS 工艺，则指和为最小的一对 PN 管栅极），外部连接 IP 输入引脚的可用金属层连线的最大长度，可为在 IP 外部与 IP 输出端相连的晶体管栅极提供天线效应保护的二极管尺寸（因晶体管的输出端的漏极可视为二极管提供栅极保护）；
- LVS 检查时需要给出电路图 SPICE 网表，该网表可以包含 AMS IP 内部的完整电路结构信息或者只提供端信号的 SPICE 信息。

④ 提供用于 SoC 集成后进行仿真的仿真模型，该模型不仅是用于验证接口的连接，还包括 AMS IP 与数字电路的交互功能。由于 AMS IP 包含了数字和模拟电路的设计，采用模拟行为语言（如 Verilog-A 和 VHDL-A）以及真数字模型（RNM，Real Number Modeling，如 Verilog-AMS）的建模，对于系统及 SoC 的验证是非常有效的。在大规模 SoC 整体仿真时也可以将充分验证过的 AMS IP 的功能用 HDL 语言进行描述，从而形成一个整体性的 HDL 行为描述模型。

⑤ 提供相应的可测试设计的网表或模型，用于 SoC 集成后生成芯片级测试向量。

13.4 数模混合信号（AMS）IP 的设计及集成要点

数模混合信号及模拟电路 IP 由于其特殊性，在设计中有一些要点需要引起设计者和工程师的注意。

13.4.1 接口信号

AMS IP 的接口信号主要是控制信号、数据信号和相关监测信号，根据不同的 IP 特性而定。例如，ADC 模块的接口信号主要包含了作为被监测信号的模拟电压值、调用 ADC 功能和逻辑的控制信号、ADC 转换完成后的数字输出信号等；而在 PLL 模块的接口上可以只存在控制信号和输入时钟及输出时钟信号，不存在其他任何模拟量。需要指出的是，很多 AMS IP 的控制信号，在 SoC 芯片集成时，不能直接连接到 AMS IP 中的模拟电路部分，这是由于模拟电路在器件、驱动能力、漏电流控制上的特殊要求，规定了模拟电路中的控制信号，需要利用模拟电路电源电平量来完成。特别需要注意的是，很多模拟电路的工作电压与芯片上其他数字部分的工作电压不同。这样，通常需要加电平转换电路转换成符合模拟电路设计规定的模拟控制信号。

13.4.2 模拟与数字部分的整体布局

作为硬核 IP 的设计，一般的形状都是矩形的，便于集成到 SoC 中。通常情况下 AMS IP 中模拟电路的面积总是会大于数字电路的面积。两者各自在整个 IP 中的布局方式主要是如图 13-2 所示的两种。从图中可以看出，图 13-2（a）中的数字部分占据了整个硬核 IP 的一个角的位置，而图 13-2（b）中则占据了一条边的位置。在实际的 SoC 集成中，图 13-2（a）的布局方式往往显得更加灵活，复用性强，这是因为由于数字部分的接口信号与 SoC 内部总线和内核连线时受阻塞的机会小一些，而图 13-2（b）中的数字部分由于接口信号都集中在较长的一边，当其他硬核 IP 如存储器摆放在其边上时，容易出现绕线阻塞过高的情况，从而影响到功能。这样的比较可从图13-3 中很容易地看出。

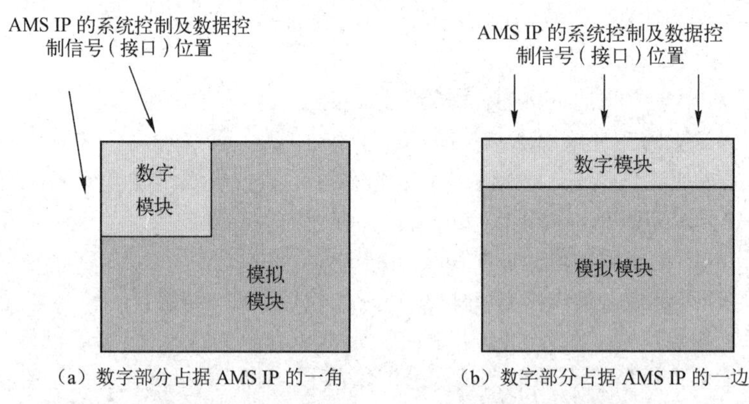

（a）数字部分占据 AMS IP 的一角 （b）数字部分占据 AMS IP 的一边

图 13-2 AMS IP 中数字电路部分和模拟电路部分的两种布局方式

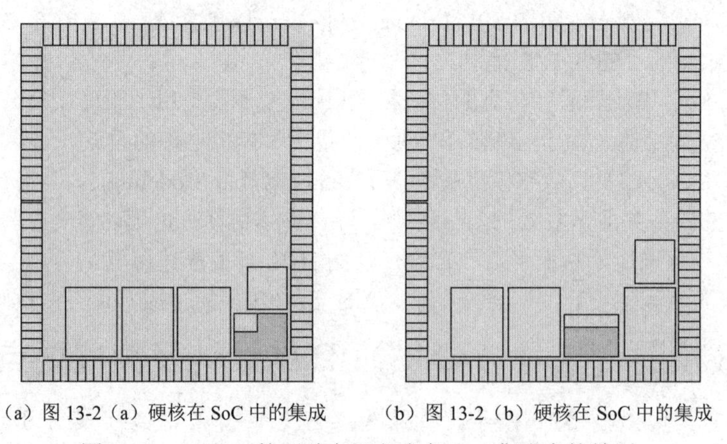

（a）图 13-2（a）硬核在 SoC 中的集成 （b）图 13-2（b）硬核在 SoC 中的集成

图 13-3 AMS IP 的两种布局方式在 SoC 集成中的差别

13.4.3 电平转换器的设计

SoC 中 AMS IP 的数字部分和模拟部分往往使用不同的电源电平值，为了实现两者之间信号的合理、无误差地传递，数字电路中的高电平值应对应到模拟电路中的高压值，即模拟电源电压值，而低电平值则应对应到模拟电路中的低压值，即模拟电源地线电压值，而实现这样的功能，需要通过一种特殊的电路——电平转换器（Level Shifter）来完成。

如果模拟部分电源电压高过数字部分电源电压，设计从模拟部分到数字部分的电平转换器电路，则可以按图 13-4（a）所示，搭建一种类似于缓冲器（Buffer）的电路，通过这种互补型结构，可以确保模拟电路中的输出高压值对应到数字逻辑电路中的高电平输入值，而低压值则对应到数字逻辑电路中的低电平输入值。相对于传统的分压式降压电路，这样的设计方式降低了静态功耗的损耗。

若需设计从数字部分到模拟部分的电平转换器电路，如果两个部分的工作电压不同，也要特别注意。当数字部分电源电压低于模拟部分电源电压，若仍按照前述的缓冲器结构进行设计则是不恰当的，这是因为数字部分反向器的高电平输出值与模拟结构中的反向器 PMOS 管的阈值较为接近，从而容易发生亚阈值效应，导致电路漏电流过大，产生过高的静态功耗使得系统性能下降。图 13-4（b）所示为一种合理的数字到模拟的电平转换器结构。可以发现，模拟部分中的 PMOS 管控制信号总是来自模拟电路自身，即只与模拟电源电平值相关，这样就避免了 PMOS 管的亚阈值效应，避免了过高漏电流的发生。

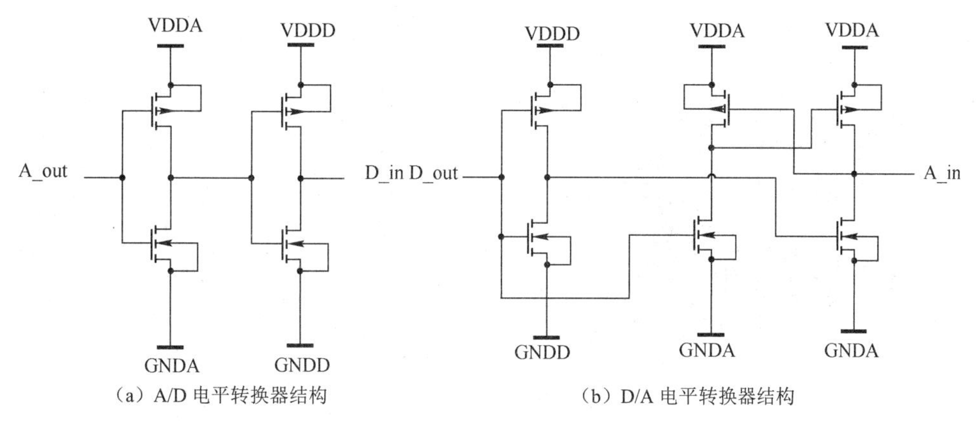

（a）A/D 电平转换器结构　　（b）D/A 电平转换器结构

图 13-4　电平转换器结构

13.4.4　电源的布局与规划

AMS IP 的数字部分和模拟部分往往使用不同的电源，两种电源的引入是通过不同的电源引脚从片外引入的。集成于 SoC 的 ADC 的电源单元布局方式实例如图 13-5 所示，ADC 的数字部分电源通过引脚 dvdd_adc_pad 和 dvss_adc_pad 引入，模拟部分电源通过引脚 avdd_adc_pad 和 avss_adc_pad 引入，这样的方式在电源引入时与芯片上其他单元的电源隔离，减少数字部分电源噪声对 AMS IP 模块的影响，从而获得较为“干净”的、专供 ADC 使用的数字和模拟电源电压。

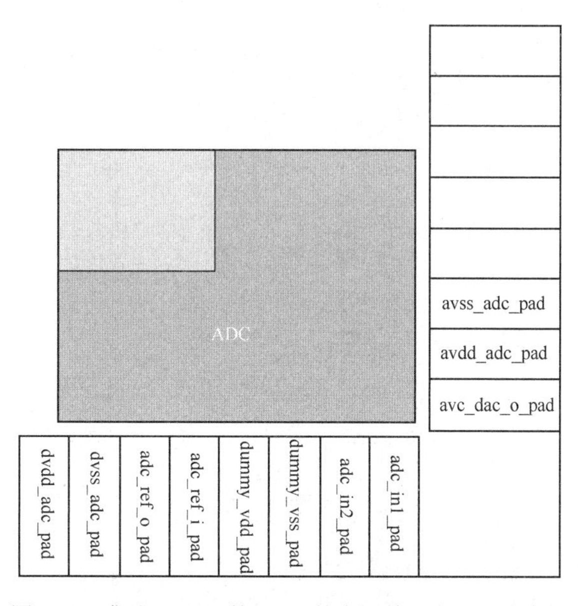

图 13-5　集成于 SoC 的 ADC 的电源单元布局方式实例

在 AMS IP 的设计中，还可根据模拟电路的设计要求，在版图设计时进行特殊的处理，来实现噪声的隔离。例如，对一些关键的、需要避免受到干扰的信号线，如果彼此布线是平行关系且相距较近，可以采用如图 13-6 所示的 Shielding 技术，在两条线之间插入一条平行的地线或电源线，实现对两条信号线的隔离，降低发生串扰的可能性。又如图 13-7 所示，在特定器件的制版中采用保护环（Guard Ring）的方法，“净化”模拟电路的电源和地，减少数字部分噪声通过公共衬底、阱对模拟电路的影响。这种方法也是最常用的在SoC版图集成时AMS IP模块与芯片上其他数字部分隔离的方法。

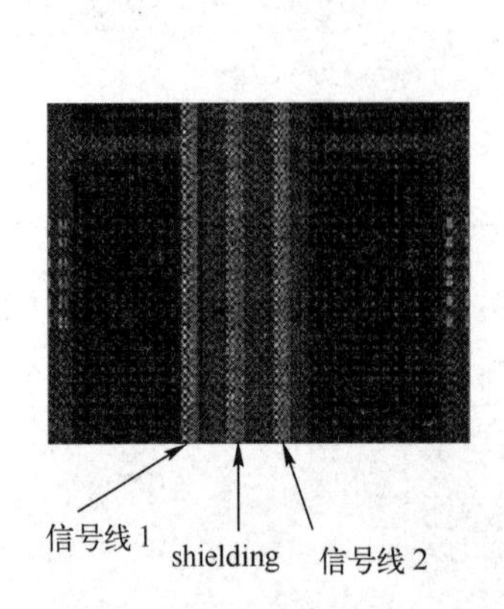

图13-6 利用Shielding技术隔离关键信号线之间的信号串扰

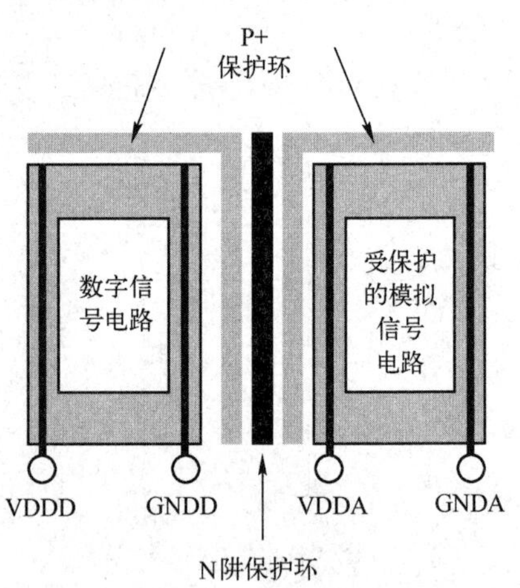

图13-7 利用保护环技术降低数字信号对模拟电路的噪声影响

13.4.5 电源/地线上跳动噪声的消除

电源/地（V_{DD}、V_{SS}）线上跳动的影响在AMS IP中是产生噪声的重要原因之一。由于数字部分和模拟部分中都存在数字电源/地线（模拟电路部分中电平转换器也存在数字电源信号），AMS IP设计中数字与模拟电源线之间的耦合效应示意图如图13-8所示，如果两者简单地连接在一起，则数字电路中的电源/地跳动会通过与模拟地线之间的耦合电容、电感影响到模拟电路的信号。由此可见，数字部分的电源/地线上的跳动必然会对模拟部分产生恶劣的噪声影响，因此需要在数字电源地线的使用和规划上做一定的消除电源/地线上的跳动影响的改动。

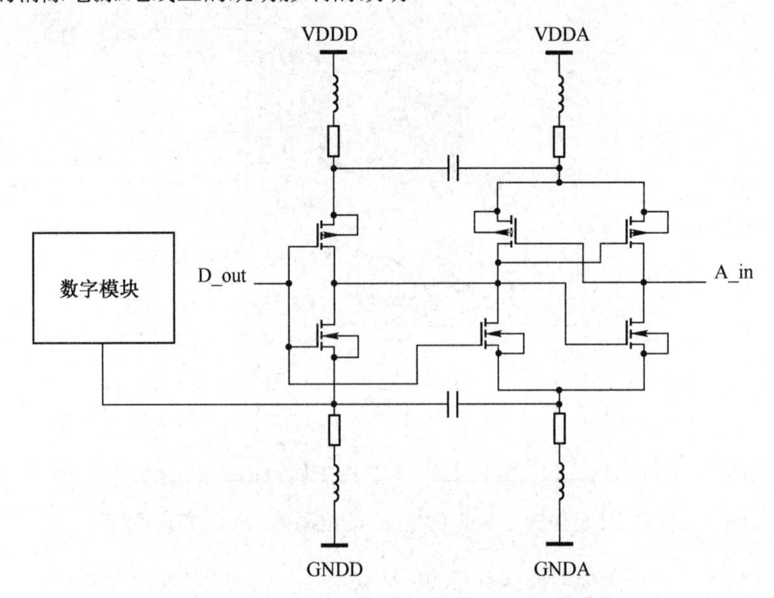

图13-8 AMS IP设计中数字与模拟电源线之间的耦合效应示意图

为了避免上述数字电源/地线上地跳动的影响，在设计中需注意：

① 确保数字部分和模拟部分中的数字电源地线处于同一电平上；

② 在AMP IP的版图设计时，在数字和模拟部分分别预留数字电源/地线的端口，在SoC集成

时，分别对两者进行导线的引出，如果没有足够的电源/地引脚，在各自布线较长距离以后，再将其连接到同一个电源/地引脚上，从而使得地线上跳动的影响在长导线上尽量受到损耗，降低数字电源/地线跳动在 AMS IP 中对模拟部分的影响。

本章参考文献

[1] Rochit Rajsuman. SoC 设计与测试[M]. 北京：北京航空航天大学出版社，2003.

[2] Henry Chang, Lerry Cooke, Merrill Hunt, Grant Martin, Andrew McNelly, Lee Todd. Surviving the SoC Revolution: A Guide to Platform-Based Design[M]. Kluwer Academic Publishers, 1999.

[3] 王少卿，徐其迎. 数模混合电路中的“地跳动”问题研究[J]. 电子与封装，2004.6.

[4] 许志贤. Mixed-Signal IC Design Kit[M]. CIC, 2003.

[5] Jess Chen, Michael Henrie, Monte F. Mar, Ph.D., Mladen Nizic, Mixed-Signal Methodology Guide: Advanced Methodology for AMS IP and SoC Design [C], Verification and Implementation, Cadence Design systems, Inc. 2012.8.

第 14 章　I/O 环的设计和芯片封装

芯片通过封装实现与外部设备的电信号及物理连接，消除噪声、热隔离、静电保护（ESD）和机械保护等功能。在一块芯片上，通过 I/O（Input/Output）单元与焊盘（Bounding Pad）连接。

图 14-1 所示为典型的芯片封装及 I/O 单元在芯片中通常的位置的实例。随着芯片尺寸、速度及复杂度的增加，以及供电电压的减小，I/O 设计和芯片封装面临着巨大的挑战。

本章将概括介绍 I/O 环的设计技术和芯片封装知识，包括 I/O 单元的分类、噪声的影响与消除、ESD 保护技术、SoC 芯片封装等。

图 14-1　典型的芯片封装及 I/O 单元的摆放位置

14.1　I/O 单元介绍

在一块 SoC 芯片中，I/O 单元主要起到驱动大的负载、电压转换、消除噪声和 ESD 保护等功能。按其特性可以分为以下几类。

① 电源单元：电源 I/O 单元从芯片外部为片内每一个元器件（如标准单元、模拟电路、存储器及其他的 I/O 单元）提供电源，应具有承载大电流的能力。

② 模拟 I/O 单元：专门为模拟模块的接口单元。要求压降低，保证模拟电压的稳定和精度。

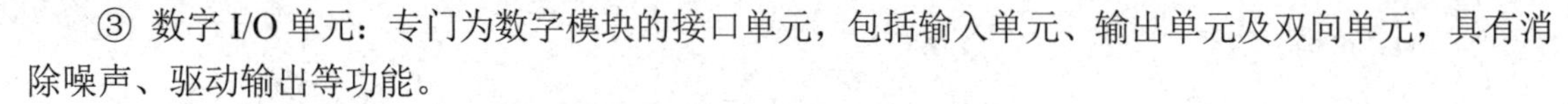

③ 数字 I/O 单元：专门为数字模块的接口单元，包括输入单元、输出单元及双向单元，具有消除噪声、驱动输出等功能。

④ 特殊功能 I/O 单元：如 SSTL、HSTL、PCI、LVDS、GTL。

在 I/O 单元中通常有输入驱动电路、输出驱动电路、电平转换电路和 ESD 保护电路。有的 I/O 单元的版图还将 I/O 焊盘部分包括在内。

14.2　高速 I/O 的噪声影响

一个输出 I/O 单元上的负载可以用传输线模型表示。当 I/O 上的信号高速翻转的时候，在这些等效电感、电容上传输信号的反射造成的信号的波动，不仅会对这个 I/O 本身的输出信号产生影响，还会在电源线和地线上产生噪声。输出 I/O 单元上的噪声源如图 14-2 所示，任何一个 I/O 上的信号因噪声产生的影响都可能通过共同的电源线和地线传递到其他的 I/O 上去，影响输出信号的正确性。

I/O 单元上的噪声对电路的影响大致可以归为以下 3 类。

① 噪声会导致信号电平的不稳定，甚至导致逻辑电路的误翻转，使逻辑功能紊乱，同时增大了芯片的功耗。

② 噪声使得电源上下波动，电源的不稳定也会导致电路的误翻转或不翻转。

③ 电磁干扰引起的噪声对射频信号的影响非常大，如图 14-3 所示，线间的寄生电容和电感产生的电磁干扰使信号之间互相影响，从而导致信号的传送错误。

因此，去除 I/O 单元上的噪声影响非常的重要，通常采用以下办法来去除噪声。

① 使用控制信号翻转速度（Slew Rate Control）的输出单元，减小信号的高频分量。但应注意的是，控制信号翻转速度的输出单元可能对信号的驱动能力减小，而使其抗噪声的能力下降。

② 尽可能多地添加电源 I/O 单元，特别是快速 I/O 单元之间可利用电源 I/O 单元来减小 I/O 之间的相互影响。

③ 合理安排 I/O 在片上摆放的顺序，尽量避免 I/O 同时翻转的情况。

④ 将不同的电压域用电源隔离单元隔开，根据功能可以分成：模拟 I/O、数字快速 I/O、数字慢速 I/O 等。

⑤ 在 I/O 单元间隙添加退耦电容作为填充。

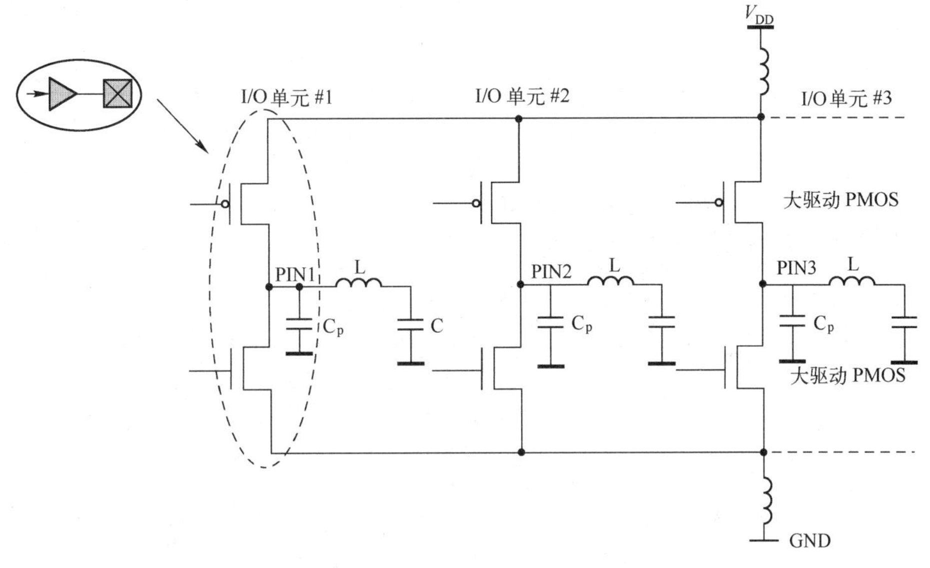

图 14-2　输出 I/O 单元上的噪声源

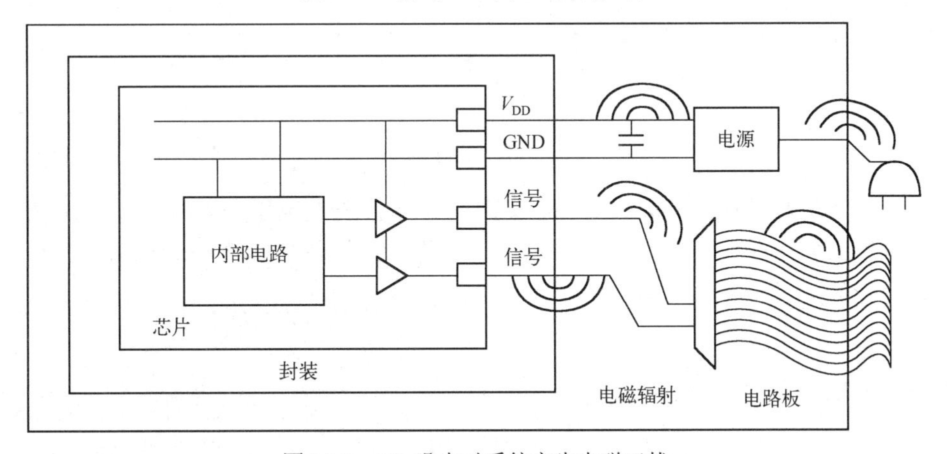

图 14-3　I/O 噪声对系统产生电磁干扰

14.3　静电保护

静电冲击（ESD，Electrostatic Discharge）是影响芯片可靠性的主要问题。通常，在总的损坏芯片中，有 1/3 左右的芯片损坏是由于 ESD 冲击和电过应力（EOS，Electrical Over Stress）造成的。芯片受到 ESD 冲击，可能发生在芯片的制造时，封装时，测试时或者与人或机器接触时。随着深亚微米及纳米级 IC 工艺的发展 ESD 冲击的破坏力日益增强。

芯片上的 ESD 保护电路是设计在 I/O 单元里，并通过 I/O 环的设计形成 ESD 保护网。它通过分流或钳位电路将引脚上的电荷积累通过放电回路转移，起到保护芯片引脚上电路的作用。芯片在量产前要经过 ESD 测试来检测芯片的 ESD 保护能力。

14.3.1　ESD 的模型及相应的测试方法

国际联合组织 JEDEC 提供了 3 种 ESD 标准模型用以检测芯片的 ESD 保护能力：人体模型（HBM）、机械模型（MM）和器件负荷模型（CDM）。这 3 种模型对产品的要求如表 14-1 所示。

表 14-1　3 种 ESD 模型

人体模型	机械模型	器件负荷模型	性能评估
2000V	200V	1000V	满足条件
10000V	1000V	2000V	非常好

人体模型模拟人体接触芯片引脚产生的高压，如图 14-4 所示。人体通常带有很大的电荷容量，接触金属引脚时，在引脚上造成高电压，如果没有 ESD 保护电路，当静电电压超过芯片所能承受的最大电压的时候，就会发生电路击穿，导致芯片烧毁。

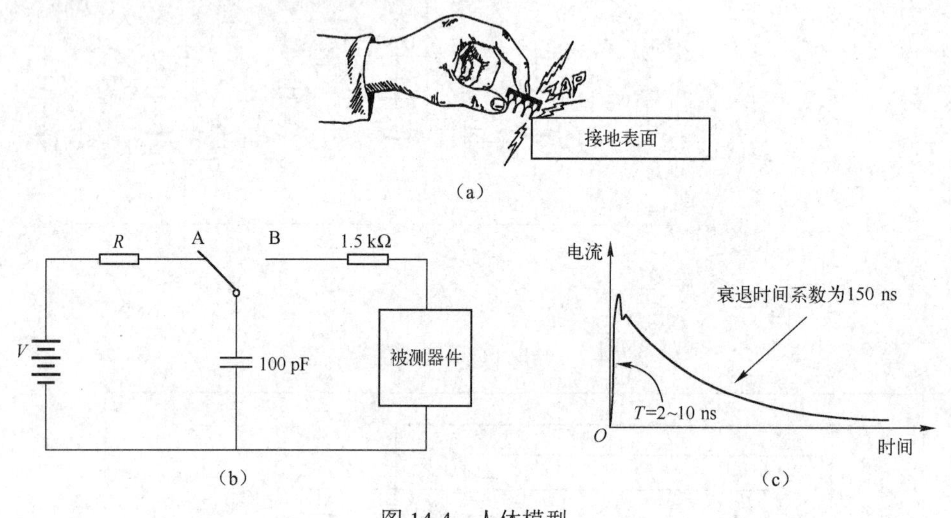

图 14-4　人体模型

如图 14-5 所示，机械模型模拟芯片与机械接触时产生的静电电压。例如，芯片测试时测试机会在芯片引脚上产生很高的静电荷电压。这种模型会提供一个承载大电流的保护电路，将静电荷导出。

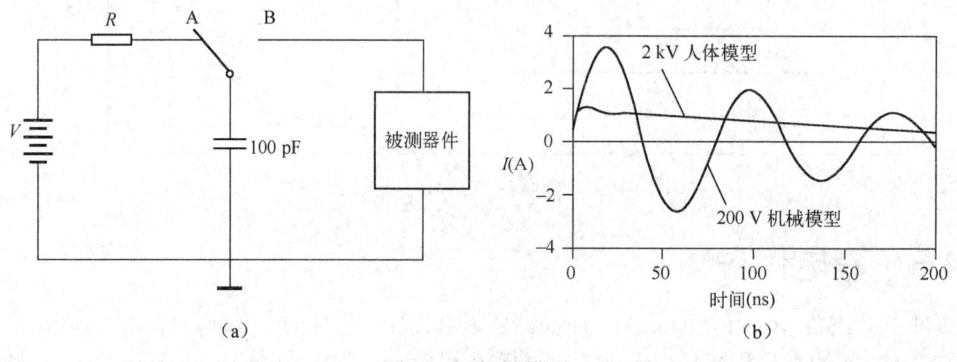

图 14-5　机械模型

器件负荷模型是指芯片内部积聚静电荷，如图 14-6 所示。芯片在运输过程中因为与其他物质的摩擦也会在芯片引脚上积累很强的静电荷，这些电荷在外界没有任何的放电通路，在芯片内部产生的电流最大，对芯片的损伤也是最厉害的。

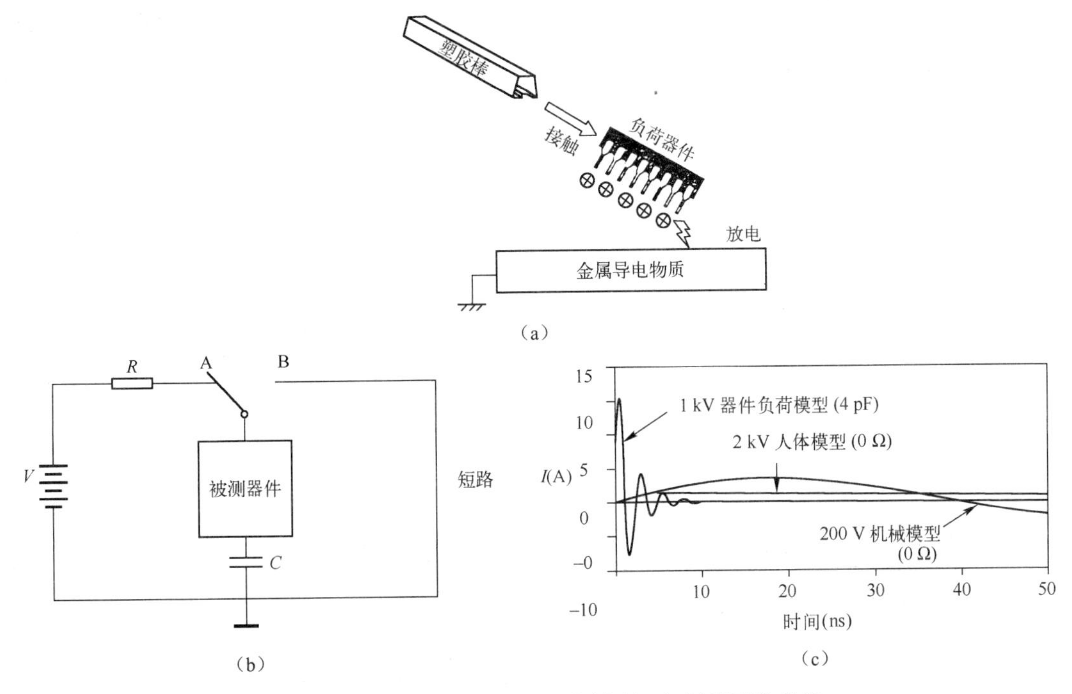

图 14-6　器件负荷模型及与人体模型、机械模型的比较

根据不同芯片 ESD 模型的影响，可以使用不同的方法测试芯片的 ESD 承受能力。对芯片进行 ESD 测试时，通常要对任意两个引脚进行 ESD 测试。以下是几种典型的情况。

（1）I/O 单元与电源或地之间的测试

在电源或地与普通引脚之间分别加正高压和负高压，测试两者之间所能承载的 ESD 电压，如图 14-7 所示。测试时，每一个功能引脚与电源或地之间都需要加 ESD 电压检测。

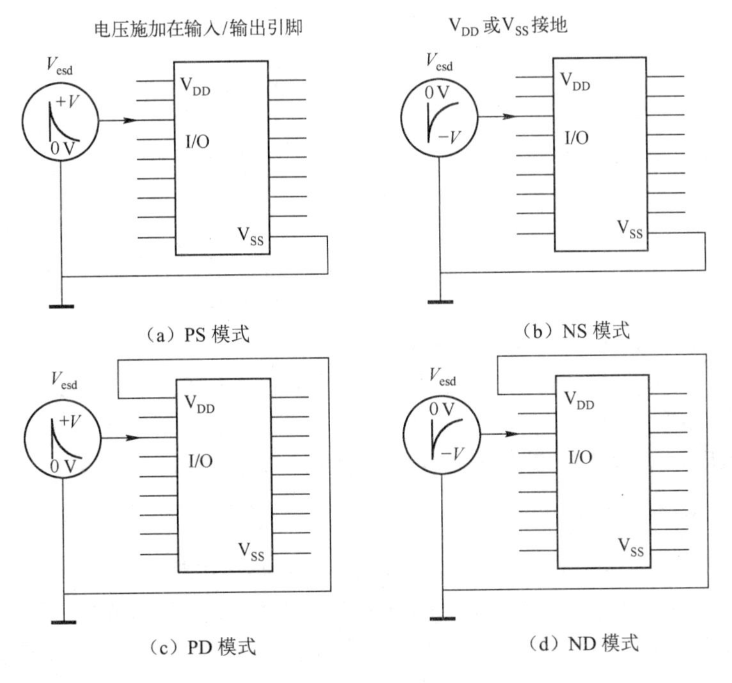

图 14-7　I/O 单元与电源或地之间的测试

（2）电源与地之间的测试

在电源与地之间分别加正高压和负高压，测试两者之间所能承载的ESD电压，如图14-8所示。

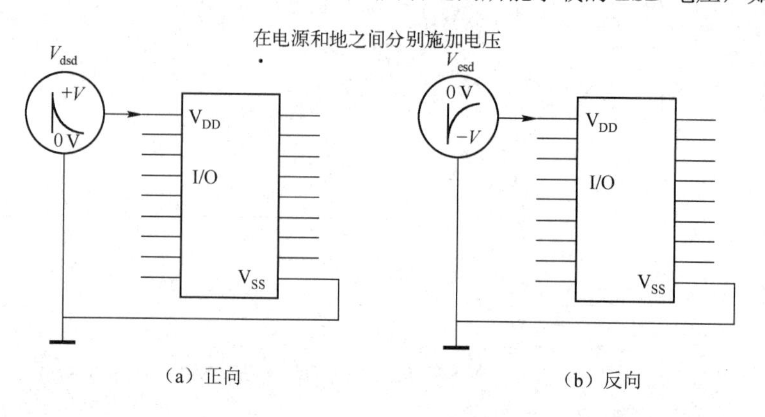

（a）正向　　（b）反向

图14-8　电源与地之间的测试

（3）I/O单元之间的测试

功能引脚两两之间也要进行ESD测试，如图14-9所示。测试时，需要保证功能引脚之间不会因为过高正电压或负电压而引起电路烧毁。

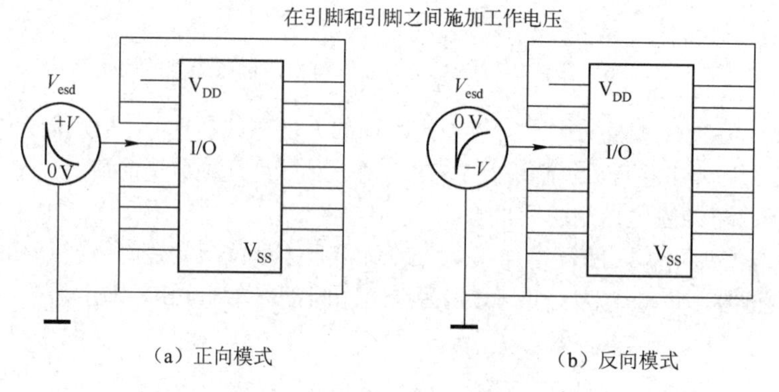

（a）正向模式　　（b）反向模式

图14-9　I/O单元之间的测试

14.3.2　ESD保护电路的设计

ESD保护电路设计的目的是为ESD大电流提供一个放电通路，避免其损伤内部电路。ESD保护电路就是要在芯片上任意两个引脚之间提供一个低阻抗的ESD通路。ESD保护电路的设计可以分成输入单元ESD保护、输出单元ESD保护、电源到地的ESD保护和ESD保护网络。图14-10标示出了各种ESD保护电路在I/O电路中所处的位置。

需要指出的是，ESD保护电路的设计应与IC制造工艺紧密结合，与ESD保护电路的版图设计相关。可用TCAD工具进行仿真。

下面对几种常用CMOS工艺设计的ESD保护电路的原理分别进行描述。

1. 输入单元ESD保护电路

图14-11所示为两种ESD输入保护电路的典型设计思路，在输入I/O单元和内部电路之间加入了反向二极管或CMOS管及电阻缓冲器，当输入电压过高时，输入I/O单元和V_{DD}脚之间的二极管导通，电压通过放电通路降低到正常电压范围。当I/O单元电压过低时，I/O单元和V_{SS}脚之间的二极管导通，电压通过放电通路提高到正常电压范围。

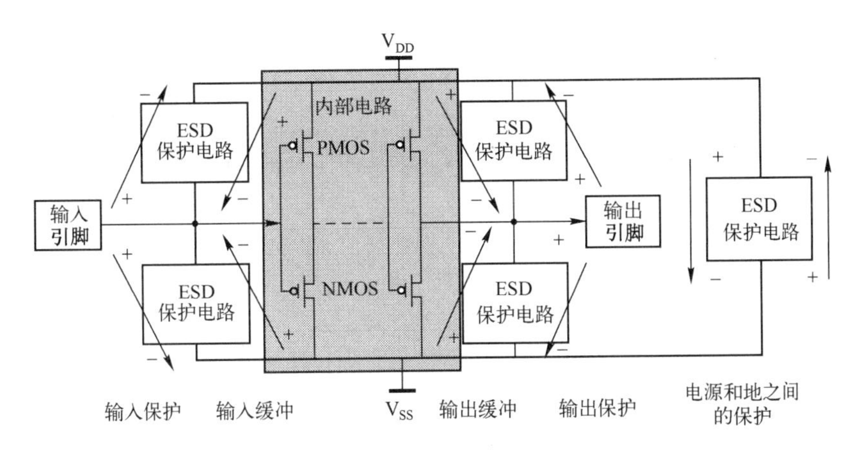

图 14-10　ESD 保护电路在 I/O 电路中所处位置

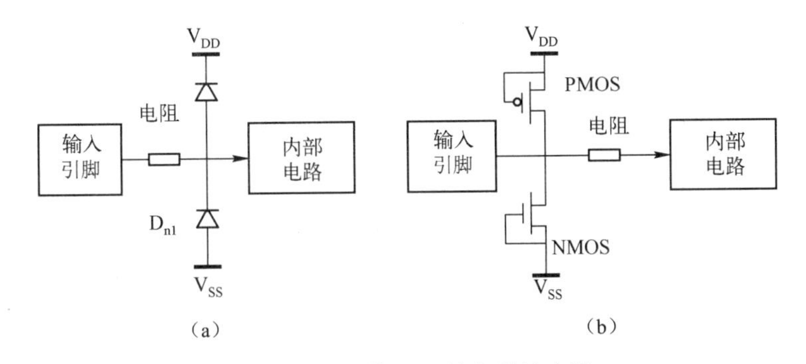

图 14-11　两种 ESD 输入保护电路

输入电阻在这里起两个作用，一是限制电流进入内部电路，二是抵挡一部分的 ESD 电压，保护内部电路不被强大的 ESD 冲击所损坏。

2．输出单元 ESD 保护电路

输出保护电路的结构与输入保护电路类似，同样为了保护内部电路不受 I/O 单元上过高电压的损伤，在内部电路和 I/O 单元之间加反向二极管或 CMOS 管，当 I/O 单元电压过高时，输出 I/O 单元和 V_{DD} 脚之间的二极管导通，电压通过放电通路降低到正常电压范围。当 I/O 单元电压过低时，输出 I/O 单元和 V_{SS} 脚之间的二极管导通，上电压通过放电通路提高到正常电压范围，如图 14-12 所示。

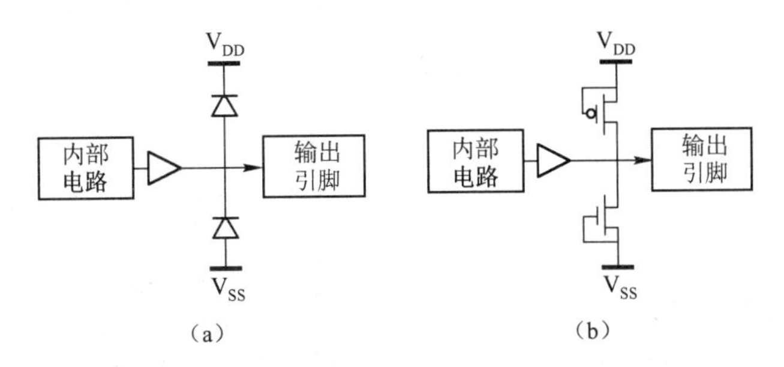

图 14-12　两种输出 I/O 单元上的 ESD 保护电路

3．电源和地之间的 ESD 保护电路

在电源线和地线之间需要加入 ESD 保护电路，通常叫作电源钳制电路（Power Clamp）。通常由大尺寸的 MOS 管与 RC 电路组成，如图 14-13 所示。若电源线电压快速升高的时候，大 MOS 管会导通，很快分流，将电源线上电压降低到正常范围。

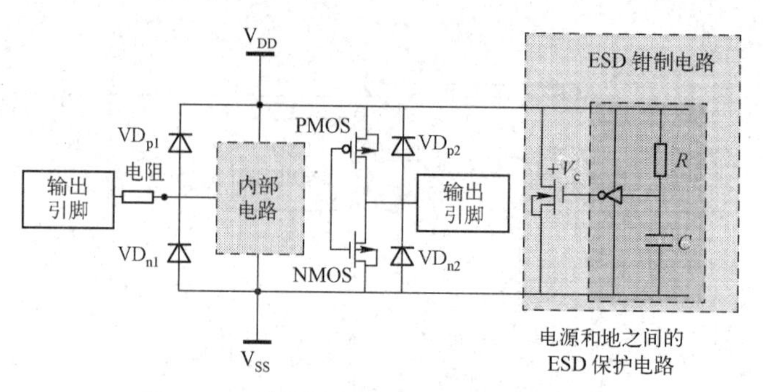

图 14-13 电源和地之间的 ESD 保护电路

4．ESD 保护网络

对于一个有多种电压的芯片，通常不同的电源提供给芯片的不同部分。例如，I/O 单元电源电压 V_{DD2} 为 3.3V，而标准单元电源电压 V_{DD1} 为 1.8V，模拟电路模块通常又有自己的电源。在这样的设计中，在不同电压和不同电路的电源之间也要加入 ESD 保护电路，使电源之间、电源和地之间及地与地之间都存在放电回路，形成 ESD 的保护网络，如图 14-14 所示。

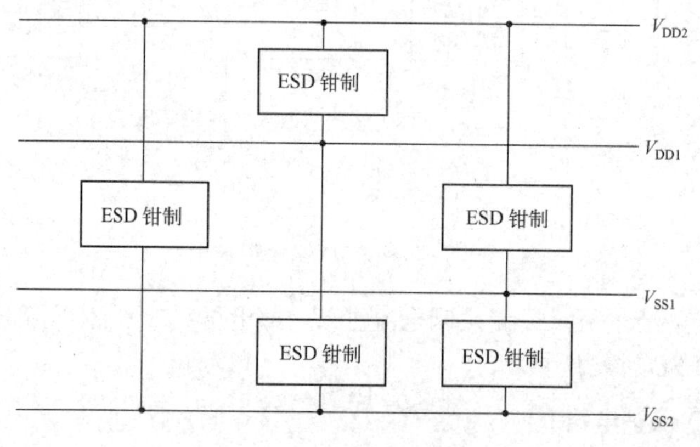

图 14-14 ESD 保护网络

一般，在 I/O 单元摆放的时候，不同电压域的 I/O 单元要分开摆放，通常要在不同的电压域之间插入电源隔离单元。图 14-15 所示的例子为在电源隔离单元中不同电压域之间地线上的 ESD 保护电路结构示意图。这种电源隔离单元当遇到大的 ESD 时两组电源之间就会形成通路，可有效地将电荷转移。

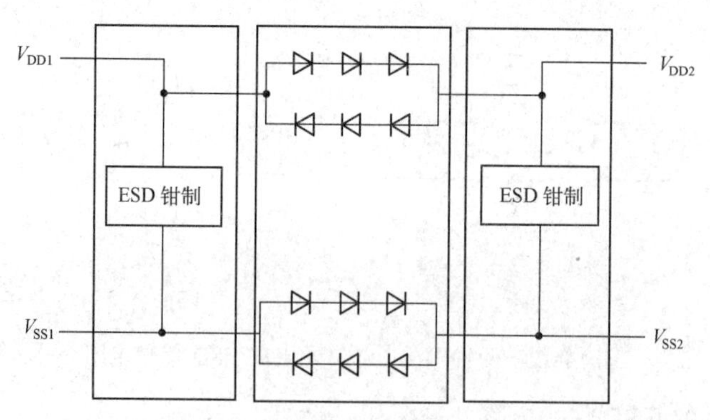

图 14-15 不同电压域之间的 ESD 保护电路结构示意图

基于以上的 ESD 保护电路设计思想，可以看出 ESD 保护电路在 I/O 设计中非常重要。它可以给 I/O 提供有效的放电回路来旁路因外部电荷积累造成的高电压大电流。ESD 保护电路在电路正常工作时处于非激活状态，同时因为 ESD 电路都设计在 I/O 的外围，不会造成 I/O 信号传输的延迟。从版图设计角度来看，ESD 保护电路的设计应考虑到占用的面积小，并且不需要添加额外的工艺步骤，不会造成芯片设计的任何负担，同时要保护 ESD 电路自身不被击穿。ESD 保护电路的版图设计是要和芯片制造工艺紧密相关的。通常是用特定的规则设计的。

14.4　I/O 环的设计

标准 I/O 单元的版图与标准数字单元的版图设计一样，所有的 I/O 单元都具有相同的高度，相同的电源布线。这样也很容易把它们连成环，即所谓的 I/O 环（I/O Ring），形成供电网络及 ESD 保护网络。

I/O 环的设计是芯片设计的一个重要部分。每个芯片的引脚数量不同，电路的种类不同，但 I/O 环的设计原则大体一致。那就是要考虑对芯片的尺寸及封装的影响,对噪声的影响,以及对 ESD 保护的影响。

14.4.1　考虑对芯片的尺寸的影响

在版图规划时，可能出现两种极端情况：一种是芯片的面积主要是由 I/O 单元的数量决定的（Pad-Limited），另一种是芯片的面积主要是由内核面积决定的（Core-Limited），如图 14-16 所示。

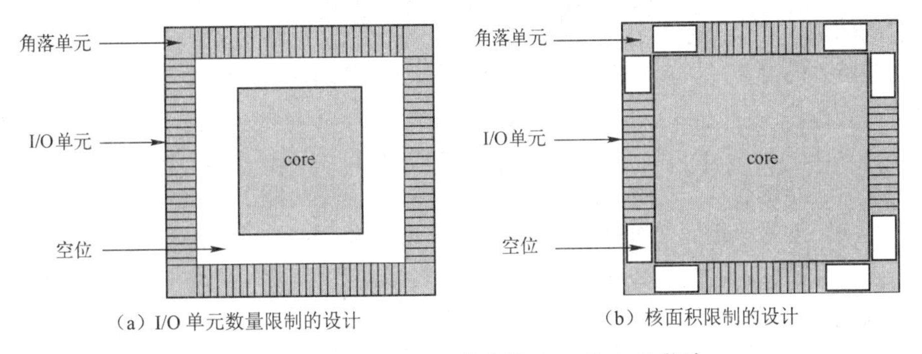

图 14-16　Pad-Limited 芯片和 Core-limited 芯片

为了减少芯片的面积，对于由 I/O 单元决定面积的芯片，这些 I/O 单元可以一个紧挨着一个地摆到一起。如果是由 I/O 焊盘的面积决定的，可以交错 I/O 焊盘部分，焊盘的不同摆放方式如图 14-17 所示，分两层错开来摆放（Staggered Bonding）。而对于由内核决定面积的芯片，I/O 单元之间可以插入很多的填充单元（Filler Cell）。填充单元的基本作用是把相邻的两个 I/O 单元的电源线连接在一起。也可以加入一些具有去耦电容和 ESD 保护的电源单元来提高整个芯片的性能。对于 65nm 以下的工艺，去耦电容和 ESD 保护单元的漏电问题应该加以考虑。

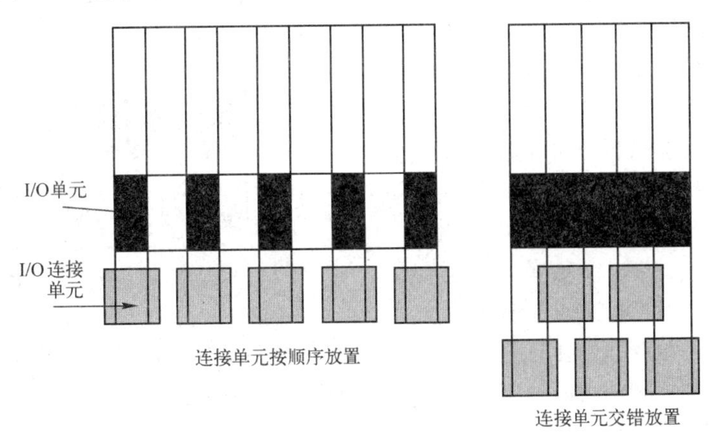

图 14-17　焊盘的不同摆放方式

14.4.2 考虑对芯片封装的影响

对于一般的封装，I/O 单元和芯片引脚之间是通过引线来连接，当芯片被封装好之后，与外界的唯一通信渠道就是芯片的引脚。图 14-18 所示为焊盘到芯片引脚的不同连接方式。焊盘在芯片上摆放时必须严格遵守焊盘的设计规则。封装厂根据封装机器的性能制定焊盘的最小面积及焊盘与焊盘之间的最小间距等规则。当芯片的封装规格和封装厂家确定后，应该根据封装厂给出的封装规则摆放焊盘及 I/O 单元。

按顺序放置
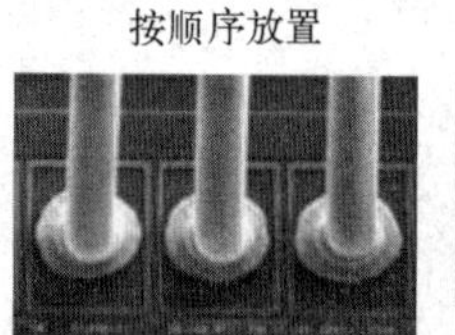
两排交错放置
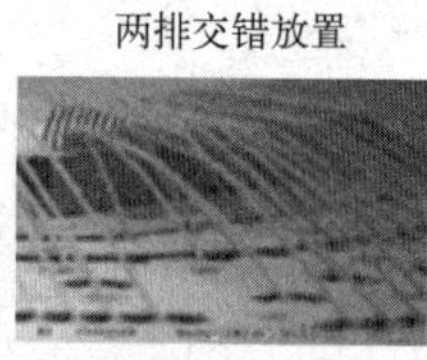
多层交错放置
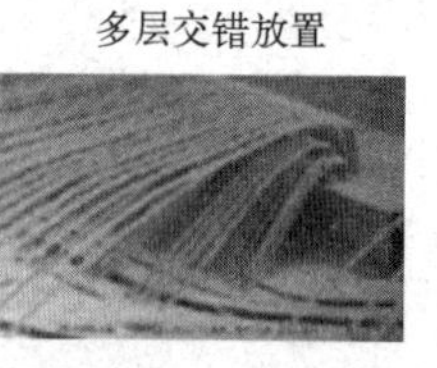

图 14-18　焊盘和芯片引脚之间的连接方式

通常，两个焊盘之间的最小距离是由封装规则决定的。放在角落附近的焊盘的间距应该比放在中间的焊盘的间距大，以保证在封装时不会导致连接线之间的短路。

对于一些特殊的封装，如多芯片封装（MCP），I/O 单元的摆放还应该考虑到芯片与芯片甚至整个系统引线的布局。

在早期的设计中，I/O 单元基本都是摆放在芯片周围的，近几年倒置（Flip-Chip）封装技术开始被广泛使用。就其结构而言，是将芯片倒置后连接至基板或导线架。因此，在封装过程中，不再需要通过打线连接，而是采用焊料进行直接连接。基于以上结构特点，在进行芯片设计时，I/O 单元可放置在芯片的核内区域，而不必局限在芯片的四周，这就使得芯片尺寸得以缩小，并能够根据电路设计进行灵活的调整。

对设计倒置封装而言，其 I/O 单元的放置将成为设计中的难点。在倒置封装的设计方法学中，I/O 可分为边界 I/O（Peripheral I/O）和核内 I/O（Area I/O），与一般封装所采用的 I/O 不同，用于倒置封装的 I/O 没有焊盘（Bonding Pad），取而代之的是 I/O 触点（I/O Bump），该触点位于芯片顶层，可以与 I/O 单元的驱动部分分开，从而方便了设计者摆放。另外，由于版图的四周上不再有“巨大”的焊盘，芯片的面积也将随之而减少。图 14-19 所示为触点阵列示意图，黑色表示电源单元对应的触点，灰色表示接地单元对应的触点，白色表示 I/O 信号单元对应的触点。这些触点阵列位于设计的顶层，在设计阶段需要将触点和对应的 I/O 单元信号相连接，而这些触点将在芯片制造后直接与焊料连接。从图中可以看出，I/O 单元逻辑电路和驱动部分可以放置在芯片内的区域，电源及一些硬核的引出端不必连接到芯片的四周，而是可以直接连接到邻近的 I/O 触点。

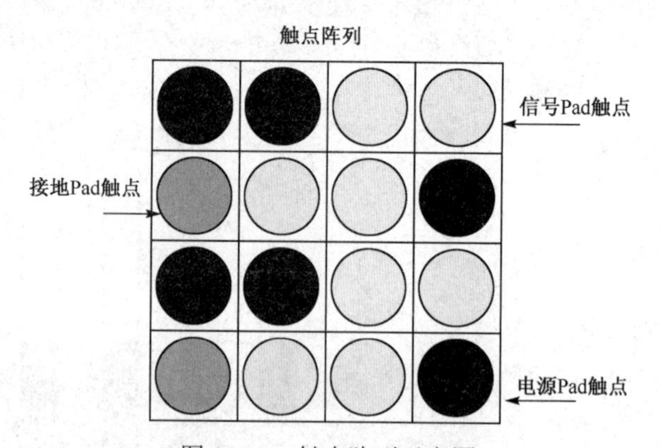

图 14-19　触点阵列示意图

在倒置封装的设计中，需要读入各类 I/O 触点的物理信息，然后通过 EDA 工具生成顶层的触点阵列。通常，触点阵列会覆盖整个芯片，设计者随后要做的就是定义 I/O 触点的放置位置，最后是将各类 I/O 触点和驱动部分相连。通常，在芯片正常的布局布线外，会在顶层多一层触点阵列，用来摆放电源及信号触点。因此，除触点摆放外，设计中还需要考虑 I/O 的驱动部分、电源走线、信号走线及 ESD 单元等因素。

① 布线问题：顶层布线需要额外的布线层次，可以通过触点的放置来改善布线，建议这一工作在 I/O 触点放置完毕后即可进行。

② 信号完整性和时序问题：由于 I/O 信号的布线比一般信号线宽，因此其对于一般信号线的耦合现象更加突出。为了避免这一问题，在额外层之下层次的走线需要特别注意。

14.4.3　考虑对噪声的影响

在引脚数量受到限制的设计中，可以通过将两套电源（VDD）或地（VSS）的 I/O 单元并连到一起的方式，增加电源的驱动能力及抗噪声能力，这种方式称为双焊盘（Double Bonding）的方式。双焊盘的连接方式如图 14-20 所示，将两个“电源”或两个“地”连到同一个 PIN 脚上，不仅提高了电流的驱动的能力，同时也提高了抗噪声的能力。

图 14-21 所示为一个 I/O 单元在 I/O 环上的摆放示例。根据 I/O 电源电压和信号频率的不同将 I/O 分成不同的组，每一组摆放在一起，组间用电源隔离单元隔开，不同电压域之间的信号就不会相互影响。

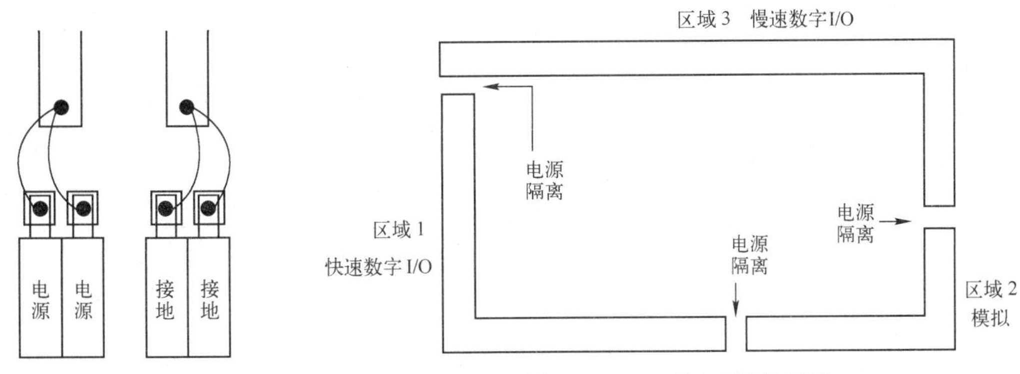

图 14-20　双焊盘的连接方式

图 14-21　I/O 环上的摆放示例

对于倒置封装这种封装方式，由于芯片中心区域可以摆放大量的电源触点，而这些电源触点的下方就是电源布线。这将改善整个版图上的电源布线，不仅有利于降低电源之间噪声的影响，也改善了整个芯片的功耗特性。图 14-22 是一块倒置封装芯片的版图例子。从显示的上层金属层的版图上可以看出，版图的中间均为电源布线。I/O 信号从四周的 I/O 单元的信号线连接到触点开窗层。图 14-23 是这颗芯片版图中的触点开窗层。在封装过程中，触点开窗将与电源触点连接。从图 14-23 可以看到版图的中间有大量的电源触点开窗。

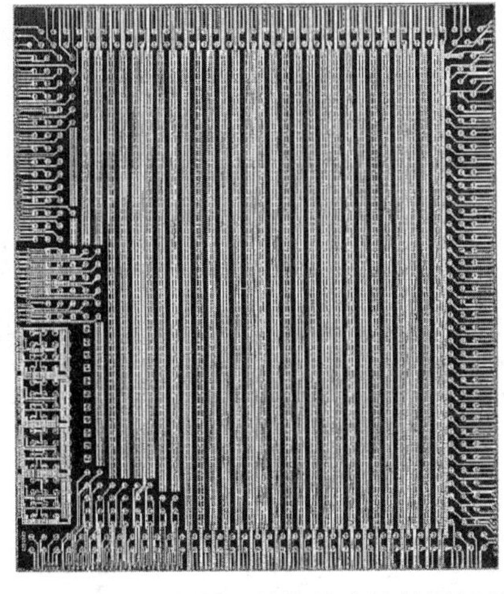

图 14-22　一块倒置封装芯片的版图例子

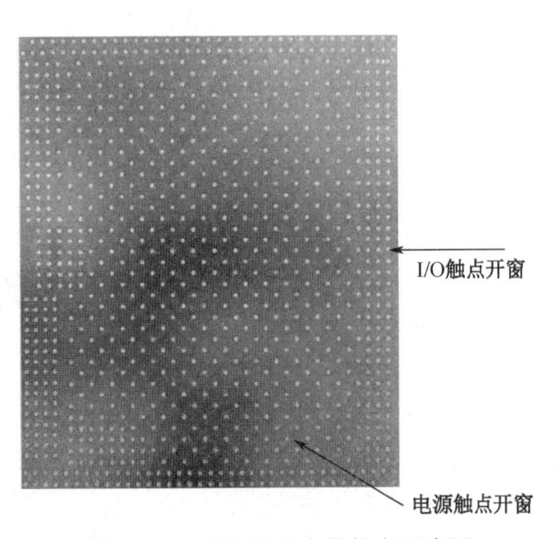

图 14-23　芯片版图中的触点开窗层

14.4.4 考虑对芯片 ESD 的影响

如前所述，在芯片上要形成 ESD 保护网，使任意两个引脚之间形成 ESD 保护通路。芯片上的 I/O 环的设计使得 ESD 保护架构形成网。这里不再赘述。

14.5 SoC 芯片封装

由于 SoC 复杂的系统功能，通常需要外接高速存储器及拥有大量的外设接口。此外，随着网络与通信技术的普及，SoC 实现这类系统中也会包括模拟/RF 器件，无源器件、电源管理器件、传感器、生物芯片等。如何选择合适的 SoC 封装形式，关系到产品的成功。

14.5.1 芯片封装的功能

芯片封装通常有以下几种功能。

（1）电源分配、信号分配

封装首先是提供芯片上的电源引脚与外部的电源连接，使芯片上的电路得以供电。其次，封装的不同部位所需的电源有所不同。要能将不同部位的电源分配恰当，以减少电源的不必要损耗。这在多层布线基板上尤为重要。同时还要考虑接地线的分配问题。

封装为信号传输提供有效的途径。为使电信号延迟尽可能减小，在布线时应尽可能使信号线与芯片的互连路径及通过封装的 I/O 引出的路径达到最短。对于高频信号，还应考虑信号间的串扰，以进行合理的信号分配。

（2）散热通道

各种封装都要考虑器件长期工作时如何将聚集的热量散出的问题。不同的封装结构和材料具有不同的散热效果，对于功耗大的芯片封装，还应考虑附加热层或使用强制风冷、水冷方式，以保证系统在使用温度要求的范围内能正常工作。

（3）固定支撑和环境保护

半导体器件和电路的许多参数，如击穿电压、反向电流、电流放大系数、噪声等，以及器件的稳定性、可靠性都直接与半导体表面的状态密切相关。半导体器件和电路制造过程中的许多工艺措施也是针对半导体表面问题的。半导体制造出来后，在没有将其封装之前，始终都处于周围环境的威胁之中。封装可以为芯片和其他部件提供牢固可靠的机械支撑，并能适应各种工作环境和条件的变化。

14.5.2 芯片封装的发展趋势

各个不同的时期对应着各类不同的封装形式。20 世纪 50 年代是 TO（Transistor Outline，晶体管外壳）型封装，70 年代是 DIP（Double In-line Package，双列直插式引脚封装）的时代，80 年代是 QFP（Quad Flat Package，四边引脚扁平封装）的时代，而 90 年代后则是 BGA（Ball Grid Array，焊球阵列）的时代。20 世纪最后 20 年，随着微电子、光电子工业的巨变，为封装技术的发展创造了许多机遇和挑战，各种先进的封装技术不断涌现，如 BGA、CSP（Chip Scale Package，芯片尺寸封装）。近年来，多芯片封装（MCP，Multi-Chip Package）、系统级封装（SiP，System in Package）的出现成为解决 SoC 瓶颈的最好方法。与在一块电路板上采用多个芯片的系统设计相比，SiP 封装实现的方案具有尺寸更小的特点，还可以减少或消除客户对高速电路的要求，产生的电磁干扰（EMI）的噪声也更小。目前，SiP 封装的芯片在手机产品中应用的最广。随着不断提供满足客户需求的产品的驱动，SiP 封装的芯片会在更多领域得到应用。

设计者在选择封装形式的时候，通常会考虑价格、面积、速度、噪声、散热等性能，封装技术也围绕着这几方面在不断发展。图 14-24 说明了封装技术的发展，其满足的时钟运行频率越来越高，封装引脚数目也越来越多。

当前封装技术的发展趋势概括起来有以下特点：

- 高密度和高 I/O 引脚数；
- 引脚由 4 边引出向面阵列排列发展；
- 具有更高的电性能和热性能；
- 更轻、更薄、更小，可靠性更高；
- 多芯片封装（MCP、SiP）。

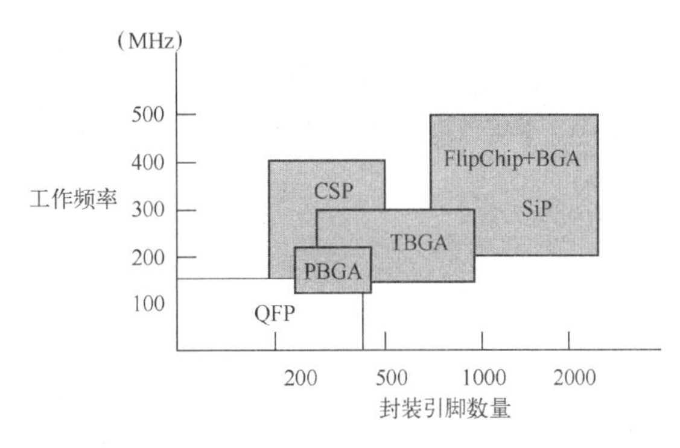

图 14-24　封装技术的发展

14.5.3　常见的封装技术

根据引脚引出的不同，封装可分为外围和阵列封装。根据有无封装连线分为有连接线的（Wire Bond）和倒装片（Flip-chip）封装。

其中，外围封装形式有 DIP、PLCC、QFP、SOP 等，如图 14-25 所示。此类封装的优点是价格便宜，板级可靠性比较高。但是其电性能和热性能较差，并且受到 I/O 引脚数目的限制，如 PQFP（Plastic Quad Flat Package，塑料四边引脚扁平封装），I/O 引脚数目也只能达到 208～240 个。

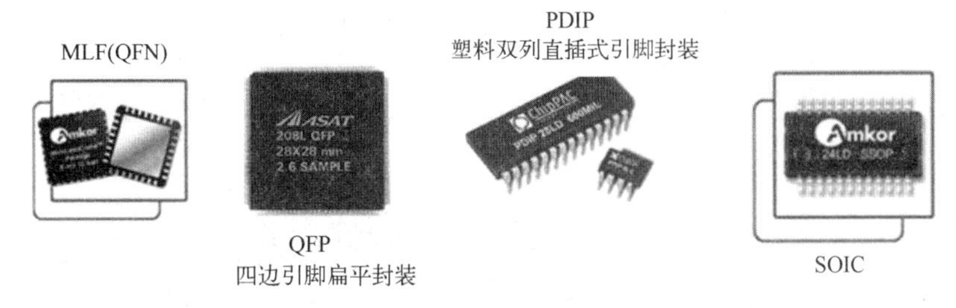

图 14-25　外围封装形式

阵列封装包括有连线的 BGA 和无连线的 Flip-chip BGA 等，如图 14-26 所示。此类封装的优点是 I/O 密度高，板级集成的成品率高，但是价格相对较高。

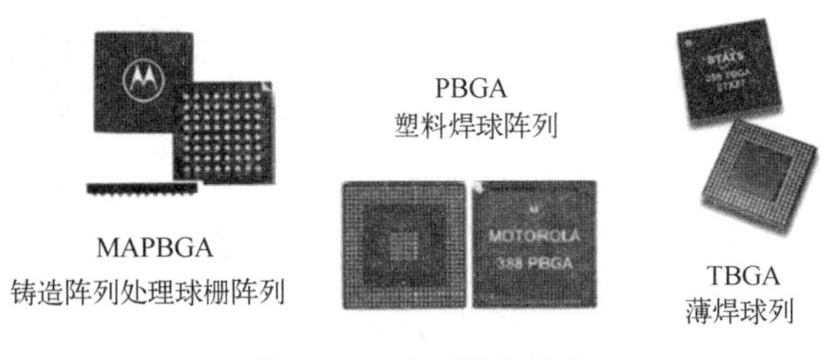

图 14-26　阵列封装形式

（1）BGA 封装

BGA 封装技术的出现是封装技术的一大突破，它是近几年来推动封装市场的强有力的技术之一，BGA 封装一改传统的封装结构，将引线从封装基板的底部以阵列球的方式引出，这样不仅可以安排更多的 I/O，而且大大提高了封装密度，改进了电性能。如果它再采用 MCP（多芯片模块）封装或倒装片技术，有望进一步提高产品的速度和降低复杂性。

目前，BGA 封装按照基板的种类，主要分为 PBGA（塑封 BGA）、CBGA（陶瓷 BGA）、TBGA（载带 BGA）、MBGA（金属 BGA）等。图 14-27 以 PBGA 封装为例进行说明，PBGA 中的焊球做在 PWB 基板上，基板是 BT 多层布线基板（2～4 层），封装采用的焊球材料为共晶或准共晶 Pb-Sn 合金、焊球和封装体的连接不需要另外的焊料。

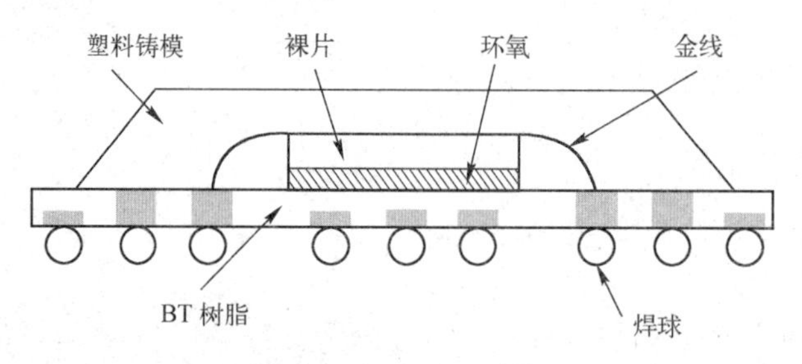

图 14-27　PBGA 封装

（2）倒置封装（Flip Chip Packages）

倒置封装技术是一种先进的，非常有前途的集成电路封装技术。倒置封装是一种由 IBM 公司最先使用的先进封装技术，它是利用倒装技术将芯片直接装入一个封装体内。倒置封装可以是单芯片也可以是多芯片形式，其发展历史已将近 40 年，主要在手持或移动电子产品中使用广泛。

一般芯片都是面朝上安装互连，而此类技术则是芯片面朝下，芯片上的焊区直接与基板上的焊区互连，如图 14-28 所示。因此，倒置封装的互连线非常短，由互连线产生的电容、电阻和电感也比其他封装形式小得多，具有较高的电性能和热性能。此外，采用此类封装的芯片焊区可面阵布局，更适于多 I/O 数的 VLSI 芯片使用。当然，倒置封装技术也有不足之处，如芯片面朝下安装互连，给工艺操作带来一定难度——焊点检查困难，板级可靠性需要解决，费用也偏高。

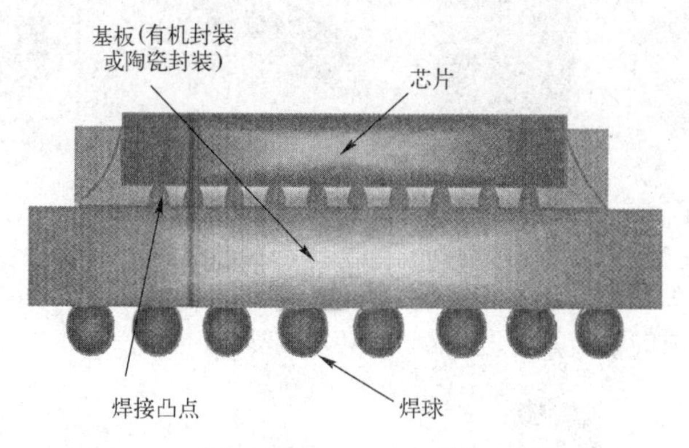

图 14-28　Flip-Chip 封装

（3）多芯片封装（MCP，Multi Chip Package）

多芯片封装是 20 世纪 90 年代兴起的一种混合微电子组装技术，它是在高密度多层布线基板上，将若干封装了的芯片组装和互连，构成更复杂的或具有子系统功能的高级电子组件，常见的有 Flash+MCU、Flash+MCU+SRAM、SRAM+MCU 和 Analog IC+Digital IC+Memory 等组合。图 14-29 所示为采用 MCP 技术的 QFP 和 FBGA 封装示意图。

目前，MCP 多采用芯片叠层放置，可大大节约基板的面积，其主要特点是布线密度高，互连线短，体积小，重量轻和性能高等。但是由于封装了多块芯片，使得良率有所下降，并且测试相对较困难，测试成本也很高。

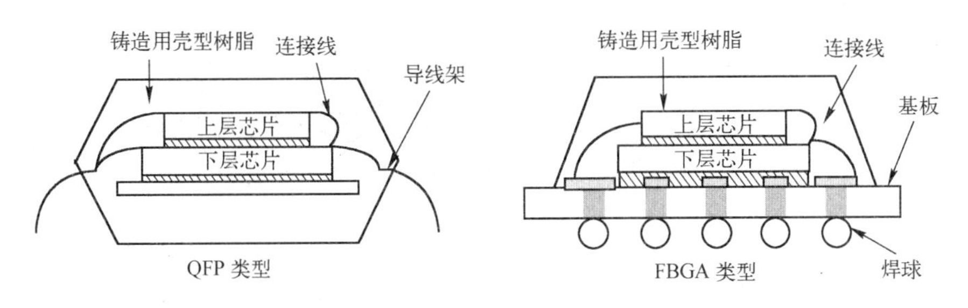

图 14-29　采用 MCP 技术的 QFP 和 FBGA 封装

14.5.4　集成芯片技术

随着集成电路制造工艺技术水平的发展，一种称为 3D IC 的新型封装逐步走向了前台。传统的 SiP 系统级封装，是在封装级别依靠传统的互连方法（例如引线键合和倒装芯片）来实现水平或垂直堆叠。集成芯片（Integrated Chips）是指先将晶体管集成制造为特定功能的芯粒（Chiplet），再按照应用需求将芯粒通过半导体技术集成制造为芯片。其中，芯粒是指预先制造好、具有特定功能、可组合集成的裸片（Die）。3D IC（3D 集成芯片）是基于垂直互连技术，实现相同或不同工艺的裸片之间的垂直层间集成。3D IC 主要分为堆叠式 3D IC 及单片 3D IC。堆叠式 3D IC 是指堆叠裸片（Die）垂直集成连接；单片 3D IC 是从基础晶圆开始，在一个晶圆上按照传统前道工艺在垂直方向形成多个器件层，然后通过垂直集成连接。目前主要的 3D IC 是堆叠式的。将集成连接的 3D IC 模块再经过封装，成为完整的一块 3D IC。由于 3D IC 上通信信号仍然是片上信号，可以大大降低芯片互联线上的功耗，以及其在系统带宽和时序上的优势，3D IC 在高性能计算机、智能手机、IoT 等边缘设备等应用的需求将变得更加明显。

当前绝大多数的 3D IC 设计方案是通过 TSV（Through-Silicon-Via，硅通孔）技术实现堆叠的裸片之间的互连。基于 TSV 技术的 3D 集成示意图如图 14-30 所示。目前，有很多公司研发的 3D IC 技术，选择哪一种技术主要取决于芯片电路系统的要求。

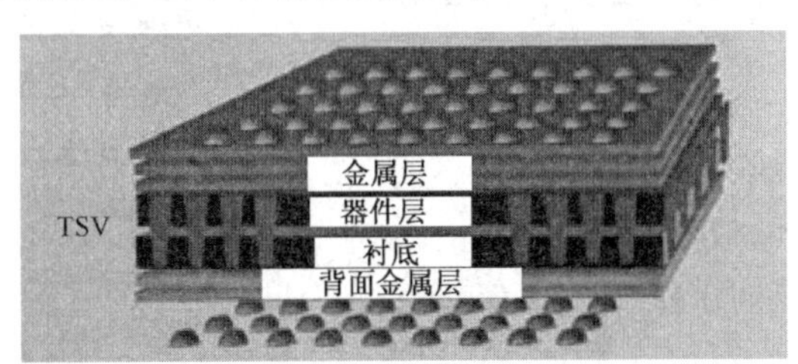

图 14-30　基于 TSV 技术的 3D 集成示意图

近年来，在不断增加的手机摄像头的需求推动下，传感器件被广泛使用。为避免使用传统的、基于凸点的互连解决方案，CMOS 图像传感器（CIS）必须以正面朝上的方式组装。因而允许这种取向（正面朝上）的 TSV 技术成为目前可实现、尺寸最小、最具成本有效性的 3D IC 解决方案。CIS 的成功已经使 TSV 技术获得了大量商业化方面的关注。第一代 CIS 产品基于晶圆片级封装（WLP）技术，通过从芯片的背面刻蚀到达 I/O 焊盘来获得 TSV，然后进行背面的再布线。

此外，在传统的 SoC 二维处理器架构上，L0 和 L1 级缓存一般集成在单片中，而 L2 级缓存（通常是大容量的 DRAM）放在另一个独立的芯片上。因此，处理器核与缓存间的互连可能会比较长，在一些情况下，将导致在数据从一端传递到另一端之前经历多个时钟周期。随着多核处理器 SoC 芯片性能需求的进一步增长，通过 3D IC 实现运算能力的大幅提升成为了一种较为理想的技术方案，其中主要的方式就是将 DRAM 通过 TSV 集成到芯片中。如图 14-31 所示，将多个 DRAM 单元实现纵向集成，可以实现缓存读写速度惊人的提高。

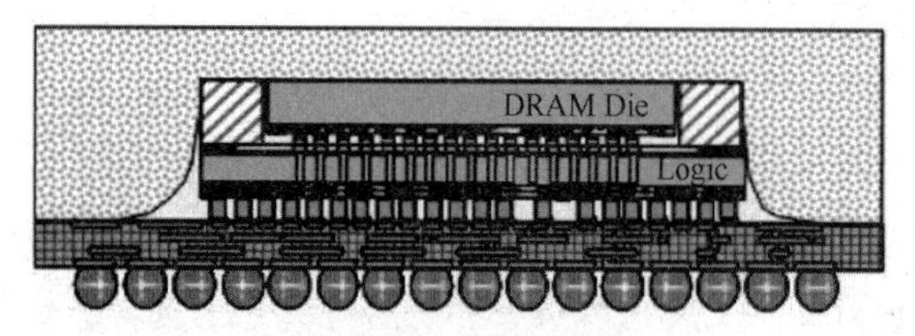

（a）在裸片间采用垂直连接

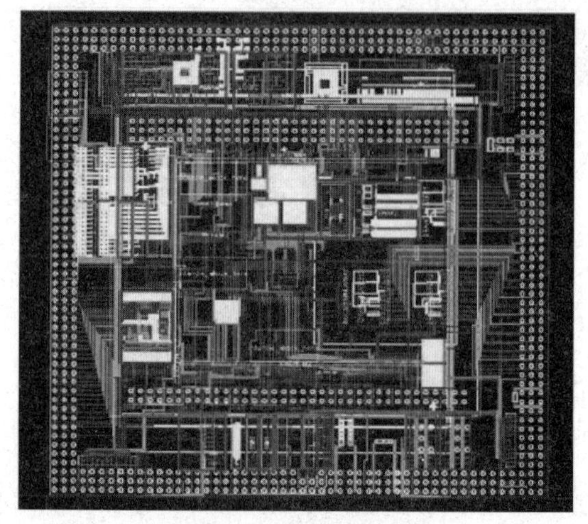

（b）在底层芯片版图上添加连接通孔

图 14-31 在处理器芯片上方实现 DRAM 的 3D 堆叠示意图

与传统的 SiP 封装集成不同，3D IC 需要在芯片设计阶段依托 EDA 工具来进行设计。3D IC 设计时还需要考虑热效应、电磁干扰和可靠性等新出现的问题。因为 3D IC 减少了芯片的尺寸，增加了功耗单位密度，所以热效应的影响更加严重。由于层间连线的耦合电容和串扰造成的电磁干扰，在设计的时候也应该考虑。可靠性问题主要是由于在两-个不同的层之间电热效应和热机械效应导致的电迁移、芯片性能下降及良率问题。3D IC 设计时需综合考虑电路的时序以及关键路径的变化对版图设计的影响。

由于 3D IC 技术的出现，传统基于单衬底的 SoC 设计理念被逐步打破，3D IC 成为 SoC 功能和性能集成度提高的一种新手段，也是当前 More than Moore 规律的一种重要发展趋势。其集中体现在基于不同工艺的半导体功能组件集成上，包括由 FPGA、RFIC、MMIC、Sensor、MEMS、天线、生物芯片等组件与传统的 CMOS 逻辑组件集成，形成的新型异质集成 SoC 芯片的设计、实现与生产技术，如图 14-32 所示，这也成为了当前芯片功能集成的新目标。

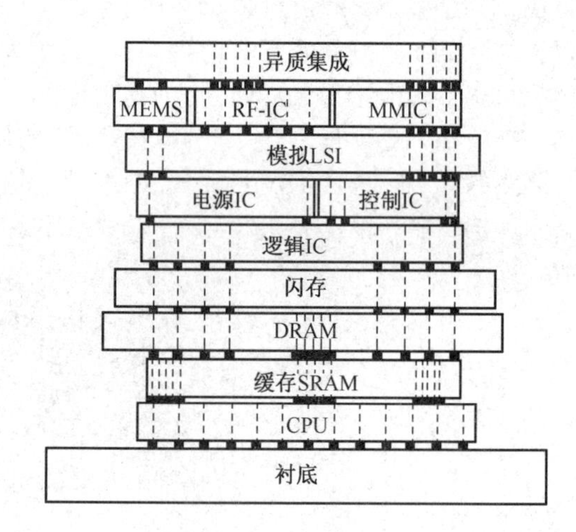

图 14-32 采用 3D IC 技术集成的 SoC 芯片示意图

14.5.5 芯片封装的选择

可以说，有一代整机系统，便有一代 IC 和与此相适应的一代微电子封装技术，因此封装技术发展也是由相应的 IC 发展所驱动的。影响封装选择的因素很多，如图 14-33 所示。

首先，IC 集成度提高，特征尺寸不断减小，功能不断增加，使 IC 的面积不断增大，并且 IC 的 I/O 数也随之提高，相应封装的 I/O 引脚数也随之增加，如果不断缩小封装引脚间的间距，必然会造成可靠性的下降，工艺也无法满足这样的要求。

其次，随着电子整机的高性能、多功能、小型化和便携化、低成本、高可靠性等要求，促使封装由插装型向表面安装型发展，并继续向薄型、超薄型、窄节距发展，进一步由窄节距的 4 边引出向面阵列排列的 I/O 引脚发展。相应的安装基板也由单层板向多层板发展，同时也要求较高的电气性能和热性能。

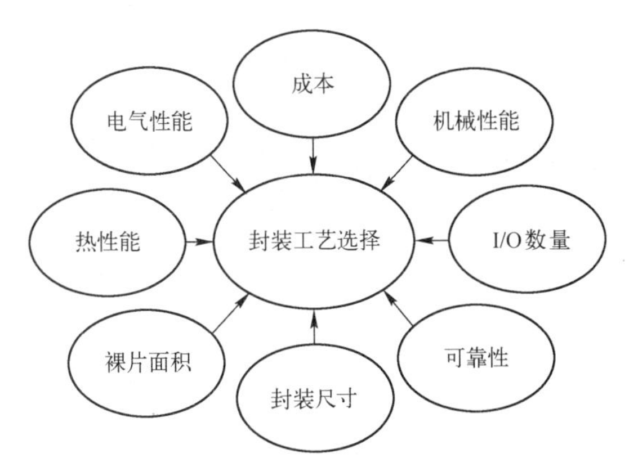

图 14-33　影响封装选择的因素

最后是市场因素，由于电子产品更新换代快，市场变化大，新的封装产品要尽快投放市场，不但要交货及时，还要质量好、品种多、花样新、价格低、服务好等——归结起来就是性价比要高。

本章参考文献

[1] R.J. Baker. CMOS 电路设计、布局与仿真（英文版）[M]. 北京：机械工业出版社，2003.

[2] Stephen H. Hall, Garrett W. Hall, James A. McCall. High-Speed Digital System Design: A Handbook of Interconnect Theory and Design Practices[M]. Wiley-IEEE Press, 2000.

[3] Sivonen P., Parssinen A.. Analysis and optimization of packaged inductively degenerated common-source low-noise amplifiers with ESD protection. IEEE Transactions on Microwave Theory and Techniques, 2005. 53(4): 1304-1313.

[4] Harald Gossner, Kai Esmark, Wolfgang Stadler. Simulation Methods for ESD Protection Development[M]. Elsevier Science, 2003.

[5] Mark I. Montrose. Printed Circuit Board Design Techniques for EMC Compliance: A Handbook for Designers. Wiley-IEEE Press, 2000.

[6] 贾松良，王水弟，蔡坚. 芯片尺寸封装：设计、材料、工艺、可靠性及应用[M]. 北京：清华大学出版社，2003.

[7] Sanjay Dabral, Timothy Maloney. Basic ESD and I/O Design[M]. Wiley-Interscience, 1998.

[8] James E. Vinson, Joseph C. Bernier, Gregg D. Croft, Juin Jei Liou. ESD Design and Analysis Handbook[M]. Springer, 2002.

[9] Gilleo K., Belmonte J., Pham-Van-Diep G.. Low ball BGA: a new concept in thermoplastic packaging[C]. IEEE/CPMT/SEMI 29th International Electronics Manufacturing Technology Symposium, IEEE, 2004: 345-354.

[10] Mani Azimi, Naveen Cherukuri, D. N. Jayasimha, et al. Integration Challenges and Tradeoffs for Tera-scale Architectures[J]. Intel Technology Journal, 2007, 11(3).

第 15 章 课程设计与实验

本章通过两个课程设计将 SoC 设计流程完整地实现了一遍。第 1 个课程设计侧重于系统架构设计。采用 ESL 设计方法，实验内容从单核 SoC 系统架构逐步优化到多核、带有硬件加速协处理器的 SoC 系统架构。通过在 ESL 设计平台上的仿真与评估，可清楚地看到系统架构的每一次变化对 SoC 性能的影响。为了使学员能够了解 SoC 对应的系统软件开发，实验内容还包括了从串行程序设计到多线程并行程序设计，嵌入式操作系统的移植及硬件驱动程序的开发，覆盖了 SoC 软硬件协同设计的全过程。而本章的第 2 个课程设计则侧重于 SoC 的硬件设计方法与工具的使用。通过一个基于 RISC-V 平台的 SoC 设计，使学员掌握 SoC 设计方法、基本 EDA 工具的使用及硬件系统的实现与测试。

对于课程设计，要求学员对每一个实验的结果进行分析、讨论，得出自己的结论，进而提高思考能力。

每一个课程设计又可以看成是一个由多人组成的团队按不同任务分工来共同完整的研发项目。如何对项目的进度进行有效的管理以保证项目按期完成是一个巨大挑战。本章最后一部分将介绍 SoC 设计项目各设计阶段的主要任务及如何对项目的进度进行管理。

15.1 基于 ESL 设计方法的 Motion-JPEG 视频解码器设计

本实验是在 SoCLib 仿真平台上完成的。SoCLib 是一个由法国 TIMA Lab、Lip6 等研究机构与 ST Microelectronics 等知名企业联合开发的，用于多核 SoC 系统架构设计的电子系统级（ESL）建模仿真平台（www.soclib.fr）。SoCLib 仿真平台所包含的全部 IP 模型、工具及各种文档均遵循 GNU Lesser General Public License（LGPL）开源协议，可免费下载使用。所有仿真模型都是采用 SystemC 写的，可用标准的 SystemC 仿真环境进行仿真。本实验参考了法国 TIMA Lab 用于研究生教学的 SoC 课程设计。

15.1.1 实验内容

1．实验总体目标

以 Motion-JPEG（MJPEG）视频解码算法为应用范例，借助 SoCLib 建模仿真平台，通过 ESL 设计方法，了解并掌握多核 SoC（MPSoC，Multi-processor SoC）的系统架构设计与软硬件协同设计方法。

2．实验内容与学时安排

实验分为 4 个部分，由浅入深，从单核到多核，从单一任务执行到多线程并行执行，内容涵盖完整的 SoC 系统架构设计及软件设计过程。

实验 1 构建基于 SoCLib 的单核 SoC（4 学时）

- 了解 SoCLib 电子系统级仿真平台；
- 学会如何在 SoCLib 平台上添加新的硬件模块；
- 编写简单的 C 语言程序验证所添加的模块的正确性；
- 在所构建的单核 SoC 上实现串行 MJPEG 解码应用，验证所搭建的 SoC 的正确性。
- 分析程序在单核上的运行时间，思考如何对算法进行并行化。

实验 2　构建基于 SoCLib 的 MPSoC（4 学时）

- 在单核 SoC 系统架构之上添加若干处理器构成 MPSoC；
- 了解基于 MPSoC 的并行应用设计需求；
- 完成 MJPEG 解码的并行程序设计，移植到 MPSoC 之上，验证 MPSoC 的正确性；
- 修改 MPSoC 中的各种系统参数，比较在不同配置下并行 MJPEG 的运行性能。
- 改变核的个数和线程数，分析对程序运行性能的影响，探索最优架构。

实验 3　系统软件开发-嵌入式操作系统及设备驱动设计（4 学时）

- 了解 SoC 的软件开发流程，减轻处理器负担，提高数据传输效率；
- 掌握简单的嵌入式操作系统的工作原理及设备驱动设计方法；
- 编写帧缓存（framebuffer）的设备驱动程序；
- 通过 MJPEG 应用验证所编写的驱动程序的正确性。

实验 4　面向 MJPEG 解码的 MPSoC 系统架构的优化（4 学时）

- 添加 DMA 模块；
- 编写 IDCT 硬件模块的 ESL 高抽象层次模型，集成到 MPSoC 之上；
- 编写 IDCT 设备驱动；
- 通过 MJPEG 应用验证所优化的 MPSoC 的正确性。

15.1.2　实验准备工作

1. 实验环境 Ubuntu 9.04

其他 Linux 操作系统也可以使用，但 Windows 操作系统不可使用。

2. 实验平台

SoCLib 可与本书提供的课件一起下载。

libtool-1.5 下载地址：http://www.gnu.org/software/libtool/。

3. 实验平台的安装与测试

用户可采用两种方式对实验平台进行安装：直接采用源程序进行安装和通过 VMware 直接导入本书提供的虚拟机。其中，第一种安装方式适合对于 Linux 环境下的软件安装和配置比较熟悉的学员，第二种安装方式最为快捷，是简单实用本实验平台的方式，无需额外的配置，适合对 Linux 环境不太熟悉的学员。为了简化实验的安装流程，使学员关注于课程设计本身，建议采用第二种安装方法。

（1）安装测试方法 1（采用源代码安装）

① 对压缩包 libtool-1.5 解压缩，然后安装 libtool。

② 对压缩包 projet_soc 解压缩，得到文件夹 projet_soc。

③ 设置环境变量输入 vi ～/.bashrc，插入 SOCLIB_DIR=“projet_soc 文件夹所在的路径”。（注：环境变量设置后需重新启动终端（控制台）才可生效。）

④ 在主目录/home 下创建一个工程目录，如/home/soclib_exp。

⑤ 将文件夹 projet/TP/TP0/HW 复制到所创建的工程目录（注：该文件夹中包含了如图 2 所示的基于 SoCLib 构建的单核 SoC ESL 高层次抽象模型，即硬件部分）。

⑥ 将文件夹 projet/TP/TP0/SW/hello_world 复制到所创建的工程目录（注：该文件夹中包含了在单核 SoC 上需要运行的 helloworld 测试程序，即软件部分）。

⑦ 打开 Shell 控制台，进入 projet/TP 文件夹，输入 source install_env.sh 设置系统环境变量。

⑧ 进入/home/soclib_exp/hello_world 文件夹，输入 source install.sh configurations/mips 运行脚本，然后输入 make 对软件部分进行编译。

⑨ 进入/home/soclib_exp/HW 文件夹，输入 make 对硬件部分进行编译。

⑩ 在 HW 文件夹下，输入 ln -s ../hello_world/APP.x（注：该步在 HW 下为 APP.x 建立软连接）。

⑪ 输入./simulation.x -1，若出现如图 15-1 所示情况，则表示实验平台安装测试成功。

注：每次重新启动一次 Shell 控制台，均要重新运行一下步骤 7 中的脚本“install_env.sh”。

实验平台测试结果如图 15-1 所示。

（2）安装测试方法 2（直接导入虚拟机安装）

安装虚拟机需要大于 5G 的硬盘空间。

① 在 Windows 操作系统下，安装虚拟机 VMware 7.0。

② 通过出版社提供的链接，下载虚拟机镜像压缩包 SoCdesign.zip，并解压缩。

③ 打开 VMware7.0，从菜单栏选择 File→Open，然后在解压缩路径下选择虚拟机镜像文件 SoCdesign.vmx。该虚拟机镜像为 Ubuntu 操作系统，并已完成整个实验平台的安装，用户可直接使用实验平台，无需进行任何额外的安装配置。

④ 在 VMware7.0 菜单栏，选择 VM→Power→Power on，启动该虚拟机，在弹出的对话框中选择 i moved it。等待片刻后，进入登录界面，选择用户名 VLSI。输入密码 socdesign 进入系统。

⑤ 实验平台位于路径/home/vlsi/Programfiles/projet_soc。用户可采用 3.1 中步骤（⑦～⑪）的测试方法对实验平台进行测试。

4．实验平台目录结构

本实验平台 projet_soc 的目录结构如图 15-2 所示。

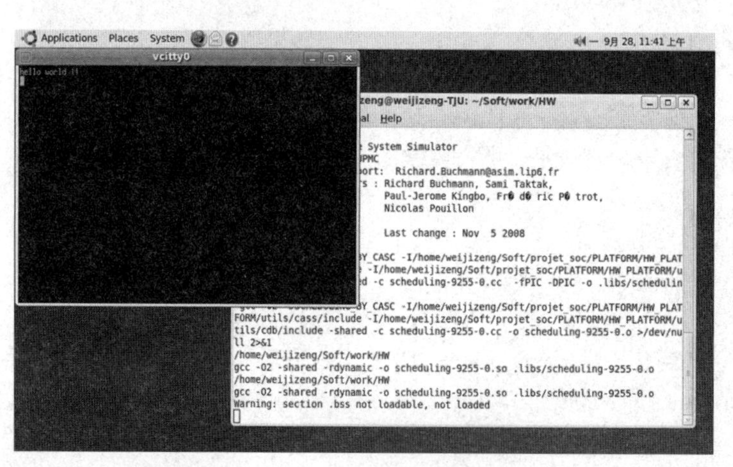

图 15-1　实验平台测试结果

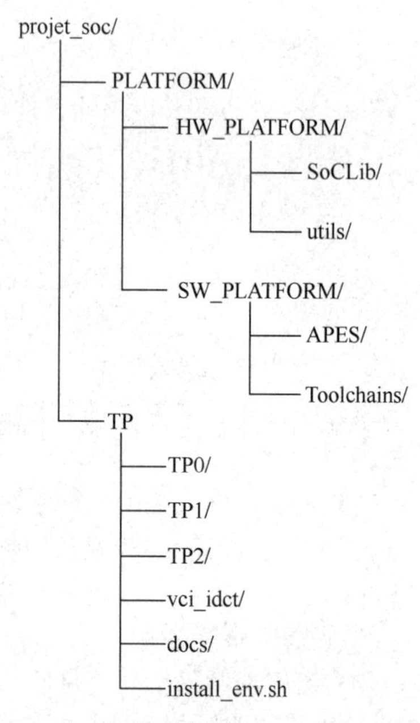

图 15-2　实验平台 projet_soc 目录结构

实验平台 projet_soc 包含两个子文件夹：PLATFORM 和 TP。其中，PLATFORM 为实验平台，TP 为 4 个实验内容。

PLATFORM 文件夹包含两个子文件夹。

① HW_PLATFORM：实验平台的硬件部分，又包含两个子文件夹，SoCLib 和 utils。SoCLib 为本次实验所依赖的 SoCLib ESL 建模与仿真环境。utils 包括了实验所需的工具，如仿真内核

Systemcass、调试工具 CDB 等。

② SW_PLATFORM：实验平台的软件部分，又包含两个子文件夹，APES 和 Toolchains。APES 包括了本次实验所使用的嵌入式操作系统 DNA。Toolchains 包括了实验所需的 MIPS 处理器的交叉编译链。

TP 文件夹包含 5 个子文件夹和 1 个脚本文件。

- TP0～TP2：分别对应了实验 1、2、3 的相关文件和说明。
- vci_idct：对应实验 4 所需添加的 idct 模块的程序代码。
- docs：包含了实现所需的文档，如 CDB 文档、VCI 协议文档。
- install_env.sh：设置各种环境变量的脚本。

5. 实验平台的使用建议

建议复制一份到新文件夹中进行实验，这样在发生无法调整的错误时，对原始版本的回溯将会非常方便。对于使用本书提供的虚拟机的学员，在实验中建议对虚拟机扩容，并在挂载的新盘上进行实验，既避免了存储空间不足的问题，又对版本回溯极有益处。扩容方法如下：

① 在 SoCdesign 虚拟机 PowerOff 的状态下，双击 Devices 中的 Hard Disk（SCSI），在弹出的 Virtual Machine Settings 中，单击右侧 Utilities，选择 Expand，在 Expand Disk Capacity 中修改硬盘大小，并单击 Expand 扩容。

② 在虚拟机中，启动终端，输入 su root，输入密码，使用 root 账户。

③ 输入 fdisk /dev/sda 进入分区页面，输入 n 添加新分区，输入 p 创建主分区，直接回车选择默认分区号，再按两次回车，选择默认的 Start 值和 End 值，输入 w 保存并退出。

④ 输入 partprobe 重新读取分区表。输入 mkfs -t ext3 /dev/sda3 格式化新添加分区。

⑤ 新建目录/mnt/soc，输入 mount /dev/sda3 /mnt/soc 将新分区挂载至/mnt/soc 目录，输入 chmod 777 /mnt/soc 将该目录开放给所有用户使用。

⑥ 打开文件/etc/fstab，添加/dev/sda3 /mnt/soc ext3 defaults, 0 1 行，即可实现新分区的自动挂载（注：该行的分隔符为 tab）。

15.1.3 SoCLib ESL 仿真平台及 MJPEG 解码流程的介绍

1. SoCLib 平台

SoCLib 是一个由法国 TIMA Lab、Lip6 等研究机构与 STMicrelectronics 等知名企业联合开发的、用于多核 SoC 系统架构设计的 ESL 建模仿真平台。

SoCLib 平台提供了丰富的用于 SoC 开发所需的硬件 IP 模块的高抽象层次模型库，包括 ARM、MIPS、Nios 等嵌入式微处理器、总线及片上网络、Cache、主存、各种外设等。所有硬件 IP 模块均采用 C++及 SystemC 进行建模。此外，SoCLib 平台还提供了多个嵌入式操作系统和用于进行系统调试、监控、设计空间探测的工具。

SoCLib 平台所提供的硬件 IP 模块均具有两种抽象层次模型，CABA（Cycle Accurate Bit Accurate）模型和 TLM-DT（Transaction Level Modeling with Distributed Time）模型。

SoCLib 平台所提供的各种 IP 模块的高抽象层次模型均采用 VISA 组织（Virtual Socket Interface Alliance）的 IP 标准化接口 VCI（Virtual Component Interface）进行封装，大大增加了 IP 模块的可复用性，可与任意的总线及片上网络协议进行互连。

SoCLib 平台所提供的所有模型及工具均遵循 LGPL 开源协议，设计者可免费获取并根据设计需求对其进行修改、裁剪与扩充。

更多关于 SoCLib 的细节，可浏览 SoCLib 主页进行了解与学习。主页地址：www. soclib.fr。

2．Motion-JPEG 解码流程

Motion-JPEG 是一种视频压缩编码格式，由一组连续的采用 JPEG 标准进行压缩的图像组成。由于相比其他视频格式占用相对较少的存储空间，MJPEG 目前已被数码照相机、便携式摄像机广泛采用，用于视频短片的编码。在 MJPEG 中，每幅视频帧被单独捕获，并采用 JPEG 算法进行压缩。JPEG 是由联合图像专家组（Joint Photographic Experts Group）提出的有损图像压缩算法，使用有损压缩算法压缩所得图像质量将低于原始图像质量。但采用 JPEG 算法压缩的图像，其质量损失用肉眼几乎无法识别，并能获得较高压缩比。

JPEG 压缩算法将图像分割为以 8×8 个像素为单位的像素块，然后将每个像素块从时域转换到频域之上，采用滤波器去除高频分量，最后使用哈夫曼编码方法将像素块编码为二进制码流。每个 8×8 的像素块称为宏块单元（MCU，MacroBlock Unit）。压缩的码流由一系列原始二进制数串组成，并使用标记进行分割。

MJPEG 的解码流程如图 15-3 所示。这个解码流程分为：哈夫曼解码（Huffman Decoding）、反锯齿扫描（Inverse Zigzag Scan）、反量化（Inverse Quantification）、块重排（Block Reordering）、反离散余弦变换（IDCT，Inverse Discrete Cosine Transform）5 部分。

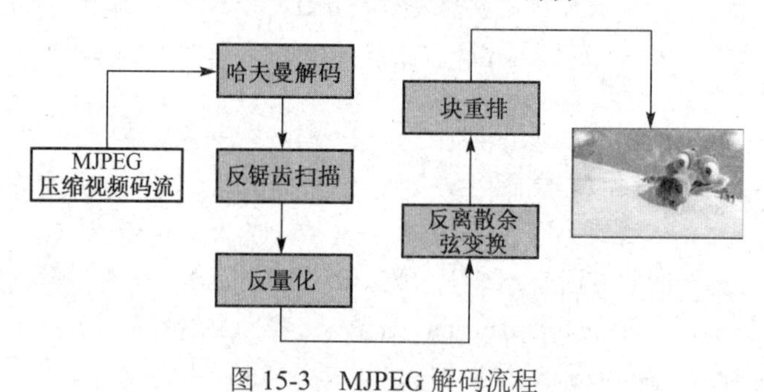

图 15-3　MJPEG 解码流程

15.1.4　实验 1 构建基于 SoCLib 的单核 SoC

1．实验目的与内容

（1）了解 SoCLib 平台工作原理。

（2）掌握如何利用 SoCLib 定义一个单核 SoC 硬件平台，如何在该 SoC 平台之上添加其他硬件设备。

（3）学习如何编写简单的 C 语言程序控制各种硬件设备。

（4）在所定义的单核 SoC 上运行串行的 Motion-JPEG 程序。

（5）分析 MJPEG 解码每部分在单核上运行所需要的时间，思考如何对该算法进行并行化。

2．实验步骤

（1）利用实验平台所提供的一个最基本的单核 SoC 熟悉 SoCLib 的工作原理。如图 15-4 所示，该基本单核 SoC 硬件平台由一个 MIPS R3000 处理器、一个存储器及一个显示终端 TTY 组成。这些硬件设备通过片上网络 GMN——（Generic Micronetwork）进行互连。

（2）该基本单核 SoC 基于 SoCLib 实现的顶层文件 top.cpp 位于/projet_soc/TP/TP0/HW 下。要仔细阅读该顶层文件，了解如何通过该文件利用 SoCLib 所提供的各种 ESL 模型组件搭建 SoC 验证平台，如何定义声明各种设备模块以及各设备模块之间如何连接。

（3）在熟悉 SoCLib 工作原理和顶层文件 top.cpp 的组织形式后，在如图 15-4 所示的单核 SoC 平台之上添加定时器 VCI_TIMER、文件系统 VCI_FDACCESS、帧缓存 VCI_FRAMEBUFFER 及同

步锁 VCI_LOCKS 等设备模块，修改后的单核 SoC 硬件平台如图 15-5 所示。

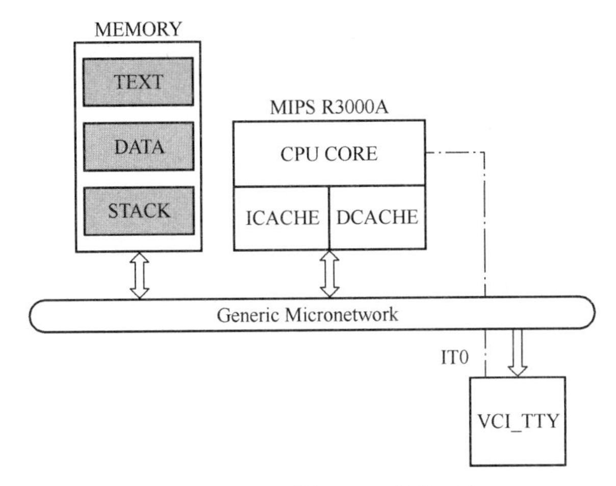

图 15-4　基本单核 SoC 硬件平台

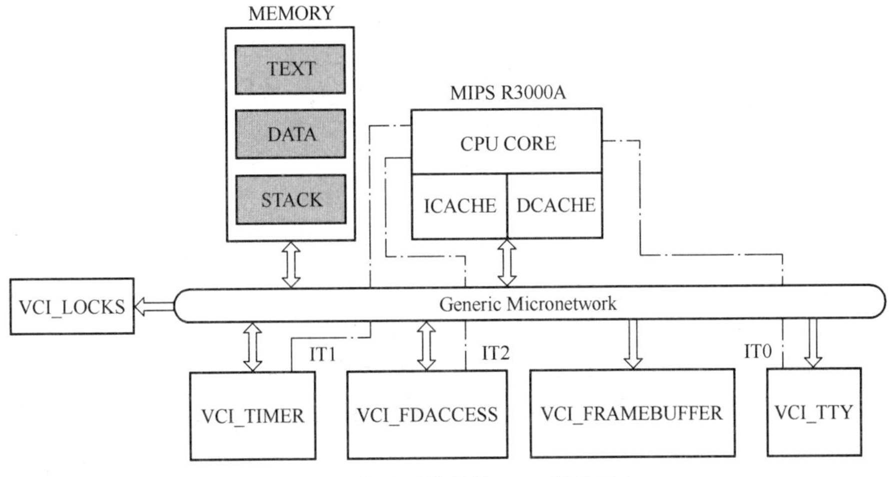

图 15-5　修改后的单核 SoC 硬件平台

基于 SoCLib 添加各个设备模块时，应重点检查以下几个方面：

- 设备模块与各种信号的声明是否正确？
- 设备模块的初始化及各种参数的设置是否正确？
- 各设备模块与互连网络及模块间信号的连接是否正确？
- 各设备模块的内存映射（Memory Mapping）地址的设置是否正确？
- 与互连网络连接的主设备、从设备数目设置是否正确？

注意：使用 SoCLib，每添加一个设备模块都会遇到上述问题，因此应该特别注意。

（4）编写简单的 C 语言程序，控制所添加的各种设备模块的功能，以验证 SoC 系统各设备工作的正确性。如何添加各设备模块及如何使用请参见 SoCLib 主页中的相关信息：

VCI_TIMER：http://www.soclib.fr/trac/dev/wiki/Component/VciMultiTimer

VCI_FDACCESS：http://www.soclib.fr/trac/dev/wiki/Component/VciFdAccess

VCI_FRAMEBUFFER：http://www.soclib.fr/trac/dev/wiki/Component/VciFrameBuffer

VCI_LOCKS：http://www.soclib.fr/trac/dev/wiki/Component/VciLocks

（5）对位于/projet_soc/TP/TP0/SW/mjpeg_seq 文件夹下的 MJPEG 串行程序使用 MIPS 交叉编译器进行编译，移植到图 15-5 所示的单核 SoCLib 平台之上。

（6）熟悉 MJEPG 的算法流程，思考该算法任务的并行性，通过仿真统计各子程序所用的时间，考虑如何进行系统架构改进及软硬件划分。建议利用 TIMER 模块，统计 MJPEG 串行程序每部分在 MIPS3000 上运行所需要的时间。

文件夹 project_soc/TP/TP0_CORRECTION 中是实验 1 的正确结果，可供参考。

3．在 TP0 框架上添加 4 个模块的实例

下面是如何在 TP0 框架上添加 TIMER、FDACCESS、LOCKS、FRAMEBUFFER 四个模块的例子，供参考。主要步骤分成两部分：硬件部分和软件部分。

（1）硬件部分（所在路径：/projet_soc/TP/TP0/HW）

① top.cpp（此文件定义硬件模块及连接）

- 添加头文件。

```
#include "vci_locks.h"              //添加同步锁的相关引用
#include "vci_timer.h"              //添加定时器模块的相关引用
#include "vci_fd_access.h"          //添加文件系统存取控制器模块的相关引用
#include "vci_framebuffer.h"        //添加帧缓存控制器模块的相关引用
```

- 设置帧缓存模块的相关宏定义，即 framebuffer 的深度和宽度。

```
#define FBUFFER_WIDTH 256
#define FBUFFER_HEIGHT 144
```

- 修改 Mapping table。

定义存储器 RAM 相关区段及各种设备的寻址空间并加入 mapping table 中，可通过 maptab.add（Segment（参数 1, 参数 2, 参数 3, 参数 4, 参数 5））语句进行添加。其中，参数 1 定义所添加区段或外设的唯一 ID；参数 2 定义寻址空间的基地址；参数 3 定义寻址空间的大小；参数 4 定义设备索引；参数 5 定义 Cache 标志（该参数表示相关区段是否可缓存，有两个参数值可以配置，分别为 false 和 true。若设置为 true，则表示可以被 Cache 缓存，将提高访问和运算速度。需要注意的是只有存储器 RAM 的相关区段才可以配置为 true，其他设备只能配置为 false。）本实验中，所需修改的 mapping table 如下：

```
maptab.add(Segment("reset", RESET_BASE, RESET_SIZE, IntTab(1), true));
maptab.add(Segment("excep", EXCEP_BASE, EXCEP_SIZE, IntTab(1), true));
maptab.add(Segment("text" , TEXT_BASE , TEXT_SIZE , IntTab(1), true));
maptab.add(Segment("data" , DATA_BASE , DATA_SIZE , IntTab(1), true));
maptab.add(Segment("semlocks_seg", SEMLOCKS_BASE, SEMLOCKS_SIZE, IntTab(3),false));
maptab.add(Segment("timer", TIMER_BASE, TIMER_SIZE, IntTab(4), false));
maptab.add(Segment("fd_access", FD_ACCESS_BASE, FD_ACCESS_SIZE, IntTab(5), false));
maptab.add(Segment("frame_buffer", FBUFFER_BASE, FBUFFER_SIZE, IntTab(6), false));
```

在上述定义中，表示基地址和寻址空间大小的参数所用的宏请参见 segmentation.h 中的具体定义。

- 添加 Components。

修改互连结构 vgmn 的参数：

```
soclib::caba::VciVgmn<vci_param> vgmn（"vgmn",maptab, 3, 7, 2, 8）;
```

其中，第 3 个参数设置为“3”，表示互连结构 vgmn 上所挂的主设备（Initiator）的数目；第 4 个参数设置为“7”，表示所挂从设备（Target）的数目；第 5 个参数设置为“2”，表示互连结构 vgmn 的传输延迟；第 6 个参数设置为“8”，表示互连结构 vgmn 的 FIFO 深度。

添加设备模块：各设备模块所需定义的参数个数及含义，请参照 www.soclib.fr/trac/dev/wiki/Component/中的具体模块的说明。

```
soclib::caba::VciLocks<vci_param> semlocks("semlocks", IntTab(3), maptab);
/*
VciLocks(
        sc_module_name name,                           // Instance name
        const soclib::common::IntTab &index,           // Target index
        const soclib::common::MappingTable &mt);       // Mapping Table
*/
soclib::caba::VciTimer<vci_param> timer("timer", IntTab(4), maptab, 1);
/*
VciTimer(
        sc_module_name name,                           // Component Name
        const soclib::common::IntTab & index,          // Target index
        const soclib::common::MappingTable &mt,        // MappingTable
        size_t nirq);                                  // Number of available timers
*/
soclib::caba::VciFdAccess<vci_param> fd_access("fdaccess", maptab, IntTab(2), IntTab(5));
/*
VciFdAccess(
    sc_module_name name,                               // Component Name
    const soclib::common::MappingTable &mt,            // MappingTable
    const soclib::common::IntTab & srcid,              // source index
    const soclib::common::IntTab & tgtid )             // Target index
*/
soclib::caba::VciFrameBuffer<vci_param> fbuffer("fbuffer", IntTab(6), maptab, FBUFFER_WIDTH,
FBUFFER_HEIGHT);
/*
VciFrameBuffer(
        sc_module_name name,                                    // Instance name
        const soclib::common::IntTab &index,           // Target index
        const soclib::common::MappingTable &mt,        // Mapping Table
        unsigned long width,                           // number of pixel per line
        unsigned long heigth,                          // number of lines
        int  subsampling);                  // optional  argument  :  default  value  420  corresponds  to
YUV420
*/
```

● 添加相关 Signals。

locks（同步锁）：

```
soclib::caba::VciSignals<vci_param>signal_vci_semlocks("signal_vci_semlocks");
                                                   //声明连接 lock 的 VCI Target 端口信号
```

timer（定时器）：

```
soclib::caba::VciSignals<vci_param>signal_vci_timer("signal_vci_timer");
                                                   //声明连接 timer 的 VCI Target 端口信号
sc_signal<bool> signal_timer_it（"signal_timer_it"）;    //声明 timer 中断端口信号
```

fd_access（文件系统控制器）：

```
soclib::caba::VciSignals<vci_param>signal_vci_fd_access("signal_vci_fd_access";
                                        //声明连接 fd_access 的 VCI Target 端口信号
soclib::caba::VciSignals<vci_param>signal_vci_inv_fd_access("signal_vci_inv_fd_access");
                                        //声明连接 fd_access 的 VCI Initiator 端口信号
sc_signal<bool> signal_fd_access_it("signal_fd_access_it");    //声明连接 fd_access 中断端口信号
```

framebuffer（帧缓存控制器）：

```
soclib::caba::VciSignals<vci_param>signal_vci_fbuffer("signal_vci_fbuffer");
                                        //声明连接 framebuffer 的 VCI Target 端口信号
```

- 添加 Net-List，实现 4 个设备模块的相关连接。

连接总线：

```
vgmn.p_to_initiator[2](signal_vci_inv_fd_access);
        //fd_access 是一个主模块，将其 VCI Initiator 端口与 vgmn 的 VCI Initiator 端口相连
vgmn.p_to_target[5](signal_vci_fd_access);
        //fd_access 也是一个从模块，将其 VCI Target 端口与 vgmn 的 VCI Target 端口相连
vgmn.p_to_target[3](signal_vci_semlocks);
        //将 lock 的 VCI Target 端口与 vgmn 的 VCI Target 端口相连
vgmn.p_to_target[4](signal_vci_timer);
        //将 timer 的 VCI Target 端口与 vgmn 的 VCI Target 端口相连
vgmn.p_to_target[6](signal_vci_fbuffer);
        //将 framebuffer 的 VCI Target 端口与 vgmn 的 VCI Target 端口相连
```

locks：

```
semlocks.p_clk(signal_clk);              //连接时钟信号
semlocks.p_resetn(signal_resetn);        //连接复位信号
semlocks.p_vci(signal_vci_semlocks);     //将 lock 的 VCI Target 端口与 vgmn 的 VCI Target 端口相连
```

timer：

```
timer.p_clk(signal_clk);                 //连接时钟信号
timer.p_resetn(signal_resetn);           //连接复位信号
timer.p_vci(signal_vci_timer);           //将 timer 的 VCI Target 端口与 vgmn 的 VCI Target 端口相连
timer.p_irq[0](signal_timer_it);         //将 timer 的中断信号一端与 timer 模块相连，另一端是挂起的，
                                          在此实验中未用到
```

fd_access：

```
fd_access.p_clk(signal_clk);             //连接时钟信号
fd_access.p_resetn(signal_resetn);       //连接复位信号
fd_access.p_vci_target(signal_vci_fd_access);
                                         //将 fd_access 的 VCI Target 端口与 vgmn 的 VCI Target 端口相连
fd_access.p_vci_initiator(signal_vci_inv_fd_access);
                                         //将 fd_access 的 VCI Initiator 端口与 vgmn 的 VCI Initiator 端口相连
fd_access.p_irq(signal_fd_access_it);    //将 fd_access 的中断信号一端与 fd_access 模块相连，另一端是
                                          挂起的，在此实验中未用到
```

framebuffer：

```
fbuffer.p_clk(signal_clk);               //连接时钟信号
fbuffer.p_resetn(signal_resetn);         //连接复位信号
fbuffer.p_vci(signal_vci_fbuffer);       //将 fbuffer 的 VCI Target 端口与 vgmn 的 VCI Target 端口相连
```

② segmentation.h（此文件定义了各个硬件模块的地址）

修改 segmentation.h 文件，添加 4 个设备模块的寻址空间基地址和大小：

```
#define DATA_BASE 0x20000000
#define DATA_SIZE 0x01000000

#define SEMLOCKS_BASE 0xC1000000
#define SEMLOCKS_SIZE 0x00000400

#define TIMER_BASE 0xC2000000
#define TIMER_SIZE 0x00000100    // 1 seul timer

#define FD_ACCESS_BASE 0xC3000000
#define FD_ACCESS_SIZE 0x00001000

#define FBUFFER_BASE 0xC4000000
#define FBUFFER_SIZE 0x01000000
```

③ platform_desc（此文件在 HW platform 上注册所添加的模块）

修改 platform_desc 文件，注册所添加的 4 个设备模块，添加如下 4 行：

```
Uses('vci_timer'),
Uses('vci_fd_access'),
Uses('vci_framebuffer'),
Uses('vci_locks'),
```

（2）软件部分（所在路径：/projet_soc/TP/TP0/SW）

① 修改 fetch.h 文件（/SW/mjpeg_seq/headers/fetch.h）

添加所需解码视频文件的路径。将以下程序中的路径修改

```
movie = fopen("/fd/ "-- TODO YOUR PATH TO THE IMMAGE -- "/ice_age_256x144_444.mjpeg",
"r");
```

将以上程序中的路径修改为：

```
movie = fopen("/fd/projet_soc 文件夹所在路径/TP/TP0 /SW/mjpeg_seq/images/ice_age_256x144_444.mjpeg", "r");
```

② 修改 dispatch.c 文件（/SW/mjpeg_seq/sources/dispatch.c 为软件提供硬件抽象层地址描述）

● 修改 timer 模块基地址。

将程序

```
volatile unsigned long int * timer = (unsigned long int *)0x30000000;
```

修改为：

```
volatile unsigned long int * timer = (unsigned long int *)0xC2000000;
```

与 segmentation.h 文文件中所定义的 timer 模块基地址一致。

● 修改 framebuffer 模块基地址。

将程序

```
memcpy (-- TODO HARDWARE ADDRESS OF FRAMEBUFFER --, picture, SOF_ section . width *
SOF_section . height * 2);
```

修改为：

```
memcpy ((void *) 0xC4000000, picture, SOF_section . width * SOF_section. height * 2);
```

与 segmentation.h 文件中所定义的 framebuffer 模块基地址一致。

③ 修改 ldscripts 中的编译链接脚本 mips 文件（/SW/mjpeg_seq/ldscripts/mips）

● 修改 Memory 区定义。

将 MEMORY 中的

```
data : ORIGIN = -- TODO --, LENGTH = -- TODO -
```

修改为：

```
data : ORIGIN = 0x20000000, LENGTH = 0x01000000
```

与 segment.h 文件中所定义的 data 区段基地址一致。

- 修改段加载定义。

将 SECTIONS 中的“.semram 0x20000000 : { }”修改为“.semram 0xC1000000 : { }”。与 segmentation.h 文件中所定义的 lock 模块基地址一致。

将 SECTIONS 中的

```
.sdata 0xE0000000 : { *(.sdata*) *(.scommon*) } > data :data
```

修改为：

```
.sdata 0x20000000 : { *(.sdata*) *(.scommon*) } > data :data
```

- 修改操作系统中硬件抽象层各设备模块基地址定义。

将 PLATFORM_CLOCK_BASE = .; LONG（– – TODO – –）修改为：

```
PLATFORM_CLOCK_BASE = .; LONG（0xC2000000）    //timer 基地址
```

将__BRIDGEFS_DEVICES = .; LONG（– – TODO – –）修改为：

```
BRIDGEFS_DEVICES = .; LONG（0xC3000000）    //fd_access 基地址
```

（3）编译仿真

① 打开 Shell 控制台，进入 projet/TP 文件夹，输入 source install_env.sh 设置系统环境变量。

② 进入 TP0/SW/mjpeg_seq/文件夹，输入 source install.sh configurations/mips 运行脚本，然后输入 make 对软件部分进行编译。

③ 进入/TP0/HW/文件夹，输入 make 对硬件部分进行编译。

④ 在 HW 文件夹下，输入 ln -s ../SW/mjpeg_seq/APP.x。

⑤ 输入./simulation.x -1，若出现图 15-6 所示的情况，则表示实验 1 添加模块成功。

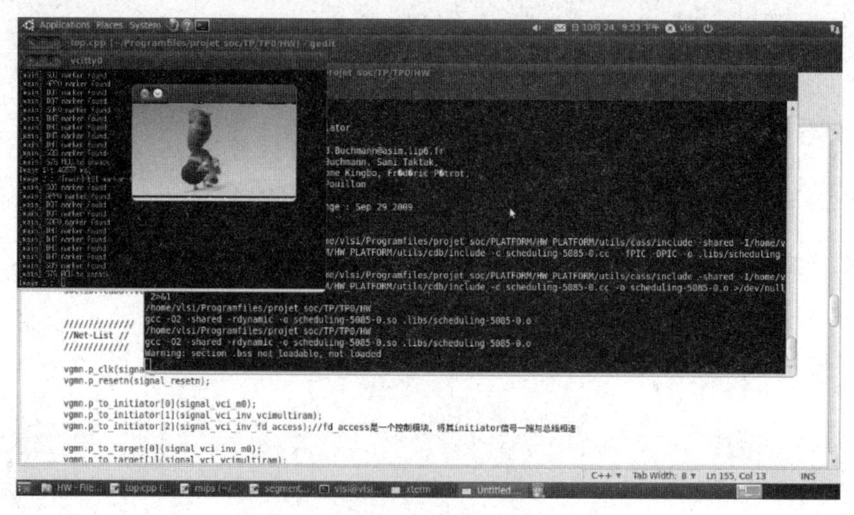

图 15-6 Motion JPEG 运行示意图

注：每次重新启动一次 Shell 控制台，均要重新运行步骤 1 中的脚本“install_env.sh”。

（4）timer 的使用

在 SW/mjpeg_seg/sources/dispatch.c 中定义了一个函数：

```
unsigned int ElapsedTime （void） {
    /*static clock_t previousTicks=0;
```

```
            double elapsedTimeTicks=0;
            clock_t endTicks;*/
            static unsigned long int previous_time = 0;
            unsigned long int elapsed_time = 0;
            volatile unsigned long t1 = 0;
            volatile unsigned long int * timer = (unsigned long int *)0xC2000000;
            t1 = (unsigned long int) * timer;
            elapsed_time = t1 – previous_time;
            previous_time = t1;
            return （(unsigned long int）elapsed_time / 1000）;
        }
```

这个函数的功能是利用所添加的 timer 模块统计程序中各模块的运行时间（时间单位为微秒）。使用时可将该函数分别在待测程序模块的开头和结尾引用一次，然后将两次返回值相减即可求得该模块的运行时间。黑色斜体部分的语句是定义了一个指向定时器 timer 模块的指针，该指针所指向的寄存器存储的值是当前定时器所记录的 cycle 数。

15.1.5　实验 2 构建基于 SoCLib 的 MPSoC

1．实验目的与内容

（1）在实验 1 所构建的单核 SoC 的基础上进行扩展，构成可同步处理的 MPSoC。

（2）了解同构 MPSoC 并行处理的软硬件需求。

（3）将串行的 MJPEG 程序并行化，并移植到所搭建的 MPSoC 之上，验证系统的正确性。

（4）修改 MPSoC 中体系结构参数（cache 的大小、总线延迟时间），分析 MJPEG 程序的运行性能。

（5）改变核的个数和线程数，分析对程序运行性能的影响，探索针对 MJPEG 解码应用的最优架构。

2．实验步骤

（1）在描述如图 15-5 所示的单核 SoC 的顶层 top.cpp 文件中，参考 MIPS 处理器的声明定义方法，再分别添加 1～5 个 MIPS 处理器，构成 MPSoC。一个双 MIPS 核的 SoC 硬核平台系统架构如图 15-7 所示。

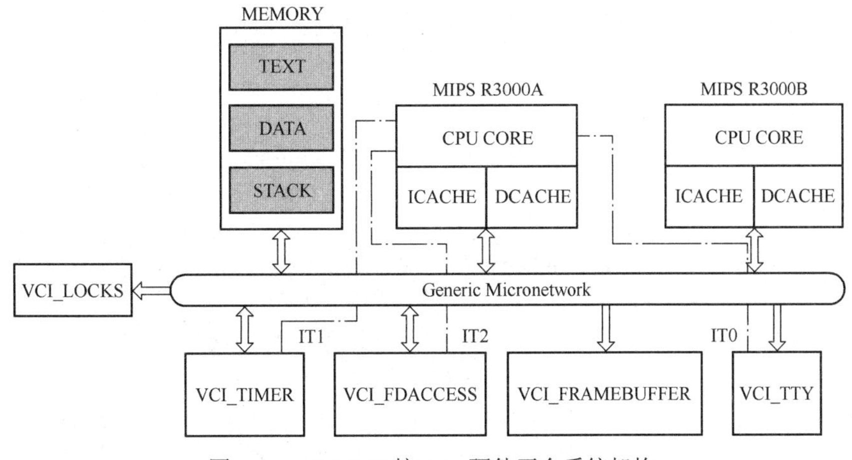

图 15-7　双 MIPS 核 SoC 硬件平台系统架构

（2）将/projet_soc/TP/TP1/SW/mjpeg_mpro 文件夹复制到工程目录下，该文件夹中包含了并行化后的 MJPEG 应用程序。MJPEG 并行程序按如图 15-8 所示的方式进行任务划分，并行处理。在该文件夹下的 source/main.cpp 是已经写好的并行 mjpeg 并行程序。学习该文件夹中的内容，掌握如何将一个串行的任务并行化，如何采用 Posix Pthread 多线程编程接口进行并行程序设计，嵌入式操作系统如何将多线程的任务划分到不同处理器进行计算。关于 Posix Pthread 编程接口的介绍见附录 A。

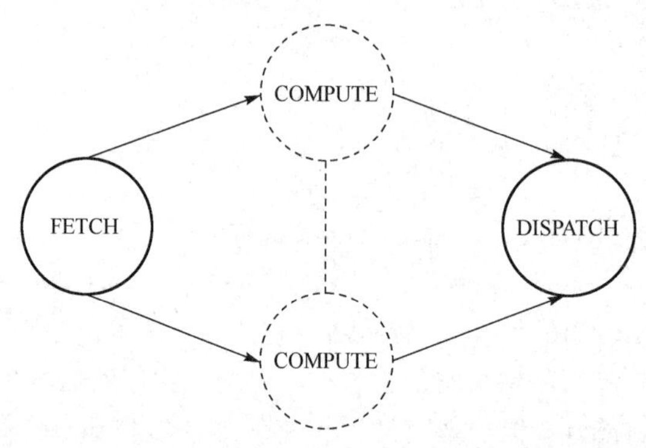

图 15-8　MJPEG 解码任务的任务行化分和并行处理

（3）图 15-8 中，MJPEG 解码应用程序被划分为 FETCH、COMPUTE、DISPATCH 三个子任务。

FETCH 主要负责完成 MJPEG 解码流程中的哈夫曼解码、反锯齿扫描以及反量化。

COMPUTE 负责 MJPEG 解码流程中最为费时的计算任务——反离散余弦变换（IDCT）。这部分任务可以并行处理，如图 15-8 中虚线所示。根据 MPSoC 所具有的处理器数目，程序将整个的 IDCT 计算划分为相应数目的线程，每个处理器负责其中的部分线程，从而实现 MJPEG 应用进行并行处理。

DISPATCH 负责接收从不同的 COMPUTE 任务计算完毕的宏块，并对这些宏块进行重新组织排列，最终生成图像帧并传送到帧缓存中。

（4）修改顶层 top.cpp 文件，配置不同的 MIPS 处理器数目。根据处理器数目修改/project_soc/TP/TP1/SW/mjpeg_mpro 路径下的 ldscript/mips、headers/fetch.h、headers/mjpeg.h、sources/dispatch.c 文件中的内容。分析随着处理器数目的变化 MJPEG 解码应用性能的改变趋势，并总结出现这种变化趋势的原因。

（5）修改顶层 top.cpp 文件中 GMN 与 Cache 的配置参数。其中，对于 GMN 可以改变其 FIFO 深度和传输延迟这两个参数，对于 Cache 可以修改其分块数目和块大小两个参数。GMN 和 Cache 在 top.cpp 中声明及参数的设置如图 15-9 所示。根据 GMN 和 Cache 的不同配置参数，分析 MJPEG 解码应用随这些参数变化时性能的改变趋势，并总结出现这种变化趋势的原因。

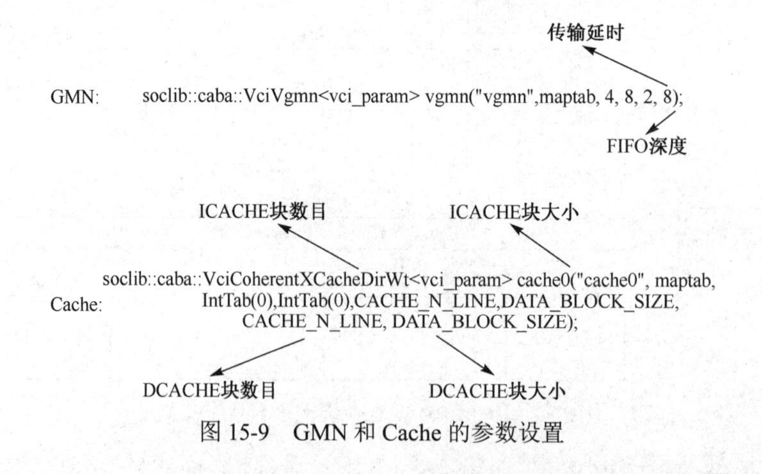

图 15-9　GMN 和 Cache 的参数设置

3．修改内容

上述各文件的修改内容如下（系统架构以双 mips 核为例）。

（1）硬件部分

① top.cpp

- 修改 Mapping table。

添加对两个 mips 核的 Cache 寻址空间的定义：

```
maptab.add(Segment("cache0", CACHE0_BASE , CACHE0_SIZE , IntTab(0), false));
maptab.add(Segment("cache1", CACHE1_BASE , CACHE1_SIZE , IntTab(1), false));
```

注：修改 mapping table 中其他设备模块的索引值，即第 4 个参数，使得每个设备的寻址空间均具有唯一索引。其他 IntTab 索引值递增修改，Cache 的定义必须放在最前部。

- 添加 Component。

修改 vgmn 参数定义：

```
soclib::caba::VciVgmn<vci_param> vgmn("vgmn",maptab, 4, 8, 2, 8);
```

将第一个参数表示的主设备数修改为“4”，第二个参数表示的从设备数修改为“8”。

添加两个 mips 核：

```
soclib::caba::IssWrapper<soclib::common::MipsElIss> mips0("mips0", 0);
soclib::caba::IssWrapper<soclib::common::MipsElIss> mips1("mips1", 1);
```

修改 CPU 核心数（第 2、3 个参数为 vcimultiram 的索引值，第 5 个参数为 CPU 数）：

```
soclib::caba::VciMultiramDirWt<vci_param> vcimultiram("vcimultiram",IntTab(2), IntTab(2), maptab, 2,
loader, DATA_BLOCK_SIZE);//specify here the number of cpus/caches
```

添加两个 Cache：

```
soclib::caba::VciCoherentXCacheDirWt<vci_param>cache0("cache0", maptab, IntTab(0), IntTab(0), CACHE_
N_LINE, DATA_BLOCK_SIZE, CACHE_N_LINE, DATA_BLOCK_SIZE);
soclib::caba::VciCoherentXCacheDirWt<vci_param>cache1("cache1", maptab, IntTab(1), IntTab(1),
CACHE_N_LINE, DATA_BLOCK_SIZE, CACHE_N_LINE, DATA_BLOCK_SIZE);
```

将下面几条语句中的 IntTab 索引值改为 Mapping table 中定义的相对应的值：

```
soclib::caba::VciMultiTty<vci_param> vcitty("vcitty", IntTab(3), maptab);
soclib::caba::VciLocks<vci_param> semlocks("semlocks", IntTab(4), maptab);
soclib::caba::VciTimer<vci_param> timer("timer", IntTab(5), maptab, 1);
soclib::caba::VciFdAccess<vci_param> fd_access("fdaccess", maptab, IntTab(3), IntTab(6));
soclib::caba::VciFrameBuffer<vci_param> fbuffer("fbuffer", IntTab(7), maptab, FBUFFER_WIDTH,
FBUFFER_HEIGHT);
```

- 添加相关 Signal（即新添加的两个 mips 核以及 Cache 的信号）。

```
soclib::caba::ICacheSignals signal_mips_icache0("signal_mips_icache0");
soclib::caba::DCacheSignals signal_mips_dcache0("signal_mips_dcache0");
    sc_signal<bool> signal_mips0_it0("signal_mips0_it0");
sc_signal<bool> signal_mips0_it1("signal_mips0_it1");
sc_signal<bool> signal_mips0_it2("signal_mips0_it2");
sc_signal<bool> signal_mips0_it3("signal_mips0_it3");
sc_signal<bool> signal_mips0_it4("signal_mips0_it4");
sc_signal<bool> signal_mips0_it5("signal_mips0_it5");

soclib::caba::ICacheSignals signal_mips_icache1("signal_mips_icache1");
soclib::caba::DCacheSignals signal_mips_dcache1("signal_mips_dcache1");
```

```
sc_signal<bool> signal_mips1_it0("signal_mips1_it0");
sc_signal<bool> signal_mips1_it1("signal_mips1_it1");
sc_signal<bool> signal_mips1_it2("signal_mips1_it2");
sc_signal<bool> signal_mips1_it3("signal_mips1_it3");
sc_signal<bool> signal_mips1_it4("signal_mips1_it4");
sc_signal<bool> signal_mips1_it5("signal_mips1_it5");

soclib::caba::VciSignals<vci_param> signal_vci_m0("signal_vci_m0");
soclib::caba::VciSignals<vci_param> signal_vci_inv_m0("signal_vci_inv_m0");

soclib::caba::VciSignals<vci_param> signal_vci_m1("signal_vci_m1");
soclib::caba::VciSignals<vci_param> signal_vci_inv_m1("signal_vci_inv_m1");
```

- 添加 Netlist（即新添加的两个 mips 核以及 Cache 信号的连接）。

与 vgmn 的 Initiator 和 target 端口的连接（其他角标按顺序递增）：

```
vgmn.p_to_initiator[0](signal_vci_m0);
vgmn.p_to_initiator[1](signal_vci_m1);
vgmn.p_to_target[0](signal_vci_inv_m0);
vgmn.p_to_target[1](signal_vci_inv_m1);
```

两个 mips 核的相关信号连接：

```
mips0.p_clk(signal_clk);
mips0.p_resetn(signal_resetn);
mips0.p_irq[0](signal_mips0_it0);
mips0.p_irq[1](signal_mips0_it1);
mips0.p_irq[2](signal_mips0_it2);
mips0.p_irq[3](signal_mips0_it3);
mips0.p_irq[4](signal_mips0_it4);
mips0.p_irq[5](signal_mips0_it5);
mips0.p_icache(signal_mips_icache0);
mips0.p_dcache(signal_mips_dcache0);

mips1.p_clk(signal_clk);
mips1.p_resetn(signal_resetn);
mips1.p_irq[0](signal_mips1_it0);
mips1.p_irq[1](signal_mips1_it1);
mips1.p_irq[2](signal_mips1_it2);
mips1.p_irq[3](signal_mips1_it3);
mips1.p_irq[4](signal_mips1_it4);
mips1.p_irq[5](signal_mips1_it5);
mips1.p_icache(signal_mips_icache1);
mips1.p_dcache(signal_mips_dcache1);
```

两个 Cache 相关信号的连接：

```
cache0.p_clk(signal_clk);
cache0.p_resetn(signal_resetn);
cache0.p_icache(signal_mips_icache0);
cache0.p_dcache(signal_mips_dcache0);
cache0.p_i_vci(signal_vci_m0);
cache0.p_t_vci(signal_vci_inv_m0);

cache1.p_clk(signal_clk);
cache1.p_resetn(signal_resetn);
cache1.p_icache(signal_mips_icache1);
```

```
cache1.p_dcache(signal_mips_dcache1);
cache1.p_i_vci(signal_vci_m1);
cache1.p_t_vci(signal_vci_inv_m1);
```

② segmentation.h

修改 segmentation.h 文件，添加对于两个 Cache 寻址空间的基地址和大小的定义

```
#define    CACHE0_BASE0xD5000000
#define    CACHE0_SIZE  0x00000010
#define    CACHE1_BASE0xD7000000
#define    CACHE1_SIZE  0x00000010
```

注：基地址可以取任何值，只要与其他设备模块的寻址空间不重合即可。

（2）软件部分（所在路径：/projet_soc/TP/TP1/SW）

① ldscript/mips

添加 lock 基地址：

```
mram – – TODO : addr of the vcilock component – – : { }
```

修改为：

```
.semram 0xC1000000 : { }
```

设置 mips 核的数目：

```
PLATFORM_N_MIPSR3000 = .; LONG(– – TODO : number of processors – –)
```

修改为：

```
PLATFORM_N_MIPSR3000 = .; LONG(0x2)
```

设置 timer 的基地址：

将程序：

```
PLATFORM_CLOCK_BASE = .; LONG(-- TODO : addr of the timer --)
```

修改为：

```
PLATFORM_CLOCK_BASE = .; LONG(0xC2000000)
```

设置 tty 的数目和基地址：

将程序：

```
SOCLIB_TTY_NDEV = .; LONG(– – TODO : number of TTY – –)
```

修改为：

```
SOCLIB_TTY_NDEV = .; LONG(0x1)
```

将程序：

```
SOCLIB_TTY_DEVICES = .; LONG(– – TODO : Addresses must be incremented by 16 – –)
```

修改为：

```
SOCLIB_TTY_DEVICES = .; LONG(0xC0200000)
```

设置 fd_access 的基地址：

将程序：

```
BRIDGEFS_DEVICES = .; LONG(– – TODO : addr – –)
```

修改为：

```
BRIDGEFS_DEVICES = .; LONG(0xC3000000)
```

② headers/fetch.h:

添加所需解码视频文件的路径：

将程序：

```
movie = fopen ("/fd/ "– – TODO YOUR PATH TO THE IMMAGE – – "/ice_age_ 256x144_444.mjpeg", "r");
```

中的路径修改为：

```
movie = fopen ( " / fd / projet_soc 文件夹所在路径 / TP / TP0 /SW/mjpeg_seq/images/ice_age_256x144_444.mjpeg", "r");
```

③ headers/mjpeg.h

修改 NB_IDCT 的宏定义，该宏表示并行程序运行 COMPUTE 子任务时所需的线程数。本实验中若在两个 mips 核上各分别分配一个线程执行 COMPUTE 任务，则线程数设置为“2”，如下：

```
#define NB_IDCT 2
```

④ sources/dispatch.c：

（1）设置 timer 的基地址

将程序：

```
TODO : volatile unsigned long int * timer = (unsigned long int *)0xaddr of the vcitimer;
```

修改为：

```
volatile unsigned long int * timer = (unsigned long int *)0xC2000000;
```

（2）设置 frambuffer 的基地址

将程序

```
if (LB_Y==0) memcpy ((void *) TODO Framebuffer address, picture, SOF_section . width * SOF_section . height * 2);
```

修改为：

```
if (LB_Y = = 0) memcpy ((void *) 0xC4000000, picture, SOF_section . width * SOF_section . height * 2);
```

⑤ sources/main.c 文件中并行程序说明：

本实验中 SoC 为多核系统结构，MJPEG 解码程序将按图 A-8 所示方案，采用 Posix pthread 多线程编程接口进行并行化。main.c 文件包含了全部并行程序，使用了 pthread 中的两个重要 API 函数：pthread_create 和 pthread_join，并行程序及相关 API 的具体说明如下：

```
pthread_create：（线程的创建）
```

函数原型：

```
int pthread_create(pthread_t * thread, pthread_attr_t * attr, void * (*start_routine) (void *), void * arg)
```

用于创建新的线程，包含有 4 个参数，第 1 个参数是一个线程指针，指向所创建的线程；第 2 个参数是一个属性指针，指向为所创建线程设置的属性（对于一般用法通常设置为 Null）；第 3 个参数是一个函数指针，用于指向分配给所创建的线程执行的函数；第 4 个参数是一个参数指针，指向所创建线程在执行分配给它的函数时所需要的参数集合（用于传递参数）。

如 main.c 中的“pthread_create (& fetchThread, NULL, fetch_process, fetch_channel)”表示主程序创建了一个线程 fetchThread，该线程所用的属性为空，所执行的函数为 fetch_process( )，用于执行 FETCH 子任务，所需参数为 fetch_channel 指针指向的一个 Channel 类型的数组（可参见 source/fetch.c 文件中 fetch_process( )的定义）。

同理 main.c 中又分别创建了两个完成 COMPUTE 子任务的线程“pthread_create (& idctThread[i], NULL, idct_process, idct_channel[i])”和一个完成 DISPATCH 子任务的线程“pthread_create (& dispatchThread, NULL, dispatch_process, dispatch_channel)”，其参数定义与完成 FETCH 子任务的线程相同：

```
pthread_join：（线程的同步）
```

函数原型：

```
int pthread_join __P (pthread_t __th, void **__thread_return);
```

用于同步所有线程，回收资源，挂起主线程，直到所等待从线程执行完毕才继续执行主线程。该函数包含两个参数，第一个参数为等待执行结束的从线程的标识符，第二个参数用于保存等待线程的返回值。

对于 MJPEG 解码流程，子任务 DISPATCH 为整个流程最后一步，主线程必须等待执行 DISPATCH 的子线程 dispatchThread 执行完毕，才可继续执行，从而达到线程之间同步的目的。因此，main.c 中的“pthread_join(dispatchThread, NULL)”语句通过 pthread_join( )函数的调用挂起主线程，直到 dispatchThread 线程执行结束。此外，由于 dispatchThread 所执行的函数 dispatch_process( )的返回值类型为 void，因此 pthread_join( )的第 2 个参数为空。

15.1.6　实验 3　系统软件开发——嵌入式操作系统及设备驱动设计

1．实验目的与内容

（1）了解 SoC 的软件开发流程。

（2）进一步深入理解嵌入式操作系统 DNA 的层次结构与工作原理。

（3）掌握基于嵌入式操作系统 DNA 硬件抽象层（HARDWARE ABSTRACTION LAYER，HAL）的驱动程序设计方法。

（4）设计新的帧缓存 framebuffer 驱动程序，替代原驱动中使用内存复制函数 memcpy 传输图像数据的方法。

（5）在单核 SoC 上移植 MJPEG 解码程序，验证所编写驱动程序的正确性，分析程序运行时间。

2．实验步骤

（1）设备驱动程序的框架位于/projet_soc/TP/TP2/SW/ driver 文件夹下，嵌入式操作系统 DNA 的源程序位于/projet_soc/PLATFORM/SW_PLATFOMR/APES/system/ksp/ os/dna 文件夹下。

（2）深入理解嵌入式操作系统 DNA 的层次结构与工作原理，DNA 的层次结构如图 15-10 所示。DNA 是 4 层结构，从上到下依次为：应用层、C 运行库层、操作系统层、硬件抽象层。应用层使用 C 运行库层提供的 API 编写应用程序，C 运行库层使用操作系统层提供的 API 来访问系统的功能，操作系统层通过硬件抽象层 HAL 提供的 API 直接访问处理器及其他外设模块。更多关于嵌入式操作系统 DNA 的细节，参见：http://www.soclib.fr/ trac/dev/wiki/Tools/Muteka。

（3）掌握基于 DNA 操作系统的设备驱动程序设计方法。在 DNA 操作系统中，每个设备的驱动程序首先需要实现设备管理接口（Management Interface）。操作系统 DNA 启动时所有的设备都必须在管理接口中进行注册加载。因此，每一个设备均要在管理接口中声明一个变量 modul_t，该变量包含 3 个元素：该设备的 ID、指向设备初始化函数（Initialization Function）的指针、指向设备清理函数（Clean-up Function）的指针。综上所述，实现基于 DNA 操作系统的设备驱动程序的管理接口时，首先需要在 dna/headers/modules/modules.h 注册声明该设备，然后分别实现初始化函数 init 和清理函数 cleanup。

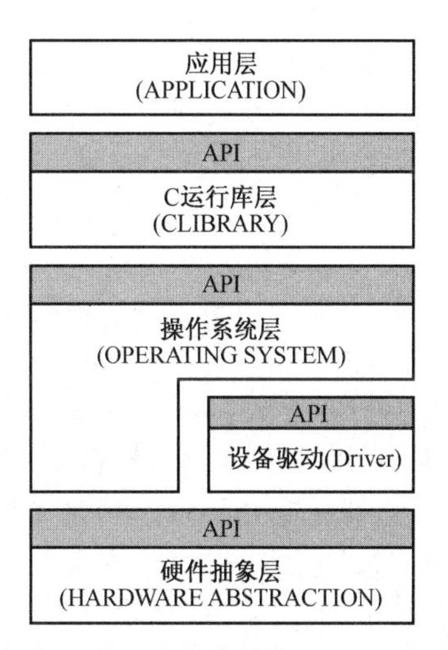

图 15-10　嵌入式操作系统 DNA 层次结构

（4）实现设备驱动的管理接口后，还需要实现基于 DNA 操作系统的设备控制（Control Interface）接口。该接口主要完成与系统底层硬件设备的互操作，需要完成的功能函数如下。

- open：应用程序通过 fopen 函数调用该函数，打开设备文件。
- read：应用程序通过 fread 函数调用该函数，访问设备文件，从该设备文件中读取相关数据。
- write：应用程序通过 fwrite 函数调用该函数，将相关数据写入到设备文件。

每设计一个设备的驱动程序，均需要实现上述 3 个功能函数，以完成与低层设备的互操作。在 DNA 操作系统中，所有的设备均可看成一个文件，通过设备文件系统（device filesystem – DevFS）进行管理，因此在应用程序中，均可采用访问一般文件的方式访问各种设备，如上所示，大大降低了编程难度。

（5）复制设备驱动程序框架到工程目录下，编写帧缓存 framebuffer 的驱动程序，然后将对该设备引用注册到 ldscript 链接脚本中，将其与 MJPEG 应用程序一起编译得到可执行文件，验证设备驱动的正确性。注意，在编写设备驱动时，需要使用 HAL 原语，HAL 原语可参见附录 B。

15.1.7 实验 4 面向 MJPEG 解码的 MPSoC 系统优化

1. 实验目的与内容

（1）根据前面实验的结果数据，分析系统的性能瓶颈，找出 MJPEG 解码过程中最为费时的计算任务及数据传输任务，优化 MPSoC 系统架构，进一步提升系统并行性。

（2）对 MJPEG 解码过程中最费时的计算任务，设计硬件加速模块的高抽象层次模型，提升解码速度。

（3）对于 MJPEG 解码过程中可并行的数据传输任务，添加 DMA 模块模型，进一步减轻处理器负担，提高数据传输效率，提升解码速度。

（4）设计硬件加速模块的驱动程序，并通过 MJPEG 解码进行验证，优化后的 MPSoC 是否可实时解码。

2. 实验步骤

（1）通过前面实验可以注意到即使采用 MPSoC 仍然无法实现实时解码，分析算法可以得出如下结论：

① IDCT 是 MJPEG 解码任务的计算瓶颈，占据了大部分解码时间，是导致 MJPEG 无法实时解码的主要原因。

② 解码完成的视频数据需要由处理器搬运到 framebuffer，即处理器不但要负责 MJPEG 的解码计算任务，还要负责结果数据搬运，负担过重。

因此，解决办法是优化 MPSoC 系统架构。设计 IDCT 专用硬件模块，加快计算速度；添加 DMA 模块，由 DMA 负责结果数据的搬运，进一步减轻处理器的任务，使其专注于 MJPEG 的解码。优化后的 MPSoC 系统架构如图 15-11 所示。

（2）在图 15-7 所示的 MPSoC 的顶层文件 top.cpp 中添加 DMA 模块，该模块的高抽象模型位于实验平台的 HW_PLATFORM/SoCLib/soclib/module/infrastructure_component/中，其定义和使用方法可参见网址：http://www.soclib.fr/trac/dev/wiki/Component/VciDma。添加完成后，通过简单的 C 程序对 DMA 模块进行测试，以确保其正常工作。

（3）设计专用硬件模块 IDCT 的 ESL 高抽象层次模型——VCI_IDCT。在 MJEPG 解码中，IDCT 采用了 Loëffler's 算法，该算法仅使用 14 次乘法操作和 26 次加法操作即可完成 8 个点的一维 IDCT 计算任务，如图 15-12 所示，其中的蝶形变换如图 15-13 所示。

由于本实验基于 SoCLib 平台完成，在该平台中所有的 IP 模块使用 VCI 标准化接口进行封装，从而增加了 IP 复用性。因此，所设计的 IDCT 专用硬件模块也必须遵循 VCI 标准接口协议进行设计。

遵循 VCI 标准的 IDCT 硬件专用模块的高层次模型框架本实验已经提供，可参见 projet_soc/TP/vci_idct 文件夹中的内容。在设计基于 VCI 协议的 IP 模块时需要实现一个有限状态机 FSM。该 FSM 包含两个函数 transition( )与 genMoore( )。关于 VCI 协议标准和 FSM 的具体细节，可参考文件/projet_soc/TP/docs/VCIstandard.pdf。

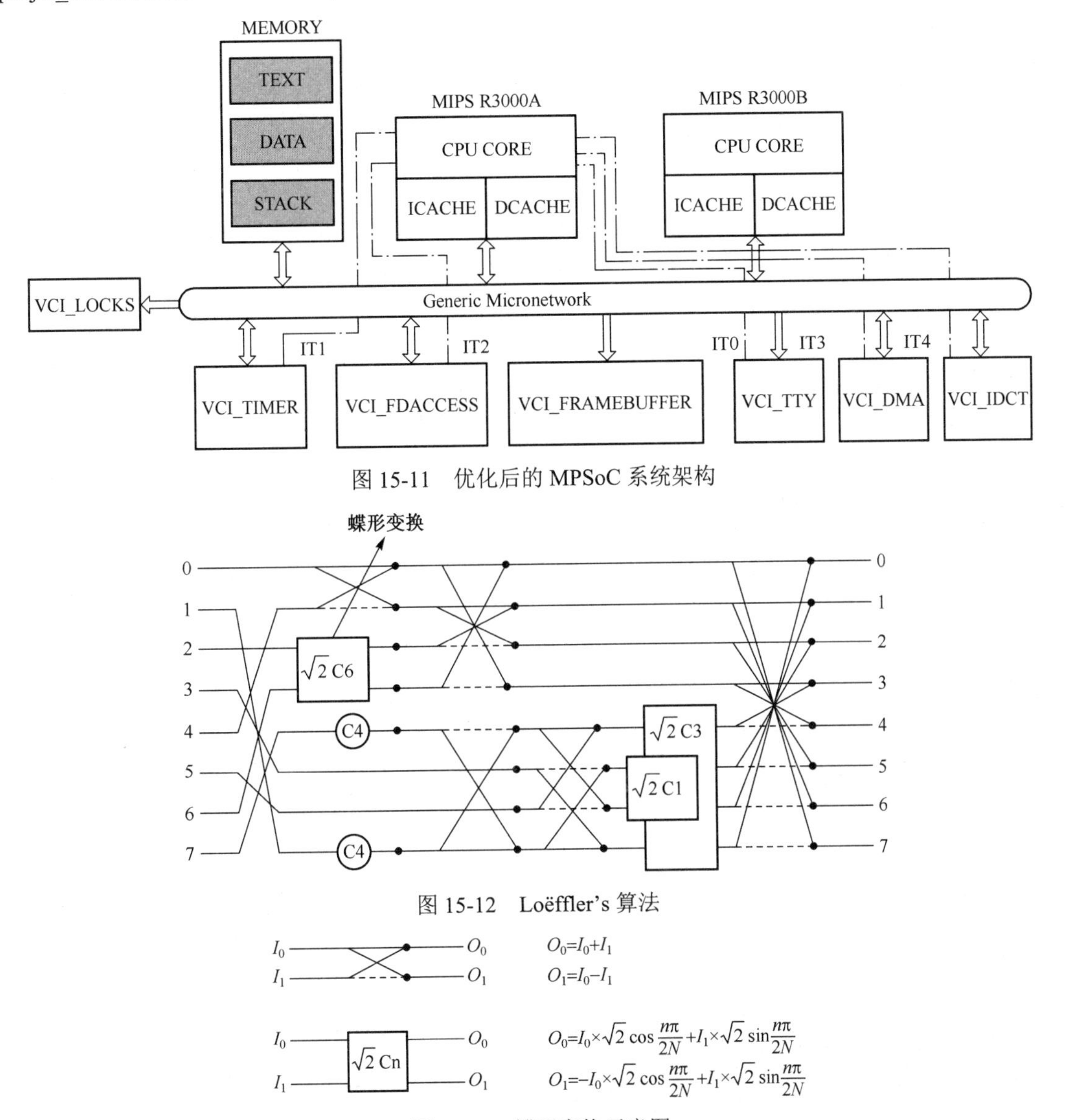

图 15-11　优化后的 MPSoC 系统架构

图 15-12　Loëffler's 算法

图 15-13　蝶形变换示意图

（4）根据实验 3 中提到的步骤方法，设计 IDCT 的设备驱动程序，编写简单的 C 程序进行测试。

（5）根据图 15-11 所示 MPSoC 系统架构，修改 MJPEG 解码程序并进行移植，验证在该系统架构下是否可完成实时解码的任务。

15.2　基于 RISC-V 的 SoC 设计与验证

RISC-V 是一个基于精简指令集（RISC）建立的开放指令集架构（ISA），最初是由美国加州大学伯克利分校 David A. Patterson 教授研究团队联合许多志愿者和行业工作者共同开发完成的。RISC-V 具有项目开源、架构简单、工具链完善等特点。本节将在 Genesys2 FPGA 平台之上，采用基于 RISC-V 的 CVA6（Core-Verfication-Ariane-6）处理器和 Ariane SoC 设计开展 SoC 设计与验证实验。

15.2.1 实验内容

1．实验总体目标

以 Ariane SoC 为原型，学习 SoC 的设计与实现方法，并以面向手写体数字识别应用的朴素贝叶斯加速器模块的设计与系统集成为例，学习 SoC 的架构设计，掌握 SoC 的基本开发流程。

2．实验内容与课时安排

本课程设计由 3 个实验组成，包括 Ariane SoC 的集成、实现、验证与系统调试，并以朴素贝叶斯加速器集成为例，详述 SoC 的设计与验证方法，内容涵盖 SoC 设计与验证过程。

实验 1 Ariane SoC 的集成（6 学时）：

- 了解 Ariane SoC 的体系结构和访存空间划分；
- 以 UART 模块为例，掌握 Ariane SoC 的集成方法；
- 通过对 SoC 的综合与分析，掌握 RTL 设计中的时序分析、资源占用分析、功耗分析方法。

实验 2 Ariane SoC 软硬件调试（6 学时）：

- 掌握 SoC 原型设计的软硬件调试方法；
- 学会编写、编译验证 SoC 功能的测试程序；
- 学会对 SoC 进行系统验证和软硬件联合调试。

实验 3 面向特定应用的 SoC 设计（8 学时）：

- 面向手写体数字识别应用，设计朴素贝叶斯硬件加速单元（Bayes IP）；
- 在 Ariane SoC 基础上添加 Bayes IP，完成 SoC 的集成；
- 完成 Bayes SoC 的系统验证。

15.2.2 实验准备工作

1．实验环境

本实验所用的计算机须安装 Linux 操作系统，建议使用 Ubuntu18.04 操作系统，不支持 Windows 操作系统。

2．实验平台简介

实验所采用的 cva6_lib 平台包含了 CVA6 项目源码和其他开发与验证工具。此实验平台的目录结构如图 15-14 所示。其中，开发工具主要有 RISC-V GNU Compiler Tool chain、RISC-V Tools 和 Verilator 编译仿真器。RISC-V GNU Compiler Tool chain 中包含了 RISC-V 处理器所需的编译链。RISC-V Tools 中主要包含 RISC-V 指令集仿真器和 CPU 相关的测试调试工具。Verilator 是一款免费开源的 RTL 代码编译仿真工具，将可综合的 Verilog HDL、System Verilog 代码转化为以 C++ 或 System C 代码呈现的周期精确的行为级模型，以提高仿真验证速度。

cva6_lib 平台可从官网下载。其下载地址如下：

CVA6 项目源码：https://github.com/openhwgroup/cva6

RISC-V GNU Compiler Tool chain：https://github.com/riscv/riscv-gnu-toolchain

RISC-V Tools：https://github.com/riscv/riscv-tools

Verilator 仿真器：https://www.veripool.org

bbl.bin：https://github.com/pulp-platform/ariane-sdk

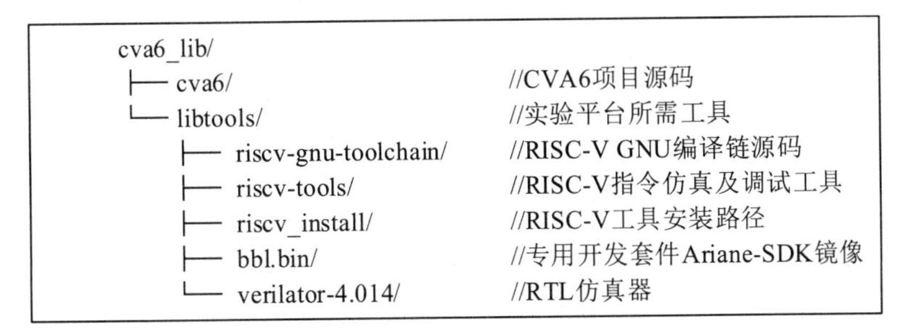

图 15-14　cva6_lib 实验平台目录结构

（1）cva6

cva6 包含了由 CVA6 项目所提供的源码，主要有可综合的 RTL 代码（src 目录下）、boot 程序源码（bootrom 目录下）、Ariane SoC 的 FPGA 原型设计（fpga 目录下）、Ariane SoC 的测试平台程序（tb 目录下）等。CVA6 项目源码目录结构如图 15-15 所示。

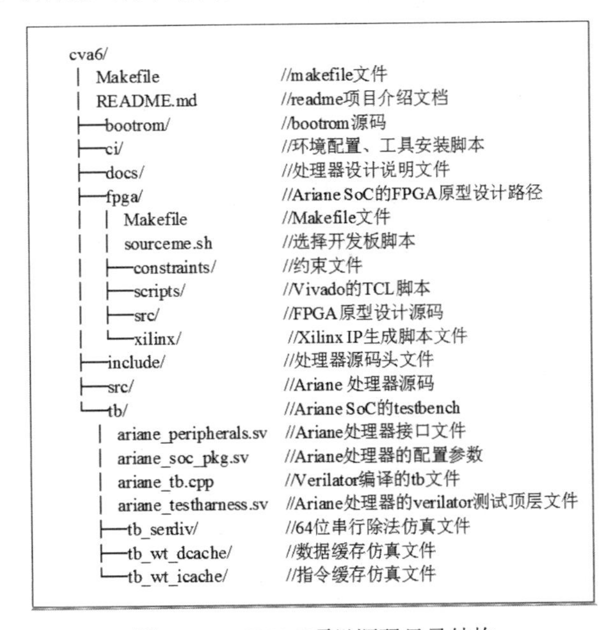

图 15-15　CVA6 项目源码目录结构

（2）libtools

在 libtools 中，除了基本安装脚本及仿真软件，还有 RISC-V GNU 编译链及 RISC-V 指令仿真器、调试器等。

① RISC-V GNU 编译链

riscv-gnu-toolchain 主要包括 RISC-V 版本的 GCC 交叉编译器（riscv-gcc）和 GDB 调试工具（riscv-gdb）。riscv-gcc 可分为 elf-gcc，linux-gnu-gcc 两个版本，以及相对应的 32 位和 64 位处理器版本。elf-gcc 使用的是 riscv-newlib 库（面向嵌入式的 C 库），而且只支持静态链接，不支持动态链接。linux-gnu-gcc 使用的是 glibc 标准库，支持动态链接。本项目采用的是 64 位处理器，故使用 riscv64-unknown-elf-gcc 编译器。

② RISC-V Tools

riscv-tools 包含了 RISC-V 指令集仿真器（riscv-isa-sim，称为 spike）、片上调试器（riscv-openocd）、代理内核（riscv-pk）和 RISC-V 测试集（riscv-tests），RISC-V Tools 目录结构如图 15-16 所示。

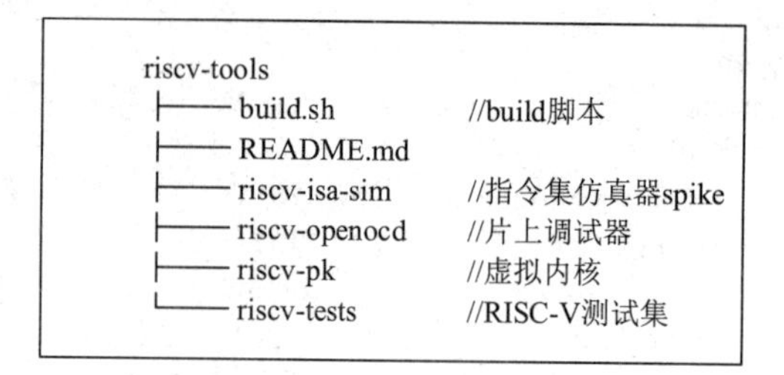

图 15-16 RISC-V Tools 目录结构

3. 实验平台的安装与测试

学员可采用两种方式安装实验平台：直接采用源程序进行安装或通过 VMware 直接导入本书配套教辅提供的虚拟机。其中，第 1 种安装方式适合对于 Linux 环境下的软件安装和配置比较熟悉的学员，第 2 种安装方式快捷简单，无需额外的配置，适合对 Linux 环境不太熟悉的学员。为了简化实验的安装流程，使学习重点集中于课程设计本身，建议采用第 2 种安装方法。

（1）安装测试方法 1（采用压缩包源码）

① 解压 cva6_lib 压缩包，得到如图 15-14 所示的目录结构。

② 修改和设置环境变量，在 Linux 环境下打开终端，输入指令 gedit ~/.bashrc，末尾插入环境变量语句：

```
export RISCV= riscv_install 文件夹所在路径
export VERILATOR_ROOT =verilator-4.014 文件夹所在路径
export PATH=$RISCV/bin:$VERILATOR_ROOT/bin:$RISCV/riscv64-unknown-elf/bin:$PATH
```

③ 在 cva6_lib/libtools/riscv-gnu-toolchain 路径下打开终端，输入如下命令以下载 riscv-gnu-toolchain 所需安装包：

```
sudo apt-get install autoconf automake autotools-dev curl python3 libmpc-dev libmpfr-dev libgmp-dev gawk build-essential bison flex texinfo gperf libtool patchutils bc zlib1g-dev libexpat-dev
```

④ 随后输入以下命令进行 riscv-gnu-toolchain 的安装：

```
./configure --prefix=$RISCV
make
```

⑤ 在 riscv-tools 目录下打开终端，运行 build.sh 安装 riscv-tools：

```
./build.sh
```

⑥ 最后，验证上述工具安装是否成功。在 cva6_lib/libtools 路径下，新建一个 C 语言程序，内容可参考图 15-17 中的 hello.c 程序。打开终端并输入：riscv64-unknown-elf-gcc hello.c -o hello.elf 对程序进行编译，得到 hello.elf 可执行文件。接下来输入：spike $RISCV/riscv64-unknown-elf/bin/pk hello.elf，运行 hello.elf 可执行文件，若实验平台安装成功，则显示“hello CVA6!”则说明配置成功。

```
01  ////////////////////////////////////////////////////////
02  #include<stdio.h>
03  int main(){
04   printf("hello CVA6!\n");
05  }
06  ////////////////////////////////////////////////////////
```

图 15-17 hello.c 程序

（2）安装测试方法 2（通过 VMware 直接导入本书提供的虚拟机）

① 在 Windows 操作系统下，安装虚拟机 VMware16.0。

② 下载本书配套教辅：虚拟机镜像压缩包 SoCdesign.zip，并解压缩。

③ 打开 VMware16.0，从菜单栏选择 File→Open，然后在解压缩路径下选择虚拟机镜像文件 SoCdesign.vmx。该虚拟机镜像为 Ubuntu18.04 操作系统，并已完成整个实验平台的安装，用户可直

接使用实验平台，无须进行任何额外的安装配置。

④ 在 VMware16.0 菜单栏，选择 VM→Power→Power on，启动该虚拟机，在弹出的对话框中选择“i moved it”。等待片刻后，进入登录界面，选择用户名 VLSI。输入密码“socdesign”进入系统。

⑤ 实验平台位于：/home/VLSI 路径下的 cva6_lib 文件中，用户可采用（1）中步骤⑥的测试方法对实验平台进行测试。

15.2.3 Ariane SoC 架构简介

1. Ariane SoC 的架构

图 15-18 所示为 Ariane SoC 架构示意图。

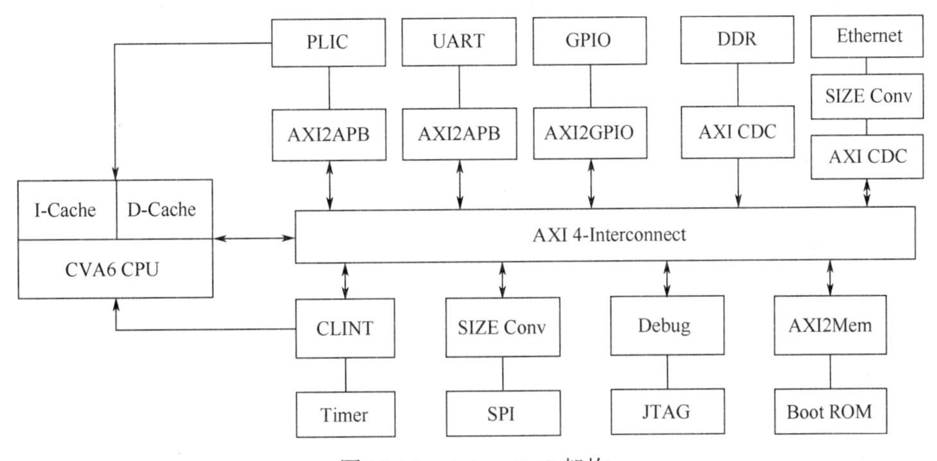

图 15-18　Ariane SoC 架构

该 SoC 主要有 CAV6 CPU、Debug、JTAG、Boot Rom、CLINT、PLIC、Timer、SPI、UART、Ethernet Controller、GPIO 和 DRAM 模块。

（1）CVA6 CPU

CVA6 是一个支持 6 级流水线、采用 RV64 指令集（包含 RV64I、RV64M、RV64A 和 RV64C 共 4 个指令集模块）的 RISC-V 架构的 CPU 核，通过 AXI4 总线与其他模块交互。图 15-19 所示为 CVA6 CPU 的 RTL 层次架构图。其中，frontend 包括 PC 生成和取指两个阶段，id_stage、issue、ex_stage 分别为译码、发射、执行单元。csr_regfile 为控制和状态寄存器（csr）及寄存器堆模块（regfile）。csr 定义了 RISC-V 架构中定义的控制和状态寄存器，可用于配置或记录一些处理器运行时的状态。regfile 定义了处理器中的通用寄存器组。cache_subsystem 为缓存子系统模块，包括 16 KB 的指令缓存和 32 KB 的数据缓存，将常用指令与数据放置在位于处理器核与存储器之间的 Cache 中，以提高处理器运行的速度。perf_counters 为性能计数模块，该模块主要用于测试 CVA6 的性能，在运行跑分程序（Benchmark）时会使用到该模块。在 PC 生成阶段 PC 值从控制状态寄存器（CSR）中读取；取指部分指令来自于 Cache 子系统中的 I-Cache，其内部的辅助后备缓冲区（ITLB）可以辅助 Cache 提高命中率和缓存速度。针对跳转类指令，跳转历史表（BHT，Branch History Table）用于对分支指令跳转方向的动态预测，返回地址栈（RAS， Return Address Stack）用于压入返回地址，分支目标缓存（BTB，Branch Target Buffer,）用于保存最近执行过的跳转指令的跳转地址，这些共同组成了分支预测部分，可以有效地提高预测效率，降低因出现预测错误而发生流水线冲刷的几率。发射和执行阶段采用计分板（Scoreboard）技术实现解决由数据相关性带来的数据冒险等问题并实现指令集并行，其中执行部分集成了加载存储单元（LSU），可以通过 D-Cache 实现访存，此外还集成了乘法器（Multipler）、浮点运算单元（Float Point Unit）和分支处理单元（branch unit）；交付阶段则完成对寄存器堆（Regfile）和控制状态寄存器（CSR）的回写以便下一循环的取指，此外来自特权模式的切换、CPU 核外部的系统中断信号和内部异常信号的仲裁与处理也在该阶段完成，这些均与下一周期的 PC 生成和取指地址有关。

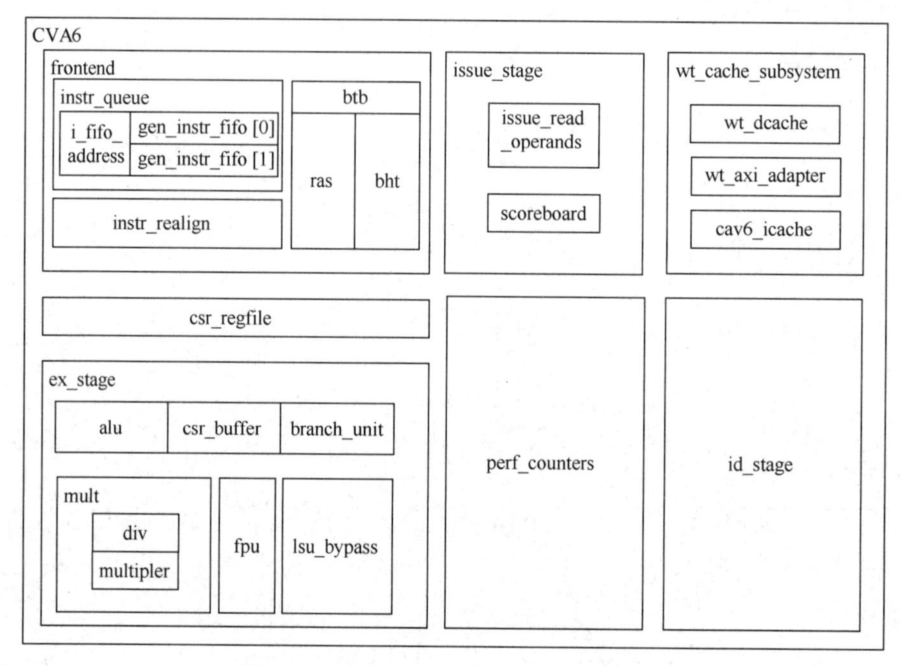

图 15-19　CAV6 CPU 的 RTL 层次架构图

（2）Debug

Debug 模块，即调试模块，用于支持通过 JTAG 接口调试处理器核，使得处理器核能够通过 GDB 调试工具对其进行交互式调试，例如设置断点、单步执行等。

（3）JTAG

用户可以通过 JTAG 模块将 PC 上位机的调试器（Debugger）与 SoC 内部的 Debug 调试模块进行连接，实现对所运行程序的调试分析。

（4）Boot ROM

Boot Rom 是 SoC 内部的一块很小的存储区，里面固化了一段系统启动代码。当 SoC 芯片上电或复位时，CPU 的 PC 寄存器里的值就是该段代码的起始地址，因此，在 SoC 上电后就会执行该段代码。Ariane SoC 的 Boot Rom 中的启动代码包含控制 UART 串口输出系统启动时的信息、初始化 SPI 接口和 SD 卡（将 SD 卡 ONIE boot 分区中存放的 Linux 镜像复制到 DRAM 中）、设置 PC 寄存器的值为 0x8000_0000 等。由于在执行该部分中的指令时还未启动操作系统，因此该部分的代码使用的是物理地址。

（5）CLINT

CLINT 全称为核内局部中断控制器（Core Local Interrupts），即局部中断控制器，处理内部中断。局部中断是直接与处理器核心相连的中断，可以直接改变一些有关中断的控制与状态寄存器（CSRs）的值。CLINT 主要实现 RISC-V 架构中规定的标准计时器中断（Timer）和软件中断（Software）的功能。

（6）PLIC

PLIC 全称为平台中断控制器（Platform-Level Interrupt Controller），即全局中断控制器，处理外部中断。PLIC 主要实现 RISC-V 架构中规定的 PLIC 功能，能够支持多个中断源，并且每个中断可以配置中断优先级，所有中断源经过 PLIC 仲裁后，生成一个最终的中断信号发送给处理器核作为外部中断信号。

（7）Timer

Timer 全称为标准计时器模块，包含 3 个寄存器：计时寄存器（Timer Register）、计时比较寄存器（Timer Compare Register）和计时控制寄存器（Timer Control Register）。

（8）SPI

SPI 的全称为串行外围设备接口（SPI，Serial Peripheral Interface），主要用于连接外部 Flash 或 SD 卡等外部存储。Flash 和 SD 卡为非易失性存储，通常可用于程序固化。Ariane SoC 中 SPI 接口用来连接 SD 卡。

（9）UART

UART 全称为通用异步收发传输器（Universal Asynchronous Receiver/Transmitter），它将要传输的数据在串行通信与并行通信之间加以转换，可把并行输入信号转成串行输出信号。本项目中，Ariane-SDK 中的 Linux 系统启动后，可使用超级终端监听 UART 接口来控制 Linux 系统的输入输出。

（10）Ethernet Controller

Ethernet Controller 全称为以太网口控制器，用于驱动 Genesys2 开发板上的以太网接口，实现互联网通信。Ariane-SDK 中的 Linux 系统可使用该以太网口连接互联网。

（11）GPIO

GPIO 全称为通用输入/输出接口，该模块通过 Xilinx 公司的 IP 直接控制 Genesys2 开发板上的一些通用 I/O 资源，包括 8 个 LED 输出，8 个拨码开关输入。

（12）DRAM

DRAM 动态随机存取存储器（Dynamic Random Access Memory），是最常见的系统内存，其主要特点是运行速度快，容量小，具有掉电易失性。Ariane SoC 使用 Genesys2 上的两条 DDR3 SDRAM（Double-Data-Rate Synchronous Dynamic Random Access Memory）作为 Ariane SoC 的主存（Main Memory），即与 CPU 直接交换数据的内部存储器，共 1GB，速率可达 1800Mb/s。

2. Ariane SoC 的地址分配

Ariane SoC 的地址分配（Memory Map）如表 15-1 所示。

表 15-1　Ariane SoC 的地址分配

基址	容量	描述
0x0000_0000	4KB	Debug Module
0x0001_0000	64KB	Boot Rom
0x0200_0000	768KB	CLINT
0x0C00_0000	64MB	PLIC
0x1000_0000	4KB	UART
0x1800_0000	4KB	Timer
0x2000_0000	8MB	SPI
0x3000_0000	64KB	Ethernet
0x4000_0000	B4KB	GPIO
0x8000_0000	1GB	DRAM

在 Ariane SoC 的处理器参数配置文件 cva6_lib/cva6/tb/ariane_soc_pkg.sv 中，根据上述地址分配方案提供了 RTL 参数定义。ariane_soc_pkg.sv 文件中的地址分配变量设置如图 15-20 所示。

```
01        localparam logic[63:0] DebugLength     = 64'h1000;
02        localparam logic[63:0] ROMLength       = 64'h10000;
03        localparam logic[63:0] CLINTLength     = 64'hC0000;
04        localparam logic[63:0] PLICLength      = 64'h3FF_FFFF;
05        localparam logic[63:0] UARTLength      = 64'h1000;
06        localparam logic[63:0] TimerLength     = 64'h1000;
07        localparam logic[63:0] SPILength       = 64'h800000;
08        localparam logic[63:0] EthernetLength  = 64'h10000;
09        localparam logic[63:0] GPIOLength      = 64'h1000;
10        localparam logic[63:0] DRAMLength      = 64'h40000000;
11        localparam logic[63:0] SRAMLength      = 64'h1800000;
12        // Instantiate AXI protocol checkers
13        localparam bit GenProtocolChecker      = 1'b0;
14
15         typedef enum logic [63:0] {
16          DebugBase      = 64'h0000_0000,
17          ROMBase        = 64'h0001_0000,
18          CLINTBase      = 64'h0200_0000,
19          PLICBase       = 64'h0C00_0000,
20          UARTBase       = 64'h1000_0000,
21          TimerBase      = 64'h1800_0000,
22          SPIBase        = 64'h2000_0000,
23          EthernetBase   = 64'h3000_0000,
24          GPIOBase       = 64'h4000_0000,
25          DRAMBase       = 64'h8000_0000,
26         } soc_bus_start_t;
```

图 15-20　ariane_soc_pkg.sv 文件中的地址分配变量设置

15.2.4　实验 1 Ariane SoC 的集成

1．实验目的与内容

（1）了解 Ariane SoC 的体系结构和访存空间划分。

（2）以 UART 模块为例，掌握 Ariane SoC 的集成方法。

（3）通过对 SoC 的综合与分析，掌握 RTL 设计中的时序分析、资源占用分析、功耗分析方法。

2．实验步骤

1）　UART 模块存储空间地址设置

在 Ariane SoC 中所有外设模块的接口寄存器均为存储器映射的寄存器（Memory-mapped Registers），故需要为所添加的 UART 模块分配存储空间。

根据 CVA6 项目源码目录（见图 15-15）可知，Ariane SoC 的 RTL 代码路径为：cva6_lib/cva6/fpga/src。UART 模块的顶层 RTL 代码路径为：cva6_lib/cva6/fpga/src/apb_uart/src/apb_uart.vhd。

在 Ariane SoC 架构中，UART 模块是连接到 APB 总线上，再经过 axi2apb 桥连接到 AXI 总线上的。表 15-2 所示为 UART 模块的 I/O 接口信号名。图 15-21 所示为 UART 模块端口信号与芯片 I/O、中断控制器及总线连接方式。

表 15-2　UART 模块的 I/O 接口信号名表

信号名	方向	功能描述
CLK	input	时钟信号
RSTN	input	异步复位信号
PSEL	input	APB 片选信号
PENABLE	input	APB 使能信号
PWRITE	input	APB 写请求信号
PADDR	input	APB 地址信号
PWDATA	input	APB 写数据信号
PRDATA	output	APB 读数据信号
PREADY	output	APB 完成信号

续表

信号名	方向	功能描述
PSLVERR	output	APB 错误信号
INT	output	中断输出信号
OUT1N	output	回环输出信号 1
OUT2N	output	回环输出信号 2
RTSn	output	请求发送握手信号
DTRn	output	数据终端准备完成信号
CTSn	input	清除发送信号
DSRn	input	数据准备完成信号
DCDn	input	载波检测信号
RIn	input	振铃提示信号
SIN	input	数据输出信号
SOUT	output	数据接收信号

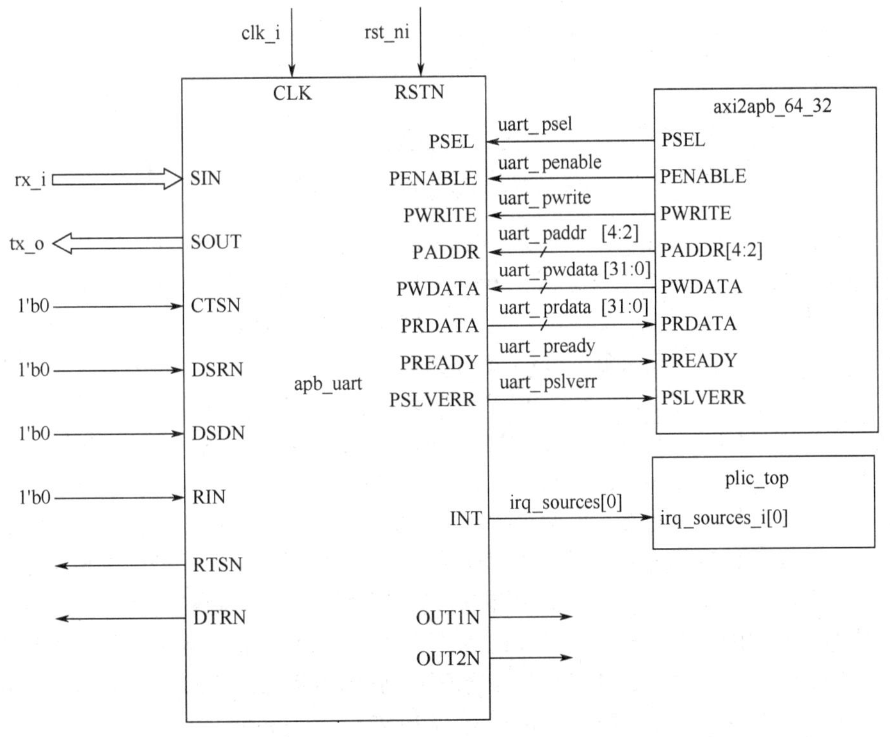

图 15-21　UART 模块端口信号与芯片 I/O、中断控制器及总线连接方式

2）添加 UART 模块

（1）设定 Ariane SoC 的地址空间变量。在 RTL 代码 cva6_lib/cva6/tb/ariane_SoC_pkg.sv 中按照 Memory Map 编写各外设模块的起始地址和地址空间大小，其中需要注意的是 UART 的起始地址 UARTBase 为 64'h1000_0000，地址空间 UARTLength 为 64'h1000。

（2）添加与顶层的连接。在本项目中，整个 SoC 的顶层文件为 cva6_lib/cva6/fpga/src/ariane_xilinx.sv，顶层模块名为 ariane_xilinx，其内部包含 core、AXI Xbar、Debug Module、CLINT、bootrom、ariane_peripherals 模块的实例化。SoC 的所有其他外设模块均被实例化在 cva6_lib/cva6/fpga/src/ariane_ peripherals_xilinx.sv 中，模块名为 ariane_peripherals，该模块在 SoC 的顶层模块中被调用，其内部包含 PLIC、UART、SPI、Ethernet、GPIO、Timer 等模块的实例化。

① 在将 UART 外设模块集成到顶层模块时，首先要在 cva6_lib/cva6/fpga /src/ariane_peripherals_xilinx.sv 中实例化 axi2apb_64_32 模块，以及 apb_uart 模块，并将其连接起来，完成 ariane_peripherals 模块的编写，apb_uart 模块在 peripheral 模块中的集成如图 15-22 所示。

```
01          apb_uart i_apb_uart (
02              .CLK        ( clk_i            ),
03              .RSTN       ( rst_ni           ),
04              .PSEL       ( uart_psel        ),
05              .PENABLE    ( uart_penable     ),
06              .PWRITE     ( uart_pwrite      ),
07              .PADDR      ( uart_paddr[4:2]  ),
08              .PWDATA     ( uart_pwdata      ),
09              .PRDATA     ( uart_prdata      ),
10              .PREADY     ( uart_pready      ),
11              .PSLVERR    ( uart_pslverr     ),
12              .INT        ( irq_sources[0]   ),
13              .OUT1N      (                  ), // keep open
14              .OUT2N      (                  ), // keep open
15              .RTSN       (                  ), // no flow control
16              .DTRN       (                  ), // no flow control
17              .CTSN       ( 1'b0             ),
18              .DSRN       ( 1'b0             ),
19              .DCDN       ( 1'b0             ),
20              .RIN        ( 1'b0             ),
21              .SIN        ( rx_i             ),
22              .SOUT       ( tx_o             )
23          );
```

图 15-22　apb_uart 模块在 peripheral 模块中的集成

在 RTL 代码 cva6_lib/cva6/fpga/src/ariane_peripherals_ xilinx.sv 中，apb_uart 是 UART 模块的模块名，axi2apb_64_32 是 32 位的 APB 总线与 64 位的 AXI 总线连接桥的模块名。APB 的地址宽度为 32 位，因此在实例化 axi2apb_64_32 模块时需设定 APB_ADDR_WIDTH 的大小为 32 位，调用的模块为 axi2apb_64_32。此外，在实例化 apb_uart 模块时需要注意将本实验不使用的 UART 回环模式下用于调试与自检的输出信号 OUT1N、OUT2N 悬空，即默认该工作状态无效。将流控制模式的外部输出控制信号 RTSn（Request To Send）、DTRn（Data Terminal Ready）悬空，并将该模式的外部输入控制信号 CTSn（Clear To Send）、DSRn（Data Set Ready）、DCDn（Data Carrier Detect）与 RIn（Ring Indicator）置零，默认其有效，但这些控制信号均不连接至相应引脚，因此默认该 UART 模块不具备通过该模式实现异步数据通信的功能。同时，注意到时钟与复位信号均来自于系统，串行数据输入、输出信号 rx 与 tx 均需映射至顶层的 I/O 引脚，中断控制信号则应与 PLIC 模块的顶层相连。由于全部的外部中断均由 PLIC 控制，且复位后并不设置外部中断的优先级，因此无须考虑优先级问题，但对于 CVA6 CPU，在 PLIC 使能有效的情况下，整体中断优先级为：外部中断 > 软件中断 > 时钟中断。这里，还需要注意 Debug Module 属于 CLINT 的控制范畴且具有高优先级，因此在后面通过 GDB 调试 Ariane SoC 时不可以调用 UART 等外部中断控制的模块。至此就完成了 ariane_peripherals 模块中对 apb_uart 的实例化与连接。

② 在 SoC 的顶层文件 cva6_lib/cva6/fpga/src/ariane_xilinx.sv 中，首先实例化 AXI 4 总线的 master 接口和 slave 接口，然后如图 15-23 中代码所示，实例化 axi_node_wrap_with_slices 模块（例化名为 i_axi_xbar）。该模块内部实现了总线的译码与仲裁过程。实例化该模块时要利用 ariane_soc_pkg.sv 中定义好的地址空间变量来进行参数配置。

③ 进行 ariane_peripherals 模块的实例化和端口连接工作，如图 15-24 所示。

Ariane SoC 的顶层 I/O 端口如表 15-3 所示。

```
01      i_axi_xbar (        //实例化axi_node_wrap_with_slices模块, axi4 cross-bar
02        .clk              ( clk          ),
03        .rst_n            ( ndmreset_n ),
04        .test_en_i        ( test_en      ),
05        .slave            ( slave        ),   //slave接口, 由2个master设备驱动
06        .master           ( master       ),   //master接口, 驱动10个slave外围设备
07        .start_addr_i     ({                  //各外设的空间起始地址配置
08          ariane_soc::DebugBase,
09          ariane_soc::ROMBase,
10          ariane_soc::CLINTBase,
11          ariane_soc::PLICBase,
12          ariane_soc::UARTBase,
13          ariane_soc::TimerBase,
14          ariane_soc::SPIBase,
15          ariane_soc::EthernetBase,
16          ariane_soc::GPIOBase,
17          ariane_soc::DRAMBase
18        }),
19        .end_addr_i       ({                  //各外设的空间终止地址配置
20          ariane_soc::DebugBase       +     ariane_soc::DebugLength    - 1,
21          ariane_soc::ROMBasE         +     ariane_soc::ROMLength      - 1,
22          ariane_soc::CLINTBase       +     ariane_soc::CLINTLength    - 1,
23          ariane_soc::PLICBase        +     ariane_soc::PLICLength     - 1,
24          ariane_soc::UARTBase        +     ariane_soc::UARTLength     - 1,
25          ariane_soc::TimerBase       +     ariane_soc::TimerLength    - 1,
26          ariane_soc::SPIBase         +     ariane_soc::SPILength      - 1,
27          ariane_soc::EthernetBase    +     ariane_soc::EthernetLength - 1,
28          ariane_soc::GPIOBase        +     ariane_soc::GPIOLength     - 1,
29          ariane_soc::DRAMBase        +     ariane_soc::DRAMLength     - 1
30        }),
31        .valid_rule_i (ariane_soc::ValidRule)
32      );
```

图 15-23　实例化 axi_node_wrap_withslices 模块

```
01      ariane_peripherals #(
02        .AxiAddrWidth     ( AxiAddrWidth              ),
03        .AxiDataWidth     ( AxiDataWidth              ),
04        .AxiIdWidth       ( AxiIdWidthSlaves          ),
05        .AxiUserWidth     ( AxiUserWidth              ),
06        .InclUART         ( 1'b1                      ),
07        .InclGPIO         ( 1'b1                      ),
08        ……
09      ) i_ariane_peripherals (
10        .clk_i            ( clk                       ),
11        .clk_200MHz_i     ( ddr_clock_out             ),
12        .rst_ni           ( ndmreset_n                ),
13        .plic             ( master[ariane_soc::PLIC]  ),
14        .uart             ( master[ariane_soc::UART]  ),
15        ……
16      );
```

图 15-24　ariane_peripherals 模块的实例化和端口连接

表 15-3　Ariane SoC 的顶层 I/O 端口

信号名	方向	位宽	连接的内部模块
sys_clk_p	input	1	系统时钟
sys_clk_n	input	1	系统时钟

续表

信号名	方向	位宽	连接的内部模块
cpu_resetn	input	1	CPU 复位信号
ddr3_dq	inout	32	DDR
ddr3_dqs_n	inout	4	DDR
ddr3_dqs_p	inout	4	DDR
ddr3_addr	output	15	DDR
ddr3_ba	output	3	DDR
ddr3_ras_n	output	1	DDR
ddr3_cas_n	output	1	DDR
ddr3_we_n	output	1	DDR
ddr3_reset_n	output	1	DDR
ddr3_ck_p	output	1	DDR
ddr3_ck_n	output	1	DDR
ddr3_cke	output	1	DDR
ddr3_cs_n	output	1	DDR
ddr3_dm	output	4	DDR
ddr3_odt	output	1	DDR
eth_rst_n	output	1	DDR
eth_rxck	input	1	Ethernet
eth_rxctl	input	1	Ethernet
eth_rxd	input	4	Ethernet
eth_txck	output	1	Ethernet
eth_txctl	output	1	Ethernet
eth_txd	output	4	Ethernet
eth_mdio	inout	1	Ethernet
eth_mdc	output	1	Ethernet
spi_clk_o	output	1	SPI
spi_mosi	output	1	SPI
spi_miso	input	1	SPI
spi_ss	output	1	SPI
led	output	8	GPIO
sw	output	8	GPIO
fan_pwm	output	1	fan_ctrl (FPGA)
trst_n	input	1	JTAG
tclk	input	1	JTAG
tms	input	1	JTAG
tdi	input	1	JTAG
tdo	output	1	JTAG
rx	input	1	UART
tx	output	1	UART

3）Ariane SoC 的综合与分析

在 cva6 路径下，打开终端输入指令 make fpga batch-mode=0，运行 cva6_lib/cva6/Makefile 脚本

的综合与实现功能（batch-mode=0 为不开启 GUI 模式），完成了逻辑综合、物理实现与生成比特流文件。SoC 原型的工作频率设置为 50MHz。

在综合时，先以导入 xci 文件的形式调用各 IP 并分别运行 IP 文件夹中的 tcl 脚本，完成对各底层 IP 进行单独综合的工作，所调用的 IP 位于 cva6_lib/cva6/fpga/xilinx 路径下，包括：xlnx_axi_clock_converter（AXI 时钟转换模块）、xlnx_axi_dwidth_converter（AXI 接口数据宽度转换模块）、xlnx_axi_gpio（GPIO 接口模块）、xlnx_axi_quad_spi（Quad-spi 接口模块）、xlnx_clk_gen（全局时钟生成模块）、xlnx_ila（集成逻辑分析仪，可用于 Debug）、xlnx_mig_7_ddr3（DDR3 控制器）、xlnx_protocol_checker（AXI 接口监视器）等。完成了底层 IP 综合后，将会对 Ariane SoC 进行顶层逻辑综合，并给出初步的时序报告、资源占用率报告、功耗等信息。

在 RTL 设计阶段，综合后给出的报告所含有的这些信息通常是值得关注的。时序分析决定能系统所能运行的最高频率。Vivado 工具将会通过时序报告给出关键路径，以优化设计的性能。同时，Vivado 还会给出具体的资源占用情况与功耗报告。其中，资源占用情况涉及该 SoC 所占用的 FPGA 资源量，如 LUT 数量、寄存器数量、Block RAM 容量等。功耗报告则可以评估各部分的功耗。对于一个具体的设计，应根据应用需求，通过调整综合约束条件、修改 RTL 代码等设计方案，以满足设计指标的要求。

在综合与分析阶段完成后，该脚本将加载用户约束文件以配置 I/O 引脚。引脚约束文件位于 cva6_lib/cva6/fpga/constraints 路径中，文件名称为 genesys-2.xdc。该操作完成后会得出实现后的时序报告、功耗报告、资源占用报告，生成报告的路径为 cva6_lib/cva6/fpga/reports。

在进行逻辑综合以及实现过程之后，执行的脚本再将 SoC 原型设计转换为二进制比特流文件 ariane_xilinx.bit，位于 cva6_lib/cva6/fpga/work-fpga 路径下。同时，为了使 FPGA 每次断电后不会丢失所烧写的比特流文件，还生成 MCS 文件（路径为 cva6_lib/cva6/fpga/work-fpga/ariane_xilinx.mcs），以烧写至非易失的 Flash 之中。

15.2.5 实验 2 Ariane SoC 软硬件调试

1. 实验目的与实验内容

（1）掌握 SoC 原型设计的软硬件调试方法。

（2）学会编写、编译验证 SoC 功能的测试程序。

（3）学会对 SoC 进行系统验证和软硬件联合调试。

2. 实验步骤

（1）比特流文件的烧写。

在生成 MCS 文件后，使用该文件烧写至 Genesys2 开发板的 Flash 存储中，如图 15-25 所示。使用 Micro USB 线连接 PC 主机与 Genesys2 开发板的 JTAG 接口；在 Vivado 中单击 Open Hardware Manager→Open Target→Auto Connect 来识别 Genesys2 开发板；随后右键单击该开发板，在弹出的菜单中选择“Add Configuration Memory Device”，搜索 s25fl256sxxxxxx0-spi-x1_x2_x4，单击 OK 按钮；选择配置文件为 ariane_xilinx.mcs，单击 OK 按钮，即可通过 JTAG 线将 MCS 文件烧写至 Flash 中。

在烧写完毕后，按下 Genesys2 开发板的复位键，即可启动 Ariane SoC。

（2）Ariane SoC 的系统验证与调试。

该阶段的验证工作通过在 Ariane SoC 上启动 Linux 操作系统，并在其上运行一个应用程序来完成。这一过程需要调用专用软件开发套件 Ariane-SDK，包含两部分，一个是引导启动程序 Berkeley Boot Loader（BBL），另一个是包含 Busy Box 的 Linux 5.3 内核系统。基于 Linux 操作系统的调试方案如图 15-26 所示。

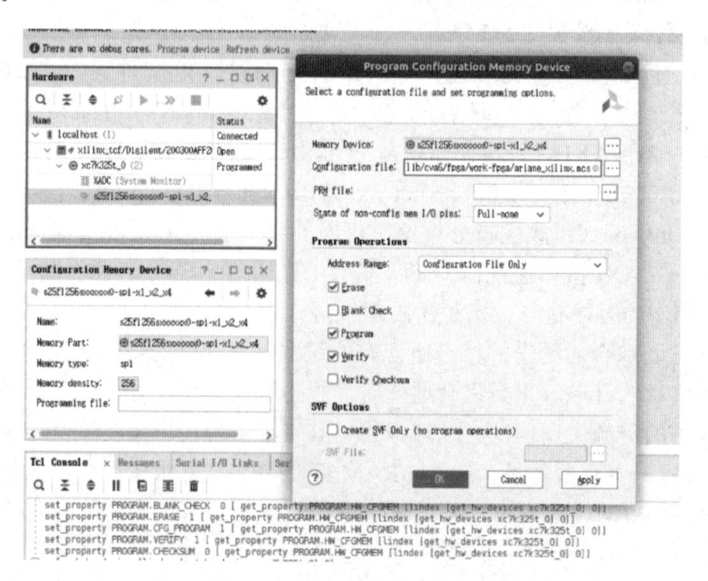

图 15-25　MCS 文件的烧录

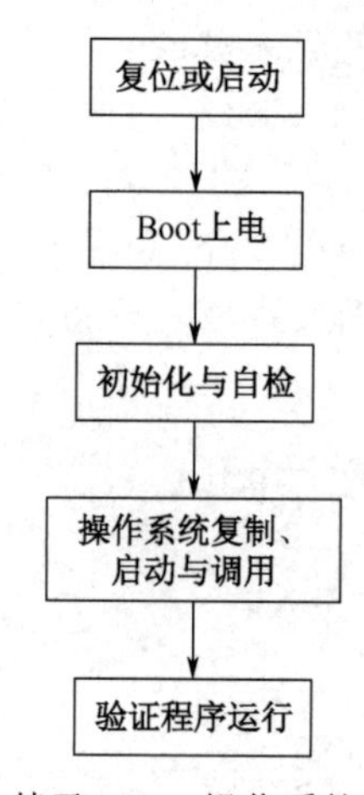

图 15-26　基于 Linux 操作系统的调试方案

Ariane SoC 在上电或复位后，首先执行 BootROM 中存放的零级启动引导程序（Zero Stage Boot Loader）。该程序主要是启动一个硬件线程并休眠其他的硬件线程，控制 UART 串口输出系统启动时的信息、初始化 SPI 接口和 SD 卡（将 SD 卡中存放的 Ariane-SDK 映射到 DRAM 中）、设置 PC 寄存器的值为 0X80000000。如果检测到 Ariane-SDK 将启动下一级引导程序 BBL。

BBL 主要是引导 Linux 内核的启动，并将 Ariane SoC 的 BootROM 中存储的设备树信息传递给 Linux 内核，使 Linux 内核获取 Ariane SoC 的所有硬件信息。最后进入监督模式，开始运行 Linux 内核系统。Ariane-SDK 中的 Linux 5.3 内核包含了 Busy Box，这是一个集成了 Linux 常用命令和工具的软件包。

在启动 Ariane-SDK 时，需将 SD 卡分成两个区，一个为 32 MB 的 ONIE boot 区，用于存放 Ariane-SDK；另一个为 Linux root 区，即使用 SD 卡剩余空间存放用户文件或程序。Linux 内核启动后可以将 Linux root 区挂载到系统上以访问用户数据。

为验证该系统能否进行简单的运算，可在主机中编写一段如图 15-27 所示的 sum.c 程序，计算 1～100 的整数之和，并使用 riscv-gcc 编译出 sum.elf 可执行文件。

```
#include <stdio.h>
int main(){
   int i=0;
   int sum = 0;
   for(i = 1; i <= 100; i++){
      sum = sum + i;
   }
   printf("1+2+...+100=%d\n",sum);
   return 0;
}
```

图 15-27　1～100 的整数求和程序 sum.c 文件

SoC 中的 SD 卡相当于硬盘，用于存放操作系统镜像文件。图 15-28 所示为制作 SD 卡的过程。制作好 SD 卡后，将 SD 卡插入到 Genesys2 开发板上。使用 Micro USB 线连接上位机与 Genesys2 开发板上的 UART 接口。在 Ubuntu 系统中，调用串口调试工具 screen，设置波特率为 115200，命令监听 UART 接口以控制 Linux 内核启动后的输入和输出，打开终端并输入 screen /dev/ttyUSB0 115200 即可完成调用。按下复位键重启 Ariane SoC，启动过程约为 3 分钟，默认用户名为 root，无密码。启动成功后使用命令“mount /dev/mmcblk0p2 /mnt”将 SD 卡的第二个分区挂载至 Linux 内核中的/mnt 路径下。并在/mnt 路径下成功运行 sum.elf 程序，如果可以打印出正确的计算结果 5050，如图 15-29 所示，那么就可以证明 Ariane SoC 支持启动 Linux 操作系统，并可进行简单计算。

```
//将SD卡连接到Linux主机上，使用以下命令制作SD卡分区

sudo fdisk -l  //查看SD卡在主机上的磁盘标签，本实验中识别为/dev/sdc
sudo sgdisk --clear --new=1:2048:67583 --new=2 --typecode=1:3000 --typecode=2:8300 /dev/sdc
                                        //将SD卡划分为一个32 MB的ONIE boot区、一个剩余空间大小的Linux root区
sudo mkfs -t ext3 /dev/sdc1             //为SD卡两个分区制作格式为ext3的文件系统
sudo mkfs -t ext3 /dev/sdc2
sudo dd if=bbl.bin of=/dev/sdc1 status=progress oflag=sync bs=1M
                                        //在sdc1中存放Linux系统镜像
sudo mount /dev/sdc2 /mnt               //将SD卡第二个分区挂载到/mnt
sudo cp hello.elf sum.elf /mnt          //将hello.elf和sum.elf复制到SD卡第二个分区。
                                        //sum.elf为整数1到100的求和的可执行文件
```

图 15-28　SD 卡制作过程

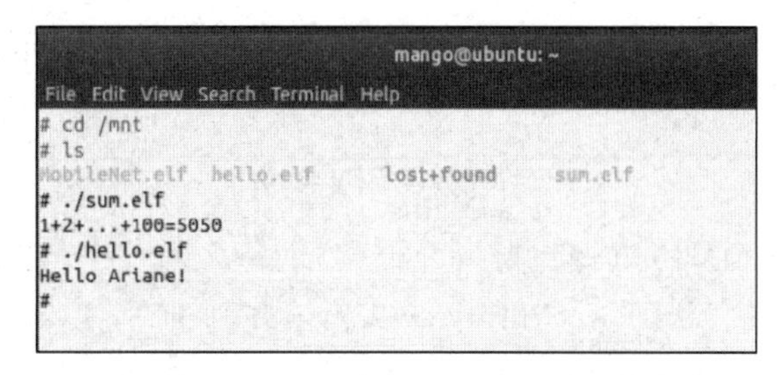

图 15-29　运行 sum.elf 程序及结果

15.2.6　实验 3 面向特定应用的 SoC 设计和实现

1. 实验目的与内容

（1）面向手写体数字识别应用，设计朴素贝叶斯硬件加速单元（Bayes IP）。

（2）在 Ariane SoC 基础上添加 Bayes IP，完成 SoC 的集成。

（3）完成 Bayes SoC 的系统验证。

2. 硬件加速模块介绍

（1）贝叶斯定理简介。

在众多的分类算法中，贝叶斯方法以其简单性和高效性，一直被广泛地应用到各种文本、图像等的分类工作中。贝叶斯分类方法是基于贝叶斯定理的一种统计学分类方法，它计算一个待测试元组属于每个类别的概率，并最终选出概率最大的类别作为分类结果。

通常情况下，对于事件 A 和 B，A 在 B 发生的条件下的概率，与 B 在 A 发生的条件下的概率是不一样的，但是这两者是有确定的关系的。贝叶斯定理可以通过已知的 $P(A)$、$P(B)$和 $P(B|A)$三个概率计算出第四个概率 $P(A|B)$。对于事件 A 与事件 B，贝叶斯公式如下

$$P(A|B)=\frac{P(A)\times P(B|A)}{P(B)}$$

式中，$P(A|B)$是 B 发生的条件下 A 发生的概率，由于得自 B 的取值，也被称为 A 的后验概率，与此相对地，$P(A)$被称为 A 的先验概率，因为它不考虑任何 B 方面的因素，也可以称其为 A 的边缘概率；同样，$P(B|A)$是 A 发生的条件下 B 发生的概率，被称为 B 的后验概率，$P(B)$是 B 的先验概率或者边缘概率，也称作标准化常量。根据以上这些术语，贝叶斯公式可表述为

$$\text{后验概率}=\frac{(\text{似然度}\times\text{先验概率})}{\text{标准化常量}}$$

也就是说，后验概率与似然度和先验概率的乘积成正比。另外，似然度与标准化常量的比值有时也被称为标准似然度。因此，贝叶斯公式可再次表示为

$$\text{后验概率}=\text{标准似然度}\times\text{先验概率}$$

若 $A_1\cdots A_n$ 为一组完备事件，即 $\bigcup_{i=1}^{n} A_i=\Omega$，$A_iA_j=\phi$，$P(A_i)>0$。贝叶斯公式的形式可表示为：

$$P(A_i|B)=\frac{P(B|A_i)P(A_i)}{\sum_{i=1}^{n}P(B|A_i)P(A_i)}$$

（2）朴素贝叶斯分类器。

朴素贝叶斯分类器（NBC，Naïve Bayes Classifier）是假设特征向量各属性是独立的前提下运用贝叶斯定理的概率分类器，它在许多领域已经得到了广泛应用。朴素贝叶斯分类的数学原理如下。

假设一个有 C 个类别的数据集 $\left\{\left(X^i,y^i\right),\mathrm{i}=1,2,\cdots,N\right\}$，其中，$X^i=\left(x_0^i,x_1^i,\cdots,x_{n-1}^i\right)$ 是一个 n 维的特征向量，$\left\{y^i=c,c=0,1,\cdots,C-1\right\}$ 为其标签。对于一个新的特征向量 $\hat{X}=\left(\widehat{x_0},\widehat{x_1},\cdots,\widehat{x_{n-1}}\right)$，其类别 $\hat{y}$ 可被预测为

$$\hat{y}=\underset{c=0,1,\ldots,C-1}{\operatorname{argmax}} P\left(y=c|\hat{X}\right) \tag{15-1}$$

基于贝叶斯原理，式（15-1）可改写为

$$\begin{aligned}\hat{y}&=\underset{c=0,1,\ldots,C-1}{\operatorname{argmax}}\frac{P(y=c)P(\hat{X}\mid y=c)}{P\left(\hat{X}\right)}\\&=\underset{c=0,1,\ldots,C-1}{\operatorname{argmax}}\frac{P(y=c)P\left(\widehat{x_0},\widehat{x_1},\widehat{x_{n-1}}|y=c\right)}{P\left(\widehat{X}\right)}\end{aligned} \tag{15-2}$$

如前所述，朴素贝叶斯分类中有一个重要的前提，即假设特征向量各属性间是完全独立的，因此，结合相关概率理论可得

$$P\left(\widehat{x_1},\widehat{x_2},\cdots,\widehat{x_{n-1}}|y=c\right)=\prod_{k=0}^{n-1}P(\widehat{x_k}y=c) \tag{15-3}$$

$$P\left(\widehat{X}\right)=\prod_{k=0}^{n-1}P\left(\widehat{x_k}\right) \tag{15-4}$$

显然，对于一个特定的数据集，$P\left(\hat{X}\right)$的值是不变的

$$\hat{y}=\underset{c=0,1,\ldots,C-1}{\text{argmax}}\ P\left(y=c\right)\prod_{k=0}^{n-1}P(\widehat{x_k}|y=c) \tag{15-5}$$

式中，各概率可利用数据集中相关取值出现的频率来估计，即

$$P\left(y=c\right)=\frac{\text{Num}_{y=c}}{\text{Num}} \tag{15-6}$$

若对于特征向量X的每个属性$x_k\left(0\le k\le n-1\right)$，都有对应的取值集合$M_k=\{m_{k_i}\mid \text{i}\ge 1\}$，则对于每个属性有

$$P\left(x_k=m_{k_i}\mid y=c\right)=\frac{\text{Num}_{y=c\cap x_k=m_{k_i}}}{\text{Num}_{y=c}} \tag{15-7}$$

式中，Num 表示整个数据集中样例的个数，$\text{Num}_{y=c}$ 表示数据集中类别为c的数量，$\text{Num}_{y=c\cap x_k=m_{k_i}}$ 为数据集中类别为c且特征向量的分量x_k取值为m_{k_i}的个数。

由上可知，朴素贝叶斯分类包括训练和推断两个阶段。在训练阶段主要进行两个工作。一是统计工作，即根据数据类别标签和属性取值的不同进行计数；二是计算工作，即根据计数结果，计算出相应的概率值。在推断阶段，分类器将根据训练阶段得到的概率值，利用贝叶斯原理，计算各数据种类出现的概率，最后选出概率值最大的类别作为分类结果。贝叶斯分类器的计算属于典型计算密集型任务，十分适合采用专用硬件模块对核心算法进行加速，从而有效提升计算能效。

本实验将设计面向 Mnist 手写体数字图像的朴素贝叶斯硬件分类器，并将其集成到 Ariane SoC 中，构成手写体数字识别系统。在该系统中，每幅手写体数字二值图像（分辨率为 28 像素×28 像素）的像素值构成的特征向量共 784 个属性，CAV6 处理器将这些特征向量输入到 Bayes IP 中以完成分类识别计算。此前已通过软件完成分类模型的计算，朴素贝叶斯硬件分类器 IP 将固化分类模型，利用硬件方式加速完成推断计算。

（3）Bayes IP 的硬件设计。

本节所设计的 Bayes IP 的顶层架构如图 15-30 所示，主要包括两部分：AXI4-lite 接口和朴素贝叶斯硬件分类器模块。

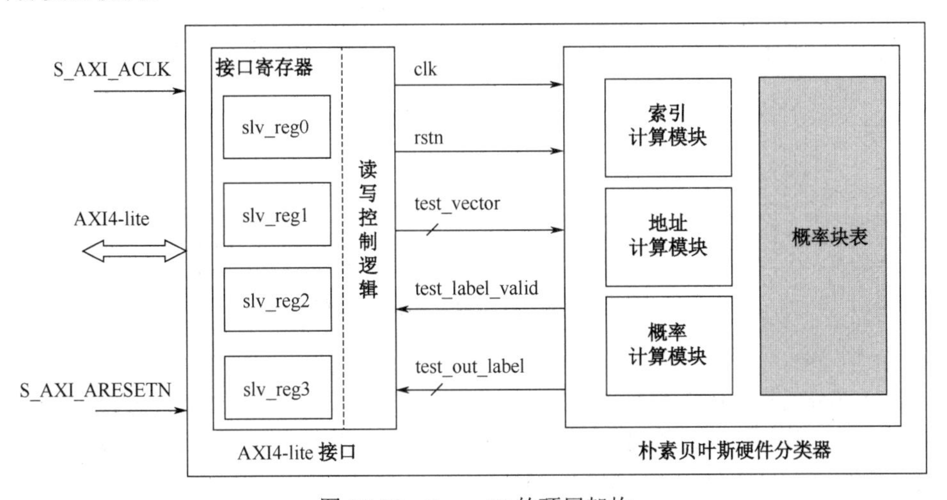

图 15-30 Bayes IP 的顶层架构

AXI4-lite 接口部分包含了 4 个 32 位接口寄存器，分别是 slv_reg0、slv_reg1、slv_reg2 和 slv_reg3。

虽然本实验所使用的 CAV6 为 64 位处理器，但它可以兼容 32 位数据传输。控制状态寄存器 slv_reg0 又称为启动寄存器，第 0 位用于控制是否开始传递手写体数字图像的特征向量（取值为 1 时，开始传递；否则，不传递），第 1 位用于控制是否启动分类识别计算（取值为 1 时，启动计算；否则，不启动）。状态寄存器 slv_reg3 也称为终止寄存器，通过判断其最低位是否为 1 来标识识别分类计算是否结束。slv_reg1 是分类结果寄存器，用于保存对每幅手写体数字图像的分类识别结果，取值为 0～9。slv_reg2 是特征向量寄存器，用于接收 CAV6 处理器发送来的手写体数字图像的特征向量，然后再传递给朴素贝叶斯硬件分类器，每次接收 32 个属性值（每个属性值 1 位），整个特征向量共需要传递 25 次。

朴素贝叶斯硬件分类器由 4 个部分组成：索引计算模块、地址计算模块、概率计算模块和概率块表，其输入/输出端口列表如表 15-5 所示，内部架构如图 15-31 所示。

表 15-5 朴素贝叶斯硬件分类器的输入/输出端口

端口名称	端口方向	端口宽度	端口描述
clk	输入	1	输入时钟（50MHz）
rstn	输入	1	复位（低电平有效）
test_vector	输入	784	手写体数字图像的特征向量
test_label_valid	输出	1	分类结果有效标志信号
test_out_label	输出	4	分类结果（0～9）

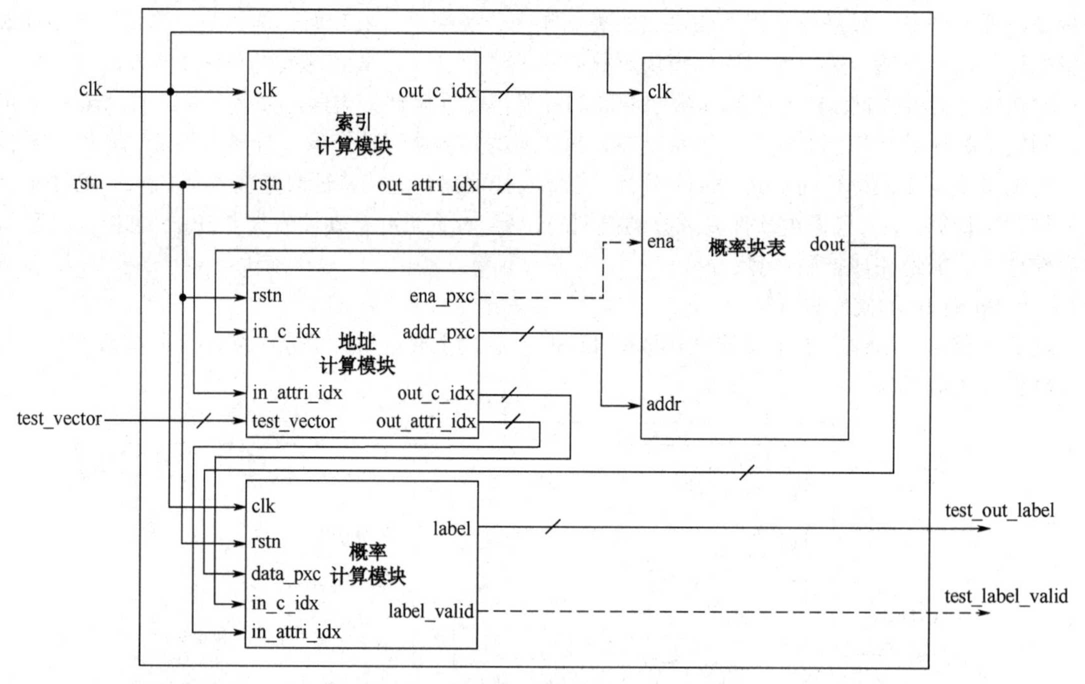

图 15-31 朴素贝叶斯硬件分类器内部架构

① 索引计算模块。

由朴素贝叶斯分类算法可知，在进行分类时，需要计算各类别分类结果的概率值。索引计算模块将依次产生各类别与特征向量各属性的索引，以提供给地址计算模块计算出访问概率块表的地址。该模块的输入/输出端口如表 15-6 所示。

表 15-6　索引计算模块的输入/输出端口

端口名称	端口方向	端口宽度	端口描述
clk	输入	1	输入时钟（50MHz）
rstn	输入	1	复位（低电平有效）
out_c_idx	输出	4	类别索引
out_attri_idx	输出	10	特征向量属性索引

② 地址计算模块。

地址计算模块根据类别索引、属性索引和待测试特征向量的属性值，计算出访问概率块表的地址，同时，再将类别索引与属性索引传递到概率计算模块，用于后续的计算。该地址计算模块的输入/输出端口如表 15-7 所示。

表 15-7　地址计算模块的输入/输出端口

端口名称	端口方向	端口宽度	端口描述
rstn	输入	1	复位（低电平有效）
in_c_idx	输入	4	类别索引
in_attri_idx	输入	10	特征向量属性索引
test_vector	输入	784	手写体数字图像的特征向量
ena_pxc	输出	1	概率块表使能信号
addr_pxc	输出	14	概率块表访问地址
out_c_idx	输出	4	类别索引
out_attri_idx	输出	10	特征向量属性索引

③ 概率计算模块。

概率计算模块可基于贝叶斯公式，利用从概率块表中取出的数据、类别索引及属性索引，对于 0～9 每个类别计算相应的后验概率，最后选取后验概率最大的类别作为最终的分类识别结果。该模块的输入/输出端口如表 15-8 所示。

表 15-8　概率计算模块的输入/输出端口

端口名称	端口方向	端口宽度	端口描述
clk	输入	1	输入时钟（50MHz）
rstn	输入	1	复位（低电平有效）
data_pxc	输入	10	从概率块表中获取的概率值
in_c_idx	输入	4	类别索引
in_attri_idx	输入	10	特征向量属性索引
label	输出	4	分类结果（0～9）
label_valid	输出	1	分类结果有效标志信号

④ 概率块表。

概率块表中存储分类模型训练后得到的相关概率值，以供在分类识别时直接进行查询，避免再次计算，可提升系统性能。对于 Mnist 数据集，每个手写体数字图像的特征是一个 784 维的向量，其中的每个分量属性都有 0 或者 1 两种取值，并且整个数据集被划分为 10 类。因此，结合朴素贝叶斯分类原理可知，训练阶段将产生 15 690 种概率值，其中有 10 个概率值为每个类别在训练数据中出现的概率，7840 个概率值为每个属性取 0 时在不同类别下的条件概率，剩余的 7840 个概率值为每个属性取 1 时在不同类别下的条件概率。为了简化设计，概率块表中只存储 15 680 个特征向量属性的条件概率，另外 10 个类别概率，直接固化在硬件中。本设计中，我们对概率值进行了定点化处理，每个概率值用 10 比特定点数表示，因此，概率块表中数据宽度为 10 位，深度为 15 680，容量约为 19KB。该模块的输入/输出端口如表 15-9 所示。

表 15-9 概率块表的输入/输出端口

端口名称	端口方向	端口宽度	端口描述
clk	输入	1	输入时钟（50MHz）
ena	输入	1	概率块表使能信号
addr	输入	14	概率块表访问地址
dout	输出	10	从概率块表中读出的概率值

3．Bayes SoC 的架构设计

这部分实验主要解决的是 Bayes IP 添加在哪一级的总线上和地址空间的分配。

（1）确定 Bayes IP 与总线的连接方式。

由于 Bayes IP 应用于手写数字的识别，对速度有较高的要求，因此该模块适合连接到快速总线，即 AXI 4 上。由此，给出的 Bayes SoC 架构如图 15-32 所示。

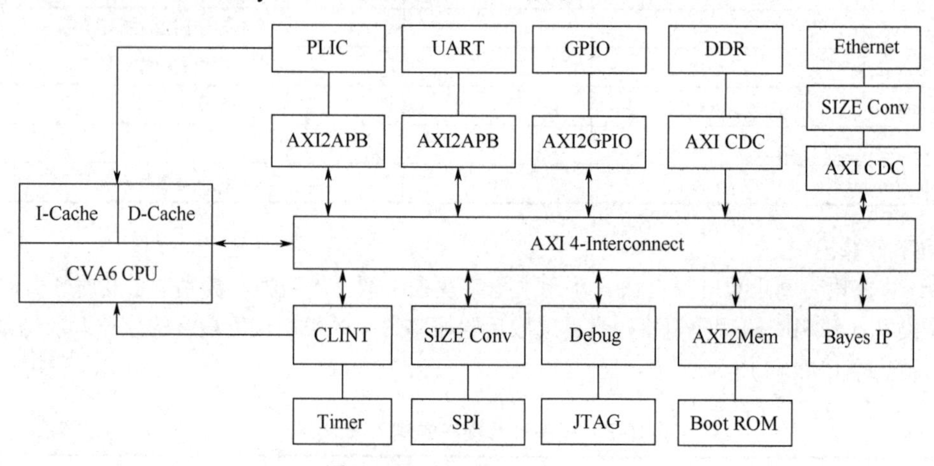

图 15-32 Bayes SoC 架构图

（2）确定硬件加速模块内部寄存器数量，定义 Bayes IP 在 SoC 地址空间上的具体地址及容量大小。

参考图 15-21 所示的 Ariane SoC 的地址空间及图 15-30 所示的 Bayes IP 的顶层架构中的寄存器数量，Bayes SoC 地址空间的定义如表 15-10 所示。

表 15-10 Bayes SoC 地址分配

基址	容量	描述
0x0000_0000	4KB	Debug Module
0x0001_0000	64KB	Boot Rom
0x0200_0000	768KB	CLINT
0x0C00_0000	64MB	PLIC
0x1000_0000	4KB	UART
0x1800_0000	4KB	Timer

续表

基址	容量	描述
0x2000_0000	8MB	SPI
0x3000_0000	64KB	Ethernet
0x4000_0000	4KB	GPIO
0x5000_0000	4KB	Bayes IP
0x8000_0000	1GB	DRAM

需要在 ariane_SoC_pkg.sv 中添加硬件加速模块的起始地址和容量。

4．实验步骤

（1）参照实验 1 的方法，将 Bayes IP 集成到 Bayes SoC 中。

① 设定 Bayes SoC 的地址空间变量。根据表 15-10 所示的 Bayes SoC 地址分配方案，在 Ariane_SoC_pkg 中重新设定各外设模块的起始地址和容量。

② 添加与顶层的连接。实例化外设模块顶层部分的 slave 类型接口并对该接口命名。建立 Bayes IP 的 AXI4-lite 接口与 AXI4 总线的连接，即在 ariane_peripherals_xilinx.sv 文件中完成实例化过程。AXI4 接口与 AXI4-lite 接口可以直接连接，但由于 AXI4-lite 接口不支持 Cache 访问和突发传输，因此接口信号的各通道中与 Cache 访问、突发传输等相关的信号需要悬空处理。Bayes IP 到外设模块的集成如图 15-33 所示。

```
01        //---------------
02        //Bayes IP
03        //---------------
04        Bayes_IP_v1_0 #(
05                .C_AXI_Bayes_DATA_WIDTH (32),
06                .C_AXI_Bayes_ADDR_WIDTH (AxiAddrWidth)
07        ) i_Bayes_IP_v1_0(
08                .axi_bayes_aclk         (clk_i),
09                .axi_bayes_aresetn      (rst_ni),
10                .axi_bayes_awaddr       (Bayes.aw_addr),
11                .axi_bayes_awprot       (Bayes.aw_prot),
12                .axi_bayes_awvalid      (Bayes.aw_valid),
13                .axi_bayes_awready      (Bayes.aw_ready),
14                .axi_bayes_wdata        (Bayes.w_data),
15                .axi_bayes_wstrb        (Bayes.w_strb),
16                .axi_bayes_wvalid       (Bayes.w_valid),
17                .axi_bayes_wready       (Bayes.w_ready),
18                .axi_bayes_bresp        (Bayes.b_resp),
19                .axi_bayes_bvalid       (Bayes.b_valid),
20                .axi_bayes_bready       (Bayes.b_ready),
21                .axi_bayes_araddr       (Bayes.ar_addr),
22                .axi_bayes_arprot       (Bayes.ar_prot),
23                .axi_bayes_arvalid      (Bayes.ar_valid),
24                .axi_bayes_arready      (Bayes.ar_ready),
25                .axi_bayes_rdata        (Bayes.r_data),
26                .axi_bayes_rresp        (Bayes.r_resp),
27                .axi_bayes_rvalid       (Bayes.r_valid),
28                .axi_bayes_rready       (Bayes.r_ready)
29        );
```

```
01    ariane_peripherals #(
02        .AxiAddrWidth    ( AxiAddrWidth        ),
03        .AxiDataWidth    ( AxiDataWidth        ),
04        .AxiIdWidth      ( AxiIdWidthSlaves    ),
05        .AxiUserWidth    ( AxiUserWidth        ),
06        ......
07    ) i_ariane_peripherals (
08        .clk_i           ( clk                              ),
09        .clk_200MHz_i    ( ddr_clock_out                    ),
10        .rst_ni          ( ndmreset_n                       ),
11        .plic            ( master[ariane_soc::PLIC]         ),
12        .uart            ( master[ariane_soc::UART]         ),
13        .Bayes           ( master[ariane_soc::Bayes]        ),
14        .spi             ( master[ariane_soc::SPI]          ),
15        .gpio            ( master[ariane_soc::GPIO]         ),
16        .eth_clk_i       ( eth_clk                          ),
17        .ethernet        ( master[ariane_soc::Ethernet]     ),
18        .timer           ( master[ariane_soc::Timer]        ),
19        .irq_o           ( irq                              ),
20        .rx_i            ( rx                               ),
21        .tx_o            ( tx                               ),
22        ......
```

图 15-33　Bayes IP 到外设模块的集成

③ 在顶层文件 ariane_xilinx.sv 中修改外设数量和 Bayes IP 编号以便于脚本对其进行综合和实现，利用设置好的地址空间变量对总线进行配置和实例化。

④ 修改 cva6_lib/cva6/Makefile 脚本，通过将 Bayes IP 的相关源代码文件添加到工程中的方式，使得该脚本可以自动化综合并实现所添加的模块，如图 15-34 所示。该部分脚本用于生成导入工程文件的 add_soure.tcl 控制脚本，其中 read_verilog 表示导入.v 文件，read_vhdl 表示导入.vhd 文件，read_verilog -sv 表示导入.sv 文件。读者如果想加入其他外设模块，也可根据此规则自行定义和导入。

```
01   Bayes_src :=   用户文件夹/Bayes_IP//Bayes_IP_v1_0.v                \
02                  用户文件夹/Bayes_IP/Bayes_IP_v1_0_AXI_Bayes.v       \
03                  用户文件夹/Bayes_IP/cmpt_addr.v                     \
04                  用户文件夹/Bayes_IP/cmpt_idx.v                      \
05                  用户文件夹/Bayes_IP/cmpt_pro.v                      \
06                  用户文件夹/Bayes_IP/NBC.v                           \
07                  用户文件夹/Bayes_IP/rom_pxc.v
08   ……
09   fpga: $(ariane_pkg) $(util) $(src) $(fpga_src) $(uart_src)  $(Bayes_src)
10           @echo "[FPGA] Generate sources"
11           @echo read_vhdl        {$(uart_src)}                                   >> fpga/scripts/add_sources.tcl
12           @echo read_verilog     {$(Bayes_src)}                                  >> fpga/scripts/add_sources.tcl
13           @echo read_verilog -sv {$(ariane_pkg)}                                 >> fpga/scripts/add_sources.tcl
14           @echo read_verilog -sv {$(filter-out $(fpga_filter), $(util))}         >> fpga/scripts/add_sources.tcl
15           @echo read_verilog -sv {$(filter-out $(fpga_filter), $(src))}          >> fpga/scripts/add_sources.tcl
16           @echo read_verilog -sv {$(fpga_src)}                                   >> fpga/scripts/add_sources.tcl
17           @echo "[FPGA] Generate Bitstream"
18           cd fpga && make BOARD=$(BOARD) XILINX_PART=$(XILINX_PART) XILINX_BOARD=$(XILINX_BOARD) CLK_PERIOD_NS=$(CLK_PERIOD_NS)
```

图 15-34　Makefile 脚本的修改与 Bayes IP 文件的导入

注意：IP 的顶层集成中应修改实例化模块中与外设数量和接口数量有关的参数；在对脚本的修改中，应注意将 Bayes IP 中的全部文件加入到工程中，否则将无法完成后续综合、分析、实现等步骤。

（2）编写面向 Bayes IP 的测试程序。

以图 15-35 所示的 Mnist 数据集中的手写体数字为例，对所构建的 Bayes SoC 进行功能验证。该图由 100 张 28 像素×28 像素的手写体数字图片拼接而成，每行每列各 10 张。每一个手写体数字图片均采用二值存储方式，即每个像素点用 1bit 表示，0 代表白色，1 代表黑色。

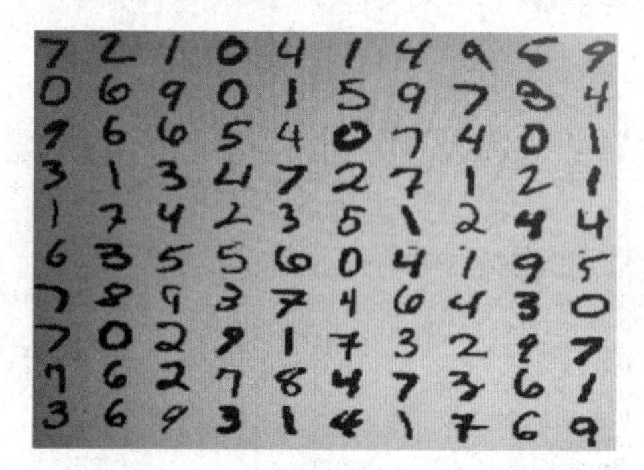

图 15-35　Mnist 数据集中的手写体数字

根据上述测试数据集和 Bayes SoC 的功能与原理，编写用于仿真的测试和驱动代码。通过 CPU 对 Bayes IP 的功能与参数进行配置与设定，将需要运算的数据通过总线输入，并将运算结果输出至相应寄存器内。通过对寄存器运算结果的读取验证 Bayes SoC 是否功能正确。根据 Bayes IP 接口处 4 个寄存器的作用，分别设置 4 个寄存器的地址和宽度，对两个配置寄存器输入配置和测试数据，并将测试结果从结果寄存器中读取，Bayes IP 测试与驱动程序如图 15-36 所示。使用 riscv64-unknown-elf-gcc 交叉编译器对测试程序进行编译，生成.elf 可执行文件。

（3）基于 Verilator 的 Bayes SoC 功能仿真。

Verilator 是一款可以将可综合的 Verilog 或 System Verilog 代码转化为 C++或 SystemC 形式的时钟精确的行为模型（a cycle-accurate behavioral model）的开源仿真软件，可构建出完整的 RTL 设计的高级 C++ Verilator 模型并对其进行编译。测试程序中需要调用 stdio.h 库文件，需要调用 pk 作为虚拟内核予以支持，以 Verilator 模型为环境并以 pk 为平台运行测试程序，即可在行为级层次完成功能的仿真。

```
01    // 贝叶斯分类器基地址和偏移地址
02    #define BAYES_BASE            0x60000000
03    #define BAYES_START           0x00000000
04    #define BAYES_CLASSRES        0x00000004
05    #define BAYES_VECTOR          0x00000008
06    #define BAYES_END             0x0000000c
07
08    ......
09
10    int main() {
11
12            // 启动基于贝叶斯分类器的手写体数字的识别
13            printf( "Handwritten digits recognition based on Bayes Classifier is started!\r\n\r\n");
14            INT32U right_num = 0;
15            INT32U dig_num;
16            INT32U feat_vec;
17            // 100个手写体数字逐个进行分类识别
18            for (dig_num = 0; dig_num < 100; dig_num++) {
19
20                    bayes_setREG(BAYES_VECTOR, 0x00000000);                    // 清空特征向量寄存器
21                    bayes_setREG(BAYES_START, 0x00000000);                     // 清空启动寄存器
22                    bayes_setREG(BAYES_START, 0x00000001);                     // 启动向分类器加载特征向量
23
24                    // 每个手写体数字由25个特征向量组成
25                    for ( feat_vec = 0; feat_vec < 25; feat_vec++ )
26                            bayes_setREG(BAYES_VECTOR, pixels[dig_num * 25 + feat_vec]);
27
28                    // 启动分类器进行手写体数字的分类识别
29                    bayes_setREG(BAYES_START, 0x00000002);
30
31                    while(1) {
32
33                            if ( REG32(BAYES_BASE + BAYES_END) == 1 ) {                // 判断分类识别是否结束
34
35                                    result_class[dig_num] = bayes_getREG(BAYES_CLASSRES);    // 获取分类结果
36
37                                    // 判断分类结果是否与正确结果一致
38                                    if ( result_class[dig_num] == right_class[dig_num] )
39                                    right_num++;
40                            break;
41                    }
42            }
43            }
44
45            // 清空启动寄存器，停止分类器工作
46            bayes_setREG(BAYES_START, 0x00000000);
47
48    ......
```

图 15-36　Bayes IP 测试与驱动程序

所构建的仿真模型架构如图 15-37 所示，顶层模块由 CPU 核、AXI 4 总线、PLIC、CLINT、Boot ROM、UART 和 Bayes IP 组成，与 Bayes SoC 架构不同，该仿真架构主要验证 Bayes IP 设计的正确性，故对 Ariane SoC 架构加以简化和修改，使该模型复杂程度降低，以加快仿真速度。

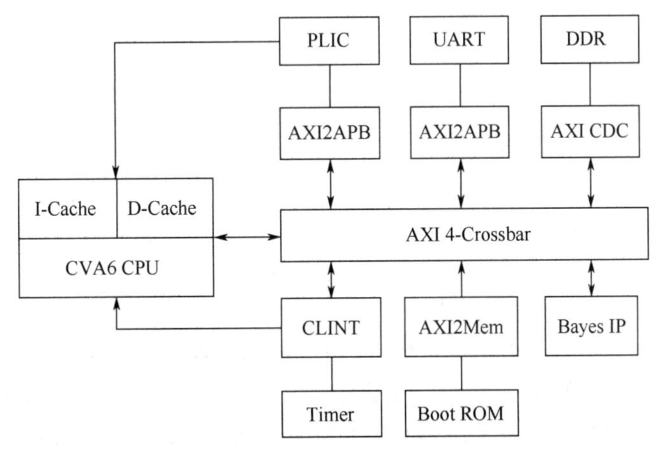

图 15-37　Verilator 仿真模型架构

① 分别修改用于仿真模型的外设模块顶层文件与模型顶层文件，将 Bayes IP 集成至该模型下。这两个文件位于 cva6_lib/cva6/tb 路径下，名称分别为 ariane_peripherals.sv 和 ariane_testharness.sv。与第（1）步相同，分别完成在这两个文件中对 Bayes IP 模块和顶层模块的集成与实例化。

② 修改 cva6_lib/cva6/Makefile 脚本中用于生成 Verilator 模型的部分。需要将 Bayes IP 文件导入 Verilator 模型中，使得该脚本可以生成 Bayes IP 相关的功能模型，如图 15-38 所示。

```
01    Bayes_src :=          用户文件夹/Bayes_IP//Bayes_IP_v1_0.v                 \
02                          用户文件夹/Bayes_IP/Bayes_IP_v1_0_AXI_Bayes.v        \
03                          用户文件夹/Bayes_IP/cmpt_addr.v                      \
04                          用户文件夹/Bayes_IP/cmpt_idx.v                       \
05                          用户文件夹/Bayes_IP/cmpt_pro.v                       \
06                          用户文件夹/Bayes_IP/NBC.v                            \
07                          用户文件夹/Bayes_IP/rom_pxc.v
08    ……
09    verilate_command := $(verilator)                                          \
10                          $(Bayes_src)                                        \
11                          $(filter-out %.vhd, $(ariane_pkg))                  \
12                          $(filter-out %.vhd, $(util))                        \
13                          $(filter-out src/fpu_wrap.sv, $(filter-out %.vhd, $(src)))  \
14                          +define+$(defines)                                  \
15                          src/util/sram.sv                                    \
16                          tb/common/mock_uart.sv                              \
17                          +incdir+src/axi_node                                \
18                          $(if $(verilator_threads), --threads $(verilator_threads))  \
19                          --unroll-count 256                                  \
20                          -Werror-PINMISSING                                  \
21                          -Werror-IMPLICIT                                    \
22                          -Wno-fatal                                          \
23                          -Wno-PINCONNECTEMPTY                                \
24    ……
```

图 15-38 修改 cva6_lib/cva6/Makefile 脚本中用于生成 Verilator 模型

③ 在 cva6_lib/cva6 路径下打开终端输入指令 make verilate，完成对 Verilator 模型的生成与编译，模型名称为 Variane_testharness，位于 cva6_lib/cva6/work-ver 路径下。在该模型下以 pk 为平台运行测试程序，在 cva6_lib/cva6 路径下打开终端输入命令：

```
work-ver/Variane_testharness.elf $RISCV/riscv64-unknown-elf/bin/pk 测试程序名字.elf
```

以运行测试程序，运行结果如图 15-39 所示。

```
This emulator compiled with JTAG Remote Bitbang client. To enable, use +jtag_rbb
_enable=1.
Listening on port 40051
bbl loader
Handwritten digits recognition based on Bayes Classifier is started!

Classification result:

7 2 1 0 4 1 4 9 4 9
0 6 9 0 1 3 9 7 3 4
9 6 4 5 4 0 7 4 0 1
3 1 3 0 7 2 7 1 2 1
1 7 4 2 3 5 5 2 4 4
6 3 5 5 2 5 4 1 9 5
7 8 9 2 7 9 2 4 3 0
7 0 2 8 1 7 3 7 9 7
9 6 2 7 8 4 7 3 6 1
3 6 9 3 1 4 1 7 6 9

Classification is complete!
The classification accuracy is   89%
```

图 15-39 运行结果

（4）Bayes SoC 的系统实现与联合调试。

按照 15.2.4 节实验 1 中的方法完成综合、布局布线等步骤，并在 FPGA 开发板上进行最终验证。

① 逻辑综合、物理实现与生成比特流

运行在步骤（1）所修改好的 Makefile 脚本，打开终端输入指令 make fpga batch-mode=0 并运行，完成对 Bayes SoC 的综合、分析与 bit 文件的生成。在完成整体综合后，应读阅读时序、资源占用、功耗等报告，以判断系统整体是否符合 FPGA 开发板的硬件要求。在完成综合与分析后，应阅读物理实现后的时序、资源占用情况、功耗等报告，确定满足硬件要求，进而生成比特流文件并烧写至开发板中。

② Bayes SoC 功能验证

与 15.2.4 节实验 1 相同，基于操作系统进行联合调试以验证系统功能。15.2.4 节实验 1 中制作好的 SD 卡的分区 2 为用户分区，在该分区中放入已经编译好的测试程序.elf 文件，进入操作系统后进入./mnt 文件夹运行测试程序。从图 15-35 所示的 Mnist 手写体数据集中选出的 100 幅手写体数字图片，用于本实验验证用的输入手写体数字。可通过 UART 在串口调试工具上打印识别结果。图 15-40 所示为手写体数字进行识别后的结果，整体识别准确率为 89%。

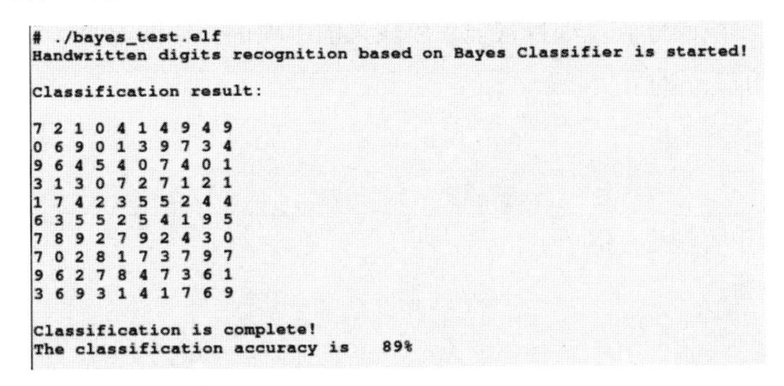

图 15-40 识别结果

15.3 项目进度管理

由于 SoC 设计中集成了越来越多的功能，以及设计流程的复杂度的不断增加，如何对项目的进度进行有效的管理以保证项目在最短的时间内完成是巨大的挑战。对于 15.2 中的实验项目，可以发现经常由于学生缺少项目管理的经验，而最后无法完成从前端到后端的全部设计。

通过把一个大的项目划分为一系列较小的、易于管理的任务和阶段的做法，可以使得项目进度变得易于控制，同时，也使得很多任务可以并行执行，有效减少产品投放市场的时间。

该部分从项目进度管理的角度介绍 ASIC 项目开发中如何将项目划分成若干个任务与阶段，阐述了各个阶段的主要行为，以及项目团队中成员的角色和责任。

15.3.1 项目任务与进度阶段

尽管不同的设计团队对于 ASIC 设计的同一阶段可能用不同的名词加以描述，但以下的项目任务及阶段划分是被现今大部分 ASIC 设计团队所采用的。

项目任务与进度阶段具体划分如图 15-41 所示。值得注意的是，很多任务可以并行执行，进而可以缩短项目开发时间。

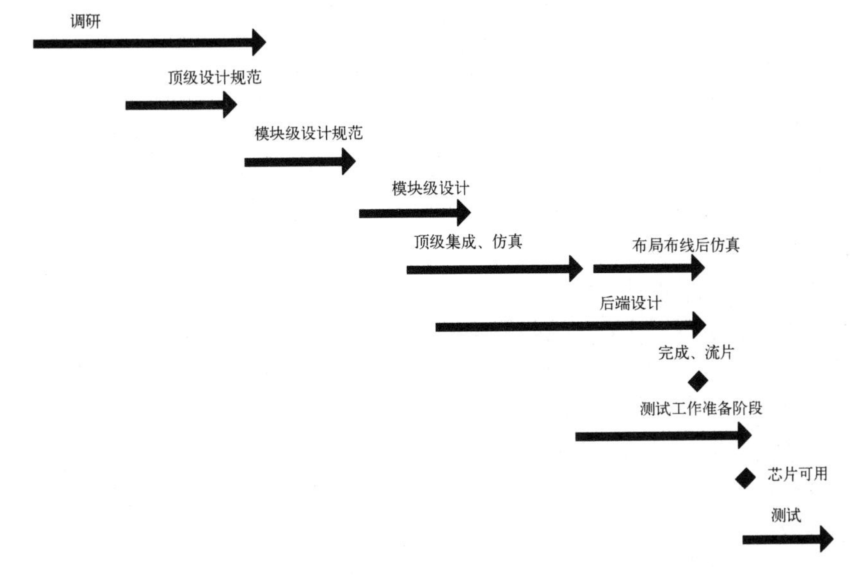

图 15-41 项目任务与进度阶段

15.3.2 进度的管理

下面就每个设计阶段的任务及项目管理者应注意的事项进行详细说明。

1．调研阶段（Pre-study）

该阶段的任务是：

- 系统定义；
- 初步架构设计及资源要求估计；
- 风险及成本分析。

该阶段的产出是：

- 对项目时间及资源要求的估计；
- 对芯片面积的估计；
- 对产品成本的估计；
- 初步的架构设计；
- 明确项目设计的目标，可交付使用的时间及设计过程中的重要阶段；
- 初步选择设计方法及使用的工具。

调研阶段是一个项目的初始阶段，与系统开发是密切相关的。项目领导者在调研阶段首先应该明确确立项目的动力是什么，如果设计的目的是为了取代目前的成功产品，那么成本和性能将是主要因素。如果是为了开发新的市场或取代即将被淘汰的产品，时间则会是主要因素。其次，可以提出资源要求并组建核心的项目团队，核心团队中通常包含了很多在顶层设计方面经验丰富的工程师。再次，项目领导者必须确定项目中是否会使用第三方的IP及其成本。应该避免选用那些未经验证的IP，因为它们会给项目带来额外的风险。同时，对于SoC或其他大规模设计来说，设计方法的定义，如设计流程及EDA工具的版本等，也必须加以考虑。

项目领导者应该明白的是，好的产品或是想法通常是很多的工程师聚集在一起，通过“头脑风暴”的方式得到的，可以充分利用他们在自身专业方面的特长和创造力。

对于团队的每个成员，应很好地利用这段时间加强对项目及相关知识的了解。

2．顶级设计规范（Top-level Specification）

任务：

- 写出功能要求方面的参数规范；
- 提出多个供选择的架构设计方案；
- 确定芯片的架构；
- 产生架构设计文档；
- 确定关键的模块；
- 确定可能使用的第三方IP；
- 确定设计方法、工具及设计流程；
- 估计芯片的面积、引脚、成本、功耗等。

项目管理者的任务：

- 产生项目计划；
- 获得资源（项目团队、设备、工具）；
- 组织培训课程；
- 发动团队建设的积极性和个人激励制度。

该阶段产出：

- 讨论并确定功能要求方面的设计规范；
- 讨论并确定顶级架构设计的文档；
- 讨论并确定初步的计划及资源要求。

该阶段是一个充满创造性的阶段。通过对产品性能、设计成本、投放市场的时间及风险等相互比较，并折中，来确定芯片架构。该阶段的产出之一是芯片架构设计的文档，其中，对系统、软件和 ASIC 部分予以较详细的划分。同时，也应撰写初步的设计计划。关于设计计划的详细内容及资源要求可以与高层管理人员进行进一步的讨论。在此阶段，也需要撰写设计方法文档。其中，应该详细记录项目开发不同阶段会使用到的工具、技术及方法。尽管在调研阶段已经对 IP 及 EDA 使用情况进行了初步估计，此处可以对它们做更加详细的分析和评估。在该阶段的后期，项目管理者可以着手完成招收项目成员的任务。针对项目的具体情况，可以适当地安排一些培训，帮助项目成员更快地融入团队中来。

3．模块级设计规范（Module Specification）

任务：

- 将架构分解为较低等级的模块；
- 完成模块功能及接口的设计文档；
- 回顾项目计划及顶级架构设计文档；
- 制定团队的相应设计规范（如代码风格、目录结构、综合脚本等）。

项目管理者的任务：

- 更新项目计划，给各模块的设计任务分配资源；
- 考虑芯片评估和验证的相关问题；
- 定义高质量的工程框架结构，能够方便地说明需要在何处存放信息，以及如何进行更新。

该阶段产出：

- 全部模块的设计规范；
- 精确可用的项目计划。

在该阶段中，团队中的大部分成员都已经参与到了项目中。这时，主要任务是定义模块间的接口和详细的功能实现方案。

初期可能会花费比较多的时间来召开架构设计会议。其主要目标是讨论和规范低层次架构的细节问题。项目领导者在此阶段应该注意的是，要使得全体成员都能够参与到项目中来，使每个人都觉得自己是项目的一部分，而不仅仅只是部分高级组员参与的项目。即使资历比较浅的成员可能不会提出比较好的建议或做出较大贡献，但是在团队中的参与也会加快他们的学习过程。

如果设计中使用了第三方提供的 IP，那么此时应该完成 IP 使用的合同及 IP 的测试工作。项目管理者应该从技术方面考虑如何降低项目的风险并改善时间进度。项目管理者的重要作用之一就是建立团队精神和激励机制。在该阶段中，已经完成了项目组成员的工作分配。此外，项目团队中的另一个重要角色就是测试工程师。由于他们的工作特点常常使得测试工程师觉得被团队孤立，此时则是解决这个问题的良好时机。让测试工程师更多地参与架构设计的会议，可以使他们融入团队，并且可以更好地了解所设计的芯片，更好地完成测试工作。

4．模块级设计 （Module Design）

任务：编写模块级代码、仿真及综合。

项目管理者的任务：

- 同组员一起确定一个高质量的框架结构；

- 保持每周进行的项目会议，给予持续不断、密切的关注；
- 协商生成测试向量的方法及所要求的测试覆盖率；
- 预定原型及芯片测试所需的资源；
- 获得第三方的仿真模型。

该阶段产出：

- 完成全部模块的代码编写和验证；
- 各模块进行初步的综合（对于数字电路设计而言）；
- 提供后端设计所需的网表和时序信息。

模块设计可以按如下的 5 个步骤进行：

- 详细的设计规范；
- 模块设计；
- 编写代码；
- 仿真；
- 综合。

尽管每个模块要完成的算法及通信任务会有所不同，但是基本上都应遵循相同的步骤来进行。模块设计过程中应该避免在准备工作还没充分之前就着手编写代码，因为这样常常会造成代码中的功能错误，不得不反复对代码进行修改。

通常鼓励较早的进行综合，这样可以及时发现问题。如果发现问题，可以返回高层次的架构中进行修改。在完成初步的综合之后，可以做一些门级的仿真。这样可以验证编写的 RTL 代码不仅仅是逻辑功能正确，其综合后的时序也是能保证的。此类验证可以降低后期进行顶层门级仿真的风险。

5．顶层集成及仿真 （Top-level integration and simulation）

任务：

- 集成模块、输入/输出（I/O）；
- 产生测试向量（test patterns）；
- 运行门级仿真；
- 创建综合脚本及网表文件；
- 创建版图布局规划（Floor Plan）。

项目管理者的任务：密切关注整个计划，安排经常、快速的会议来讨论项目进程。

提示：

- 尽可能早的开始顶级集成；
- 在芯片完全验证之前即可开始编写综合、静态时序分析（STA）的脚本文件，并可进行试验性的运行以便及早发现问题。

该阶段产出：

- 整个芯片的 RTL 代码；
- 初步综合得到可用的网表及时序约束条件；
- 完成全部 RTL 的仿真。

该阶段的两个主要任务是顶层集成及仿真，其中很多具体的工作同后端设计有所重叠。

顶层仿真主要是系统级仿真，仿真环境的搭建应接近真实得系统应用，先进行 RTL 级仿真，再进行门级网表的仿真。

对于大型设计来说，常常不能保证各个模块同时完成。但是在这种情况下，同样可以进行系统级仿真。可以使用一些简单的虚拟模型来替代系统中那些缺失或未完成的模块。

在项目管理中应该建立起有关系统仿真一致性和系统性的指导方针。指导方针中应该包含了测试目录的结构、测试的命名方式、网表版本管理、结果记录等内容。

用最新版本的 RTL 及网表文件进行测试是十分重要的，但是过于频繁的更新也是不切实际的。要确定一个合适的时间间隔，确保大家都知道何时做了更改，以及需要重新进行那些测试工作。

项目领导者在该阶段通常也需要日常的会议来解决出现的问题。该阶段共同的问题可能包括测试程序错误或功能有限、不合适的测试文档、内部模块接口错误、缺少硬件资源、缺少仿真软件的许可等。这些问题可以按照不同的优先级给予解决。

6．后端设计 （Backend Design）

任务：

- 综合及时序分析；
- 生成初稿及最终版本网表文件的版图；
- 提取寄生参数；
- 检查时序；
- 物理检查 （LVS、DRC、ERC、信号完整性、功耗分析等）。

风险：

- 版图中可能会出现若干问题（布局、布线、布线后的时序、LVS/DRC 等）；
- 可能需要经过若干次修改设计、重新综合和布局布线才能达到预期的时序要求。

提示：尽可能早地、试验性地“运行”该流程。

该阶段产出：

- 布局布线后的时序信息；
- 布局布线后仿真的网表文件；
- 芯片量产的相关信息。

该阶段主要负责完成综合及版图设计工作，也包含了设计团队必要的支持和版图之后的一些工作。这一过程通常调用了许多复杂的工具。该阶段与其他阶段有很多重叠，因为版图设计应在顶层网表文件可用之后尽早开始，以便及早发现问题。

综合团队的任务就是负责将 RTL 综合，从中产生网表文件。编写综合脚本文件及时序约束是比较重要的工作内容。

测试插入和测试向量生成通常也被看作是综合工作的一部分。测试向量生成和仿真会花费比较多的时间。

后端设计中的风险随着芯片的尺寸和速度增加而增加。为了减少后端设计中的风险，可以使用试验性版图的方法，这种方法可以尽早发现潜在的问题。第一次试验性版图应该能够找出设计中的主要问题，如设计规则错误、模块无法布线及主要的时序冲突。

第 1 版并不要求满足全部的时序要求。时序上的冲突反映了当前的设计是否是可实现的，同时也检验了布局布线前后的时序差异。

第 2 版尽可能满足全部的时序要求。在前一阶段中已经完成了 RTL 级和门级的系统仿真。如果幸运的话，第 2 版很有可能成为最终的网表文件，可以提早完成设计。如果系统仿真中存在一些简单的错误，也可以通过 ECO（工程变更命令）来纠正。

7．布局布线后仿真（Postlayout Simulation）

任务：

- 利用带时序反标的网表文件，运行门级仿真和静态时序分析；
- 验证版图“时序收敛”。

项目管理者的任务：

- 确保前端和后端设计团队间有效的交流和沟通；
- 回顾版图设计的流程和重要转折点。

该阶段产出：

- 用于版图的最终的网表文件；
- 测试并提交所需的测试向量；
- 完成布局布线后仿真和静态时序分析。

在版图设计阶段，会提取许多可用于分析版图设计对电路影响的互连线上的寄生参数。这些寄生参数被反标回网表文件，转换成标准延时文件做布局布线后的仿真。而布局布线后的时序分析是项目中的一个重要步骤。

这一步骤通常需要前端工程师与后端工程师的紧密沟通，共同解决时序问题。

8. 设计完成及流片（Sign-off and Tapeout）

任务：

- 填写流片文档；
- 向芯片制造厂商提交版图数据（GDSII 格式）。

项目管理者的任务：

- 核对检查清单及流片文档；
- 就芯片的质量，协调各小组达成一致。

提示：在提交流片的版图数据最后期限之前，应多次研究流片文档。

该阶段产出：

- 流片文档；
- 送出流片。

完成布局布线后仿真，时序验证及版图物理验证后，就可以把版图数据及流片文件交付给芯片制造厂了。

通常设计团队都有一份检查清单（Checklist）。在这份检查清单中，列出了设计的关键问题。最终版本的一致性是检查的重点。

9. 芯片测试的准备阶段（Prepare for Silicon Test）

任务：

- 编写并评估测试计划；
- 编写测试向量；
- 计划并实现测试工作的自动化；
- 预定测试设备/资源；
- 确保在芯片可用之前，已预定好测试设备；
- 定义记录、分析和解决错误的方法。

项目管理者的任务：确保建立错误追踪机制（Fault-tracking）的数据库，定义错误追踪过程。

风险：可能是相当耗时的任务，需要合适的计划并尽早开始。

该阶段产出：

- 已评估的测试计划；
- 在芯片可用之前，已预定好测试设备；
- 所有的测试准备就绪 （硬件、软件及自动化）。

比较充分的准备工作可以有效减少芯片测试所耗费的时间。芯片测试的准备工作通常可以与顶级仿真并行的进行。但是这里存在的主要风险是，由于仿真过程中出现的问题常常十分紧迫，会吸引更多的注意力，导致准备工作被忽视或停滞。

芯片测试的准备工作涉及多方面的内容。首先，测试厂及要使用的测试设备必须提前预订。其次，测试用的印制电路板（PCB）也必须要提前准备。此外，测试的自动化也会有效减少测试时间，所以要及早开发测试软件。

芯片设计工程师通常会与测试工程师配合，保证测试向量的健壮性。

10．芯片测试（Silicon test）

任务：

- ATE 测试；
- EVB 板级验证；
- 运行测试；
- 在错误报告数据库中记录测试失败的情况；
- 分析测试失败的原因；
- 划分查找 bug 的工作区域；
- 确认针对 bug 所做的设计上的改动；
- 不同电压、不同环境下对芯片进行测试。

项目管理者的任务：

- 确保使用合适的 PCB/测试载板（Load Board）及软件；
- 在测试开始后最初的若干天内，做到每天多次核对测试的流程；
- 对于难点及问题做到当日分析，并对其分配不同的优先级和资源。

风险：如 PCB/测试载板（Load Board）错误、软件错误等问题，会明显延长完成芯片测试的时间。

该阶段产出：

- 全面测试芯片工作在真实应用环境中的工作情况；
- 产生测试报告。

通常，测试工程师负责在测试机上完成 ATE 测试，系统工程师及应用工程师负责 EVB 板级验证。芯片设计工程师会配合测试工程师和系统工程师及应用工程师的测试工作，并找出错误的原因，提供解决方案。

通过上述的讨论，可以看到一个复杂的 SoC 设计的项目进度管理对于项目的成功极为重要。每一个项目组成员应明确自己的任务与整个项目进度，并切记团队合作是项目成功的关键。

本章参考文献

[1] Nigel Horspool, Peter Gorman. ASIC 完备指南(影印版)[M]. 北京：清华大学出版社，2002.

[2] William B. Pennebaker, Joan L. Mitchell. JPEG: Still Image Data Compression Standard[C]. Springer, 1993.

[3] C. Loeffler, A. Ligtenberg, G. Moschytz. Practical Fast 1D DCT Algorithms with 11 Multiplications[C]. Proceeding of IEEE International Conference on Acoustics, Speech and Signal Processing. 1989, 998-991.

[4] 罗天煦,邝继顺. 一种基于 Loeffler 算法的快速实现 2D DCT/IDCT 的方法[J]. 计算机应用研究，2007(001)：224-226.

举报电话：（010）88254396；（010）88258888

传　　真：（010）88254397

E-mail：　　dbqq@phei.com.cn

通信地址：北京市万寿路 173 信箱

　　　　　电子工业出版社总编办公室

邮　　编：100036